DSP/FPGA嵌入式实时处理技术及应用

孙进平　王　俊　李　伟　张有光　等编著

北京航空航天大学出版社

内 容 简 介

本书以DSP处理器提高处理速度的方法为主线，介绍了流水线、并行结构、哈佛结构、数据传输等DSP处理器的常用结构，总结了DSP处理器的典型结构和发展体系，同时给出了典型DSP系统硬件结构、开发编程方法和系统实例；并介绍DSP多片互联与FPGA应用和FPGA在实时处理中的应用，包括FPGA对ADC采样的控制、基于FPGA的正交采样和数字下变频、脉冲压缩模块和FPGA与DSP之间的接口设计等。

本书可作为电子类本科高年级学生和研究生专业选修课教材。

图书在版编目(CIP)数据

DSP/FPGA嵌入式实时处理技术及应用 / 孙进平等编著. --北京 ：北京航空航天大学出版社，2011.9

ISBN 978-7-5124-0545-5

Ⅰ. ①D… Ⅱ. ①孙… Ⅲ. ①数字信号处理②数字信号—微处理器 Ⅳ. ①TN911.72②TP332

中国版本图书馆CIP数据核字(2011)第149943号

DSP/FPGA嵌入式实时处理技术及应用

孙进平　王　俊　李　伟　张有光　等编著

责任编辑　刘　晨

*

北京航空航天大学出版社出版发行

北京市海淀区学院路37号(邮编100191)　http://www.buaapress.com.cn

发行部电话：(010)82317024　传真：(010)82328026

读者信箱：emsbook@gmail　邮购电话：(010)82316936

北京时代华都印刷有限公司印装　各地书店经销

*

开本：787×1 092　1/16　印张：18.5　字数：474千字

2011年9月第1版　2011年9月第1次印刷　印数：4 000册

ISBN 978-7-5124-0545-5　定价：39.00元

前　言

随着微电子技术、集成电路技术的飞速发展，DSP 处理器（Digital Signal Processor）利用其内部的特殊结构提高了数字信号处理（Digital Signal Processing）的速度，达到数字信号实时处理（Real Time Processing）的要求，因而推动了数字信号处理的广泛应用。

1904 年弗莱明发明了电子管，1947 年巴丁和布拉顿发明了晶体管，1966 年美国 RCA 公司发明了门阵列电路，1971 年 Intel 公司发明了微处理器 4004，1978 年 AMI 公司发明了 DSP 芯片 S2811。

为了满足数字信号实时处理的要求，针对数字信号处理中大量使用乘加运算的特点，DSP 处理器中增加了专用乘加单元提高了处理速度。DSP 没有采用冯·诺依曼结构，而是采用哈佛结构，提高了指令执行速度。为了进一步提高 DSP 处理器性能，流水线、并行单元、DMA 数据传输、专用地址产生、零开销循环、环形存储等技术得到了应用。上述技术和结构的使用，形成了典型的 DSP 结构。近年来，随着运行时钟极限的到来，多核 DSP 技术得到了发展，同时 FPGA 集成电路内嵌 DSP 核完成数字信号处理的结构得到了广泛应用，形成了新型 DSP 结构。DSP 处理器诞生以来，经历了 30 多年的发展，DSP 处理器在通信工程、电子工程、信号处理、自动控制、导航、医疗卫生、仪器仪表、家用电器等领域得到广泛应用，形成了独特的体系，是电子类工程技术人员必备的一门知识。

本书共分 10 章。第 1 章绪论主要介绍 DSP 发展历史及应用领域。第 2 章从数/模转换的角度先介绍了定点数和浮点数的基本运算，然后给出了实时信号处理的常用方法，最后说明 DSP 的处理速度。第 3 章主要介绍 DSP 处理结构和数据传输，其中包括硬件乘法器和乘加单元、零开销循环、环形 buffer、码位倒序、哈佛结构，并详细阐述了流水线技术和超标量与超长指令字处理器，最后简单介绍了 DSP 的传输速度。第 4 章讲述了 DSP 芯片的构成和开发流程，包括典型的 DSP－TS201S 的基本结构，另外，还介绍了 DSP 中数据的传输和处理方法以及 DSP 系统中常用的编程和控制方法。第 5 章主要介绍 DSP 多片互联与 FPGA 应用，首先介绍了 DSP 并行处理系统中常用的互联结构，然后对 FPGA 进行了简介，并对 FPGA 内部资源的使用做了阐述。第 6 章介绍了 FPGA 在实时处理中的应用，包括 FPGA 对 ADC 采样的控制、基于 FPGA 的正交采样和数字下变频、脉冲压缩模块和 FPGA 与 DSP 之间的接口设计。第 7 章介绍了 DSP 在实时处理中的应用，首先，讲解了 ADSP－TS201S 信号处理系统硬件结构，并阐述了系统中 DSP 内存分配以及不同处理器之间的数据传输；然后，介绍了 ADSP－TS201S 信号处理流程程序设计和 DSP 汇编语言并行优化；最后，给出了部分结果。第 8 章介绍了实时图像处理系统，包括 DSP 芯片介绍、系统功能与总体结构、系统硬件结构设计、电源及时钟电路设计、原理图设计、系统功能调试、系统性能等内容。第 9 章给出了多核 DSP 系统结构与开发应用，包括多核 DSP 处理系统硬件结构、数据传输方法、任务调度、资源优化、系统编程调试方法。第10章介绍了实时处理系统的外部接口。

本书以DSP处理器提高处理速度的方法为主线，介绍了流水线、并行结构、哈佛结构、数据传输等DSP处理器的常用结构，总结了DSP处理器的典型结构和发展体系，同时给出了典型DSP系统硬件结构、开发编程方法和系统实例。通过几年的教学、科研实践，内容不断充实、精炼、改进提高，获得同行专家的认可与好评。为进一步深入扩大交流，充实提高，满足社会同行业读者要求而正式出版。本书可作为电子类本科高年级学生和研究生专业选修课教材。

本书在编写出版过程中，张玉玺、武鹏、田继华、张文昊、武伟、于鹏飞、姚旺、蒋海、王强、陈曦、张孚阳、冯珂、袁长顺、毕严先等同学积极参与收集查阅材料、编写测试程序以及校对等，做了大量工作，在此表示衷心感谢。

书中难免疏漏、不当之处，请批评指正。

孙进平
2011年7月30日

目　录

第1章　绪　论…… 1
1.1　数字信号处理概述 …… 1
1.2　数字信号处理系统实现方法 …… 6
1.2.1　ASIC(集成电路) …… 7
1.2.2　DSP(数字信号处理器) …… 7
1.2.3　FPGA 现场可编程门阵列 …… 8
1.2.4　其他数字信号处理器 …… 9
1.2.5　常用数字信号处理系统优缺点比较 …… 9
1.3　数字信号处理芯片发展历程 …… 9
1.3.1　ASIC 芯片发展 …… 9
1.3.2　DSP 芯片发展 …… 10
1.3.3　FPGA 的发展…… 12
1.4　数字信号处理的应用…… 12
第2章　DSP 实时处理与数制表示 …… 14
2.1　数字信号处理系统概述…… 14
2.2　数字/模拟转换 …… 16
2.2.1　定点数…… 17
2.2.2　浮点数…… 26
2.2.3　ADC 采样过程 …… 30
2.2.4　DAC 重构过程 …… 31
2.3　实时信号处理…… 32
2.3.1　数据流处理方法…… 32
2.3.2　数据流处理…… 33
2.3.3　数据块处理…… 34
2.4　DSP 的处理速度 …… 36
2.4.1　DSP 执行程序时间估计方法 …… 36
2.4.2　DSP 性能指标 …… 37
第3章　DSP 处理结构与数据传输 …… 40
3.1　硬件乘法器和乘加单元…… 40
3.2　零开销循环…… 41
3.3　环形 buffer …… 44
3.4　码位倒序…… 46
3.5　哈佛结构…… 47
3.6　流水线技术…… 50

3.7 超标量与超长指令字处理器 …… 64
3.7.1 超标量处理器 …… 65
3.7.2 超长指令字(VLIW)处理器 …… 67
3.7.3 超标量与超长指令字(VLIW)的区别 …… 68
3.8 DSP的传输速度 …… 69
3.8.1 DMA控制技术 …… 69
3.8.2 DMA控制器与传输控制块 …… 70
第4章 DSP芯片的构成与开发流程 …… 74
4.1 DSP芯片的基本结构 …… 74
4.1.1 典型DSP-TS201S基本结构 …… 74
4.1.2 ADSP-TS201S常用引脚分类 …… 78
4.1.3 ADSP-TS201S算法处理性能 …… 78
4.2 DSP中数据传输和处理方法 …… 79
4.2.1 ADSP-TS201S高效数据访问与传输方法 …… 79
4.2.2 ADSP-TS201S中数据处理方法的优化(实时处理) …… 86
4.3 DSP系统常用的编程和控制方法 …… 86
4.3.1 ADSP-TS201S中LDF文件的编写 …… 87
4.3.2 Main函数及典型处理流程 …… 88
4.3.3 ADSP-TS201S中系统初始化程序 …… 88
4.3.4 中断的使用方法 …… 91
第5章 DSP多片互联与FPGA应用 …… 95
5.1 并行处理系统互联结构 …… 95
5.2 DSP并行处理系统中常用的互联结构 …… 96
5.2.1 利用外部存储器接口组成并行结构 …… 96
5.2.2 ADI公司多处理器并行结构 …… 97
5.2.3 TI公司多处理器并行结构 …… 98
5.3 DSP互联技术总结 …… 99
5.4 FPGA简介 …… 100
5.4.1 FPGA的内部资源 …… 101
5.4.2 FPGA的引脚分类 …… 104
5.4.3 DSP与FPGA的比较 …… 105
5.5 FPGA内部资源使用 …… 107
5.5.1 寄存器的定义和使用 …… 107
5.5.2 FIFO资源的定义和使用 …… 108
5.5.3 与DSP相关的读/写操作 …… 109
5.5.4 时钟管理器的使用 …… 112
第6章 FPGA在实时处理中的应用 …… 114
6.1 系统概述 …… 114
6.2 FPGA对ADC采样控制 …… 116
6.3 基于FPGA的正交采样和数字下变频 …… 118
6.4 脉冲压缩模块 …… 121

6.5　FPGA 与 DSP 之间的接口设计 …… 128

第7章　DSP 在实时处理中的应用 …… 131

7.1　ADSP-TS201S 信号处理系统硬件结构 …… 131

7.2　系统中 DSP 内存分配以及不同处理器之间的数据传输 …… 133

7.2.1　DSP 与 FPGA 之间的数据通信 …… 134

7.2.2　DSP 之间 Link 口数据通信 …… 137

7.3　ADSP-TS201S 信号处理流程程序设计 …… 141

7.3.1　中断服务函数声明 …… 143

7.3.2　系统初始化 …… 144

7.3.3　从 FPGA 中 FIFO 使用 DMA 方式读取处理数据 …… 147

7.3.4　数据处理 …… 148

7.3.5　DSP 以 DMA 方式传输数据 …… 149

7.4　DSP 汇编语言并行优化 …… 150

7.4.1　FFT 在 ADSP-TS201S 中的并行优化方法 …… 150

7.4.2　CFAR 在 ADSP-TS201S 中的并行优化方法 …… 157

7.5　实时系统处理结果 …… 160

第8章　实时图像处理系统 …… 162

8.1　DSP 芯片介绍 …… 162

8.2　系统功能与总体结构 …… 163

8.2.1　图像数据的采集 …… 165

8.2.2　图像数据的输出 …… 165

8.3　系统硬件结构设计 …… 165

8.3.1　FPGA 功能设计 …… 165

8.3.2　DSP 功能设计 …… 166

8.3.3　系统通信接口设计 …… 168

8.4　电源及时钟电路设计 …… 180

8.4.1　系统电源设计 …… 180

8.4.2　系统时钟设计 …… 182

8.5　原理图设计 …… 183

8.5.1　DSP 原理图设计 …… 183

8.5.2　FPGA 原理图设计 …… 184

8.5.3　整体布局布线 …… 185

8.5.4　PCB 布局 …… 186

8.6　系统功能调试 …… 189

8.6.1　系统电源调试 …… 189

8.6.2　系统时钟调试 …… 189

8.6.3　系统与图像采集系统间接口的调试 …… 190

8.6.4　系统 FPGA 功能调试 …… 191

8.6.5　FPGA 与 SDRAM 接口调试 …… 193

8.6.6　FPGA 与 DSP 之间通信接口调试 …… 195

8.6.7　DSP 功能调试 …… 199

8.6.8 FPGA 之间通信接口调试 …… 200
8.6.9 EMIF 接口调试 …… 201
8.6.10 232 接口调试 …… 204
8.6.11 CAN 总线接口调试 …… 206
8.7 系统性能 …… 208
第 9 章 多核 DSP 系统结构与开发应用 …… 209
9.1 概 述 …… 209
9.2 NVIDIA GPU Fermi GTX470 的 LFM-PD 处理系统 …… 209
9.2.1 Fermi GPU 的硬件结构 …… 212
9.2.2 Fermi GPU 的软件编程 …… 215
9.3 PD-LFM 算法的 GPU 实现 …… 216
9.3.1 CPU-GPU 的数据传输与内存分配 …… 217
9.3.2 GPU 中的 FFT 与 IFFT …… 218
9.3.3 GPU 中的匹配滤波、加窗与求模 …… 219
9.3.4 GPU 中的矩阵转置 …… 221
9.3.5 GPU 中的 CFAR 操作 …… 222
9.4 多核处理器 Tile64 …… 222
9.4.1 Tile64 多核处理器架构 …… 223
9.4.2 基于 Tile64 的 LFM-PD 处理解决方案 …… 225
第 10 章 实时处理系统外部接口 …… 227
10.1 存储类 …… 227
10.1.1 Flash …… 227
10.1.2 SRAM …… 232
10.1.3 SDRAM(MT48LC4M32B2) …… 235
10.2 硬盘接口 …… 238
10.2.1 硬盘接口简介 …… 238
10.2.2 硬盘读/写控制 …… 241
10.2.3 FAT32 文件系统实现 …… 243
10.3 A/D、D/A 转换器 …… 248
10.3.1 ADC08D1000 …… 248
10.3.2 AD9430 …… 252
10.3.3 AD9753 …… 257
10.4 其他常用接口 …… 261
10.4.1 MAX3100 …… 261
10.4.2 PDIUSBD12 …… 270
10.4.3 DS1302 …… 276
10.4.4 CY7C68013A …… 279
附录 A 电子器件与 CPU 发展史 …… 284
附录 B DSP 芯片的发展 …… 287
附录 C FPGA 的发展 …… 288

第1章 绪论

1.1 数字信号处理概述

信号是用声音、光线、电波标志等传送信息的约定通信符号。信号是信息的载体。其形式多种多样，例如早上起床的闹铃声、十字路口的红绿灯、路过饭馆扑鼻的香味，还有作为学生最为关心的考评分数册等。

人们真正关心的不是信号，而是信号所携带的信息。想想看，你关心的是你成绩单上的数字本身呢？还是它所携带的信息？如果出现在你成绩单上的是一个“5”，你是非常高兴，还是极其懊恼呢？你真正关心的是 5 的含义——即信息。究竟 5 所携带的信息是“百分制”还是“五分制”呢？所以说，大家真正关心的是信号所携带的信息。

其实，信号是表征某种事物对时间和空间变化现象的描述。如图 1－1 所示，在成绩单上，“5”是一种文字信号，或者可以说是图像信号。当告诉别人你得了“五分”时，就是一种声音信号了，如图 1－2 所示。

成绩单

姓名	张三
科目	DSP 原理与应用
成绩	5

图 1－1　成绩单

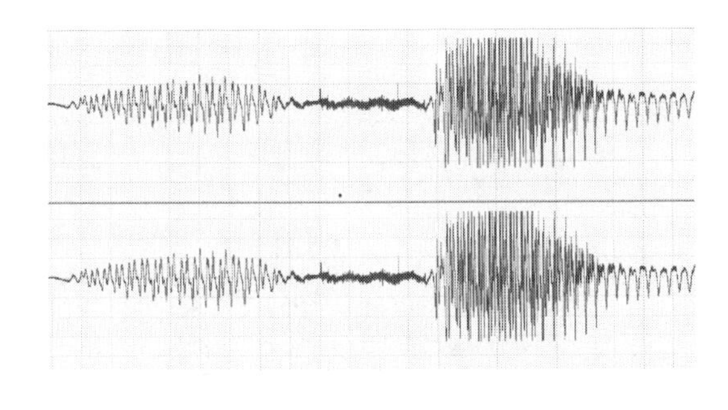

图 1－2　成绩的语音信号波形

信号的表现形式多种多样，我们将其分为模拟信号和数字信号。以上述语音信号为例，模拟信号是指在信号时间和幅度均连续的信号，数字信号是指时间和幅度均为离散值的信号，如图 1－3 和图 1－4 所示。显然还有一种信号介于两者之间，就是离散信号——时间离散但是幅度为连续值的信号。

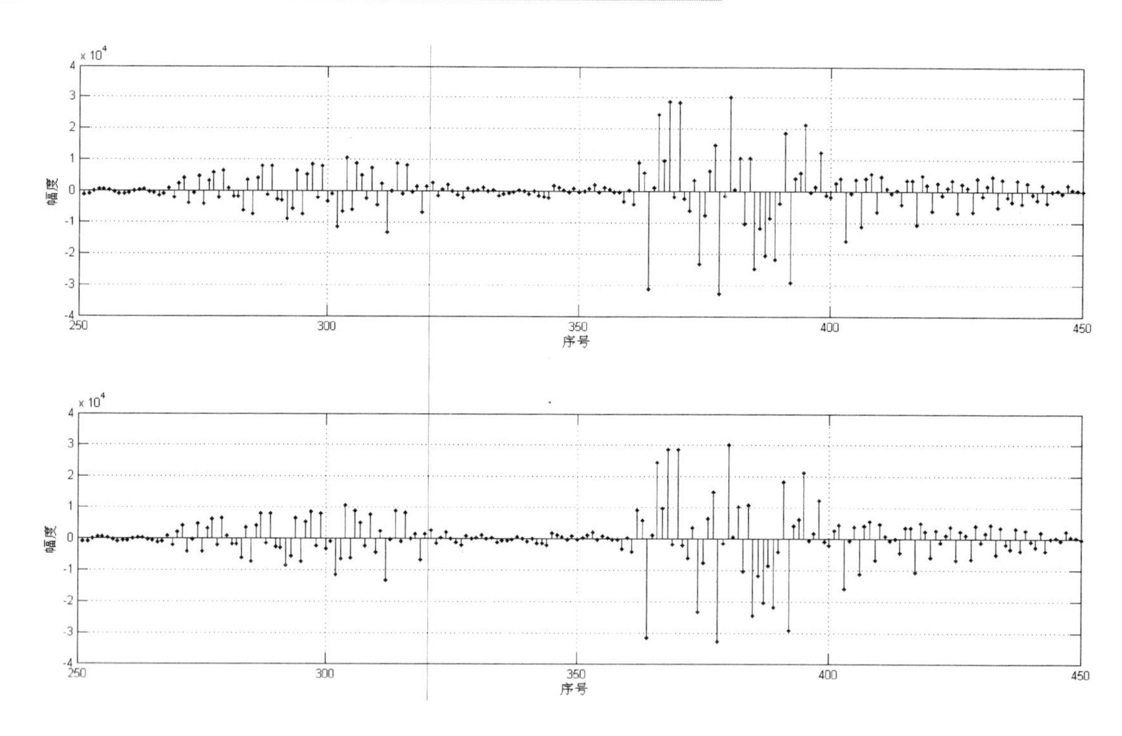

图 1-3　成绩的语音信号波形采样后的数字波形

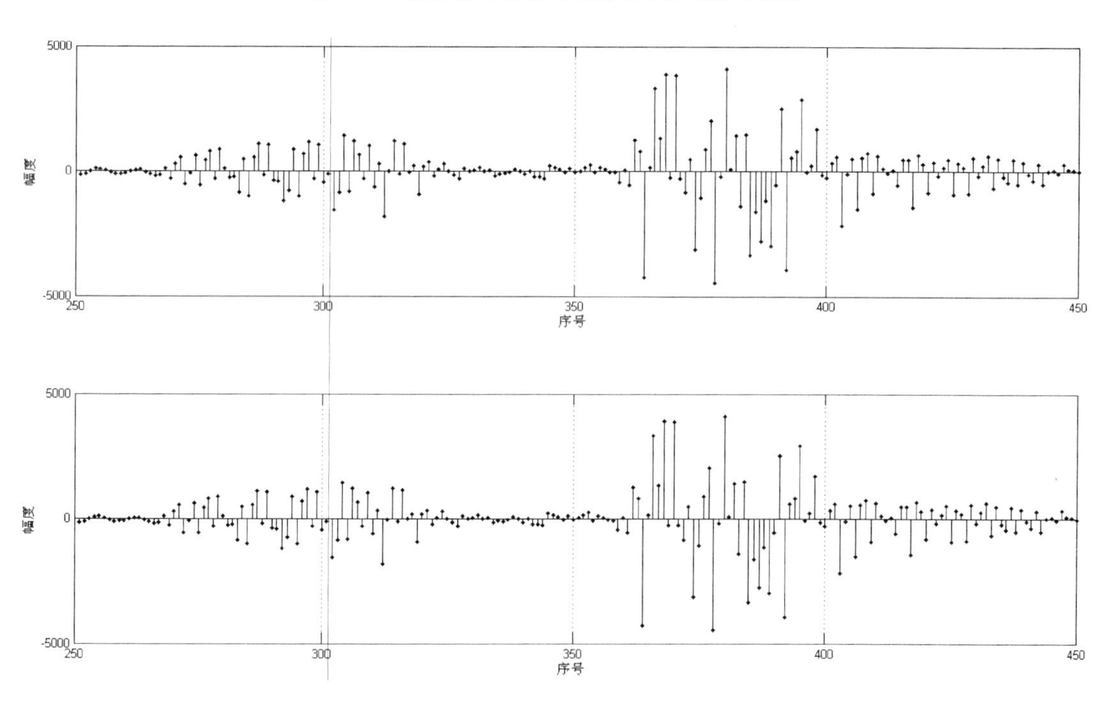

图 1-4　成绩的语音信号波形采样后的数字波形(213 级量化)

信号处理是指对信号进行某种变换，以便更方便准确地提取其携带的信息。最为经典的信号处理方法是用 FIR 滤波器，可分为模拟滤波器和数字滤波器两种。

滤波器是为了去除信号中的噪声，例如在一个 50 kHz 正弦波信号中混进了一个 400 kHz 的信号，可利用图 1－5 所示的低通滤波器电路滤去噪声信号。

图 1－6～图 1－8 为滤波器输入信号、特性、输出信号图。

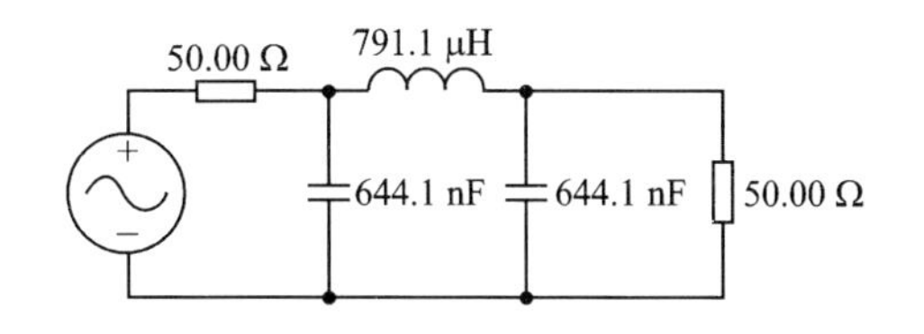

图 1－5 低通滤波器电路

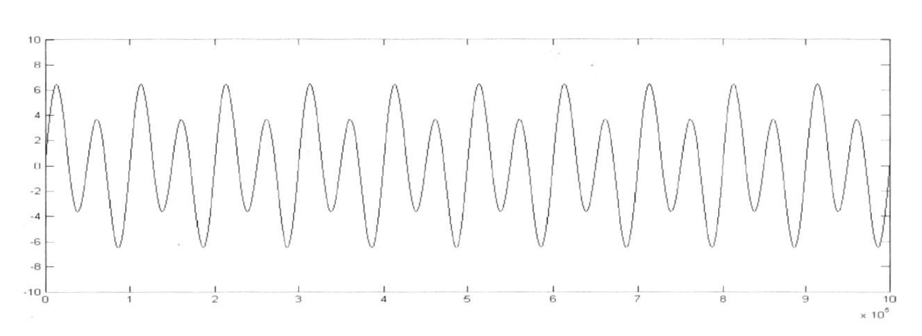

图 1－6 滤波器输入信号

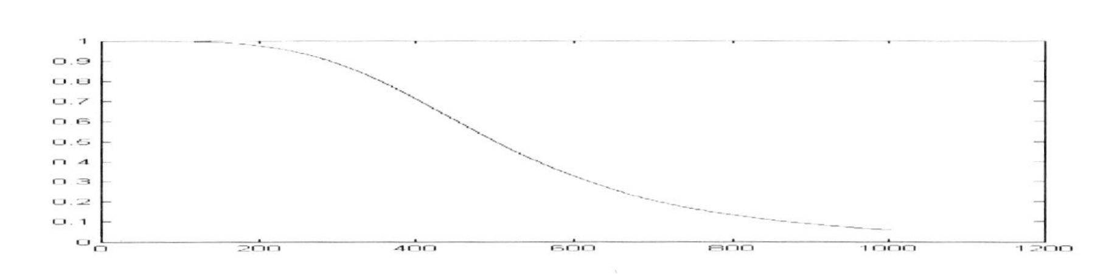

图 1－7 滤波器特性

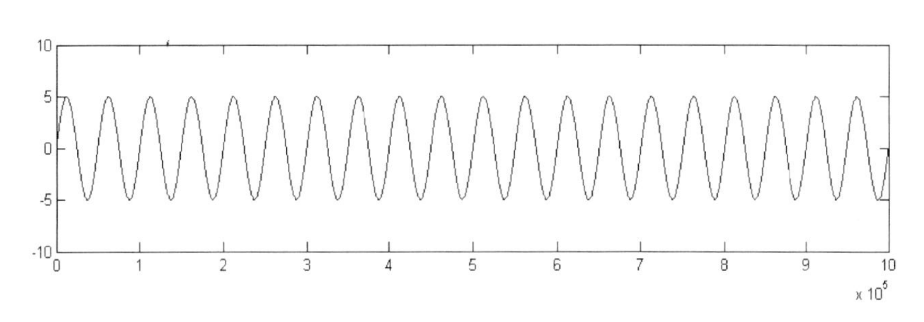

图 1－8 滤波器输出信号

这几个电阻、电感、电容是如何实现这一滤波器呢？根据信号处理理论，所有的线性数不变系统均可用系统脉冲响应 $h(t)$ 来表征。而系统的输出 $y(t)$ 则可表示成输入信号 $s(t)$ 与 $h(t)$ 的卷积：

$$y(t) = s(t)h(t)$$

即：

$$y(t) = \int s(\tau)\ h(t-\tau)\mathrm{d}\tau$$

为了更直观地分析这一系统，我们还有傅里叶(Fourier)变换这一积分变换工具。

如果对上式进行傅里叶变换，则得到如下公式：

$$Y(j\Omega) = S(j\Omega)H(j\Omega)$$

信号从时域变到了频域,如图 1-9～图 1-10 所示。

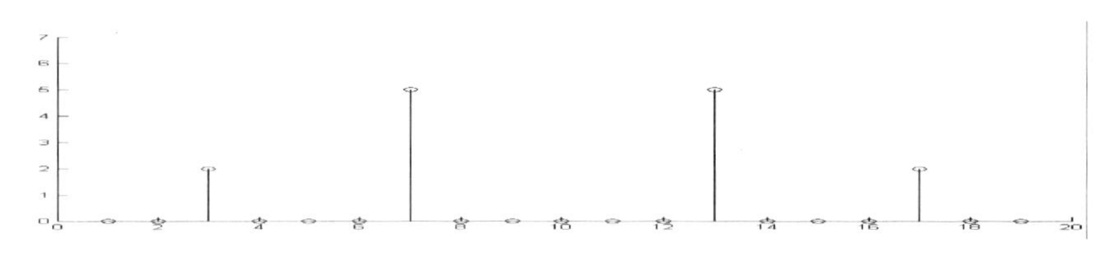

图 1-9　滤波器输入信号频谱

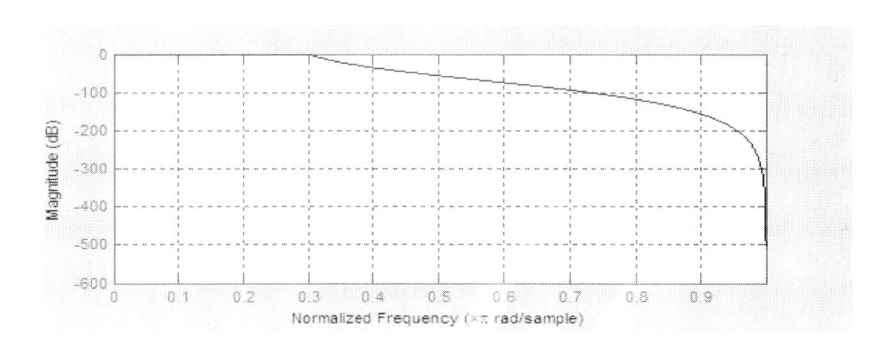

图 1-10　滤波器幅频响应

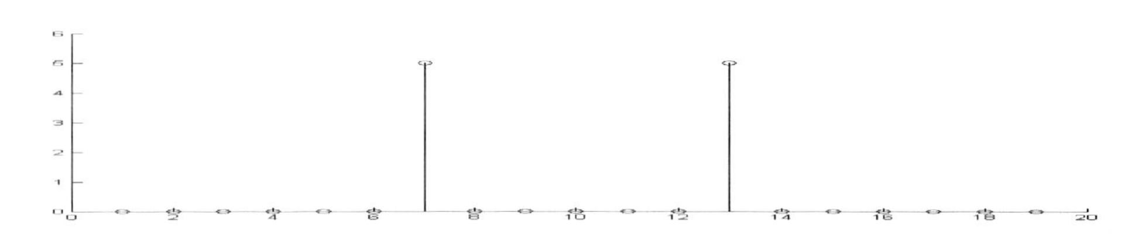

图 1-11　滤波器输出信号频谱

由于 $H(j\Omega)$不允许高频信号通过,所以滤波器可以滤去噪声信号,可借助 Chebyshev 不等式、Gaussian 不等式、Laplace 变换、傅里叶变换等数学工具设计各种滤波器及其他信号处理系统,然后用电阻、电容、电感等电子元器件实现信号处理系统。

信号处理在通信、信息处理、消费电子、控制系统、雷达、声呐、医用电子、地震预报、科学仪器等各个领域发挥着重要作用。

20 世纪 60 年代之前,信号处理的手段几乎无一例外地都采用模拟技术,在连续时间域内进行处理。模拟信号处理是指对模拟信号采用模拟处理的方法,其数学算法通常使用模拟电路实现,其中的数值都以连续的物理量来表示。例如,在打电话时话筒先将声音转换为电信号,然后经过电子系统的放大、滤波等电路,驱动扬声器使对方听见,这个过程中的声音和电信号就是模拟信号。工程上广泛应用的集成运算放大器、集成电压比较器、开关电源电路等均属于模拟信号的处理范畴。

1948 年 Claude Shannon 发表了著名的"A mathematical theory of communication",文中利用 bit 量化信源,阐述了"香农定理",从而预示了数字信号处理时代的到来。

紧接着 Richard W. Hamming 发明了纠错编码,贝尔实验室发明了晶体管,曼彻斯特大学制造出第一台可存储程序的计算机原型,随后 Maurice Wilkes 在剑桥大学建造 EDSAC、

Presper Eckert 和 John Mauchly 在宾夕法尼亚大学建造的 BINAC、John Von Newmann 计算机出现在普林斯顿的先进学习研究所。

计算机的出现对信号处理产生了巨大影响。1952 年春 Robinson 和 Howard Briscoe 在 MIT 的 Whirlwind 数字计算机上完成了高速数字滤波器的编程。1954 年 Raytheon 提供给工业界第一台商用数字信号处理设备。1956 年 TI 开始设计用于地震信号处理的数字计算机。1961 年 TI 的 TI187 是专门进行地震信号处理。1962—1963 年 Ben Gold 和 Charles Rader，使用实验室的 TX－2 计算机仿真带通数字滤波器性能。1964 年 A. Michael Noll 利用计算机仿真了 John Tukey 的倒谱概念。

1959 年 2 月 TI 的 Jack Kilby 发布了集成电路专利，6 个月以后 Robert Noyce 和 Jean Hoerni 在仙童半导体公司论证了一种能够将电子器件经济地联系到一起的平面处理技术，为后来晶体管集成电路技术的发明铺平了道路。

1960 年 V. C. Anderson 利用数字移位寄存器对信号进行延迟实现水下波束形成。1962 年 Bell 实验室开发了世界上第一个数字通信系统——T1 载波系统投入运行。Bell 实验室的年轻工程师 Robert Lucky 发明了自适应均衡器，将数据传输率提高到了 9600bps。同时 Bell 实验室还发明了自适应回波对消器。美国 1963 年完工的著名雷达系统——SAGE(Semi－Automatic Ground Environment)，采用了 MIT 和贝尔实验室研制的高速数字调制解调器传输雷达信号。

如前所述，在 20 世纪 60、70 年代，数字信号处理领域中的大量研究工作以及发表的大量论文和著作都集中于两个方面。一方面是数字滤波器(仍限于低通、高通、带通、带阻等类型)，即 FIR 数字滤波器设计硬件实现结构以及稳定性、有限字长效应等问题；另一方面是 FFT 的各种算法。FIR 滤波器和 FFT 算法是数字信号处理中最常用的两种处理方式。1975 年出版的两本代表性的著作，即 A. V. Oppenheim 和 R. W. Schafer 合著的《Digital Signal Processing》，L. R. Rabiner 和 B. Gold 合著的《Theory and Application of Digital Signal Processing》，比较全面、系统地概括了当时数字信号处理领域中上述两个方面的主要研究成果。

1965 年 James Cooley 和 John Tukey 给出了傅里叶快速算法——FFT，极大地提高了傅里叶变换这一重要工具，极大地推进了数字信号处理的发展。尤其是数字集成电路按照摩尔定律迅猛发展，各种 DSP 芯片的出现，将人们带入了一个全新的数字时代。数字信号处理领域中不断取得新的进展，其主要特征是突破了以上两个方面(FIR 滤波器、FFT 算法)的局限，开辟了更为广阔的前景。同时在实现和应用方面，迅速取得了许多富有重大意义的成果。这同样是与信号处理所依赖的数学基础和数字器件的发展分不开的。近年来，矩阵理论、随机过程理论、系统理论、控制理论等领域不断取得新的进展，并对信号处理领域产生了极大的影响，提供了许多可以借鉴的成果。另一方面，计算机和数字器件的飞速发展使得人们有可能将利用较为复杂的数学模型、数学处理方法得出的结果加以实现。所有这些促使信号处理领域中产生了新的发展和变革。例如，今天谈到“滤波”这一术语，已经远非仅限于低通、带通、高通、带阻这一类简单地按频段划分的滤波方法，而具有更深刻的含义，可以是指匹配滤波、自适应滤波、维纳滤波、卡尔曼滤波这样一些信息过滤方式。信号处理领域中的这些新的发展和变革也体现在基本思想方法上的一些突破。例如，人们已经不再把信号简单地看成是由加权系数不同的成谐波关系的正弦振荡的组合(即 FFT 等经典方法所采用的数学模型)，而是通过对实际物理现象的深入研究，提出了新的数学模型，以求更深刻、更准确地刻画信号。信号处理方法也不再是简单地按不同频段进行分离或选择，而是寻求在某种准则下实现噪声或杂波的最佳滤除和信息的最佳提取的数学处理方式。同时，从事信号处理的研究人员，更为关心如何应用新的信号处理理论，如何设计硬件实现系统以求有效地将信号处理的新理论、新方法实现出来，去解决实际问题。

数字信号处理是紧紧围绕着理论、实现及应用3个方面迅速发展起来的，它以众多的学科为理论基础，涉及范围极其广泛，微积分、概率统计、随机过程、数值分析等都是数字信号处理的基本工具，与网络理论、信号与系统、控制论、通信理论、故障诊断等也密切相关，其成果又渗透到众多的学科，成为理论与实践并重、在高新技术领域中占有重要地位的新兴学科。

数字信号处理的理论和算法是密不可分的。把一个好的信号处理理论用于工程实际，需要辅以相应的算法以达到高速、高效及简单易行的目的。例如，FFT 算法的提出使 DFT 理论得以推广，Levinson 算法的提出使 Toeplitz 矩阵的求解变得很容易，从而使参数模型谱估计技术得到广泛应用等等。伴随着通信技术、电子技术及计算机的飞速发展，数字信号处理的理论也在不断地丰富和完善，各种新算法、新理论正在不断地被提出，可以预计，在今后的十年中，数字信号处理将获得更快的发展。

数字信号处理与模拟信号处理相比，具有以下优点：

① 数字信号处理的动态范围大，有比模拟信号大 30 dB(几十倍)的动态范围，处理过程仅受量化误差和有限字长的影响，具有更高的信噪比和精度。

② 接口方便，DSP 应用系统与其他以现代数字技术为基础的系统或设备都是相互兼容的，它与这样的系统接口以实现某种功能要比模拟系统容易得多。

③ 稳定性好，模拟系统的性能受元器件参数性能变化的影响比较大，而数字系统基本不受影响，因此数字信号处理系统便于测试、调试和大规模生产。

④ 具有高度灵活性，能够快速处理、缓存和重组数据，可以时分多用、并行处理，还可以灵活地改变系统参量和工作方式，实现可编程处理。

⑤ 集成方便，DSP 应用系统中的数字部件有高度的规范性，便于大规模集成。

图 1-12 是数字信号处理系统的简化框图。此系统先将模拟信号变换为数字信号，经数字信号处理后，再变换成模拟信号输出。其中抗混叠滤波器的作用，是将输入信号 $x(t)$ 中高于折叠频率(其值等于采样频率的一半)的分量滤除，以防止信号频谱的混叠。随后，信号经采样和 A/D 转换后，变成数字信号 $x(n)$。数字信号处理器对 $x(n)$ 进行处理，得到输出数字信号 $y(n)$，经 D/A 转换器变成模拟信号。此信号经低通滤波器，滤除不需要的高频分量，最后输出平滑的模拟信号 $y(t)$。

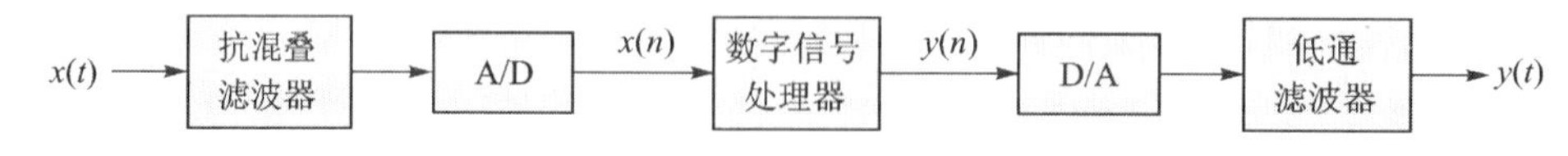

图 1-12 数字信号处理系统简化框图

1.2 数字信号处理系统实现方法

在图 1-12 所示的结构中，数字信号处理器件是整个系统的核心部分，除了 A/D 的采样频率外，它决定整个系统的信号处理性能。

20 世纪 50～70 年代，人们研究的相关算法只能在初级计算机通过编程实现。到了 70 年代末 80 年代初，DSP 芯片的数字信号处理的实现方式发生了革命性的变化。但是由于芯片价格昂贵，并没有进入消费领域，而是在雷达、通信等高端市场得到应用。20 世纪 90 年代，随着微电子技术的飞速发展，DSP 技术得到了飞速发展，各种高性价比的芯片、高性能芯片相继出现。DSP 技术蓬勃发展，无论是手机、MP3、电视、空调等消费领域，还是雷达、通信等高端领域，均得到广泛应用。常用的数字处理器件主要包括 ASIC、DSP 和 FPGA 等。下面分别对这几种数字处理器件实现方法进行介绍。

1.2.1 ASIC(集成电路)

在集成电路(ASIC)界，ASIC 被认为是一种为专门目的而设计的集成电路，是指应特定用户要求和特定电子系统的需要而设计、制造的集成电路。ASIC 的特点是面向特定用户的需求，利用 ASIC 作为信号处理器件的系统具有体积小、功耗低、可靠性高、性能高、保密性强、成本低等优点。

然而，正是由于 ASIC 具有专用性的特点，导致其编程性差，同一种芯片完成的功能有限，因而其灵活性受到约束。当一套基于 ASIC 的数字信号处理系统完成以后，很难适应变更环境和性能升级的需要。

1.2.2 DSP(数字信号处理器)

DSP(数字信号处理器)是专门为了数字信号处理应用而设计的高速芯片，解决了原来处理器结构复杂、单片微机速度达不到实时系统要求的问题。DSP 不同于早期微处理器的冯·诺依曼结构，其内部采用了程序空间和数据空间分开的哈佛(Harvard)结构，如图 1-13 所示。这种结构允许 DSP 同时取指令(来自程序存储器)和取操作数(来自数据存储器)，而且还允许在程序空间和数据空间之间相互传送数据。DSP 工作于流水线模式，而且程序执行中的各种阶段是重叠执行的，即在执行本条指令的同时，还依次完成了后面三条指令的取操作数、译码和取指的任务，将指令周期降到最小值。在某种意义上讲，DSP 通过使用更多的资源换取了高速数据处理的实时性要求。

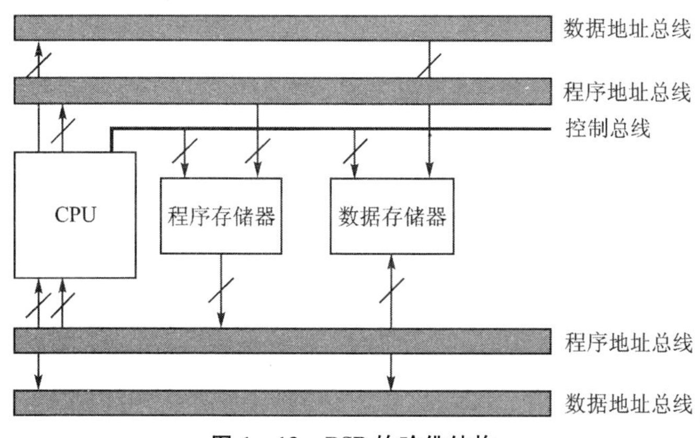

图 1-13 DSP 的哈佛结构

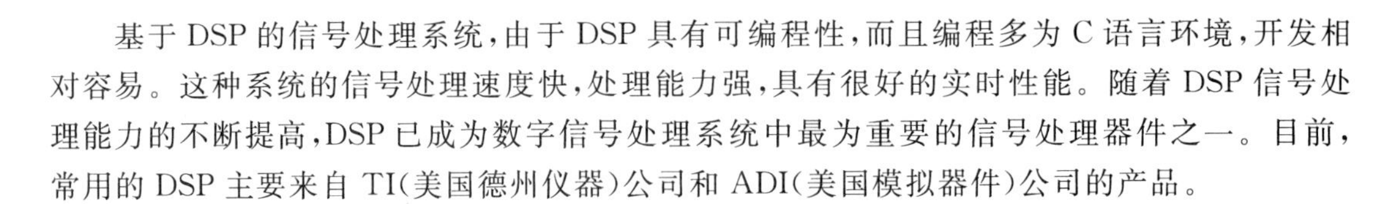

基于 DSP 的信号处理系统，由于 DSP 具有可编程性，而且编程多为 C 语言环境，开发相对容易。这种系统的信号处理速度快，处理能力强，具有很好的实时性能。随着 DSP 信号处理能力的不断提高，DSP 已成为数字信号处理系统中最为重要的信号处理器件之一。目前，常用的 DSP 主要来自 TI(美国德州仪器)公司和 ADI(美国模拟器件)公司的产品。

1.2.3 FPGA 现场可编程门阵列

FPGA 即现场可编程门阵列，是在 PAL，GAL，CPLD 等可编程器件的基础上进一步发展的产物。FPGA 采用了逻辑单元阵列 LCA(Logic Cell Array)这样一个概念，内部包括可配置逻辑块 CLB(Configurable Logic Block)、输出输入模块 IOB(Input Output Block)和内部连线(Interconnect)三部分，如图 1-14 所示。用户可以对 FPGA 内部的 CLB 和 IOB 进行，以实现用户的逻辑。它还具有静态可重复编程和动态在系统可重构的特性，使得硬件的功能可以像软件一样通过编程来修改。目前，对于一般的 ASIC 芯片开发流程，通常先要利用 FPGA 进行编程验证，而后流片制造。

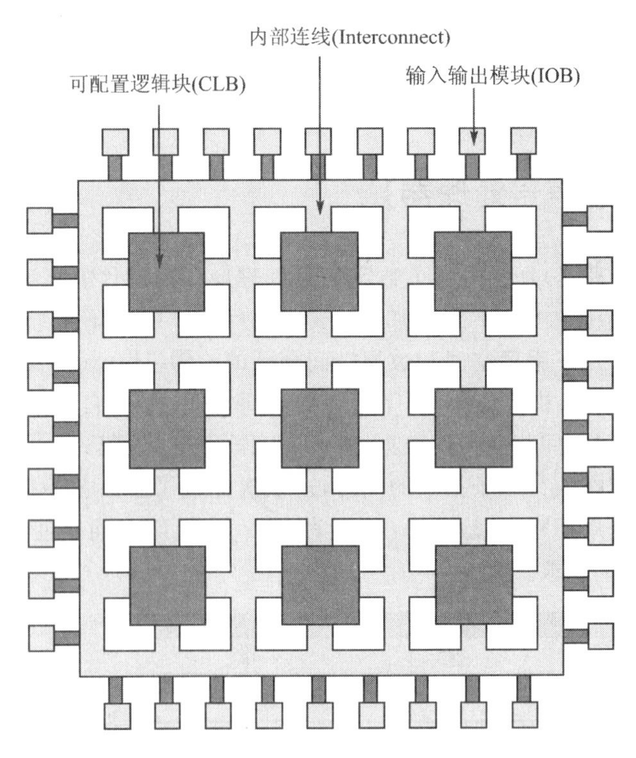

图 1-14 通用 FPGA 内部结构

基于 FPGA 的信号处理系统，FPGA 是具有极高并行度的信号处理引擎，能够满足算法复杂度不断增加的应用要求，具有很好的实时性和信号处理并行性。相对于 DSP 来说，FPGA 的开发相对较难，目前开发 FPGA 的语言主要为 VHDL 和 Verilog HDL 语言。当今 FPGA 内部的逻辑资源、存储资源和 IP 核资源日益丰富，加上其强大的编程性和并行处理能力，FPGA 成为数字信号处理系统中另一个最为重要的信号处理器件。目前，FPGA 的主要厂商包括 Atera、Xilinx、Actel 等公司。

1.2.4　其他数字信号处理器

除了上述3种数字处理器件外，数字信号的处理也可以由PC完成。这种系统主要通过PC的编程(如Matlab等)来实现数字信号的处理。这种方法入门比较容易，可以进行仿真几乎所有需要进行数字信号处理的系统。但是，编译效率比较低，运算速度较低，不能满足高速数据处理的要求，而且庞大的体积和功耗也制约了这种方法的使用，逐渐被ASIC、DSP和FPGA替代。

1.2.5　常用数字信号处理系统优缺点比较

上面对ASIC、DSP、FPGA以及PC为核心处理器件的数字信号处理系统进行了介绍，表1-1对这4种数字信号处理系统的优缺点进行了比较。

表1-1　4种信号处理系统优缺点比较

核心器件	优　点	缺　点
ASIC	体积小、功耗低，保密性好，系统开发较易	编程性差，灵活性弱。难以适应环境的改变和性能提升
DSP	硬件开发环境较易，实时性能好，适合复杂数据处理，数据传输快，处理能力强	并行处理能力较弱
FPGA	高度的并行处理能力，实时性能好，可以通过编程实现预期信号处理功能	开发较难
PC	开发简单	实时性能差，效率低

通过表1-1的对比可以看出，DSP和FPGA在信号处理实时性上占有绝对的优势。信号处理实时性是指处理系统能够在特定时间内完成对外部输入数据的处理，即信号处理的速度必须大于等于输入信号的数据率。对于宽带信号的数字化处理，由于其采样速率高，因而要求数字信号处理器件的数据传输速率大，处理能力也要很高。这种情况下，ASIC和PC已经不能满足系统设计的要求，此时DSP和FPGA的优势突显出来。

1.3　数字信号处理芯片发展历程

作为数字信号处理芯片的典型代表，ASIC、DSP和FPGA在各数字信号处理系统中占有举足轻重的地位。从20世纪80年代左右开始，它们的发展经历了不同的历程。

1.3.1　ASIC芯片发展

自20世纪80年代，随着计算机技术与集成电路技术的飞速发展，大规模集成电路，特别是专用集成电路ASIC以其体积小、性能高、成本低的优越性得到了广泛的发展。进入20世纪90年代之后，伴随着铜微处理器、硅芯片技术的发展，可编程ASIC在体积与性能上得到了更加良好的体现。电子系统设计因此也出现了一场革命性的变化。

现代ASIC设计技术发展的一个重要趋势就是直接面向用户的需求，根据电路系统功能和行为的要求，自顶向下逐层完成相应的设计描述综合与优化、模拟与验证，直到生成器件。现在整机产品正朝着速度快、容量大、体积小、重量轻的方向发展，这里的关键技术也就是ASIC。

1.3.2 DSP芯片发展

世界上第一个DSP芯片是1978年AMI公司发布的S2811。1979年美国Intel公司发布的商用可编程器件2920是DSP芯片的一个主要里程碑。这两种芯片内部都没有现代DSP芯片必须有的单周期乘法器。1980年，日本NEC公司的μD7720是第一个具有乘法器的商用DSP芯片。1982年日本Hitachi公司推出了第一款浮点DSP芯片。

在DSP设计上最为成功的DSP的芯片制造商——美国德州仪器公司，1982年推出了第一片数字信号处理器TMS320C10，形成了DSP的系列产品。自此DSP发展大致经历了5个阶段，形成了目前DSP产品的五代产品。

(1) 第一代DSP

1982年TI公司推出的TMS320C10是第一代DSP代表，它是16位定点DSP，首次采用哈佛结构，完成乘累加运算时间为390 ns，处理速度较慢。

(2) 第二代DSP

1987年Freescale公司(原Motorola公司半导体部)推出了DSP56001，它是24位定点DSP，完成乘累加运算时间为75 ns，其他产品如AT&T公司的DSP16A，ADI公司的ADSP-2100，TI公司的TMS320C50等代表了第二代DSP产品。

(3) 第三代DSP

1995年出现了第三代定点DSP产品，如Freescale公司的DSP56301，ADI公司的ADSP-2180，TI公司的TMS320C541等。这些产品改进了内部结构，增加了并行处理单元，扩展了内部存储器容量，提高了处理速度，指令周期大约为20 ns。同期出现了功能更强的32位浮点处理的DSP，如Freescale公司的DSP56000，TI公司的TMS320C3X，ADI公司的ADSP-21020等。

(4) 第四代DSP

近年推出了性能更高的第四代处理器，包括近年TI公司推出的并行处理定点系列TMS320C62XX、64XX，浮点系列TMS320C67XX，ADI的并行处理浮点系列ADSP21060、ADSP-TS101S、ADSP201S等。目前DSP生产厂家中最有影响的是TI公司、ADI公司、Freescale公司。其中TI公司和ADI公司的产品系列最全，市场占有率最高。

采用并行多个处理芯片组成DSP阵列，可获得更高的处理性能。但需要DSP提供足够高速方便的互联接口。ADI的Link接口使得DSP芯片ADSP21060、TS101、TS201几乎统治了多DSP并行处理系统。近年来TI公司将RapedIO引入6000系列，期望在并行多片DSP市场上争得更多的市场。

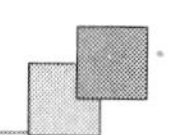

(5) 第五代 DSP

真正意义上 DSP 性能的飞跃是多核高性能 DSP 芯片的出现，即 TI 的 TMS320C647x 系列。多核 DSP 解决了并行多 DSP 阵列芯片之间数据交换、系统功耗等问题，是未来高性能 DSP 的发展方向。

图 1－15 概述了 DSP 的发展和演变过程。

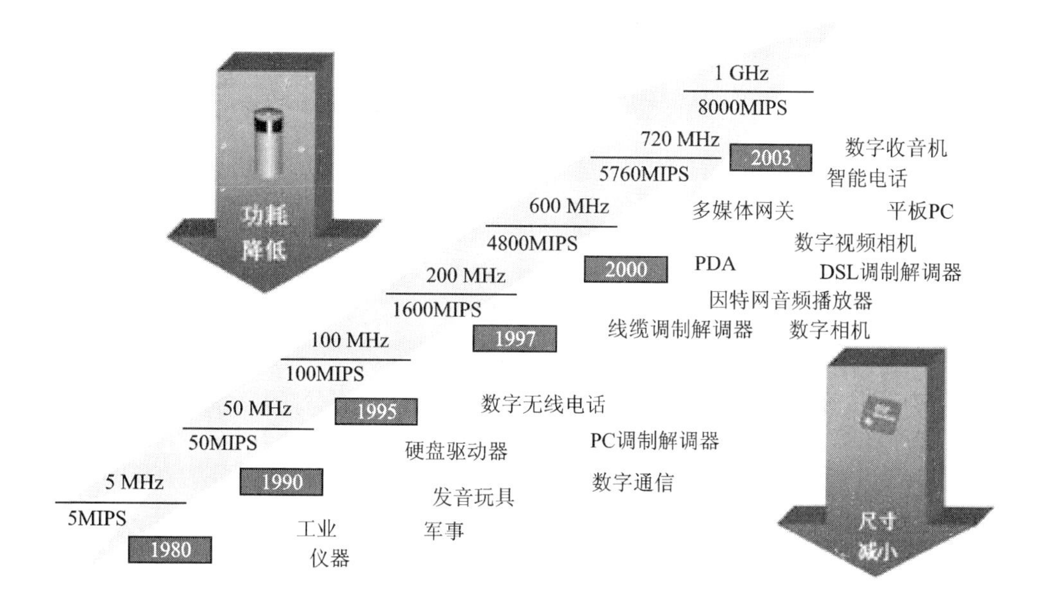

图 1－15 DSP 发展和演变历程

表 1－2 将每十年 DSP 性能、规模、工艺、价格的变动和应用进行概括。

表 1－2 DSP 发展概况

年代	1980	1990	2000	2010
速度/MIPS	5	40	5 000	50 000
RAM/字节	256	2K	32K	1M
规模/门	50K	500K	5M	50M
工艺/μm	3	0.8	0.1	0.02
价格/美元	$150.00	$15.00	$5.00	$0.15

不同应用场合对 DSP 要求不尽相同，因此出现了 DSP 发展的多样化。据不完全统计，目前正在使用的 DSP 有 300 多种，DSP 生产厂家有 80 多家。其中 TI 产品占到 60％，ADI 占到 15％，Freescale 占到 10％，Lucent 占到 5％。依据处理数据类型，分为定点和浮点两类；依据处理性能要求的不同，分为低端和高端；依据应用场合不同，分为控制类、计算类、多功能协同类等等。

各大 DSP 生产厂家的系列化产品占据着 DSP 应用的各个方面。以 TI 公司为例，自 1982 年以来已经形成了 TMS320C2000 系列、TMS320C3000 系列、TMS320C5000 系列、TMS320C6000 系列产品。其中 TMS320C2000 系列是面向电机等控制的定点 DSP 芯片，其中应用最为广泛的是 TMS320F2407 及其后续产品 TMS320F2812；TMS320C3000 系列是面向计算的浮点处理 DSP 芯片，其中 TMS320VC33 得到了广泛应用；TMS320C5000 系列是面向网络应用的低功耗 DSP 芯片，其中的 TMS320C5402 等应用广泛；TMS320C6000 系列是面向计算的 VLIW 结构的高性能 DSP 芯片，其中的 TMS320C6201、TMS320C6701、TMS320C64xx 等应用广泛。TI 公司为了进入 3G 市场，专门开发了融合 DSP 和 ARM 架构的 OMAP 系列，以适应无线终端多媒体处理的要求。此外 TI 公司的 TMS320C4000 系列和 TMS320C8000 逐渐淡出了市场。同样 ADI、Freescale 也有自己的产品系列在这就不一一列举了，值得一提的是，ADI 的 Link 接口、浮点处理能力为 DSP 尤其是多片并行 DSP 阵列的发展做出了突出贡献。

1.3.3 FPGA 的发展

自 1985 年 Xilinx 公司推出第一片 FPGA 至今，FPGA 已经历了十几年的发展历史。在这十几年的发展过程中，以 FPGA 为代表的数字系统现场集成技术取得了惊人的发展：现场可编程逻辑器件从最初的 1 200 个可利用门，发展到 90 年代的 25 万个可利用门，21 世纪来临之即，国际上现场可编程逻辑器件的著名厂商 Altera 公司、Xilinx 公司又陆续推出了数百万门的单片 FPGA 芯片，将现场可编程器件的集成度提高到一个新的水平。尤其是最近几年，FPGA 的主要厂商 Altera、Xilinx 等不断更新优化产品架构和生产工艺，不断降低 FPGA 的功耗和系统成本，推出了很多高性能低价位的解决方案，将市场从传统的高端通信扩展到汽车和消费类电子产品。与此同时，FPGA 也出现了一些不同的发展方向和趋势。

纵观现场可编程逻辑器件的发展历史，之所以具有巨大的市场吸引力，原因在于：FPGA 不仅可以解决电子系统小型化、低功耗、高可靠性等问题，而且其开发周期短、开发软件投入少、芯片价格不断降低，促使 FPGA 越来越多地取代了 ASIC 的市场，特别是对小批量、多品种的产品需求，使 FPGA 成为首选。

目前，FPGA 的主要发展动向是：随着大规模现场可编程逻辑器件的发展，系统设计进入“片上可编程系统”(SOPC)的新纪元；芯片朝着高密度、低电压、低功耗方向发展；国际各大公司都在积极扩充其 IP 库，以优化的资源更好的满足用户的需求，扩大市场；特别是引人注目的所谓 FPGA 动态可重构技术的开拓，将推动数字系统设计观念的巨大转变。虽然 FPGA 一直被认为由于其功耗、成本的原因，似乎只能用于高端市场，但是目前随着技术的进步，功耗、成本不断的降低进入了 AISC 原有的不少市场。

1.4 数字信号处理的应用

随着数字信号处理的各种芯片(DSP、FPGA 和 ASIC 等)的性能不断改善，利用数字信号处理系统作信号的实时处理已成为当今和未来数字信号处理技术发展的一个热点。

ASIC、DSP、FPGA 在各自的领域都有占有优势，独领风骚：对于 ASIC，在市场成熟的消费电子领域占据着不可比拟的优势；对于 DSP，随着无线通信的数字化，数字基站和数字手机得到空前的发展；而且 FPGA 和 DSP 的合作，发挥着无比的威力。

随着各个芯片生产厂家研制的投入，芯片的成本和售价大幅度下降，这使得数字信号处理的应用范围不断扩大，现在数字信号处理的应用遍及电子学及与其相关的各个领域，如

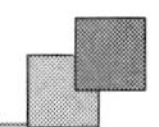

表1-3所列。

表1-3 数字信号处理的应用

领 域	应 用
语音处理	语音编码、语音合成、语音识别、语音增强、语音邮件、语音储存等
图像/图形	二维和三维图形处理、图像压缩与传输、图像识别、动画、机器人视觉、多媒体、电子地图、图像增强
军事	保密通信、雷达处理、声呐处理、导航、全球定位、搜索和反搜索等
仪器仪表	频谱分析、函数发生、数据采集、地震处理等
自动控制	控制、深空作业、自动驾驶、机器人控制、磁盘控制等
医疗	助听、超声设备、诊断工具、病人监护、心电图等
家用电器	数字音响、数字电视、可视电话、音调控制、玩具与游戏

第 2 章

DSP 实时处理与数制表示

2.1 数字信号处理系统概述

在第 1 章提到典型的数字信号处理结构如图 2-1 所示，包括 ADC、数字处理、DAC 三部分。图 2-1 为一个数字信号处理板，器件 1 是 ADC 芯片，器件 2 是 DSP 芯片，器件 3 是 DAC 芯片，本处理板可完成语音信号的实时处理功能。当然，一个完整的数字信号处理系统还包括电源、时钟等必要电路。其中：ADC 和 DAC 是系统的外部接口，完成模拟和数字信号转换；数字处理部分是核心，完成各种信号处理运算；时钟(CLK)是驱动器，数字处理部分在时钟驱动下按时钟节拍完成各项任务；电源为所有电路工作提供能量。

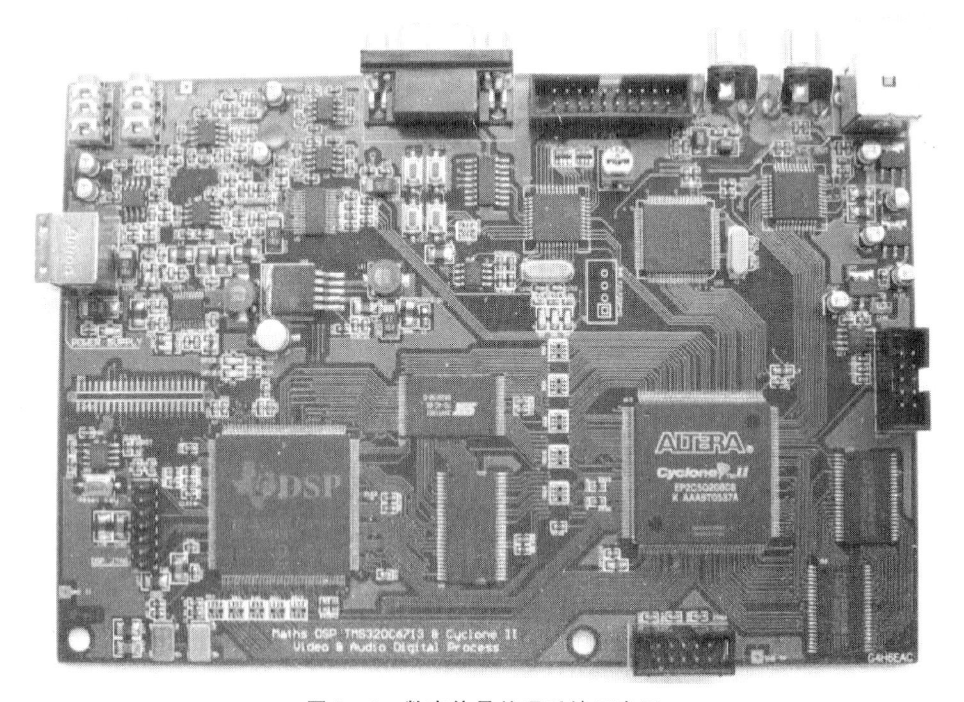

图 2-1　数字信号处理系统示意图

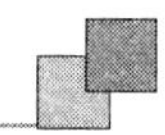

以第 1 章中的信号为例，一个幅度为±5 V，频率为 50 kHz 正弦信号中叠加一个幅度为±2 V，频率为 400 kHz 的信号，看看一个 6 阶 FIR 数字滤波器是如何进行滤波的。

按照奈奎斯特低通采样定律，采样频率需要大于信号最高频率的 2 倍，此处选取 1 MHz 采样时钟。经过 ADC 采样的信号如图 2-2 所示。此时模拟信号 $x(t)$ 已经变成数字信号 $x[n]$，该信号是一串数字序列，按照 ADC 的采样时钟不断输出。

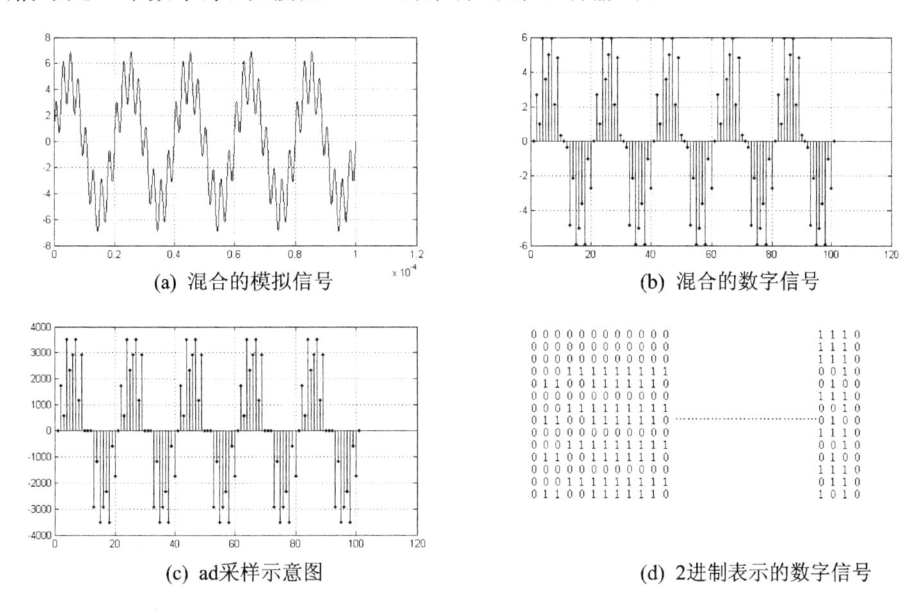

(a) 混合的模拟信号　　(b) 混合的数字信号

(c) ad采样示意图　　(d) 2进制表示的数字信号

图 2-2　ADC 采样过程

数字信号处理部分需要接收这些二进制序列并完成 FIR 运算，此处采用一个 6 阶 FIR 滤波器。滤波器冲击响应：

$$h[n]=0.0264\delta(n)+0.1405\delta(n-1)+0.3331\delta(n-2)+0.3331\delta(n-3)+0.1405\delta(n-4)+0.0264\delta(n-5)$$

滤波器时域冲击响应和频域特性如图 2-3 和图 2-4 所示，与模拟滤波器相比，FIR 滤波器具有线性相位，即对所有频率信号的延迟相同，因而不存在多频信号色散问题。

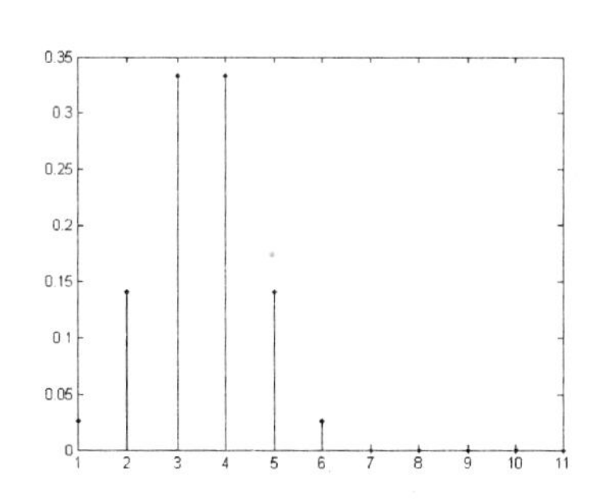

图 2-3　6 阶 FIR 滤波器冲击响应

数字信号处理部分按照 DSP 信号的时钟工作，处理后的数字序列 $y[n]$ 如图 2-5 所示，其中噪声已经滤除。将该数字序列送入 DAC 芯片，该芯片按照采样时钟 1MHz，将该信号转换为模拟信号 $y_s(t)$，经过模拟低通滤波器生成模拟信号 $y(t)$。此时 $y(t)$ 信号为一个幅度为±5 V，频率为 50 kHz 正弦信号，叠加在其中的噪声信号已被去除。

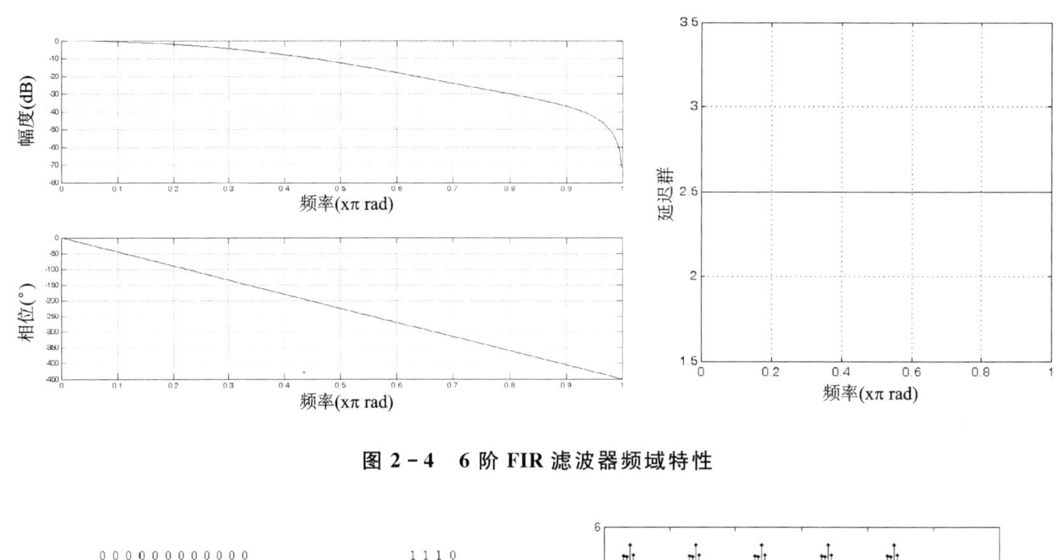

图 2-4　6 阶 FIR 滤波器频域特性

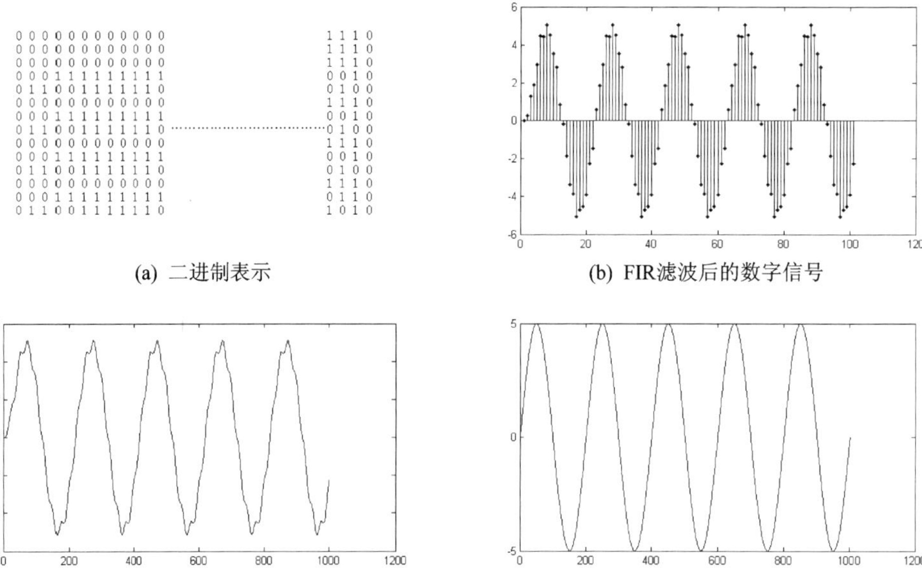

(a) 二进制表示　　(b) FIR滤波后的数字信号

(c) D/A转换后的模拟信号$y_s(t)$　　(d) 滤波后的信号$y(t)$

图 2-5　DAC 重构过程

2.2　数字/模拟转换

经过 ADC 转换以后，模拟信号成为了时间序列，在信号处理系统中处理。众所周知，数字电路用“0、1”二进制表示和存储各种数值，每个采样值按照图 2-6 格式存储在 B(bit)长的存储区中。

x_{N-1}	x_{N-2}	x_{N-3}	x_{N-4}	…	x_3	x_2	x_1	x_0

MSB　　　　LSB

图 2-6　数据存储格式

一个 B 存储器能够表示数字的个数为：2^B

处理器中典型的存储长度有 8 bit、16 bit、32 bit、64 bit，各不同长度存储器所能表示数字的个数如表 2-1 所列，可见随着存储器长度的增加，所能表示数的个数急剧增多。

表 2-1 常用存储器所能表示数字的个数

序 号	存储器长度 B/bit	表示数字个数
1	8	256
2	16	65 536
3	32	4 294 967 296
4	64	18 446 744 073 709 551 616

二进制代表的数值大小，由处理器形式决定，目前处理器中主要包括定点数和浮点数两类。处理器中约定所有数值数据的小数点隐含在某一个固定位置上，即定点数；小数点位置是浮动的，即浮点数。定点数表示的数值范围小，定点数计算起来比浮点数消耗的资源少且计算速度快。

2.2.1 定点数

顾名思义，就是在处理器中所有数据的小数点位置固定不变。小数点位置可以在二进制数的任何两个 bit 之间，但是并不占用任何 bit，如图 2-7 所示。就是说小数点位置是约定的，而不是标记在数值中。

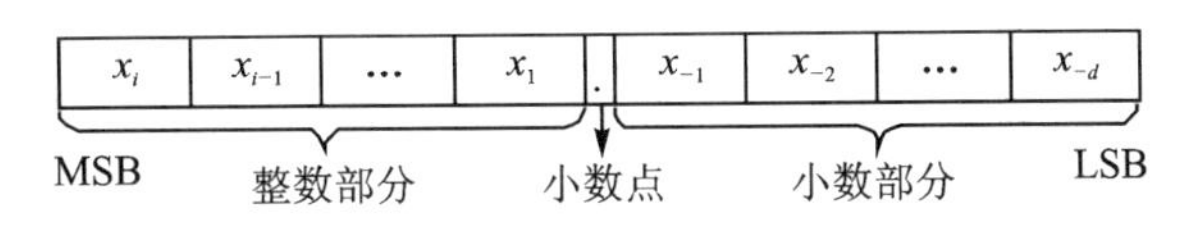

图 2-7 定点数存储格式

定点数既可表示符号数，也可表示无符号数。如果该定点数是有符号数，则其最高位(Most Significant Bit)用来表示该数值的符号；当然无符号数的最高位和其他位数一样表示数值大小。即定点数分为有符号数和无符号数。

S 表示法和 Q 表示法这两种常用表示小数点的方法，是如何表示定点数的？

(1) S 表示法

S 表示法通常写成 $Si.d$ 的形式，i 表示该定点形式有 i 个整数位，d 表示有 d 个小数位。如果该定点数表示的是有符号数，其最高位用来表示该数值的符号，则整数位数、小数位数、符号位三者之和 $i+d+1$ 等于定点数字长；如果为无符号数，则整数位数、小数位数两者之和 $i+d$ 等于定点数字长，如图 2-8 所示。

对于无符号数，$Si.d$ 定点数表示的数值大小为

$$X = \sum_{n=0}^{i-1} 2^n + \sum_{m=1}^{d} 2^{-m} \tag{2-1}$$

对于有符号数，$Si.d$ 定点数表示的数值大小为

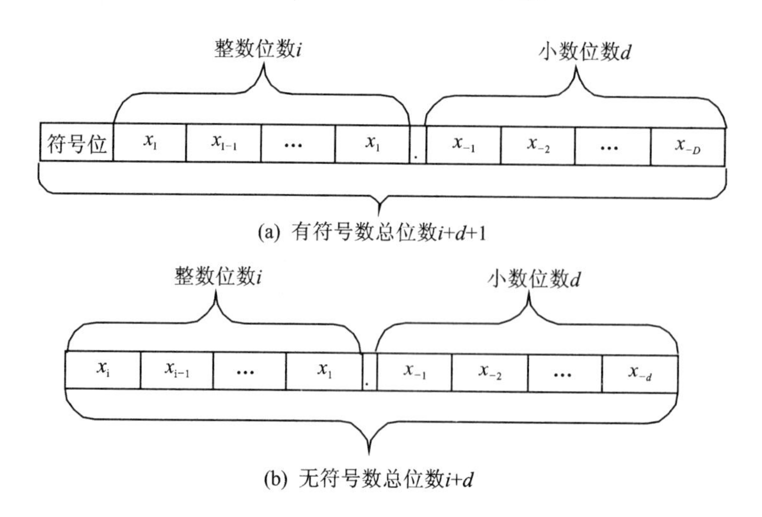

图 2-8 有符号和无符号定点数存储格式

$$X=(-1)^s\left(\sum_{n=0}^{i-1}2^n+\sum_{m=1}^{d}2^{-m}\right) \tag{2-2}$$

2. Q 表示法

Q 表示法是一种 S 表示法的简化形式，只表示出小数部分。通常写成 Qn 的形式，n 表示该数的小数有 n 位，例如：Q15 表示该数的小数部分共有 15 位，而 Q9 则表示该数有 9 位小数。

例 1-1 $(100011100011)_2$ 为 16 位 S5.10 有符号数，则表示定点数有 5 位整数、10 位小数，因此代表的数值为：

$$\begin{aligned}X&=2^1+2^{-3}+2^{-4}+2^{-5}+2^{-9}+2^{-10}\\&=2+0.125+0.0625+0.03125+0.001953125+0.0009765625\\&=2.2216796875\end{aligned}$$

$(1000\ 1110\ 0011)_2$ 为 16 位 S0.15 有符号数，则表示该定点数有 0 位整数、15 位小数，即小数点位置在 b15b14 之间，这是一类特殊的定点数称做纯小数。

代表的数值为：0.000100011100011

$$\begin{aligned}X_1&=2^{-4}+2^{-8}+2^{-9}+2^{-10}+2^{-14}+2^{-15}\\&=0.0625+0.00390625+0.001953125+0.0009765625\\&\quad+0.00006103515625+0.000030517578125\\&=0.069427490234375\end{aligned}$$

$(1000\ 1110\ 0011)_2$ 为 16 位 S15.0 有符号数，则表示定点数有 15 位整数、0 位小数，即小数点位置在 b0 后面，这一类特殊的定点数称做整数。

代表的数值为：0,000100011100011.

$$\begin{aligned}X_2&=2^{11}+2^7+2^6+2^5+2^1+2^0\\&=2\,048+128+64+32+2+1\\&=2\,275\end{aligned}$$

我们注意到，其实 X、X_1、X_2 这 3 个数值之间存在对应的倍数关系，

$X_1 = 2^l X$ l 等于两个定点数小数点位置之差。

即小数点位置变换代表数值被放大或者缩小了 2^l，其中 l 代表小数点位置改变量。就像十进制一样。

下表给出了 16 位定点数小数点处于不同位置时，Q 和 S 表示法及数值区间。

表 2-2　Q 和 S 表示法特点

Q 表示法	S 表示法	精度	十进制数表示范围
Q15	S0.15	1/32768	−1≤X≤0.9999695
Q14	S1.14	1/16384	−2≤X≤1.9999390
Q13	S2.13	1/8192	−4≤X≤3.9998779
Q12	S3.12	1/4096	−8≤X≤7.9997559
Q11	S4.11	1/2048	−16≤X≤15.995117
Q10	S5.10	1/1024	−32≤X≤31.9990234
Q9	S6.9	1/512	−64≤X≤63.9980469
Q8	S7.8	1/256	−128≤X≤127.9960938
Q7	S8.7	1/128	−256≤X≤255.9921875
Q6	S9.6	1/64	−512≤X≤511.9804375
Q5	S10.5	1/32	−1024≤X≤1023.96875
Q4	S11.4	1/16	−2048≤X≤2047.9375
Q3	S12.3	1/8	−4096≤X≤4095.875
Q2	S13.2	1/4	−8192≤X≤8191.75
Q1	S14.1	1/2	−16384≤X≤16383.5
Q0	S15.0	1	−32768≤X≤32767

字长相同的定点数，小数点位置不同所表示的数不仅范围不同，而且精度也不相同。小数点位置越靠近 MSB，所表示的数值范围越小，但精度越高(量化步长越小)；相反，小数点位置越靠近 LSM，所表示数值范围越大，但精度越低(量化步长越大)。

例如，对一个 16 位有符号定点数，用 Q 表示法时，不同的 Q 值所对应的最大值、最小值和精度，分别为：

最大值：$(2^{15}-1) * 2^{-Q}$

最小值：$-(2^{15-Q})$

精度：2^{-Q}

对于定点数，数值范围与精度是一对矛盾。扩大的数值范围须以牺牲精度为代价，而提高精度则需要缩小范围，因为表示字长决定了表示数字的个数，而相邻两个定点数之间的差值，在整个定点数表示范围内都是一样的 2^{-Q}。

3. 定点数表示法

式(2-1)和式(2-2)给出了处理器定点数二进制与十进制之间的转换关系，例 1-1 给出了二进制定点数如何转换为十进制的方法法。在下面例子中将给出十进制转换为二进制的方法。

例 1-2 将十制数$(375.16)_{10}$表示成 $Q5$ 无符号数。

首先将$(375.16)_{10}$写成整数和小数两部分：

$$(375)_{10}+(0.16)_{10}$$

整数转整数：

$$\begin{aligned}375&=256+64+32+16+4+2+1\\&=2^8+2^6+2^5+2^4+2^2+2^1+2^0\end{aligned}$$

$$(375)_{10}=(101110111)_2$$

分数转分数：

$$\begin{aligned}0.16&=0.125+0.03125+\cdots\\&=2^{-3}+2^{-5}\end{aligned}$$

$$(0.16)_{10}=(0.00101)_2$$

最后将整数部分与小数部分合并得到：

$$(375.16)_{10}=(00101110111.00101)_2$$

例 1-3 将十进制数$(-375.16)_{10}$表示成 $Q5$ 有符号数

由例 1-2 可得：

$$(375.16)_{10}=(0101110111.00101)_2$$

又有负数的符号位(即第一位)为 1,而其他各位取反并加 1,则有：

$$(-375.16)_{10}=(11010001000.11011)_2$$

例 1-4 将十进制数$(-375.16)_{10}$表示成 $Q7$ 有符号数

由于 $Q7$ 有符号数的整数部分只有 8 位,故整数部分$(375)_{10}=(01110111)_2$

而小数部分$(0.16)_{10}=(0.0010101)_2$

则$(375.16)_{10}=(01110111.0010101)_2$

而$(-375.16)_{10}=(110001000.1101011)_2$

显然结果已经溢出了。

比较例 1-3 和例 1-4,用可看出 $Q7$ 表示法相比于 $Q5$ 表示法虽然对于小数的精确度提高了,但随之而来的是表示范围的减小。

4. 定点数加减法

加减运算是最基本的运算之一,而减法实际上就是加上一个数的相反数,因此也可将减法看成是一种加法来讨论。定点数加法非常简单,而其中最重要的一点就是定标的问题,如果两个加数的定标不同,就不能直接把它们相加,而需要进行定标转换,化成相同格式的定点数,之后就能直接相加得到两者之和。

例 1-5 将$(375.16)_{10}$和$(-375.16)_{10}$分别表示为 $Q5$ 定点数,并求上述两数之和。

$$\begin{array}{r}(0010,1110,1110,0101)_2\\+\quad(1101,0001,0001,1011)_2\\\hline(0000,0000,0000,0000)_2\end{array}=\begin{array}{r}(375.16)_{10}\\+\quad(-375.16)_{10}\\\hline(0)_{10}\end{array}$$

例 1-6 在一个数据长度为 16 位的处理器中按照 $Q15$ 有符号数计算$(0.5)_{10}+(0.5)_{10}$。

$$\begin{array}{r}(0100,0000,0000,0000,0000)_2\\+\quad(0100,0000,0000,0000,0000)_2\\\hline(1000,0000,0000,0000,0000)_2\end{array}=\begin{array}{r}(0.5)_{10}\\+\quad(0.5)_{10}\\\hline(\text{error})_{10}\end{array}$$

所得结果超出了 $Q15$ 的表示范围，即计算结果溢出，由此可看出，即使是两个纯小数相加，若表示范围很小，计算结果也可能溢出。

例 1－7　在一个数据长度为 16 位的处理器中按照 $Q15$ 有符号数计算 $(0.5)_{10}+(0.3)_{10}$。

$$\begin{array}{r} (0100,0000,0000,0000)_2 \\ +\quad (0010,0110,0110,0110)_2 \\ \hline (0110,0110,0110,0110)_2 \end{array} = \begin{array}{r} (0.5)_{10} \\ +\quad (0.3)_{10} \\ \hline (0.79998779296875)_{10} \end{array}$$

例 1－8　将例 1－7 中的定点数按照 $Q4$ 表示，其对应的十进制各是多少，并求其加法。

$$\begin{array}{r} (0100,0000,0000,0000)_2 \\ +\quad (0010,0110,0110,0110)_2 \\ \hline (0110,0110,0110,0110)_2 \end{array} = \begin{array}{r} (1024)_{10} \\ +\quad (614.375)_{10} \\ \hline (1638.375)_{10} \end{array}$$

讨论例 1－7、1－8 的结果，两者二进制加法结果一样（即处理器的输出相同），但是十进制不同，两者之间存在被放大或者缩小了 2^l，其中 l 代表小数点位置改变量。

例 1－9　如果在一个 16 位处理器按照 $Q4$ 有符号数中计算 $(1000.7)_{10}+(0.001)_{10}$，其对应的二进制各是多少，并求其加法。

$$\begin{array}{r} (0011,1110,1000,1011)_2 \\ +\quad (0000,0000,0000,0000)_2 \\ \hline (0011,1110,1000,1011)_2 \end{array} = \begin{array}{r} (1000.7)_{10} \\ +\quad (0.001)_{10} \\ \hline (1000.6875)_{10} \end{array}$$

由此，小数点位置的限制无法表示较小的数。

例 1－10　若将处理器换成 32 位处理器按照 $Q10$ 有符号数中计算 $(1000.7)_{10}+(0.001)_{10}$，其对应的二进制各是多少，并求其加法。

$$\begin{array}{r} (0000,0000,0000,1111,1010,0010,1100,1100)_2 \\ +\quad (0000,0000,0000,0000,0000,0000,0000,0001)_2 \\ \hline (0000,0000,0000,1111,1010,0010,1100,1101)_2 \end{array} = \begin{array}{r} (1000.7)_{10} \\ +\quad (0.001)_{10} \\ \hline (1000.7001953125)_{10} \end{array}$$

如例 1－10 所示，增加位数可解决精度问题。

5. 定点数乘法

首先看看我们小学数学是如何完成乘法，被乘数×乘数＝乘积。

例 1－11　小学作业完成 $(37)_{10}\times(21)_{10}$ 计算，给出其竖式过程。

$$\begin{array}{rrrr} & & 3 & 7 \\ \times & & 2 & 1 \\ \hline & & 3 & 7 \\ + & 7 & 4 & \\ \hline & 7 & 7 & 7 \end{array}$$

口算过程的流图如图 2－9 所示。

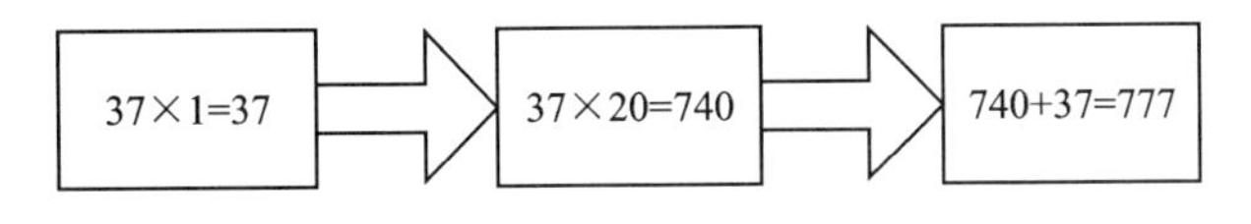

图 2－9　乘法计算过程

处理器实现乘法的过程和手算的方法相同，也是通过移位和加法完成的，两个 Lbit 字长的定点数相乘，如图 2－10 所示，其实现过程如下：

① 初始化字长为 $2L$ 被乘积寄存器的所有位为“0”，将被乘数装载到字长为 $2L$ 的被乘数寄存器，将乘数装载到字长为 L 的乘数寄存器。

② 判断乘数最低位（LSB）是 0 还是 1，如果是“1”将被乘数加到乘积寄存器中，如果是“0”，则无需任何操作，直接进行下一步。

③ 将被乘数左移 1 位（等于乘以 2，准备下位乘法），乘数右移 1 位（便于利用第二步进行下一位乘法），跳转到第二步，循环 L 次，$2L$ 乘积寄存器的数就是结果。

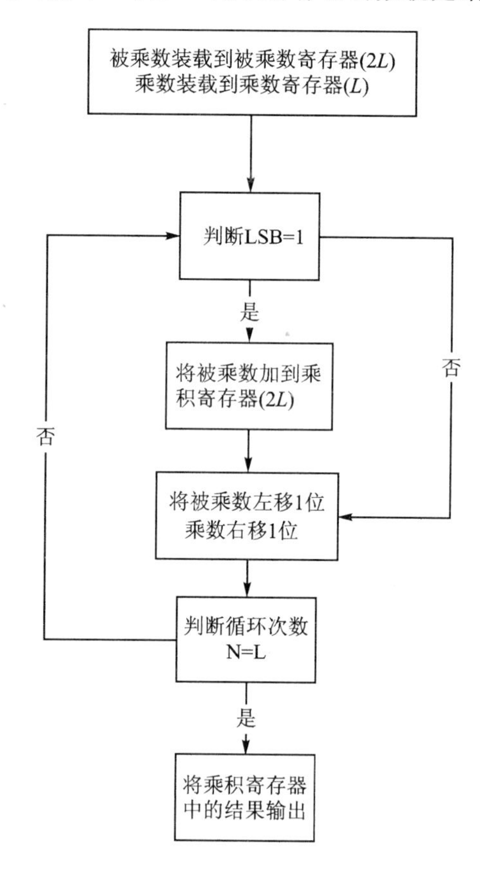

图 2-10　处理器计算乘法流程

例 1-12　在一个 8 位处理器中两个 $Q0$ 有符号定点数 $(01001101)_2$ 和 $(01100111)_2$ 的十进制表示是多少，并分别求出十进制和二级制乘积。

$$(01001101)_2=(77)_{10}$$

$$(01100111)_2=(103)_{10}$$

两个十进制数的乘积为

$$(77)_{10}\times(103)_{10}=(7931)_{10}$$

其二进制乘法计算过程如下：

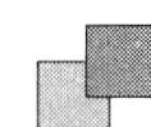

```
                                  0 1 0 0 1 1 0 1
×                                 0 1 1 0 0 1 1 1
--------------------------------------------------
                                  0 1 0 0 1 1 0 1
                                0 1 0 0 1 1 0 1
                              0 1 0 0 1 1 0 1
                            0 0 0 0 0 0 0 0
                          0 0 0 0 0 0 0 0
                        0 1 0 0 1 1 0 1
                      0 1 0 0 1 1 0 1
+                   0 0 0 0 0 0 0 0
--------------------------------------------------
                          1 1 1 1 0 1 1 1 1 1 1 0 1 1
```

将其计算结果转换为十进制：

$$(1,1110,1111,1011)_2=(7931)_{10}$$

和十进制的计算结果相同。

从例 1－12 可知，处理器进行乘法计算时，并不需要十进制那样的乘法口诀表。这是因为二进制要么是“0”，要么是“1”。当乘数为“0”时结果是“0”，当乘数为“1”时结果就是被乘数本身。并且两个 L 数相乘的结果是一个 $2L$ 的数，L 的处理器如何存储这样一个 $2L$ 的数呢？小数表示可很好解决这个问题，如将例 1－12 中 $Q0$ 改为 $Q7$，即 $Q7$ 有符号定点数 $(01001101)_2$ 和 $(01100111)_2$ 的十进制表示是多少，并分别求出十进制和二进制乘积。

$$(01001101)_2=(0.1001101)_2=(0.6015625)_{10}$$

$$(01100111)_2=(0.1100111)_2=(0.8046875)_{10}$$

两个十进制数的乘积为：

$$(0.6015625)_{10}\times(0.8046875)_{10}=(0.48406982421875)_{10}$$

我们仍然利用例 1－12 的方法计算定点数乘法，则得

$$(01001101)_2\times(01100111)_2=(1,1110,1111,1011)_2$$

根据 $Q7$ 定点有符号数所表示的十进制数为

$$(1,1110,1111,1011)_2=(61.9609375)_{10}$$

并不等于我们期望的 $(0.48406982421875)_{10}$

但是，$(61.9609375)_{10}/(0.48406982421875)_{10}=128=2^7$

正好例 1－12 中小数点位置 $Q7$ 和例 $12Q0$ 之间相差 7，这是因为计算定点数乘法过程中是按照定点整数进行计算的，即

$$(0.6015625)_{10}=(77)_{10}\times 2^{-7}$$

$$(0.8046875)_{10}=(103)_{10}\times 2^{-7}$$

则可写作

$$\begin{aligned}&(0.6015625)_{10}\times(0.8046875)_{10}\\&=(77)_{10}\times 2^{-7}\times(103)_{10}\times 2^{-7}\\&=(7931)_{10}2^{-14}\\&=(0.48406982421875)_{10}\end{aligned}$$

即按照例 1－12 计算定点数乘法得到的乘积，其小数点位置应该是 $Q14$，而不是 $Q7$，因此

在乘法完成后将乘积寄存器右移 7 位，就得到正确的结果。

$$(1,1110,1111,1011)_2 >> 7 = (11,1101)_2 = (0.4765625)_{10}$$

$$(0.4765625)_{10} \approx (0.48406982421875)_{10}$$

其中的误差是由于右移的结尾误差造成的，四舍五入可减少上述误差。

例 1－12 可以看出，对于非整数定点数的乘法需要进行乘积移位，以得到正确数值。对于一个 Qn 的定点数，需要右移 n 位。例如，16 位处理器计算有符号数乘法时采用 $Q15$ 定点数，完成乘法后需要右移 15 位，这样不仅得到正确的 $Q15$ 定点数计算结果，而且可以使得计算结果尽量接近 16 位，以便存储到处理器的 16 位存储器中。

以上各例给出的数据均为正数，那么处理器如何完成负数的乘运算呢？首先判断乘数和被乘数里有几个负数，并计算出乘积结果是正数还是负数；然后求负数的绝对值，将其转换为正数，利用上述方法求两个正数的乘积；最后根据乘积结果的正负，直接输出乘积结果，或求其负数后输出。

这样完成两个 L 字长的定点乘法，需要两个 $2L$ 字长、一个 L 字长寄存器分别存储乘积结果、被乘数和乘数，L 次移位及加法运算。

人们总是希望利用尽可能少的资源快速完成处理，这就有了以下两种乘法实现过程。

我们知道两个 L 字长的定点乘法其结果是一个 $2L$ 字长的数据，因此乘法结果的字长是无法减少。那么如何减少另外一个 $2L$ 数据的字长呢？注意被乘数的左移是为了到达乘法结果的下一个位，也就是说，乘积结果和被乘数的移位是相对的。因此，可以想办法对乘积结果寄存器进行右移。这样被乘数可使用 L 寄存器，从而减少了乘法器对存储的要求。

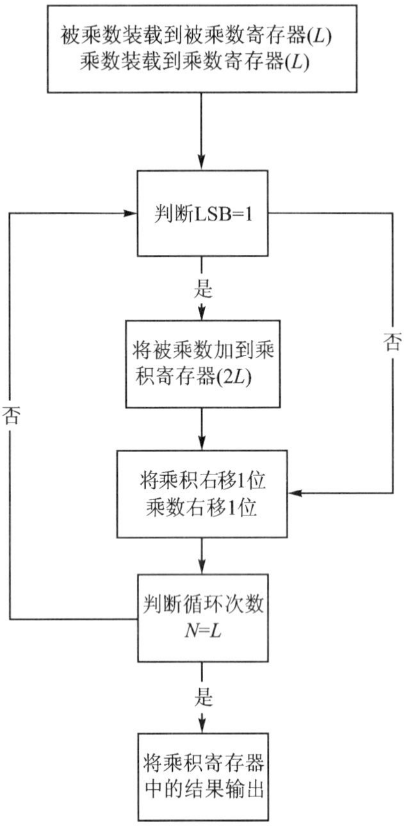

如图 2－11 所示，这样其乘法实现过程如下：

① 初始化字长为 $2L$ 被乘积结果寄存器的所有位为“0”，将被乘数装载到字长为 L 的被乘数寄存器，将乘数装载到字长为 L 的乘数寄存器。

② 判断乘数最低位（LSB）是 0 还是 1，如果是“1”将被乘数加到乘积寄存器中，如果是“0”，则无需任何操作直接进行下一步。

③ 将乘积结果右移 1 位（等于将被乘数左移 1 位乘法），乘数右移 1 位（便于利用第二步进行下一位乘法），跳转到第二步，循环 L 次，$2L$ 乘积寄存器的数就是结果。

另外，一个可以减少循环次数实现乘法的方法，这就是著名的 booth 方法。如果说减少寄存器长度的方法是基于乘积结果和被乘数之间的相对运动，那么减少循环次数就是基于 0 或 1 的持续出现。

图 2－11　处理器计算乘法流程

我们知道，当连续 N 个 1，表示的数值为：

$$\overbrace{11\cdots\cdots1}^{N}=2^N-1$$

则乘法可用下式表示：

$$R=M_C\times(11\cdots\cdots1)=M_C2^N-M_C$$

其中 M_C 为被乘数，R 为乘积。

这样完成 $M_C\times(11\cdots\cdots1)$不需要 N 次循环，只需要做1次移位，M_C2^N 的1次减法即可。

6. 定点数的除法

定点数除法的实现过程和乘法类似，不过利用的是移位和减法。

例1-13　一个8bit处理器按照 $Q4$ 定点格式进行计算，完成以下$(01100111)_2$除以$(01001101)_2$。

为了直观起见，先将两个定点数表示成十进制形式：

$$(01100111)_2=(0110.0111)_2=(6.4375)_{10}$$

$$(01001101)_2=(0100.1101)_2=(4.8125)_{10}$$

```
                       1 0 1 0 1
1001101 ) 1 1 0 0 1 1 1
         1 0 0 1 1 0 1
        ------------------------
            0 1 1 0 1 0
              0 0 0 0 0
        ------------------------
              1 1 0 1 0
            1 0 0 1 1 0 1
        ------------------------
                0 1 1 0 1 1
                  0 0 0 0 0 0
        ------------------------
                  1 1 0 1 1
                1 0 0 1 1 0 1
        ------------------------
                  0 1 1 1 1 1
```

即商为$(10101)_2$，但是其小数点位置在哪呢？和小学数学的相同，当除数和被除数小数点重合时，整数部分就结束了。商的小数点在第一个1后面，即商是 $Q4$，商的十进制为：

$$(10101)_2=(1.0101)_2=(1.3125)_{10}$$

$$\frac{(6.4375)_{10}}{(4.8125)_{10}}=(1.33766234)_{10}$$

$$(1.33766234)_{10}\approx(1.3125)_{10}$$

误差同样是定点字长造成的。

本例中商之所以和被除数、除数的 Qn 格式相同，是因为除数和被除数小数点对齐后，进行了 n 次移位和减法，从而保证了商也是 Qn 格式。

除法中同样可以用乘法的方法较少，寄存器字长和计算次数对于负数的处理也和乘法相同，在此不再赘述。

就像完成十进制除法一样，并不将$\frac{12}{325}$写成$\frac{00012}{00325}$。定点数在完成除法前需对被除数和除数进行移位处理，对于无符号数使得最高位为1，对于有符号数使得次高位为1。在进行除法时，利用移位后的数进行除法，最后根据除数、被除数移位个数和小数点位置对其后执行移位和减法的次数，共同决定商的小数点位置也是 Qn 格式。

2.2.2 浮点数

浮点数的小数点位置是浮动变化地，同样是 B 字长的浮点数和定点数，所表示的数字个数均为 2^B 个，但是 2^B 个浮点数所表示的数值范围要远大于 2^B 个定点数。主要是由于浮点数相邻，两个数字之间的差值不是固定的。

IEEE 754 标准规定了 3 种用二进制表示浮点数值的格式：单精度、双精度与扩展精度。其中最长用的单精度浮点数为 32 位字长，如图 2－12 所示，包括 1 位符号位，8 位指数位，23 位底数位。

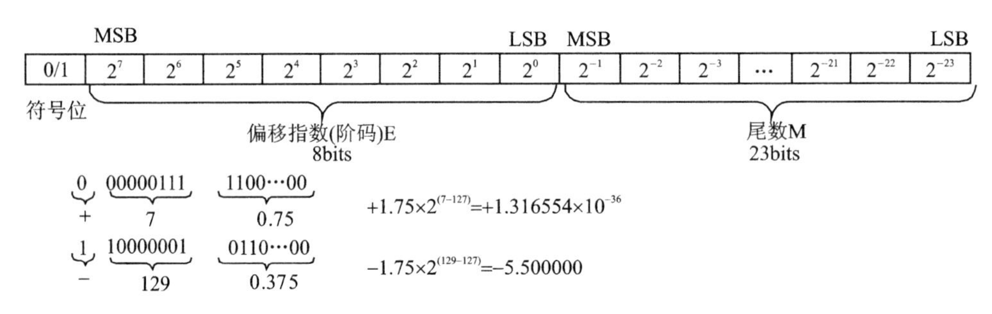

图 2－12　浮点数存储格式

浮点数所表示数值大小为

$$v=(-1)^S\times 1.M\times 2^{(E-\mathrm{bias})}$$

S 为浮点数的符号位。

M 为浮点数底数，该底数是一个规格化数据，约定底数代表的数值大小为 $1.M$，即默认 M 为小数部分且整数位为 1。为了节省空间，在存储时将整数位与小数点一起隐去，只保留小数部分。

E 为偏移指数（指数）是一个带有固定偏移量（bias）的无符号整数，单精度浮点数的偏移量数值为 127，因此实际的指数应为 $e=E-\mathrm{bias}$。

例 1－14　地球的周长为 $(4.008\times10^7)_{10}\,m$，月亮的周长为 $(1.092\times10^7)_{10}\,m$，我国中芯国际集成电路线宽 65 nm$(65\times10^{-9})_{10}\,m$，Intel 的 15 nm $(15\times10^{-9})_{10}\,m$ 集成电路技术，如果在单精度浮点数处理器这些数的二进制形式是什么？

解：

(1) 地球周长。

① 将十进制数转化为二进制定点数：

$$(4.008\times10^7)_{10}=(40080000)_{10}=(10,0110,0011,1001,0010,1000,0000)_2$$

② 对二进制定点数进行规格化，即将小数点移到最高为 1 的符号位后面，并记下移位次数：

$$(10,0110,0011,1001,0010,1000,0000)_2=(1.0,0110,0011,1001,0010,1000,0000)_2\times2^{25}$$

③ 进行二进制单精度浮点数表示。

23 位底数为：$(00110001110010010100000)_2$

指数部分：$(25+127)_{10}=(152)_{10}=(1001,1000)_2$

单精度浮点数为

$$0(1001\quad 1000)_2(00110001110010010100000)_2$$
$$(01001100000110001110010010100000)_2$$

(2) 月亮周长

$(1.092\times 10^7)_{10}=(10,920,000)_{10}=(1.010,0110,1010,0000,0100,0000)_2\times 2^{23}$

23 位底数为：$(01001101010000001000000)_2$

指数部分：$(23+127)_{10}=(150)_{10}=(1001\quad ,0110)_2$

单精度浮点数为

$$0(10001\ 100)_2(01001101010000001000000)_2$$
$$(01000110001001101010000001000000)_2$$

(3) 65 nm

$(65\times 10^{-9})_{10}=(0.000000065)_{10}=(1.000,1011,1001,0110,0010,0000)_2\times 2^{-24}$

23 位底数为：$(00010111001011000100000)_2$

指数部分：$(-24+127)_{10}=(103)_{10}=(0110,0111)_2$

单精度浮点数为

$$0(01100111)_2(00010111001011000100000)_2$$
$$(00110011100010111001011000100000)_2$$

(4) 15 nm

$(15\times 10^{-9})_{10}=(0.000000015)_{10}=(1.000,0000,1101,1001,0101,1001)_2\times 2^{-26}$

23 位底数为：$(00000001101100101011001)_2$

指数部分：$(-26+127)_{10}=(101)_{10}=(0110,0101)_2$

单精度浮点数为

$$0(01100101)_2(00000001101100101011001)_2$$
$$(00110010100000000110110010101100 1)_2$$

1. 浮点数的加法

两个浮点数 F_1 和 F_2 相加，其过程和手算科学计数法表示数值的过程相同，如图 2-13 所示。

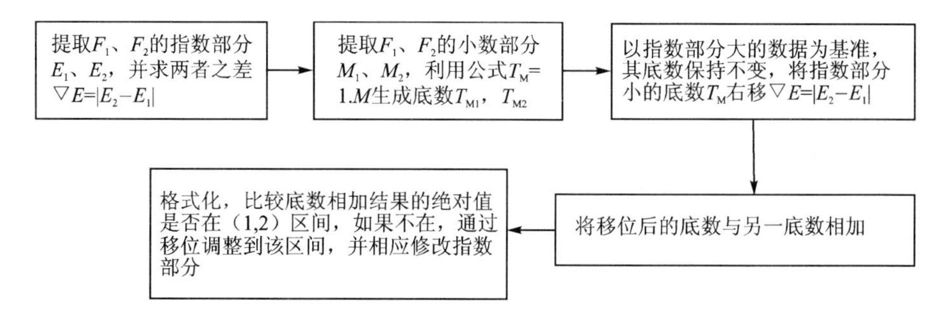

图 2-13 浮点数的加法流程

① 提取 F_1F_2 的指数部分 E_1E_2，比较两者大小，并求两者之差 $\nabla E=|E_2-E_1|$。

② 提取 F_1F_2 的底数的小数部分 M_1M_2，利用公式 $T_M=1.M$ 生成底数 T_{M1}、T_{M2}。

③ 以指数部分大的数据为基准，其底数保持不变，将指数部分小的底数 T_M 右移 $\nabla E=|E_2-E_1|$。

④ 将移位后的底数与另一个数的底数相加。

⑤ 规格化，比较底数相加结果的绝对值是在(1,2)区间，如果不在该区间内，通过移位将其调整到该区间，并相应修改指数部分。

2. 浮点数的乘法

两个浮点数 F_1 和 F_2 相乘，如图 2－14 所示，其过程和手算科学计数法表示数值的过程相同。

① 提取 F_1F_2 的指数部分 E_1E_2，求两者之和 $E=E_2+E_1$。

② 提取 F_1F_2 的底数的小数部分 M_1M_2，利用公式 $T_M=1.M$ 生成底数 T_{M1}、T_{M2}。

③ 求 T_{M1}、T_{M2}的乘积 T。

④ 规格化 T 和 E，生成浮点数。

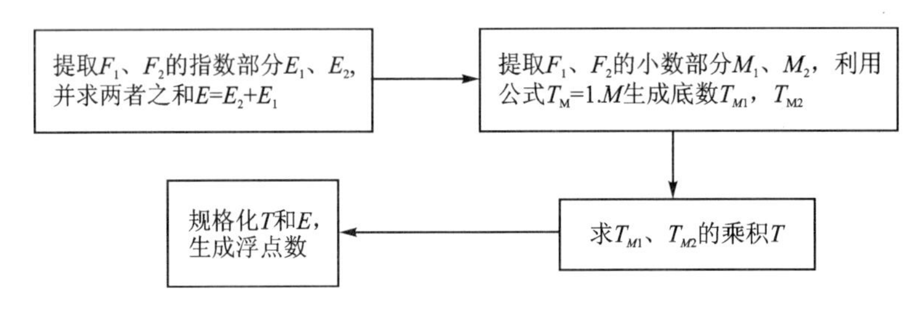

图 2－14 浮点数的乘法流程

3. 浮点数的除法

两个浮点数 F_1 和 F_2 相除，其过程和手算科学计数法表示数值的过程相同。

① 提取 F_1F_2 的指数部分 E_1E_2，求两者之差 $E=E_1-E_2$。

② 提取 F_1F_2 的底数的小数部分 M_1M_2，利用公式 $T_M=1.M$ 生成底数 T_{M1}、T_{M2}。

③ 求 T_{M1}、T_{M2}的商 T。

④ 规格化 T 和 E，生成浮点数。

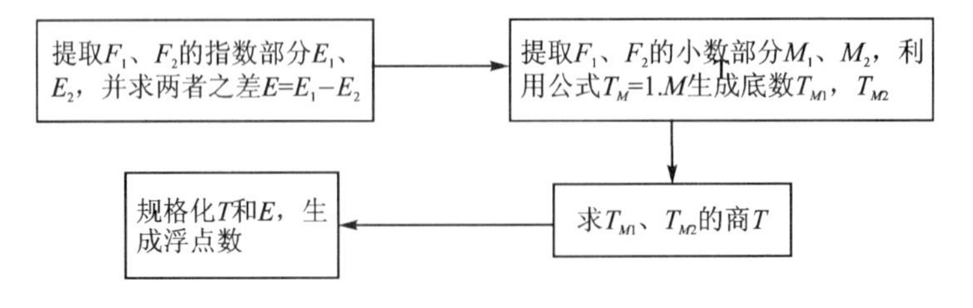

图 2－15 浮点数的除法流程

浮点数和科学计数法相近，在处理器计算过程中每个数值的小数点位置是浮动变化的，因此同样是 32 位字长，浮点数所表示的数值范围远大于定点数。但是浮点数的计算过程要比定点数复杂。

虽然浮点数的表示范围比定点数扩大了许多，但是浮点数也有其表示范围。浮点数的范围由其指数和底数的取值范围决定，与定点数不同，浮点数的取值范围如下：

图 2-16 中，“可表示的负数区域”和“可表示的正数区域”及“0”是机器可表示的数据区域；上溢区数据绝对值太大，机器无法表示的区域；下溢区数据绝对值太小，机器也无法表示的区域。若运算结果落在上溢区，就产生了溢出错误，使得结果不能被正确表示，要停止机器运行，进行溢出处理。若运算结果落在下溢区，也不能正确表示，机器当 0 处理，称为机器零。

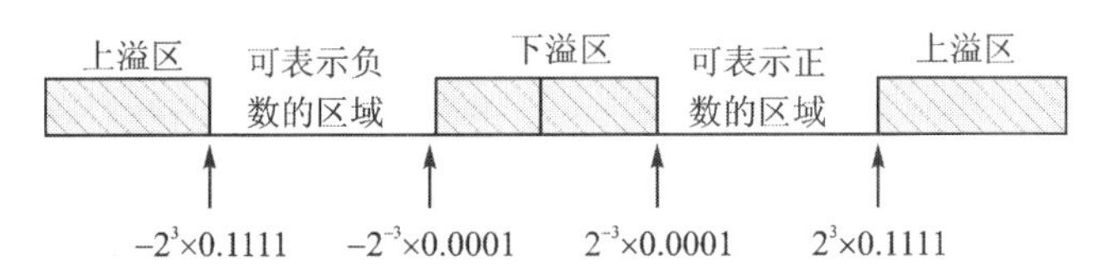

图 2-16　规格化浮点数分布示意图

最大指数值：已知单精度浮点数有 8 位指数，故能够表示的最大值为 11111111，然而根据 IEEE 754 规定，当指数为 11111111，且底数不为 0 时，则表示该单精度浮点数是一个非数，而不能表示正常的浮点小数，故最大指数值应为 11111110，转化为十进制数即为 254，再减去偏移量 127 之后可得最大指数为 127。

底数最大值：已知单精度浮点数一共有 23 位底数，因此，能够表示的底数的最大值即为 11111111111111111111111，在规格化时，已经将其整数部分(即 1)和小数点隐去了，因此 11111111111111111111111 为整个浮点数的小数部分，即最大底数应为 1.1111111111111111，化为十进制数为 $2-2^{-23}$。

正数最大值：由上可得，最后得到单精度浮点数能够表示的最大值为

$$MAX=(2-2^{-23})\times2^{127}\approx3.402823\times10^{38}$$

最小值(除 0 外)：如果采用与求最大值相同的方法来求最小值，那么我们可以很容易的得出其结果为 1.175494×10^{-38}。虽然 1.175494×10^{-38} 已经相当小了，然而这还是不能够满足实际应用，并且在计算该最小值的时候可以发现，规格化后的底数不能表示小于 1 的数，这对于存储资源是一种浪费，因此 IEEE 754 为了扩展在最小值的表示范围又规定了一类非规格化的浮点小数，即当指数为 0，底数不为 0 时，则表示该底数的整数位不是 1 而是 0，指数则为该格式下能够表示的最小指数。

指数最小值：对于单精度浮点数而言，能够表示的最小指数为 0，即实际的最小指数为 -126。

底数最小值：由于整数位为 0，则最小底数为 0.00000000000000000000001，即 2^{-23}。

最后得到的最小值为 $2^{-23}\times2^{-126}=1.40129846\times10^{-45}$。

负数最大值(除 0 外)：

$$-2^{-23}\times2^{-126}=1.40129846\times10^{-45}$$

负数最小值(除 0 外)：

$$+MAX=(2-2^{-23})\times2^{127}\approx3.402823\times10^{38}$$

表 2-3 给出了 IEEE 规定的 3 种浮点数特性及其表示范围。

表 2-3　浮点数特点

	单精度	双精度	延伸精度
存储位宽 k/位	32	64	128
指数偏移量 bias	127	1023	16383
符号位 S	1	1	1
指数位宽 w/位	8	11	15
底数位宽 p/位	23	52	112
精度/位	24	53	113
$e_{max}=\text{bias}$	127	1023	16383
$e_{min}=1-\text{bias}$	-126	-1022	-16382
正的最大值	3.402823×10^{38}	1.79769313×10^{308}	$1.18973149\times10^{4932}$
正的最小值	1.40129846×10^{-45}	$4.94065646\times10^{-324}$	$6.47517512\times10^{-4966}$
负的最大值	$-1.40129846\times10^{-45}$	$-4.94065646\times10^{-324}$	$-6.47517512\times10^{-4966}$
负的最小值	-3.402823×10^{38}	$-1.79769313\times10^{308}$	$-1.18973149\times10^{4932}$

浮点数与定点数的一个重要区别就在于浮点数的表示精度并不是固定不变的，而是与数据本身的大小有关。更确切地说，浮点数的精度是随着浮点数指数的大小改变而改变的。从原理上讲，由于浮点数的底数位宽固定不变，故底数的末位数所代表的数量级只与该数的指数大小有关。以单精度浮点数为例，它的底数位宽为 23，若该数的指数为 25，则该底数的末底数所表示的数量级为 $2^{25-23}=2^2$，则该数的精度为 2^2。而与此同时，浮点数的表示精度却与底数大小无关。因此从整体上来说，浮点数的精度不是固定不变的，其误差是随着所表示的数值的增大呈阶段性增大的趋势。这也是浮点数的相对精度要比同位宽的定点数低，而绝对精度却往往要高于定点数的原因。

相应地，双精度浮点数字长为 64 位，其中有 1 位符号位，11 位指数位和 52 位底数位，指数偏移量为 1023；而延伸精度浮点数字长为 128 位，其中 1 位符号位，15 位指数位和 112 位底数位，指数偏移量为 16383。

另外，IEEE 754 标准还规定了以下四类特殊值。

① 如果指数 E 为 2^W-1，底数 M 不为 0 时，则表示该数是一个非数（NaN，Not a Number）。

② 如果指数 E 为 2^W-1，且底数 M 为 0 时，则表示该数为 $\pm\infty$（与符号位相关）。

③ 如果指数 E 为 0 且底数 M 也为 0 时，则表示该数为 ±0（与符号位相关）。

④ 如果指数 E 为 0，底数 M 不为 0 时，则表示该数为非规格化的浮点数，即整数部分为 0。

2.2.3　ADC 采样过程

在数字信号处理系统中，模拟信号 $x(t)$ 经 ADC 采样后得到 $x[n]$，如前所述，$x(t)$ 的峰峰值为 10 V，可是 ADC 的输入信号峰峰值为 1.8 V。这是电路设计需要解决的问题，衰减器可

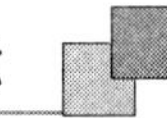

以将信号幅度缩小(电阻分压就是最简单的衰减器)。因此,送到 ADC 输入端的信号 $x'(t)=A_{\text{PreFilter}}x(t)$,其中 $A_{\text{PreFilter}}$ 为信号的衰减倍数,本例中 $A_{\text{PreFilter}}=0.18$。

ADC 输出信号 $x[n]$ 与输入信号 $x'(t)$ 呈线性关系,即

$x[n]=A_{\text{ADC}}x'(t)$,其中 A_{ADC} 为 ADC 转换带来的信号数值变化增益。

通常在 ADC 电路设计时,调整 ADC 参考电压 V_{ref},使得当模拟信号满量程时 $V_{\text{ADC-Max}}$,ADC 输出 $x[n]$ 最大,数字量满量程,即

$A_{\text{ADC}}=2^{B_{\text{ADC}}}/V_{\text{ADC-Max}}$,其中 B_{ADC} 为 ADC 芯片的转换位数。

这样输出信号 $x[n]$ 就可表示为

$$x[n]=A_{\text{ADC}}x'(t)=2^{B_{\text{ADC}}}x'(t)/V_{\text{ADC-Max}}$$

本例中的 ADC 为 12 位,满量程输入为 1.8 V,那么模拟信号 $x'(t)=1$ V 时,ADC 的输出 $x[n]$ 是什么?

$$x[n]=2^{12}\times 1/1.8=(2275)_{10}=(1000\ 1110\ 0011)_2$$

从 ADC 输出的二进制位 1000 1110 0011,其表示的大小为 2275,而不是 1V。这就是数字信号值和模拟信号值之间的联系:

$$x[n]=2275x'(t),\text{即 } A_{\text{ADC}}=2275$$

上例中模拟信号 $x(t)$ 带有直流偏置,因此 ADC 可以输出为无符号数。但是对于双极性信号,此时,将输入 ADC 信号最大幅值 $|V_{\text{ADC-Max}}|$ 映射为输出有符号数的最大值 $2^{(B_{\text{ADC}}-1)}$。

例 1-15　假定输入模拟信号 $x(t)$ 为幅度 ±5 V,ADC 的输入信号量程为[−1 V,1 V]。此时仍然需要一个衰减器将输入信号的幅度调节到 ADC 的量程以内。选取 $A_{\text{PreFilter}}=0.2$,则可以得到满足 ADC 输入要求的信号 $x'(t)=A_{\text{PreFilter}}x(t)$。

经过 ADC 以后信号 $x[n]$ 可表示为

$$x[n]=2^{(B_{\text{ADC}}-1)}x'(t)/|V_{\text{ADC-Max}}|$$

模拟信号 $x'(t)=1$ V 时,ADC 的输出 $x[n]$ 为

$x[n]=\dfrac{2^{11}\times 1}{1}=(2048)_{10}=(011111111111)_2$,注意由于 2048 会溢出,所以表示为 2047。

模拟信号 $x'(t)=-1$ V 时,ADC 的输出 $x[n]$ 为

$$x[n]=\frac{2^{11}\times(11)}{1}=(-2048)_{10}=(100000000000)_2$$

由此可见,模拟信号 $x(t)$ 与数字信号 $x[n]$ 之间经过 ADC 后,无论是单极性信号还是双极性信号,均存在相似的线性关系:

$$x[n]=\begin{cases}2^{B_{\text{ADC}}}A_{\text{PreFilter}}x(t)/V_{\text{ADC-Max}} & \text{(单极性)}\\ 2^{(B_{\text{ADC}}-1)}A_{\text{PreFilter}}x(t)/|V_{\text{ADC-Max}}| & \text{(双极性)}\end{cases}$$

经过 ADC 以后,信号 $x[n]$ 是定点数、是整型还是小数,如果是小数,那么小数点位置在什么地方,这些问题在 FIR 滤波器实现时一节中将进行讲解。下面先介绍一个关于 DAC 的问题。

2.2.4　DAC 重构过程

如果例 1-15 中的 $x[n]$ 经过一个全通系统,即 $y[n]=x[n]$,那么经过转换时钟为 1 MHz、12 位 DAC 转换后的信号 $y'(t)$ 和 $x(t)$ 之间是什么关系?

与 ADC 电路设计相似，一般进行设计时通过调整 DAC 参考电压 V_{ref}，使得 DAC 输入 $y[n]$的最大值，对应于 DAC 输出模拟信号 $y'(t)$满量程 $V_{DAC-Max}$。

$$y'(t)=\begin{cases}V_{ADC-Max}y[n]/2^{B_{ADC}} & (单极性)\\ |V_{ADC-Max}|y[n]/2^{(B_{ADC}-1)} & (双极性)\end{cases}$$

例 1-16 DAC 为 12 位，满量程输入为 1.8V，那么数字信号 $y[n]=(2275)_{10}=(1000\ 1110\ 0011)_2$ 输入时，DAC 输出模拟信号为多少？

$$y'(t)=V_{ADC-Max}y[n]/2^{B_{ADC}}=1.8\times2275/4096\ \text{V}=0.9998\ \text{V}\approx1\ \text{V}$$

2.3 实时信号处理

模拟信号 $x(t)$经过 ADC 转换成为数字序列 $x[n]$，进入数字信号处理模块，数字信号处理模块的主要功能是完成各种信号处理算法，得到输出序列 $y[n]$，然后由 DAC 转换成模拟序列 $y(t)$，这就是数字信号处理。

$x(t)$信号是时间和幅度的函数，经过 ADC 采样信号的幅度成为数字量，时间被采样时钟量化，如果数字信号处理器能够在规定时间内完成对输入信号的计算，及时得到输出序列，此时即为实时信号处理。否则，就是非实时信号处理。

人们在手机通话、观看电视节目、收听广播、欣赏 DVD 时，大部分时间并不会感觉到“停顿”、“不流畅”，这是因为这些信号处理在“规定时间内”完成了。相反，如果出现停顿现象，则说明没有达到实时处理的要求。

不同场合实时处理的“规定时间”并不相同，下面利用信号采样理论，给出信号实时处理“规定时间”的计算方法。

2.3.1 数据流处理方法

如图 2-17 所示，ADC 采样后的信号 $x[n]$以采样率 f_s 为节拍送到 DSP 中，DSP 每个采样周期 T_s 接收到一个采样，进行运算并得到输出序列 $y[n]$的一个样本，然后按照采样率 f_s 由 DAC 输出。如果 DSP 在 T_s 时间内完成输入序列一个采样的全部处理工作，就能按照采样率 f_s 输出 $y[n]$和接收 $x[n]$，达到实时处理的要求。

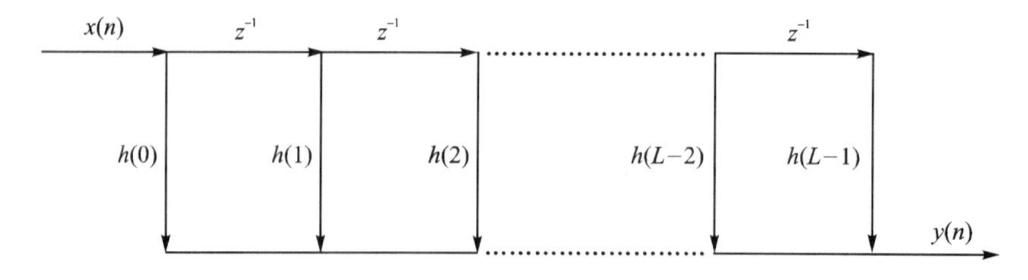

图 2-17 直接型 FIR 数字滤波器

其系统冲击响应函数 $h[n]$非零值的个数是有限的，即

$$h[n]=\begin{cases}h[n] & 0\leqslant n<L\\ 0 & n<0 或 n\geqslant L\end{cases}$$

此时，卷积公式可改写为

$$y[n]=x[n]h[n]=\sum_{k=n-L+1}^{n}x[k]h[n-k]$$

其数字滤波器实现结构如图 2-17 所示。

这种结构也称为抽头延迟线结构，或称横向滤波器结构。从图 2-17 可以看出，沿着这条链每一个抽头的信号被适当的系数（脉冲响应）加权，然后将所得乘积相加就得到输出 $y(n)$。

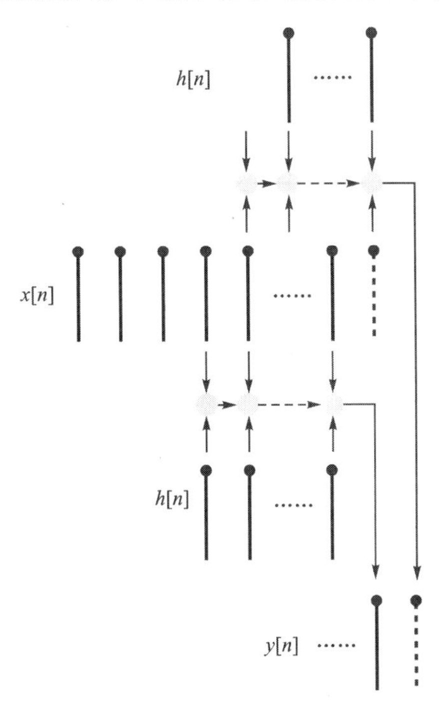

图 2-18 FIR 滤波器实现过程

2.3.2 数据流处理

像这样处理器接到一个输入样本后，就立即开始进行与该样本的有关计算，并在下一个输入样本到达之前完成的方法，称为数据流处理技术（stream processing），如图 2-19 所示。

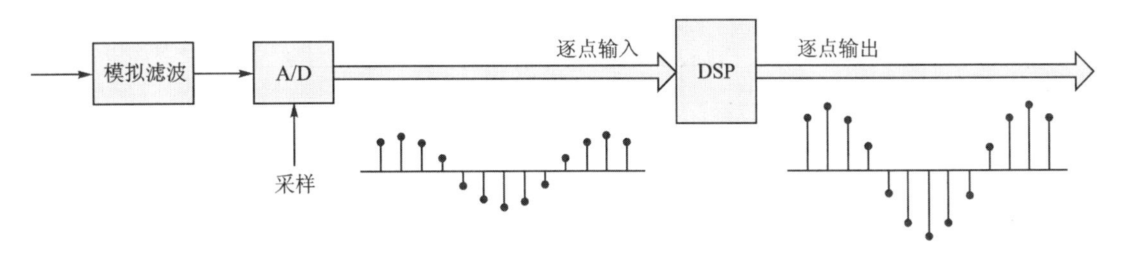

图 2-19 数据流处理示意图

这种 ADC 采样后的数据按照采样时钟节拍一个个进行处理的过程，称为数据流处理方法。数据流处理结构简单，延迟小，输出结果随时更新，存储单元数可以达到最小。但是数据流处理要求处理器的速度必须足够高，能在下一个样本到达之前完成所有的计算，因此，较复杂的算法一般无法用数据流处理来实现，于是人们发明了块处理的方法。

2.3.3 数据块处理

与此相对的另一类系统，首先将输入的样本存放在存储器中。当一定量的输入样本都到达以后，才开始处理。这种同时处理多个样本的方法，称为块处理技术（block processing），如图 2-20 所示。

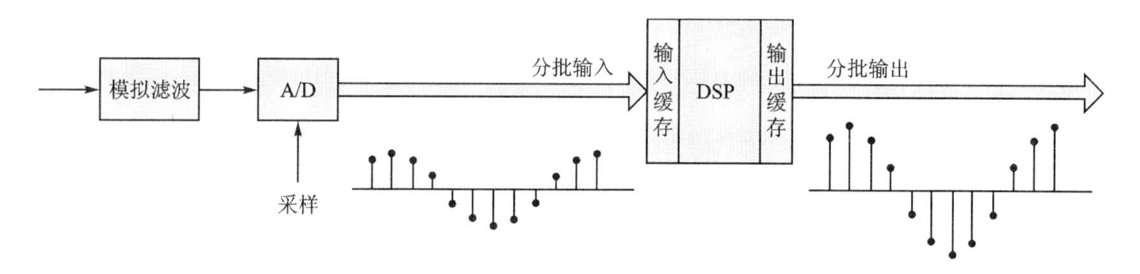

图 2-20 块处理示意图

在块处理技术中，输入样本按组存储。当有足够多的样本到达后，开始处理这个样本块。因为可以同时访问块中的所有样本，因此样本的访问可以是随机的，而不仅限于顺序处理。块中数据同时参加运算，结果也同时得到，如 FFT 及其他相干积累算法等。这种处理方法可大大减小运算量，缩短运算时间，适合于实现较复杂的算法；但相对于数据流处理来说其延迟要大一些，且要求较大的存储量，系统实现较为复杂。

图 2-21 所示的是每块都由 4 个样本组成的情况。最初 4 个样本被存储起来，当一个块的最后一个样本到达后，就开始对整块数据进行处理。处理过程中，有两个操作是同时进行的：在处理块 k 中数据的同时，存储 $k+1$ 块的数据。

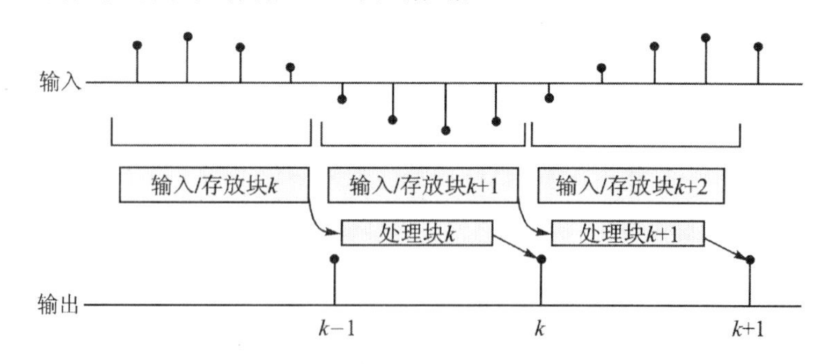

图 2-21 块处理技术

信号的处理计算一般使用数据流处理技术或者块处理技术都可以完成，但相当多的计算使用块处理技术比较容易。例如，计算一帧信号的中间值。中间值的计算要求将 L 个样本按幅度递增的方式排列起来，形成一个数值序列：$X_1, X_2, \cdots, X_L$。如果 L 是一个奇数，中间值是 $X_{(L+1)/2}$；如果 L 是偶数，中间值就用 $(X_{L/2}+X_{(L/2)+1})/2$ 来计算。因为要对一帧中所有的样本进行排序，与每接收一个样本就进行一次排序的方法相比，等到所有样本都到达后再排序要简单得多。

数据流处理方法也可以转变为块处理方法，这就需要添加用于存储整帧数据的存储单元；同时由于最初要存储一定量的数据，就会引入至少一帧的延时。同样以语音信号数字滤波处理为例来说明。

采用块处理方式，可以选择 FFT 变换算法，分块对输入的数据进行 FFT 变换处理。

设 $x(n)$和 $h(n)$长度相等，$N_1=N_2=N$。为求线性卷积 $y(n)=x(n)h(n)$，先将两序列均补零至长度为 $L=N_1+N_2=2N$，并分别计算其 FFT。系统方框图如图 2－22 所示。该框图的设计思想是 FFT 的性质，与 $y(n)=x(n)h(n)$相对应的离散傅里叶变换关系表示为

$$Y(k) = X(k)H(k)$$
$$y(n) = \mathrm{IFFT}[Y(k)] = \mathrm{IFFT}[X(k)H(k)]$$

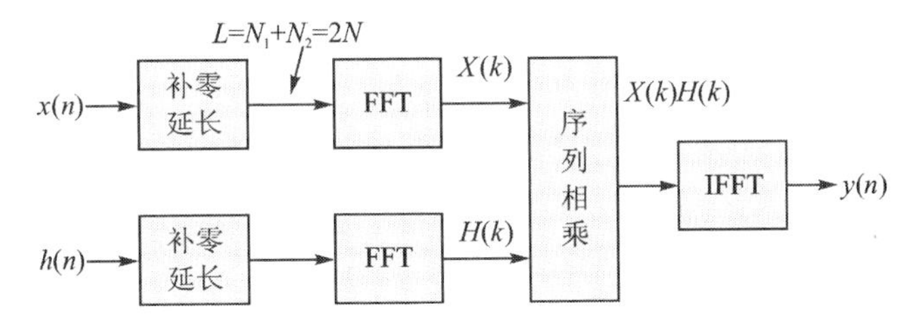

图 2－22　块处理系统框图

由图 2－22 可知，共用了两次 FFT 和一次 IFFT。对于一般系统，由 $h(n)$求 $H(k)$这一步是预先设置好的，数据已事先存储于存储器中，故实际只需两个 FFT 的运算量和 L 次序列复乘。全部复乘次数为 $2\times\left(\frac{L}{2}\log_2 L\right)+L=2N\log_2(2N)+2N$。当 $N>16$ 时，整体运算量约为 $O(2N\log_2(2N))$。与直接求线性卷积的速度比，约为

$$\frac{N^2}{2N\log_2(2N)} = \frac{N}{2\log_2(2N)} \approx \frac{N}{6.6\log_{10}(2N)} \tag{2-4}$$

为直观起见，将式(2－4)表示的关系如图 2－23 所示。例如，在 $N=64$ 处，速度提高约 4.6 倍；在 $N=512$ 处，速度提高约 25.6 倍。

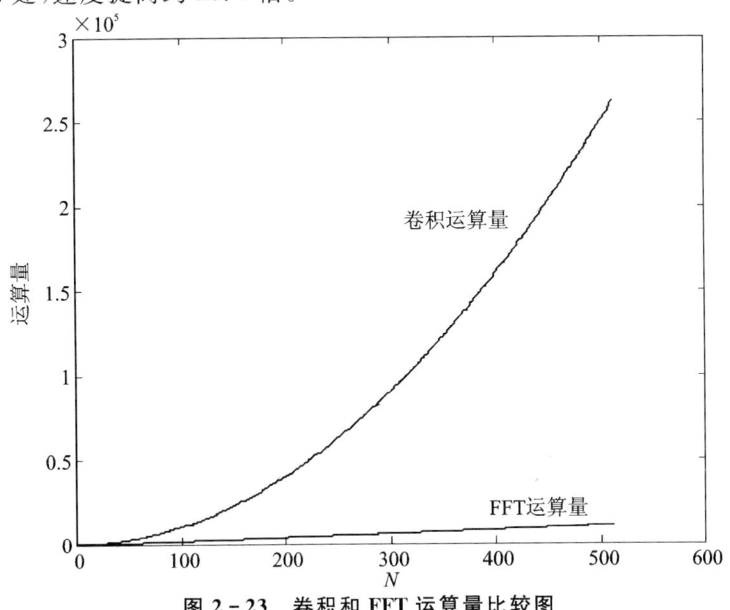

图 2－23　卷积和 FFT 运算量比较图

2.4 DSP 的处理速度

2.4.1 DSP 执行程序时间估计方法

DSP 需要完成的工作包括：读取 ADC 的数据，$\sum_{k=n-L+1}^{n} x[k]h[n-k]$ 运算(其中包括 L 次乘法、$L-1$ 次加法)，输出结果到 DAC。所有这一切必须在 T_s 时间内完成。

接下来，我们看看 DSP 如何完成上述处理。

① 需要编写 DSP 程序，可以用 C 语言也可以用汇编语言。

② 利用 DSP 厂商提供的编译器进行编译生成 ASM 语言，当然也可以直接用汇编语言编写程序，这样就无需本次操作。

下面是一个编译后生成 FIR 的 ASM 代码：

```
j9 = j31 + 0X81424(nF);;
j10 = j26 + 0X24(nF);;
lc0 = 0X6;;
xr14 = [j9 + = 0X1];;
[j10 + = 0X1] = xr14;;
IF nlc0e, JUMP 0xfffffffe;;
j11 = j31 + 0X8142C(nF);;
j12 = j26 + 0X2C(nF);;
lc0 = 0X6;;
xr17 = [j11 + = 0X1];;
[j12 + = 0X1] = xr17;;
IF nlc0e, JUMP 0xfffffffe;;
j13 = j31 + 0X81434(nF);;
j14 = j26 + 0X34(nF);;
lc0 = 0X6;;
xr20 = [j13 + = 0X1];;
[j14 + = 0X1] = xr20;;
IF nlc0e, JUMP 0xfffffffe;;
yr4 = 0X5;;
[j26 + 0X3D] = yr4;;
xr12 = [j26 + 0X3D];;
xr13 = PASS r12;;
IF xalt, JUMP 0x34(NP);;
yr4 = 0;;
[j31 + 0X81444] = yr4;;
yr4 = [j31 + 0X81444];;
yr5 = 0X6;;
yCOMP(r4, r5);;
```

```
IF nyalt, JUMP 0x27(NP);;
yr6 = 0;;
[j26 + 0X3E] = yr6;;
xr12 = [j26 + 0X3E];;
xr13 = 0X6;;
xCOMP(r12, r13);;
IF nxalt, JUMP 0x1b(NP);;
xr14 = 0;;
j9 = [j26 + 0X3D];;
j10 = j26 + 0X34(nF);;
[j10 + j9] = xr14;;
yr4 = [j26 + 0X3D];;
```

③ 利用 DSP 厂商提供的编译器对 ASM 语言进行编译、连接生成机器码,这才是处理器所认识的语言。

④ 将机器码烧写到 DSP 中,DSP 会按照指令完成上述 FIR 处理。

DSP 需要在 T_s 时间内完成上面的所有指令,才可以达到实时处理的要求。

利用 DSP 性能公式可得到 DSP 处理所需时间:

$$t_{DSP} = \sum_{i=1}^{N}(IC_i \times CPI_i \times T_{CLK})$$

式中:T_{CLK}指 DSP 的时钟周期;CPI_i 指 DSP 执行该指令所需的时钟周期数;IC_i 指在程序中该条指令出现的次数。

它的 3 个参数反映了与体系结构相关的 3 种技术:

① 时钟周期:反映了 DSP 实现技术、生产工艺和计算机组织。

② CPI:反映了 DSP 实现技术、计算机指令集的结构和计算机组织。

③ IC:反映了 DSP 指令集的结构和编译技术。

2.4.2 DSP 性能指标

我们知道,DSP 的时钟周期 T_{CLK} 通常表示成频率的形式:$f_{CLK}=1/T_{CLK}$。

主频越高说明执行每条指令所需时间越短,因此,可以用来表征处理器的性能。就像 CPU 一样,往往用主频表示处理器性能。但是在 DSP 中,并不常用主频来表示 DSP 的性能。

每条指令的执行时间由主频 f_{CLK} 和 CPI 共同决定,执行时间可表示为

$$t_I = CPI \times T_{CLK} = CPI/f_{CLK}$$

对上式取倒数,可得

$$1/t_I = f_{CLK}/CPI$$

$1/t_I$ 为处理器每秒钟所能执行指令的条数,可表示为 IPS(Instruction Per Second),即

$$IPS = f_{CLK}/CPI$$

主频 f_{CLK} 常常用来作为处理器的一项重要的性能指标,例如 Intel 的 2.4GHz 主频 CPU。而 DSP(尤其是高性能 DSP)一般用 IPS 表示其处理性能(IPS 通常表示成每秒几百万条指令,即 MIPS),而不是主频。这是因为高性能 DSP 的 CPI<1,而 CPU 的 CPI>1。高性能 DSP 的

IPS$>f_{CLK}$，而 CPU 的 $f_{CLK}>$IPS，大家都选取一个数值大的来表征自己的处理器。例如 Ti 主频 1200 MHz 的 TMS320C6455，其峰值处理速度为 9600 MIPS，其处理速度是主频的 8 倍。

就像 CPU 有标准的性能测试程序一样，一些高性能 DSP 也有类似的程序(一般是复数 FFT)来显示其处理速度，例如 ADI 的 TS201 执行 1024 点复数 FFT 的时间为 15.7 μs。

衡量 DSP 的性能，需要关注 3 个参数，分别是：DSP 工作的时钟频率(单位是 MHz)，程序执行过程中所处理的指令数(IC)和指令时钟数(CPI)。

运算速度是 DSP 芯片的一个最重要的性能指标，也是选择 DSP 芯片时所需要考虑的一个主要因素。DSP 芯片的运算速度可以用以下几种性能指标来衡量：

① 指令周期：即执行一条指令所需的时间，通常以 ns(纳秒)为单位。如 TMS320LC549-80 在主频为 80MHz 时的指令周期为 12.5 ns。

② MAC 时间：即一次乘法加上一次加法的时间。大部分 DSP 芯片可在一个指令周期内完成一次乘法和加法操作，如 TMS320LC549－80 的 MAC 时间就是 12.5 ns。

③ FFT 执行时间：即运行一个 N 点 FFT 程序所需的时间。由于 FFT 运算涉及的乘加运算在数字信号处理中很有代表性，因此 FFT 运算时间常作为衡量 DSP 芯片运算能力的一个指标。

④ MIPS：即每秒执行百万条指令。如 TMS320LC549－80 的处理能力为 80 MIPS，即每秒可执行 8 千万条指令。

⑤ MFLOPS：即每秒执行百万次浮点操作。如 TMS320C31 在主频为 40MHz 时的处理能力为 40 MFLOPS。

随着集成电路技术的进步，DSP 处理器的运算能力不断提高，从早期的 5MIPS 已经发展到目前的几个 GFLOPS。如 TI 公司的 TMS320C6701 处理能力达到 1GFLOPS、ADI 公司的 ADSPTS101S 到达 2GFLOPS。

表 2-4 为 ADI 公司 DSP 的性能指标，表 2-5 为 TI 公司 DSP 的性能指标。

表 2-4　ADI 公司常用 DSP 的性能指标

型　号	时钟频率	FIR 滤波器(每阶)	IIR 滤波器(每个二阶级联阶)	1024 点复 FFT(基 4)	平方根的倒数	除　法
ADSP-BF535	300 MHz			46 μs		
ADSP-219X	160 MHz			302 μs		119 ns
ADSP-218X	80 MHz			465 μs		238 ns
ADSP-21161N	100 MHz	5 ns	20 ns	0.09ms	90 ns	60 ns
ADSP-21060	40 MHz	25 ns	100 ns	0.46ms	225 ns	150 ns
ADSP-21062	40 MHz	25 ns	100 ns	0.46ms	225 ns	150 ns
ADSP-21065L	66 MHz	15 ns	60 ns	0.27ms	135 ns	90 ns
ADSP-TS101S	250 MHz	2.2 ns		39.34 μs (基 2)		
ADSP-TS201S	600MHz	0.83 ns		15.7 μs (基 2)		

表 2-5　TI 公司常用 DSP 的性能指标

	Bit Size	Clock speed /MHz)	Instruction Throughput	MAC execution/ns	MOPS
TMS32010	16 integer	20	5 MIPS	400	5
TMS320C25	16 integer	40	10 MIPS	100	20
TMS320C30	32 flt. pt.	33	17 MIPS	60	33
TMS320C50	16 integer	57	29 MIPS	35	60
TMS320C2XXX	16 integer		40 MIPS	25	80
TMS320C80	32 integer/flt				2 GOPS 120 MFLOP
TMS320C62XX	16 integer		1600 MIPS	5	20 GOPS
TMS310C67XX	32 flt. pt.			5	1 GFLOP

第 3 章

DSP 处理结构与数据传输

DSP 一般可分为专用 DSP 和通用可编程 DSP 两大类。专用 DSP 是专为实现某种特定的数字信号处理算法而设计的，处理速度很快但只能完成特定的功能；通用可编程 DSP 通过软件编程实现各种信号处理算法。本章的讨论均是针对通用可编程 DSP 而言的。DSP 芯片的选择取决于实际应用的需要。自 20 世纪 80 年代初第一种商业上成功的 DSP 推出以来，DSP 已经广泛地应用在通信、雷达、声纳等各个领域。密集的数学运算以及对实时性或对事件快速响应的要求是这些应用的共同特点，DSP 的体系结构正是为适应这些特点而设计。

为了快速实现数字信号处理计算，DSP 芯片一般都采用特殊的软硬件结构，针对信号处理而专门设计，采用多种技术（如并行处理技术、流水线技术、矢量处理技术、超标量技术）来提高处理性能。DSP 内部一般具有多个可以并行执行的处理单元，如适合信号处理的乘加处理单元、专用寻址单元、中断处理单元和 DMA 单元等，这些执行单元可以并行工作，从而提高了处理速度；为了进一步提高每条指令的执行速度，大多数 DSP 采用哈佛结构或者超级哈佛总线结构，而不是传统的冯·诺依曼总线结构，这样可以提高读取操作数和指令的速度，并且采用指令流水线、VLIW 等技术来提高指令读取、译码、执行的运行速度。DSP 在数字信号处理方面具有强大的功能，使得其在实时信号处理领域具有不可替代的地位。本章重点描述 DSP 的结构特点。

3.1 硬件乘法器和乘加单元

在数字信号处理领域，傅里叶变换是最常用的算法之一，一个有限长序列 $x(n)$ 的傅里叶变换 $X(k)$ 如下所述：

$$X(k) = \mathrm{DFT}[x(n)] = \sum_{n=0}^{N-1} x(n) W_N^{nk} \qquad (0 \leqslant k \leqslant N-1) \tag{3-1}$$

$$x(n) = \mathrm{IDFT}[X(k)] = \frac{1}{N}\sum_{n=0}^{N-1} X(k) W_N^{-nk} \qquad (0 \leqslant n \leqslant N-1) \tag{3-2}$$

其中 $W_N^{nk} = \mathrm{e}^{-j\frac{2\pi}{N}nk}$。式(3-1)称为离散傅立叶正变换，式(3-2)称为离散傅立叶反变换，$x(n)$ 与 $X(k)$ 构成了离散傅立叶变换对。

根据上述公式，计算一个 $X(k)$，需要 N 次复数乘法和 $N-1$ 次复数加法，而计算全部 X

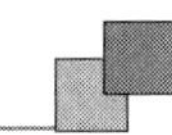

(k)($0 \leqslant k \leqslant N-1$)，共需要 N^2 次复数乘法和 $N(N-1)$ 次复数加法。实现一次复数乘法需要 4 次实数乘法和两次实数加法，一次复数加法需要两次实数加法，因此直接计算全部 $X(k)$ 共需要 $4N^2$ 次实数乘法和 $2N(2N-1)$ 次实数加法。

James Cooley 和 John Tukey 的快速傅里叶变换将处理速度提高了一个数量级，$\frac{N}{2}\log_2 N$，从而大大推动了信号处理的发展。

像 FFT 一样，数字信号处理中的大部分运算是这种 $\sum_{n=0}^{N-1} X(k)W$ 累加处理。如卷积、相关、滤波等。DSP 为了适应大批量乘法运算的需要，在其 CPU 内部集成了硬件乘法器和乘加单元，从硬件结构上为高速完成卷积、相关、FFT 及数字滤波等信号处理算法提供了基础。

硬件乘法器在 DSP 内核中实际上是以乘加单元(MAC)的形式存在的，如 C54x 系列 CPU 内核中有一个 17×17 的硬件乘法器，这个乘法器与一个 40 位专用累加器相连接，构成了乘加单元(MAC)。MAC 单元具有强大的乘累加功能，能完成带符号和不带符号的乘法运算，并且在一个流水线周期内可以完成 1 次乘法运算和 1 次加法运算。

MAC 单元结构如图 3-1 所示，其中 A 代表累加器 A，B 代表累加器 B，C 代表 CB 数据总线，D 代表 DB 数据总线，P 代表 PB 程序总线，T 代表 T 寄存器。

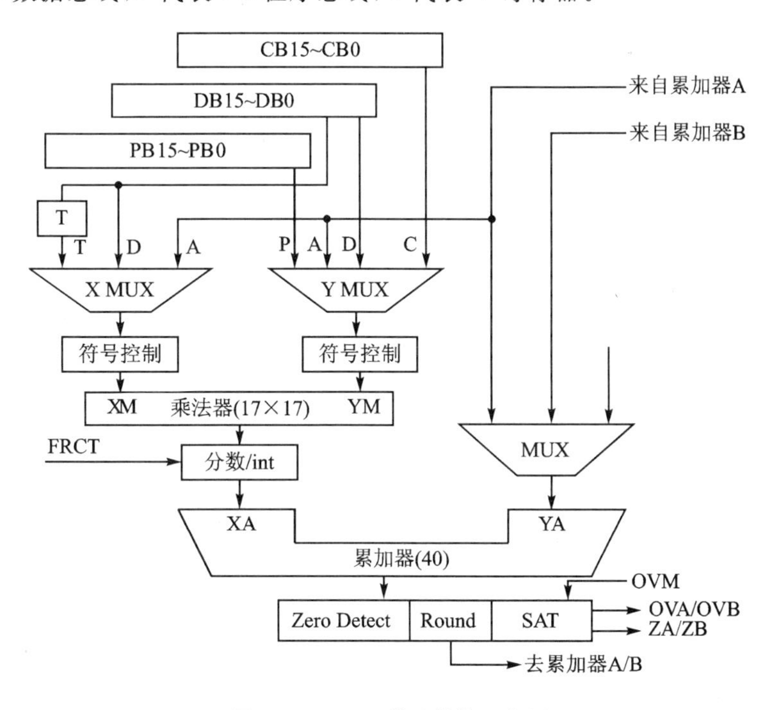

图 3-1　MAC 单元结构示意图

3.2　零开销循环

如同前面在实时处理中提到的那样，数字信号处理一刻不停地处理输入的信号序列，而且对每个序列做几乎相同的处理，因此信号处理中有大量的循环。

DSP 实现 L 阶 FIR 滤波器时，输入序列 $x(n)$ 的 L 个样本与系统冲击响应 $h(n)$ 的 L 个样

本完成 L 次乘法和 $L-1$ 次加法，得到输出 $y(n)$ 的一个样本。然后重复计算下一个输出，如图 3-2 所示。

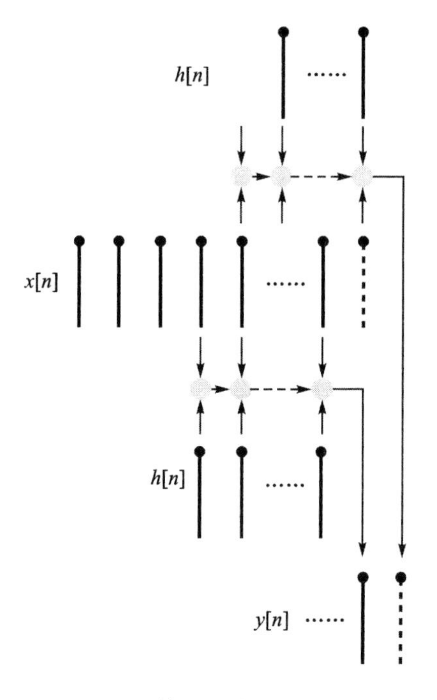

图 3-2　DSP 计算 FIR 滤波输出过程示意图

以 FIR 为例给出 C 语言：

```
void fir(short x[], short h[], short y[])
{
  int i,j;
  long sum;
  for (j = 0; j < N; j+ + )
  {
     sum = 0;
     for (i = 0; i < L; i+ + )
         sum+ = x[j - i] * h[i];
      y[j] = sum;
  }
}
```

我们注意到，在上述 C 语言中，for 循环的判断需要用掉 $4NL$ 条指令，而真正地用于 FIR 处理的 $4NL+2N$ 条指令，效率只有 $(4NL+2N)/(8NL+2N)$。

因此，人们从各个方面想方设法提高程序执行效率，其中编程时通常采用循环展开，即

```
for (j = 0; j < N; j+ + )
{
     sum = 0;
     for (i = 0; i < M/4; i+ + )
      {
```

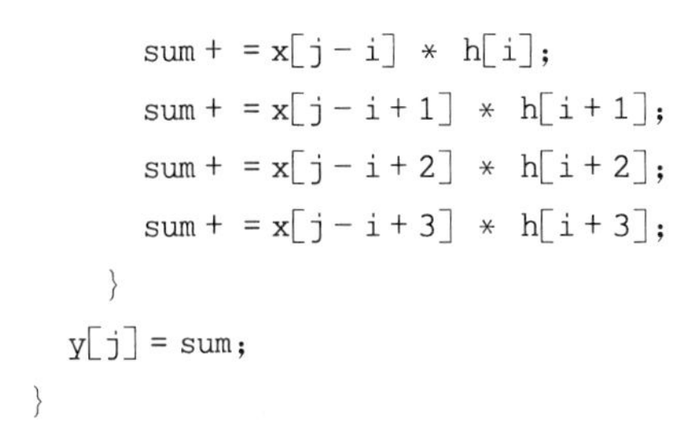

```
        sum + = x[j - i] * h[i];
        sum + = x[j - i + 1] * h[i + 1];
        sum + = x[j - i + 2] * h[i + 2];
        sum + = x[j - i + 3] * h[i + 3];
      }
    y[j] = sum;
  }
```

将 M 次循环在循环体内部展开为 4 次，则总循环次数减少为原来的 1/4，则展开后的处理效率为 $(4NM+2N)/(5NM+2N)$。因此，一个 N 次循环展开 L 次后，总循环次数减少为 N/L，则 for 循环判断需要的指令就相应减少为原来的 N/L，最终的处理效率就得到相应提高。

DSP 编译器首先将 C 语言转换成汇编语言，然后转换成机器语言，其中汇编语言和机器语言是一一对应的。

给出对应于 C 语言的汇编语言：

```
mov r0, M/4;
mov r1, 0;
_inner1:
     Instructions I;
     Instructions i + 1;
     Instructions i + 2;
     Instructions i + 3;
Inc r1;
equ r1,r0;
if njz, jump _inner1;
```

对于上面的汇编程序，inc，equ，jump 指令都是执行循环判断操作，当判断寄存器 r1 中的数不等于 r0 的数，则跳转执行_inner1。而这些指令在每次循环判断时都是通过 CPU 控制执行，每次判断后 CPU 也将控制 PC 指针的指向，因此处理效率大大被降低。

为了提高处理效率，可以先确定循环次数，然后执行循环体，再执行 jump 指令。DSP 中增加一个硬件循环计数器来确定循环次数，当执行 jump 指令时，也通过硬件来对 PC 指针进行控制，不需要通过 CPU 控制。而在硬件完成这些指令的同时，CPU 执行循环体。也即将上面的汇编操作中 3 条指令通过硬件来实现，不要消耗 CPU。因此这样判断循环无须花费处理器周期，从而使得效率达到 100%。该硬件结构可以称为零开销循环判断。

下面以 TS201 的汇编程序为例，给出零开销循环的执行过程：

```
LC0 = FILTER_SIZE/8;;
__inner:
r15:12 = q[j2 + = j10]; xfr16 = r5 * r8; yfr16 = r3 * r8; fr18 = r18 + r16;;
xfr17 = r6 * r8; yfr17 = r4 * r8;; fr19 = r19 + r17;;
xfr17 = r5 * r15; yfr16 = r4 * r15;; fr18 = r18 + r16;;
r3:0 = cb q[j1 + = 4]; xfr17 = r7 * r15; yfr17 = r5 * r15; fr19 = r19 + r17;;
xfr16 = r7 * r14; yfr16 = r5 * r14; fr18 = r18 + r16;;
xfr17 = r0 * r14; yfr17 = r6 * r14; fr19 = r19 + r17;;
if NLC0E, jump__inner;
```

```
/* INNER LOOP EPILOG (ABBREVIATED) */
```

第一句是设定循环次数给循环计数器 LCO;“_inner”为标号,通常在 C 语言和汇编中混合调用;中间部分为循环体;if 为跳转语句。首先确定循环次数给硬件计数器,然后执行循环体,当需要跳转时,硬件直接完成该跳转过程,再执行循环体。即在执行过程中,循环判断不需要 CPU 而只用硬件就可以完成,CPU 只需控制循环体的执行。由此处理效率大大提高。

零开销循环是指处理器在执行循环时,不用花时间去检查循环计数器的值,条件转移到循环的顶部,将循环计数器减 1。如果了解到 DSP 算法这一个共同特点,即大多数的处理时间是花在执行较小的循环上,也就容易理解为什么大多数 DSP 都有专门的硬件用于零开销循环,与此相反,MCU 的循环使用软件来实现。某些高性能的 MCU 使用转移预报硬件,几乎达到与硬件支持的零开销循环同样的效果。

为了尽量实现循环的零开销,编译器必须知道循环的初始化、更新和结束条件。当循环表达式过于复杂或者含有的循环变量随循环体本身中的条件变化而改变量值时,许多编译器不生成零开销的循环。基于这种准则,循环表达式应写的尽可能清楚。并且尽量地对表达式做预处理,如将常数表达式移出循环,预先计算结果等。

3.3 环形 buffer

DSP 处理器实现 L 阶 FIR 滤波器时,需要对输入序列 $x(n)$ 的 L 个样本和系统冲击响应 $h(n)$ 的 L 个样本进行操作。这些样本被存储在 DSP 的存储器中,DSP 利用指针或者数组管理访问这些存储器。

FIR 滤波器共需要 $x[n]$ 和 $h[n]$ 两个长度为 L 的存储空间 $Mx[n]$ 和 $Mh[n]$,它们的指针分别记为 $*Px$ 和 $*Ph$。

此时,存储器 $Mx[n]$ 中存放的是 $x[n-L+1]\cdots x[n]$,共 L 个输入样本,而 $Mh[n]$ 中存放的是 $h[n-L+1]\cdots h[n]$,共 L 个冲击响应值。计算 $y[n]$ 时,由于 $y[n]=\sum_{k=n-L+1}^{n}x[k]h[n-k]$,当 k 取 $n-L+1$ 时,$*Px$ 指向寄存器 $Mx[n]$ 的第一个位置,指向的单元所存储的 $x[n-L+1]$,即地址为 0,则 $*Ph$ 的地址应当为 $L-1$,即寄存器 $Mh[n]$ 的最后一个位置,指向的单元所存储的 $h[n]$,则初始化指针指向如图 3-3 所示。

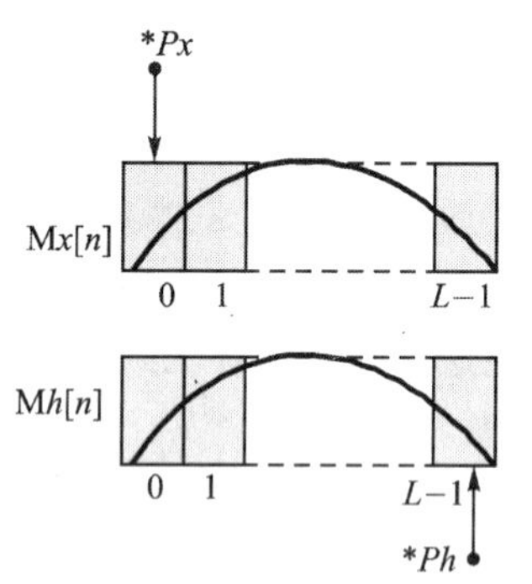

图 3-3 初始化指针指向示意图

经过 L 次($*Px++$)×($*Ph--$)计算得到输出 $y[n]$ 的一个样本。指针经过 L 次的逐步执行,此时两个指针指向了存储器外面,为了继续执行乘加操作,$*Ph--$ 和 $*Px++$ 应当回到初始指向。

此时,指针 $*Px$ 指向的单元所存储的 $x[n-L+1]$,在计算下一个输出样本时不再需要。此时将 ADC 采样得到的 $x[n+1]$ 数值存入该单元,注意需要使用如下操作:

$$*Px++=ADC$$

这样 $x[n+1]$ 存储结束后,指针 $*Px$ 指向的单元正好是进行 FIR 滤波的第一个单元,跳转到 $x[1]$,继续进行 FIR 计算。

用 C 语言表示进行 FIR 滤波计算时指针的走向：

```
void fir(short *Mx[], short *Mh[], short y[])
{
  short *px, *ph;
  px = Mx;
  ph = Mh[L - 1]
  int i, j;
  long sum = 0;
  for (j = 0; j < N; j + +)
{
     for (i = 0; i < L; i + +)
     {
       sum + = ( *Px + + ) * ( *Ph - - );
         y[j] = sum;
     }
}
```

现在存在一个问题，如何判断指针什么时候跳回到初始指针位置？

在 DSP 中有一种特殊的指针管理方式，称做环形 buffer。环形 buffer 即是在内存里开辟一片区域，顺次往 buffer 里写东西，一直写到最后那个内存（MAX_BUF_SIZE）时再将写入指针指向内存区的首地址，即接下来的数据放到最开始处。如图 3-4 所示。只有遇到 buffer 里的有效存储空间为 0 时，才丢掉数据。其中有效存储空间是指那些没有存放数据，或者以前存放过，但已经处理过的数据，与 MAX_BUF_SIZE 是不同的。可以用一个变量指示当前 Buffer 的使用状况，剩余多少空间可用。

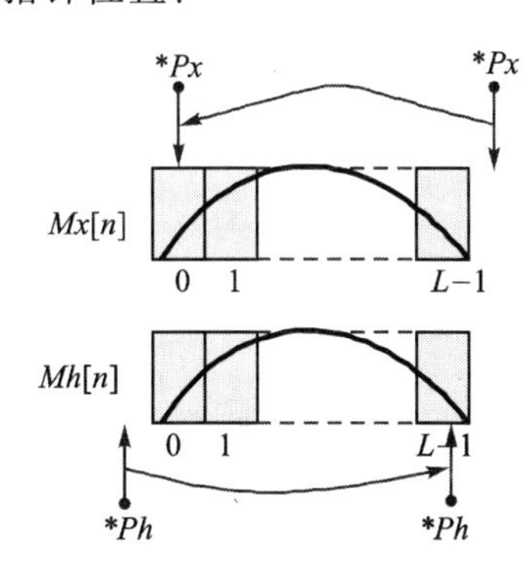

图 3-4　环形 buffer 示意图

环形 buffer 是一种利用硬件部件管理指针的方法，该方法减少了 DSP 处理器软件管理指针所耗费的时钟周期，从而提高了执行效率。

环形 buffer 可以通过硬件操作实现，对指针的地址进行取模操作，可以得到环形 buffer 中指针指向的地址。

取模操作可以用 C 语言来表示：

```
INDEX = INDEX + MODIFY;
if ( INDEX > = (BASE + LENGTH) )
    INDEX = INDEX - LENGTH;
if ( INDEX < BASE)
    INDEX = INDEX + LENGTH;
```

以 TS201 的汇编程序为例：

```
j3 = output_pointer;; /* pointer to output buffer */
j2 = __C;; /* circular pointer to coefficeients */
j10 = -4;; /* coeff pointer increment */
```

```
j0 = input_data_pointer;;

r11:8 = cb q[j2 + = j10];; /* coefficient quad load */
r3:0 = cb q[j1 + = 4];; /* data quad load */
```

通过设定 cb 的大小来判断指针什么时候回到最开始处。

3.4 码位倒序

对 FFT 的运算输出结果，进行码位倒序的作用是使在时域采样中按自然序列排列的 N 点输入数据经过 FFT 运算后，输出数据的排列顺序发生变化，且能够按自然序列排列，如图 3-5所示。

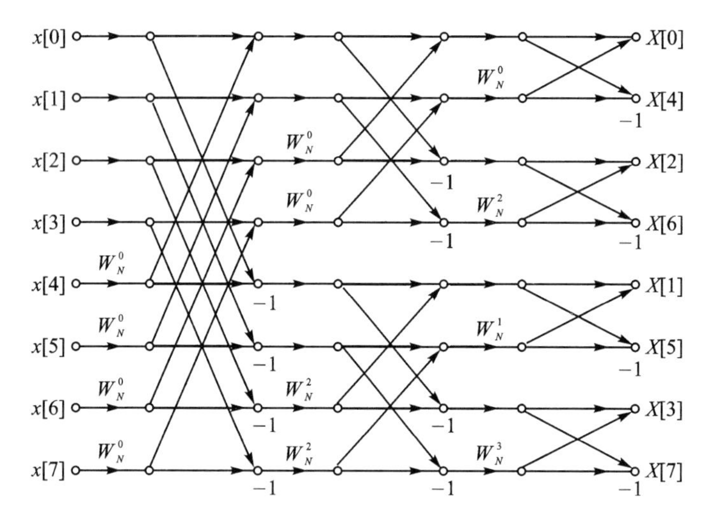

图 3-5　8 点 FFT 运算流图

下面给出一段实现码位倒序的 C 语言程序：

```
//将整数 src 的二进制位按倒序排列后返回,其中 size 为整数 src 的二进制的长度
int BitReverse(int src, int size)   //将整数 src 的二进制位按倒序排列后返回,其中 size 为整
                                    //数 src 的二进制的长度
{
  int tmp = src;
  int des = 0;
  for (int i = size - 1; i> = 0; i- - )
    {
    des = ((tmp & 1) << i) | des;
    tmp = tmp >> 1;
    }
  return des;
}
```

可见，C 语言中需要对每一个序号进行一次码位倒序运算。而这种倒序运算用硬件可以很方便地完成，DSP 的地址发生器就可以产生码位倒序地址。

```
Signal X,Y : std_logic_vector(7 downto 0);
If clk'event and clk = '1' then
    Y(0)<= X(0);
    Y(1)<= X(4);
    Y(2)<= X(2);
    Y(3)<= X(6);
    Y(4)<= X(1);
    Y(5)<= X(5);
    Y(6)<= X(3);
    Y(7)<= X(7);
End if;
```

使用上面的语句即可很容易地实现复数序列的倒序运算，从而简化了 C 语言中的循环体，大大减少了运算量。

编程调用的方法如下：

```
_main:
j0 = j31 + ADDRESS(input) ;; /* Input pointer */
j4 = j31 + ADDRESS(output) ;; /* Output pointer */
LC0 = N ;; /* Set up loop counter */
_my_loop:
xr0 = BR [J0 + = N/2] ;; /* Data read with bit reverse; modifier must be equal to N/2 */
    if NLC0E, jump _my_loop ; [j4 + = 1] = xr0 ;; /* Write linear */
```

执行结果如图 3－6 所示。

Loop Iteration	J0	XR0	BR[J0+=4] note bit reverse carry (BRC) "..." indicates 1000 0000 0000
0	0X10000 0000	0x0	b#...0000+b#0100=b#...0100
1	0X10000 0004	0x4	b#...0100+b#0100=b#...0010(BRC)
2	0X10000 0002	0x2	b#...0010+b#0100=b#...0110
3	0X10000 0006	0x6	b#...0110+b#0100=b#...0001(BRCs)
4	0X10000 0001	0x1	b#...0001+b#0100=b#...0101
5	0X10000 0005	0x5	b#...0101+b#0100=b#...0011(BRCs)
6	0X10000 0003	0x3	b#...0011+b#0100=b#...0111
7	0X10000 0007	0x7	b#...0111+b#0100=b#...0000(BRCs)

图 3－6 码位倒序运算的执行结果

3.5 哈佛结构

我们知道，处理器最早多采用冯・诺依曼结构，如图 3－7 所示，在冯・诺依曼结构中系统包括一条内部地址总线和数据总线，CPU 使用同一条地址总线去分时传送程序地址和数据地址，使用同一条数据总线去分别读程序代码或进行数据的读写访问，因此，对总线总是分时使用的，对指令的执行也只能串行执行，而不能并行执行，因而处理速度较慢，数据吞吐量较低。

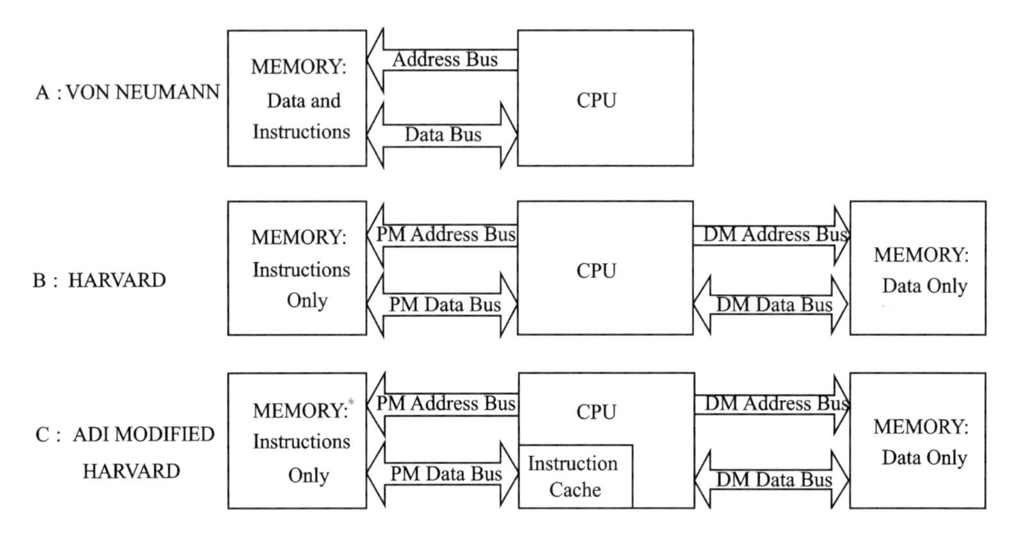

图 3-7　冯·诺依曼结构、哈佛结构和改进型的哈佛结构

以 MCS-51 单片机为例，了解冯·诺依曼结构的指令时序。

指令时序是用定时单位来描述的，MCS－51 单片机的定时单位有 4 个，它们分别是节拍、状态、机器周期和指令周期，接下来分别加以说明。

① 节拍与状态。把晶体振荡脉冲的周期称为节拍，节拍经过二分频后即得到整个单片机工作系统的时钟信号。时钟信号的周期称为状态(用 S 表示)。这样，一个状态就有两个节拍。

② 机器周期。MCS-51 单片机有固定的机器周期，规定一个机器周期有 6 个状态，分别表示为 S1～S6，而一个状态包含两个节拍，那么一个机器周期就有 12 个节拍，即机器周期就是振荡脉冲的 12 分频。例如，如果使用 6 MHz 的时钟频率，一个机器周期就是 2 μs，而如使用 12 MHz 的时钟频率，一个机器周期就是 1 μs。

③ 指令周期。执行一条指令所需要的时间称为指令周期，MCS－51 单片机的指令有单字节、双字节和三字节的，所以它们的指令周期和所需的机器周期均不尽相同。MCS－51 指令系统中，按它们的长度可分为单字节指令单机器周期、单字节指令双机器周期、双字节指令单机器周期、双字节指令双机器周期、三字节指令双机器周期和单字节指令四机器周期(如单字节的乘除法指令)等。

图 3-8 是单周期和双周期取指及执行的时序图，图中的 ALE 脉冲是为了锁存地址的选通信号，显然，每出现一次该信号单片机即进行一次读指令操作。从时序图中可以看出，该信号是时钟频率 6 分频后得到的，在一个机器周期中，ALE 信号两次有效。接下来分别对几个典型的指令时序加以说明。

① 单字节单周期指令。单字节单周期指令只进行一次读指令操作，当第二个 ALE 信号有效时，PC 并不加 1，那么读出的还是原指令，属于一次无效的读操作。

② 双字节单周期指令。这类指令两次 ALE 信号都是有效的，只是第一个 ALE 信号有效时读的是操作码，第二个 ALE 信号有效时读的是操作数。

③ 单字节双周期指令。对单字节双周期指令，由于操作码只有一个字节，而执行时间长达 2 个机器周期。因此，除了第 1 次读操作码有效外，其余三次读的操作码均被放弃。单字节

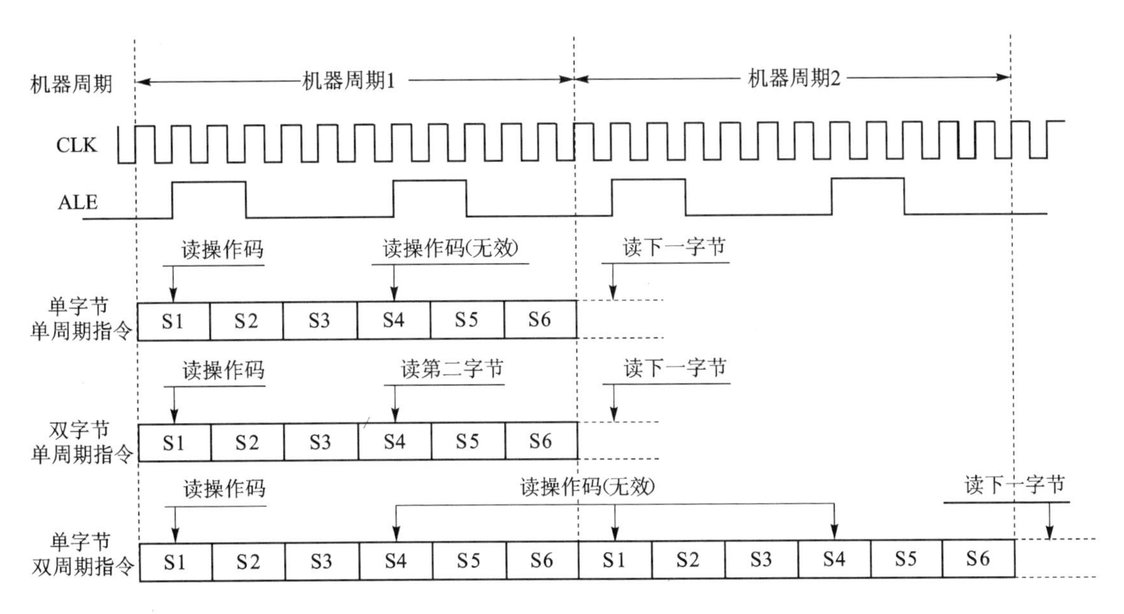

图 3-8　MCS-51 单片机的指令时序图

双周期指令有一种特殊的情况，像 MOVX 这类指令，执行这类指令时，先在 ROM 中读取指令，然后对外部数据存储器进行读或写操作，头一个机器周期的第一次读指令的操作码为有效，而第二次读指令操作则为无效的。在第二个指令周期时，则访问外部数据存储器，这时，ALE 信号对其操作无影响，即不会再有读指令操作动作。本图中只描述了指令的读取状态，而没有画出指令执行时序，因为每条指令都包含了具体的操作数，而操作数类型种类繁多。这里不便列出，有兴趣的读者可参阅有关书籍。

表 3-1 比较了 MCS—51 单片机系统中完成这三类指令分别需要的晶振脉冲个数，可看到即使是单字节单周期指令也需要 12 个晶振脉冲，而单字节双周期指令需要两个机器周期，即 24 个晶振脉冲。相比之下，采用哈佛结构的 DSP 可在一个晶振脉冲之内完成乘加等复杂指令，这就是在信号处理应用中主频 500 MHz 的 DSP 可以相当于主频 3.0 GHz 以上 CPU 的原因。

表 3-1　MCS-51 指令所需周期比较

	读操作码有效/总读取次数	机器周期数	晶振脉冲数
单字节单周期指令	1/2	1	12
双字节单周期指令	2/2	1	12
单字节双周期指令	1/4	2	24

通过 MCS—51 单片机的指令时序图可以看到，冯·诺依曼结构将指令、数据、地址存储在同一存储器中，统一编址，依靠指令计数器提供的地址来区分是指令、数据还是地址，各条指令无法重叠执行，数据吞吐率低，无法满足数字信号处理领域中快速和实时性要求。

为了提高 DSP 的执行速度 $t_{DSP} = \sum_{i=1}^{N}(IC_i \times CPI_i \times T_{CLK})$，人们从各个方面进行研究。编译器的效率和编程人员的水平决定了 IC 和 N，即程序量。T_{CLK} 集成电路工艺的提高可以提高芯片的主频，从而降低了时钟周期。处理器结构决定了每条指令所需的时钟周期，即 CPI。

利用多个单元公共完成处理功能可有效降低 CPI，从而提高处理器水平。如何在处理器中安排各个处理单元并行工作呢？处理器一般采用两种方式完成：流水线技术和并发操作技术。

3.6 流水线技术

1913 年亨利福特发明了流水线(Pipeline)技术，如今大规模工业生产均采用这一技术。流水线技术的发明解决了多人(设备)协作生产中的资源调度问题，不仅降低了对单个生产单元的要求，而且提高了生产效率。因此，DSP 等芯片高性能处理器也采用流水线技术，解决多单元并行问题。

例 3-1 一个 200 人的班级进行考试，试卷共有 1 个概念解释题(共 20 分)，2 个计算题(每题 20 分)、2 个证明题(每题 20 分)。老师批阅概念题需要 4 min，每个计算题需要 3 min，每个证明题需要 3 min。

如果批阅一份试卷需要 4+3+3+3+3=16 min，如图 3-9 所示，则批阅全班试卷共需要 200×16=3200 min，即 53 h 20 min。

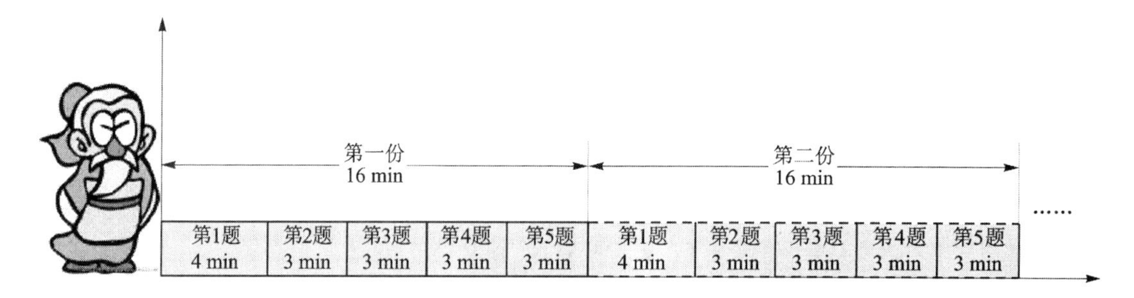

图 3-9 一个老师批阅所有试卷情况所用时间的示意图

事实上，当试卷较多时，需要多个老师共同协作完成试卷批阅工作。假使有 5 位老师来完成上述 200 份试卷的批阅工作。那么应该如何安排老师进行试卷评阅呢？

一种方法是每位老师分 40 份，每位老师完成试卷的所有试题的评阅，则批改完 200 份卷子需要的时间为 16×40=640 min，即 10 h 40 min。如图 3-10 所示。

但是，在试卷评阅时往往不采用上述方法。因为上述方法每个老师需要掌握所有试题的标准答案和评分标准，这是一项艰巨的工作。在试卷评阅时，往往是每个老师固定几个题目，上例中 5 位老师 5 个题目，我们可以安排每位老师批阅一题，这样每个老师只需要掌握一个试题的标准答案和评分标准(需要掌握的信息是前面方法的 $1/L$，L 为老师总数)，那么 5 位老师按照这种方法完成 200 份试卷共需要多少时间呢？现在计算起来可没有一种方法那么容易。现在老师批阅试卷的过程就像工厂里面的流水线。需要利用图示的方法计算所需的时间，如图 3-11 所示。

第一份试卷需要 16 min，从第 2 份到倒数第 2 份试卷需要 4 min，最后一份需要 3 min。

则所需时间为：16+4×(200-2)+3=811 min，即 13 h 31 min，比第一种方法需要的时

前5份 16 min					下5份 16 min					
第1题 4 min	第2题 3 min	第3题 3 min	第4题 3 min	第5题 3 min	第1题 4 min	第2题 3 min	第3题 3 min	第4题 3 min	第5题 3 min	
第1题 4 min	第2题 3 min	第3题 3 min	第4题 3 min	第5题 3 min	第1题 4 min	第2题 3 min	第3题 3 min	第4题 3 min	第5题 3 min	
第1题 4 min	第2题 3 min	第3题 3 min	第4题 3 min	第5题 3 min	第1题 4 min	第2题 3 min	第3题 3 min	第4题 3 min	第5题 3 min	
第1题 4 min	第2题 3 min	第3题 3 min	第4题 3 min	第5题 3 min	第1题 4 min	第2题 3 min	第3题 3 min	第4题 3 min	第5题 3 min	……
第1题 4 min	第2题 3 min	第3题 3 min	第4题 3 min	第5题 3 min	第1题 4 min	第2题 3 min	第3题 3 min	第4题 3 min	第5题 3 min	

图 3-10　多个老师批阅所有试卷情况所用时间的示意图

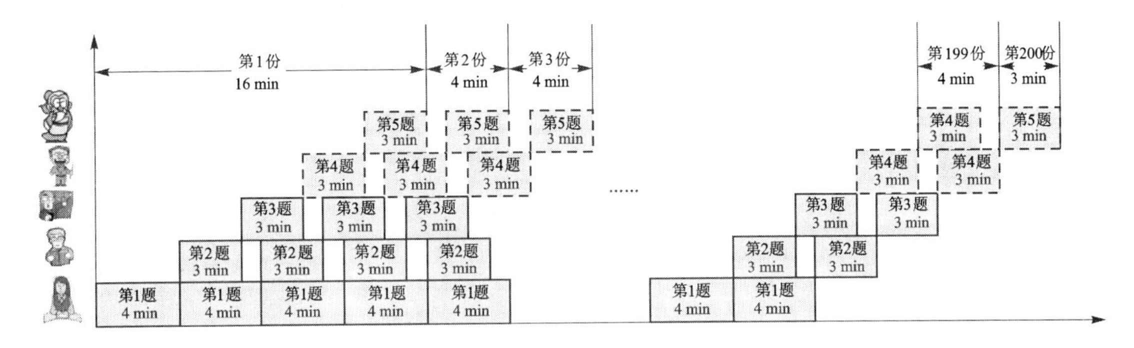

图 3-11　每个老师只批阅其中一道题的情况所用时间的示意图

间多出 2 h 51 min。这是因为在判卷的过程中大家都需要等用时最多的人，即大家按照 4 min 的步骤前进，每次需要多等 1 min。这也是流水线设计时的一个原则，即尽量使得每个执行单元所用时间相同。

假使想要提高第一题的批阅时间，使得批阅第一题也是 3 min。我们再来看看，上述两种方法的耗时。

第一种方法 5 位老师共耗时 15×40=600 min，即 10 h，如图 3-12 所示。

前5份 15 min					前5份 15 min					
第1题 3 min	第2题 3 min	第3题 3 min	第4题 3 min	第5题 3 min	第1题 3 min	第2题 3 min	第3题 3 min	第4题 3 min	第5题 3 min	
第1题 3 min	第2题 3 min	第3题 3 min	第4题 3 min	第5题 3 min	第1题 3 min	第2题 3 min	第3题 3 min	第4题 3 min	第5题 3 min	
第1题 3 min	第2题 3 min	第3题 3 min	第4题 3 min	第5题 3 min	第1题 3 min	第2题 3 min	第3题 3 min	第4题 3 min	第5题 3 min	……
第1题 3 min	第2题 3 min	第3题 3 min	第4题 3 min	第5题 3 min	第1题 3 min	第2题 3 min	第3题 3 min	第4题 3 min	第5题 3 min	
第1题 3 min	第2题 3 min	第3题 3 min	第4题 3 min	第5题 3 min	第1题 3 min	第2题 3 min	第3题 3 min	第4题 3 min	第5题 3 min	

图 3-12　多个老师批阅所有试卷情况所用时间的示意图(提高第一道题批阅时间)

第二种方法 5 位老师共耗时[15+3×(200-2)+3] min=612 min,即 10 h 12 min。如图 3-13 所示。比第一种方法多耗时 12 min。这 12 min 就是开始等待的时间,同时大家看到当流水线中各个单元处理时间相同时,从判卷开始 15 min 后判完第一份试卷,此后每隔 3 min 判完一个直至最后一个试卷。

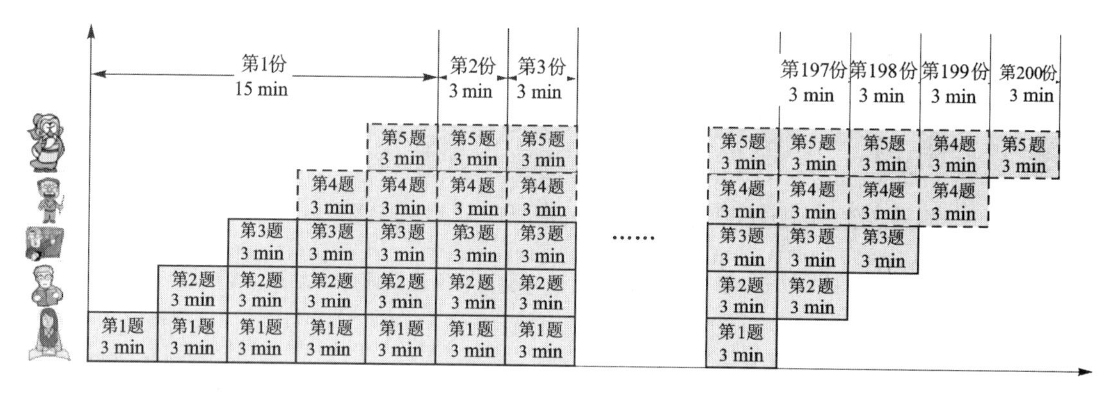

图 3-13　每个老师只批阅其中一道题的情况所用时间的示意图(提高第一道题批阅时间)

虽然第二种方法比第一种方法多用了 12 min,但是第二种方法各个老师需要掌握的评分标准大大降低了。就是说在流水线中每个执行单元的功能单一,从而节省了流水线成本。

但是流水线技术应用中需要注意流水线运行过程中分为 3 个阶段:前 12 min,流水线充满阶段,此时有多个执行单元处于等待状态;12 min 后流水线各个单元均处于全速运行阶段;最后 12 min,流水线清空阶段,多个单元等待。同时注意到在流水线执行过程中 5 个执行单元,均运行了 3×200 min,即流水线各个执行单元的执行时间是相同的。

如图 3-13 所示,这种描述流水线执行过程的方式,称做流水线时空图。

流水线技术的特点如下:

① 流水过程由多个相联系的子过程组成,每个子过程称为流水线的级或段。段的数目称为流水线的深度。

② 每个子过程由专用的功能段实现。

③ 各个功能段所需时间应尽量相等,否则,时间长的功能段将成为流水线的瓶颈,会造成流水线的堵塞和断流。这个时间一般为一个时钟周期(拍)。

④ 流水线需要有通过时间(第一个任务流出结果所需的时间),在此之后流水过程才进入稳定工作状态,每一个时钟周期(拍)流出一个结果。

DSP 芯片内部执行浮点等复杂运算、DSP 芯片内部的指令执行、多 DSP 芯片之间的并行处理等涉及多个单元协同完成一项工作时,都可用到流水线技术提高处理速度。分别称为运算操作流水线、指令流水线与宏流水线。

- 运算操作流水线(又称部件级流水线)。它是把处理机的算术逻辑部件分段,以便为各种数据类型进行流水操作。
- 指令流水线(又称处理机级流水线)。DSP 指令的解释执行过程按照流水方式进行处理。
- 宏流水线(又称处理机间流水线)。指由两个以上的 DSP 芯片以串行方式完成数据处理的过程。

只能完成一种固定功能的流水线称为单功能流水线。当流水线各单元可进行不同组合，从而实现不同功能的流水线称为多功能流水线。

图 3-14 给出了一个多功能流水线的示例，该流水线各单元通过组合可完成浮点加法和定点乘法运算。

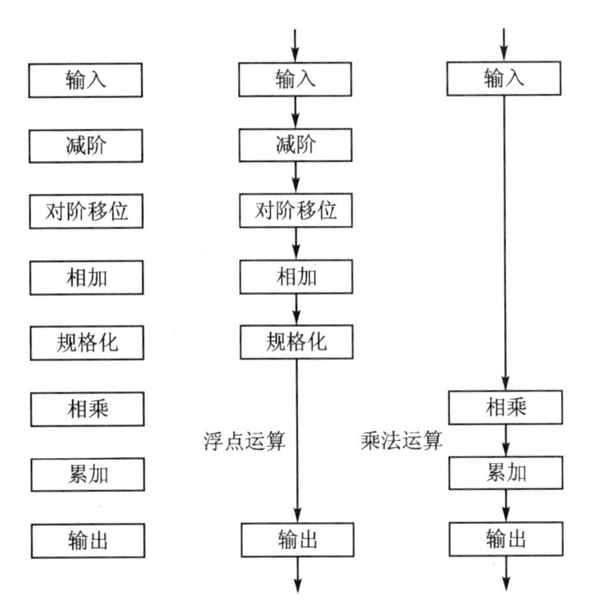

图 3-14　TI 公司某 DSP 的多功能流水线结构

根据多功能流水线组合方式，又可分为动态流水线和静态流水线。静态流水线是指在实现某项功能的过程中流水线的组成是固定不变的。如图 3-15 所示，当该多功能流水线执行浮点运算时，各单元按照浮点运算组合。当需要完成乘法时，按照乘法运算组合。在两种运算交替时，需要先将流水线清空，然后开始新功能，如图 3-16 所示。

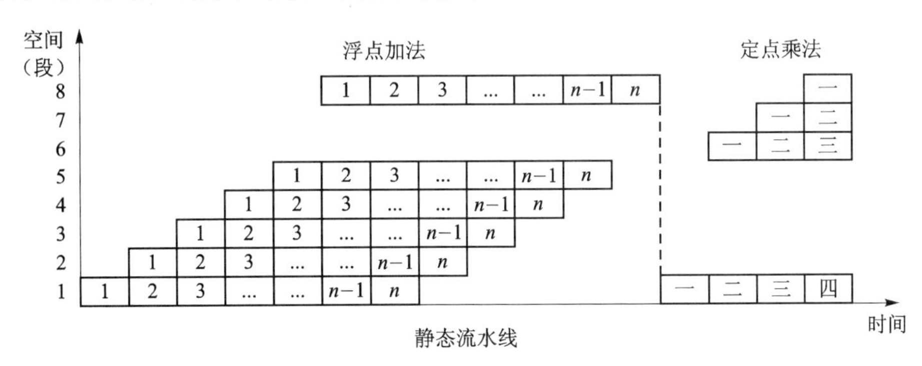

图 3-15　静态流水线

动态流水线是指流水线在功能执行过程中各个单元可动态组合，能提高流水线的效率，但会使流水线的控制变得复杂。

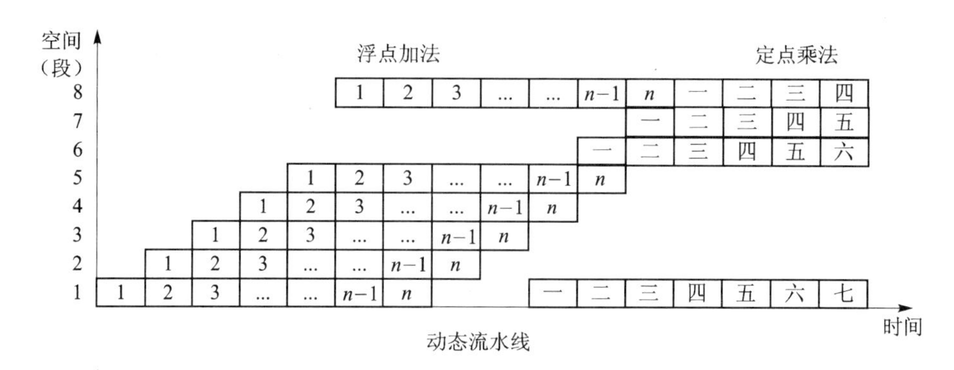

图 3-16　动态流水线

以下介绍指令流水线。

(1) 指令流水线执行阶段

对于哈佛结构的处理器，其指令执行分为取指(IF)、指令译码/读寄存器(ID)、执行指令/有效地址计算(EX)、存储器访问(MEM)、回写(WB)5个阶段。

① 取指(IF)。处理器的程序运行时在PC指针控制下进行的，PC指针是程序存储器的地址。在PC指针控制下，将程序存储器当前地址的指令读出存放在指令存储器IR中。同时PC指针地址增加，产生指向下一条指令的地址，并存放在NPC中。

② 译码(ID)。指令译码单元对中的指令进行译码，产生不同指令所需的控制信号，准备执行该指令。同时，执行单元(此处为ALU)根据IR中存储指令的地址，读取本条指令所需寄存器中的数据，写入执行单元输入寄存器中(A或B)，等待执行单元进行操作。

③ 执行(EX)。执行单元根据译码单元产生的控制信号，对本单元输入寄存器中的数据进行相应操作。例如，执行乘加运算或逻辑操作时，执行单元对输入寄存器A、B中的数据进行乘加运算或逻辑操作，操作产生的结果存储在本执行单元的输出寄存器中；执行存储器访问时，执行单元输入寄存器A中存放的将是所要访问数据存取器的地址，如果是写操作，则另一个输入存储器B存放的为需要写入存储器的数值，执行单元根据指令种类计算得到所要访问数据存储器的物理地址，并将其存放到执行单元输出寄存器中；执行跳转指令时，此时执行单元对输入寄存器A存放的为跳转地址，执行单元计算跳转后需要执行的程序地址即PC值，并将PC值存储在执行单元输出寄存器中，同时产生跳转控制信号。

④ 存储器访问/分支指令(MEM)，如果本条指令是存储器访问或分支指令执行，否者无须执行。执行存储器访问，执行单元(EX)输出寄存器中存放的是所要访问数据存储器的地址，写操作时执行单元(EX)的输入寄存器B中存放的为需要写入存储器的值，读操作时数据存储器相应地址的数据写入存储器输出寄存器(LMD)中。分支指令执行时，根据执行单元(EX)分支判断结果，选择下一条指令的PC值是执行单元(EX)输出寄存器的值还是第一步中NPC中存放的值。

⑤ 回写(WB)，存储器读操作时，将存储器输出寄存器(LMD)中或者执行单元(EX)输出寄存器的数据存入响应寄存器。

以上就是典型的DLX处理器所有指令的执行过程，处理器中需要有一个能够完成IF、ID、EX、MEM和WB等5项工作的执行单元，完成指令操作。如图3-17所示，执行一条指令需要5个节拍(在处理器中节拍就是处理器的时钟周期)，即5个机器周期。也就是说，采用这种指令执行方式处理器的 CPI＝5。

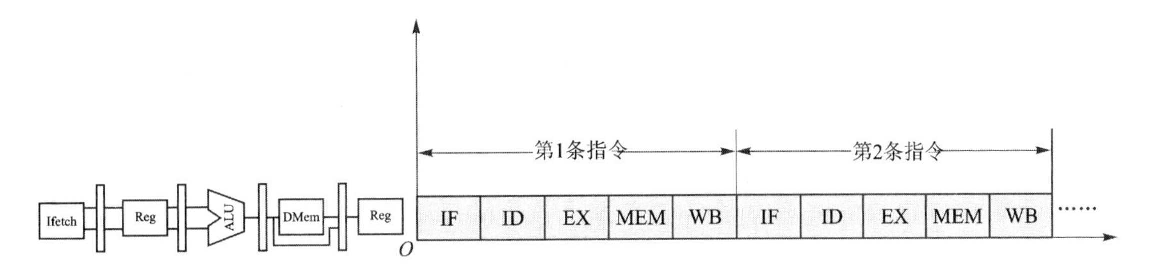

图 3-17　DLX 处理器指令执行示意图

将这个能够完成 5 项工作的复杂单元分成 5 个人独立部分，每部分只完成一项工作 IF、ID、EX、MEM 和 WB。然后按照流水线方式进行安排，这就是 DLX 指令流水线，如图 3-18 所示。

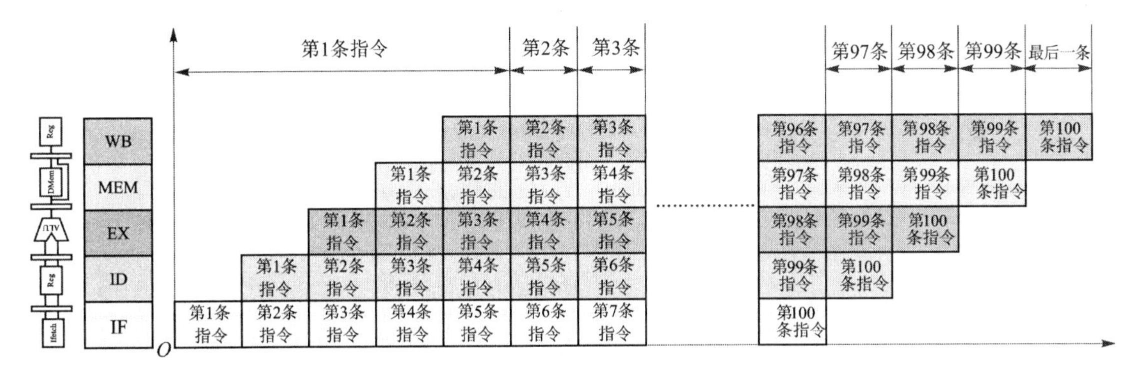

图 3-18　DLX 指令流水线

此时的流水线为 5 级，因此其流水线延迟为 5，即第一条指令在 5 个机器周期后完成。此后每个机器周期完成一条指令。当然不同处理器的指令执行过程不尽相同，其流水线长短不一，但每个采用指令流水线的处理器都和 DLX 流水线相同，指令流水线开始工作后经过 L（L 为指令流水线长度）个机器周期，执行完第一条指令，此后每个机器周期完成一条指令，即流水线处理器 CPI＝1。

可见，指令流水线技术将处理器的指令周期数 CPI 减少到 1，即一个周期完成一条指令，从而大大提高了处理器的速度。因此，目前几乎所有高性能处理器均采用指令流水线技术。如 TI 公司的第一代 TMS320 处理器采用二级流水线，第二代采用三级流水线，而第三代则采用四级流水线，即处理器可以并行处理 2～6 条指令，每条指令处于流水线上的不同阶段，以减少指令执行时间，从而增强处理器的处理能力。除 DSP 芯片外，Intel、ARM 等微处理器也均采用指令流水线技术。例如，Intel 的 Pentium 系列 CPU 产品具有 U、V 两条流水线，因此每个时钟周期能同时执行两条整型指令。U 和 V 两条整型流水线都由五级组成，分别是指令预取 PF、译码 D1、译码 D2、累加器中执行 EX 和寄存器或存储器回写 WB/X1，在 Pentium4 系列 CPU 产品中，Intel 采用长达 20 级甚至 31 级流水线以提高处理速度。ARM 公司的微处理器系列中，ARM7 采用三级流水线技术，ARM9 采用五级流水线技术，而 ARM10 采用六级流水线技术。然而不论是三级还是五级流水线，当出现多周期指令、跳转分支指令和中断发生的时候，流水线都会发生阻塞，而且相邻指令之间也可能因为寄存器冲突导致流水线阻塞，降低流水线的效率，因此不能简单认为流水线级数越高越好。

(2) 流水线竞争

我们看到，采用指令流水线技术处理器每个机器周期可以完成一条指令的操作，但是每条指令从取指开始到结束往往需要多个机器周期，这在指令执行中称做指令执行延迟。这就意味着处理器中同时有多个指令处于工作状态，当不同指令在同一时刻需要使用同一资源时，将会引起流水线竞争(Pipeline Hazard)。流水线竞争会造成指令流水线中其他指令无法正常执行。流水线竞争分为结构竞争、数据竞争和控制竞争三类。当不同指令同时使用处理器内部同一硬件资源时，称为结构竞争(Structure Hazard)；当不同指令需要同时访问同一个数据时，称为数据竞争(Data Hazard)；当跳转或其他改变 PC 指针的指令执行时，PC 指针的变换引起流水线获取指令的冲突，称为控制竞争(Control Hazard)。

结构竞争一般是由于硬件资源不足导致的，如图 3-19 所示，在 DXL 指令流水线中，我们采用的是指令存储器和数据存取器分开的哈佛结构。如果采用冯·诺依曼结构呢？冯·诺依曼结构如图 3-20 所示。

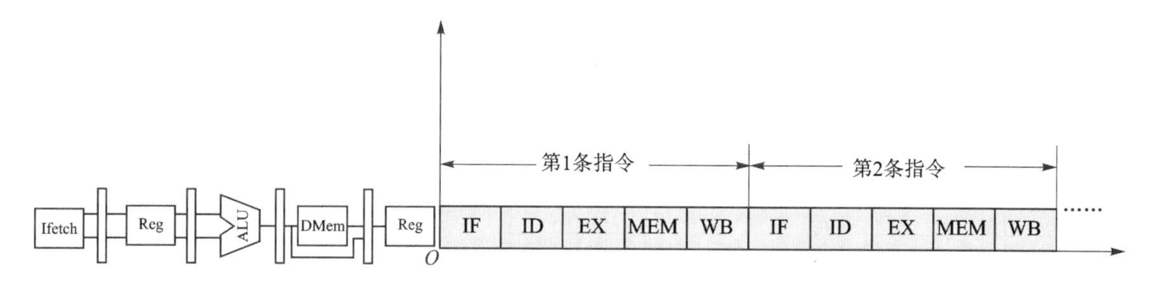

图 3-19 DLX 处理器指令执行示意图

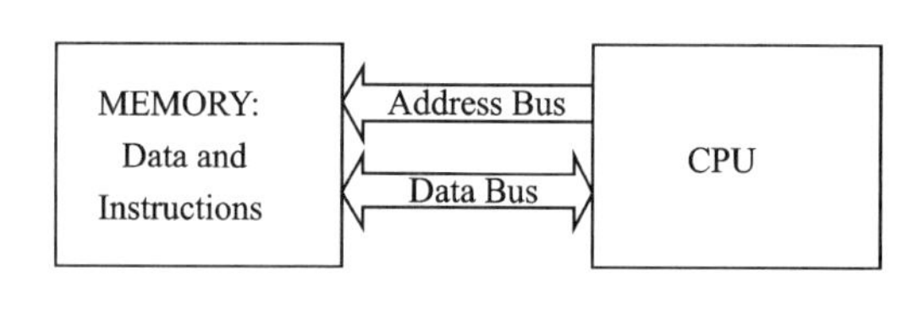

图 3-20 冯·诺依曼结构

非指令流水线在第 1 个机器周期产生存储器地址，并将指令存入指令寄存器 IR；第 2 个机器周期进行译码；第 3 个机器周期执行；第 4 个机器周期产生存储器地址并对存储器进行操作；第 5 个机器周期将数据写到寄存器中。

指令执行过程中，在第 1 和第 4 个机器周期内均会对存储器进行操作。对存储器的两次访问，不会对上面这种顺序执行产生影响。但是对于指令流水线则大不相同，这种对同一资源的两次操作会引起流水线的结构竞争。

如图 3-21 所示，从第 4 个机器周期开始，每个机器周期内 IF 和 MEM 单元均会访问存储器。但是冯·诺依曼结构的处理器中执行单元和存储器之间只有一组总线，不允许同时访问。这样会造成流水线等待，即第 4 条指令无法在第 4 个机器周期内访问存储器而被迫推迟。如图 3-22 所示。但推迟后又会与第 2 条指令的存储器访问冲突，如图 3-23 所示，最终导致流水线无法高效工作，如图 3-24 所示。

指令流水线这种结构竞争，只能通过改变指令流水线硬件资源的方式解决，比如采用哈佛结构，如图 3-25 所示，这样处理器内部包括两套存储器和总线，IF 和 MEM 在同一时间访问不同的存储器从而消除了结构竞争。

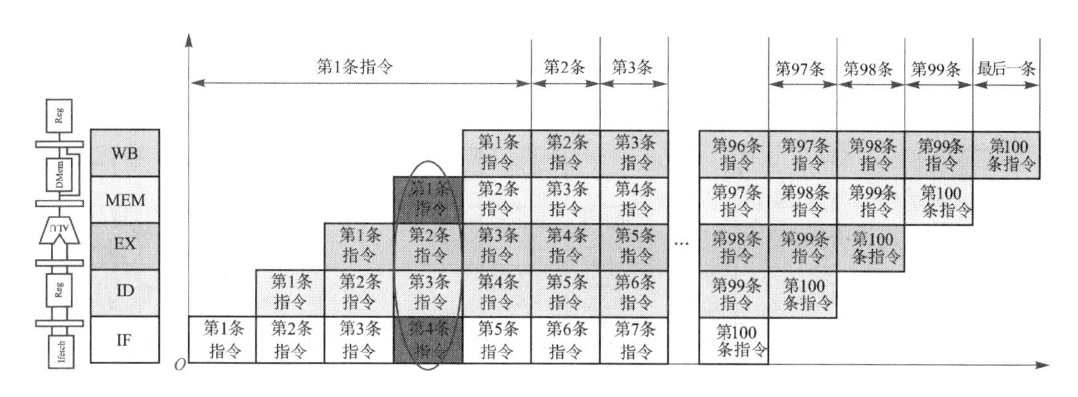

图 3－21　在第 4 个周期中第 4 条指令与第 1 条指令访问冲突

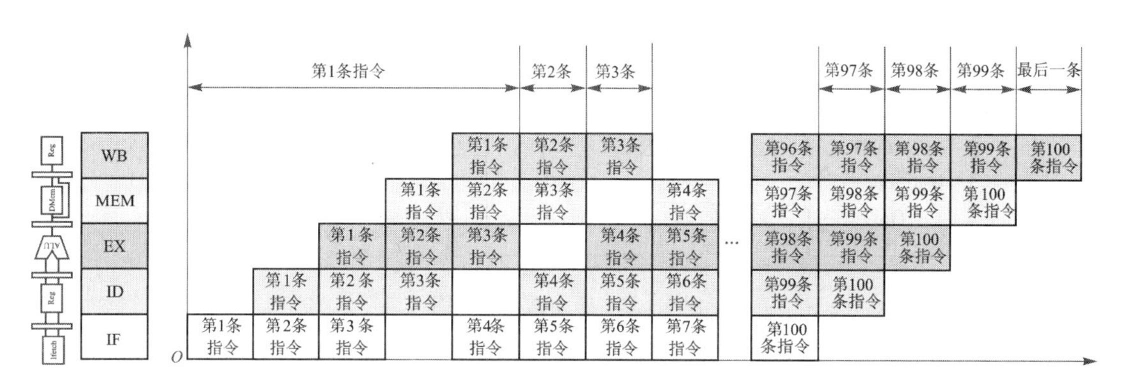

图 3－22　在第 4 个周期中第 4 条指令被迫推迟

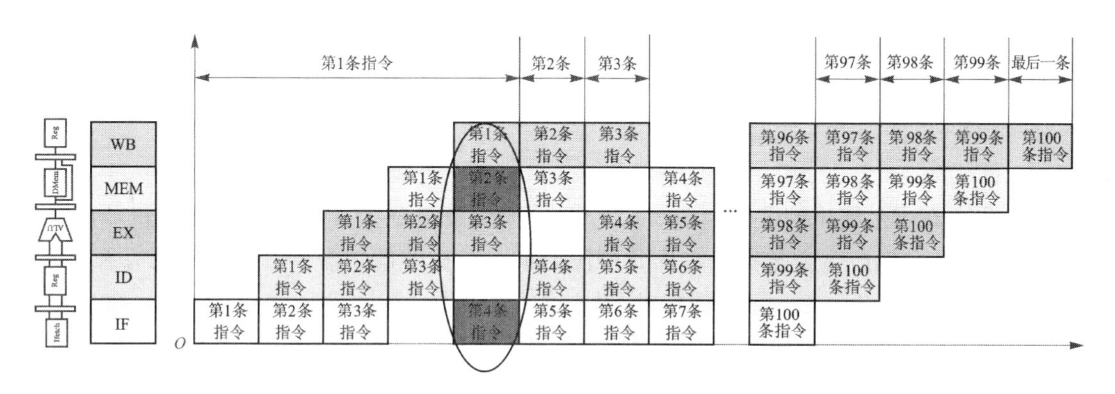

图 3－23　第 4 条指令与第 2 条指令访问冲突

数据竞争是指先后两个条指令访问同一寄存器时产生的竞争。处理器中前后两条指令对寄存器的操作主要有以下几种情况：先写后读、先读后写、连续读、连续写。

先写后读同一个寄存器，即前一条指令的结果存储到该寄存器，后一条指令的运算需要用到该存储器，会产生数据竞争。

例 3－2

r3＝r1＋r2；；(TS201 汇编)

r5＝r4－r3；；

两条指令在流水线中的关系如图 3－26 所示，第 2 条指令在 ID 阶段即第 3 个机器周期需

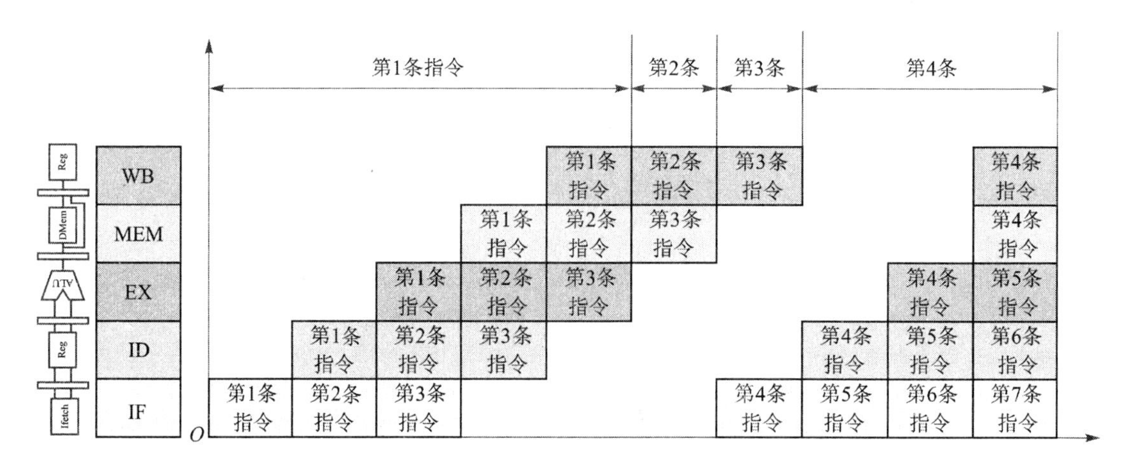

图 3-24 产生结构竞争的流水线示意图

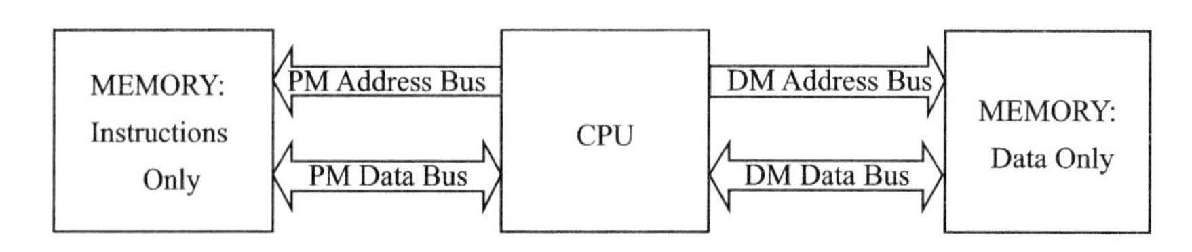

图 3-25 哈佛结构示意图

要读取该寄存器的值，但是第 1 条指令在 WB 阶段即第 5 个机器周期才能计算结束。为了得到正确结果，流水线只能等待。

先读后写同一个寄存器，即前一条指令的运算需要用到该存储器，后一条指令的结果存储到该寄存器，此时不会产生数据竞争。

例 3-3

r3=r2-r1;;(TS201 汇编)

r1=r5+r4;;

两条指令在流水线中的关系如图 3-27 所示，第 1 条指令在 ID 阶段即第 2 个机器周期需要读取该寄存器的值，第 2 条指令在 WB 阶段即第 6 个机器周期需要将计算结束写入。第 1 条指令使用在先，第 2 条指令随后操作，所以不会产生竞争。

连续读同一个寄存器，即前后两条指令的运算先后读取该存储器的值，此时不会产生数据竞争。

例 3-4

r3=r4-r1;;

r6=r5+r1;;

两条指令在流水线中的关系如图 3-28 所示，第 1、2 条指令分别在各自的 ID 阶段即第 2、3 个机器周期读取该寄存器的值。第 1 条指令读取在先，第 2 条指令随后读取，同样不会产生竞争。

连续写同一个寄存器，即前后两条指令的运算先后在该存储器中存储结果，此时不会产生数据竞争，只是前一条指令的结果很快被下一条指令覆盖。

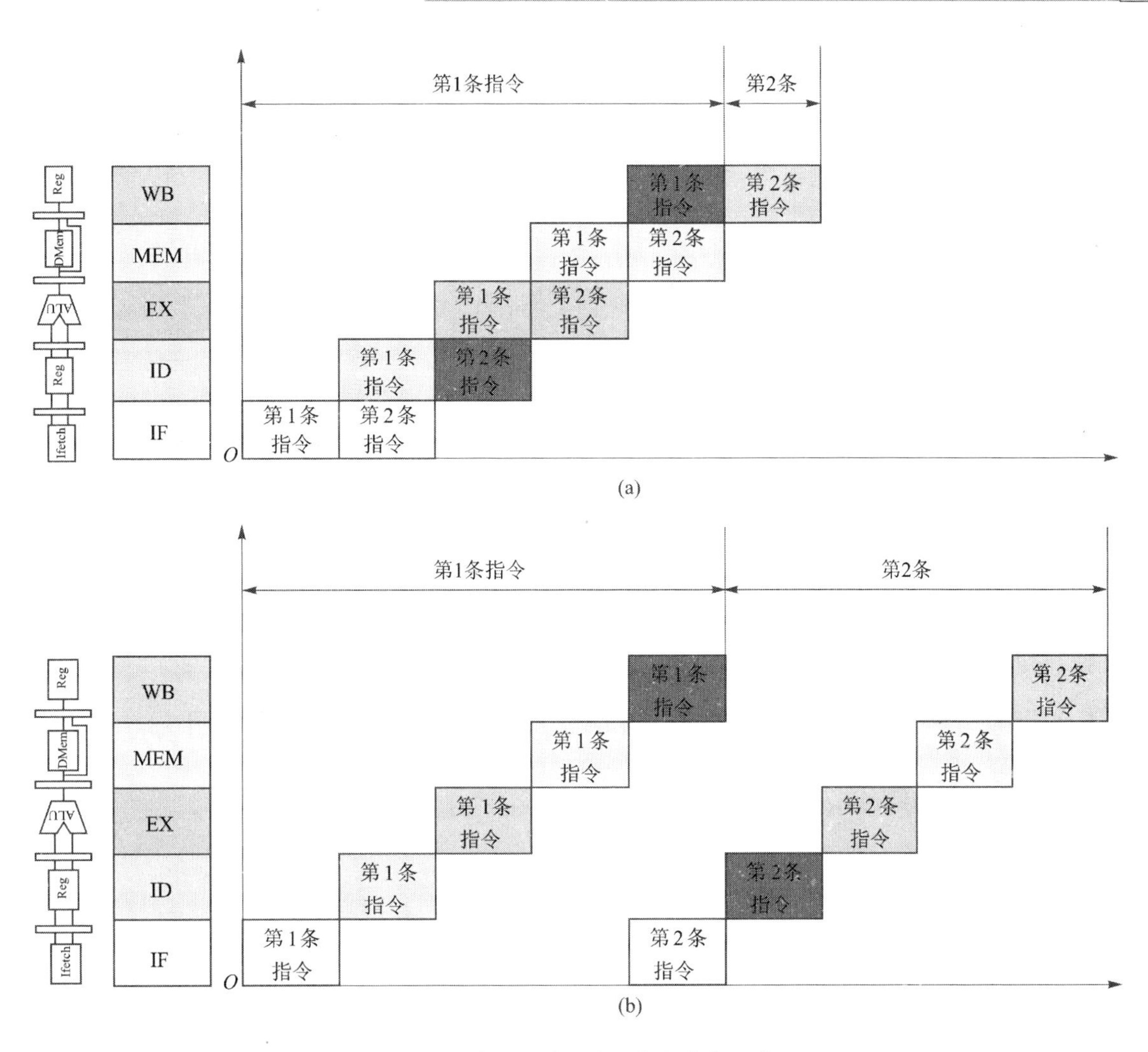

(a)

(b)

图 3-26　先写后读而产生数据竞争示意图

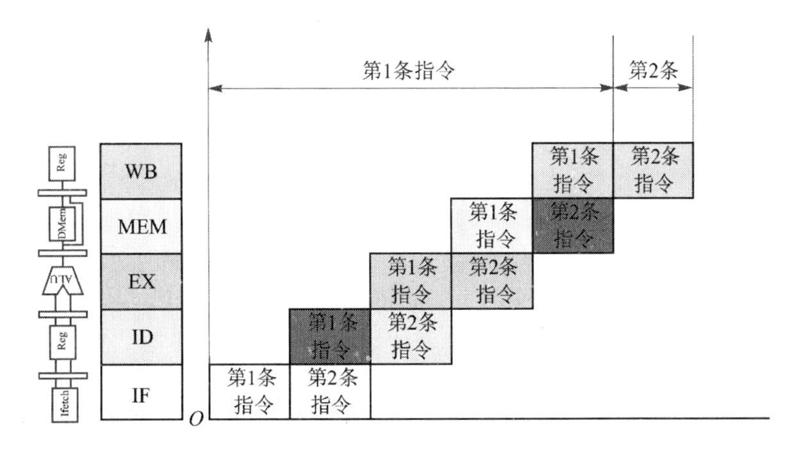

图 3-27　先读后写不产生数据竞争示意图

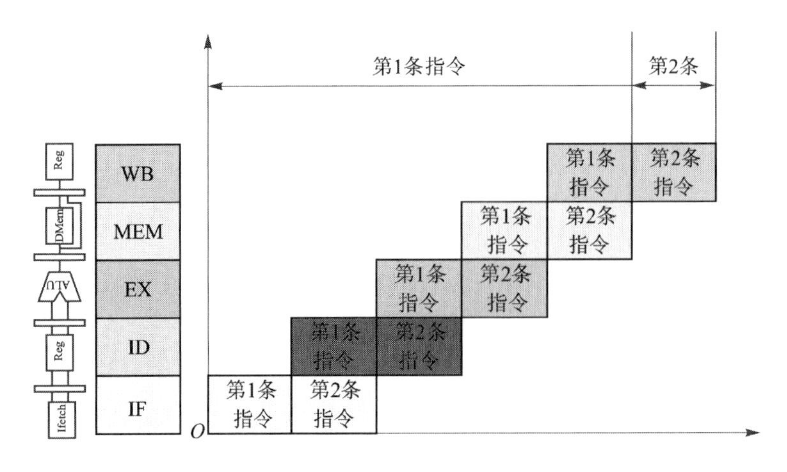

图 3-28　连续读不产生数据竞争示意图

例 3-5

r3＝r2－r1;;

r3＝r5＋r4;;

两条指令在流水线中的关系如图 3-29 所示，第 1、2 条指令分别在各自的 WB 阶段即第 5、6 个机器周期读取该寄存器的值。第 1 条指令读存储先，第 2 条指令随后存储，同样不会产生竞争，但是第 1 条指令的结果很快被第 2 条指令的结果覆盖。

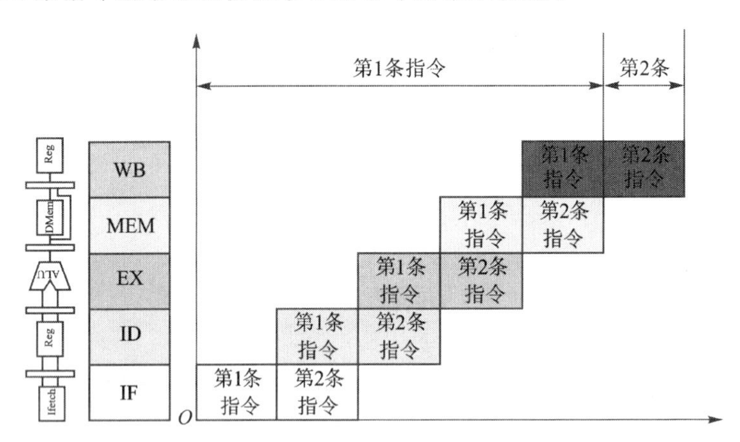

图 3-29　连续写不产生数据竞争示意图

综上可见，只有在先写后读同一个寄存器时，由于第 1 条指令的结果要等到 L 个机器周期以后才能计算完成，这就意味着，接下来的 L 条指令均不能使用第 1 条指令的结果，否则就会产生数据竞争。其他情况下，各条指令顺次对同一寄存器进行访问，因此不会发生数据竞争。

避免编程中出现前后两条指令先写后读同一寄存器，就可以防止数据竞争的出现，如图 3-30 所示。

对于例 1 中的数据相关问题，可将后续不会产生竞争的 $L-1$ 条指令前移，保证流水线正常，如图 3-31 所示。

例 3-6

r3＝r1＋r2;;

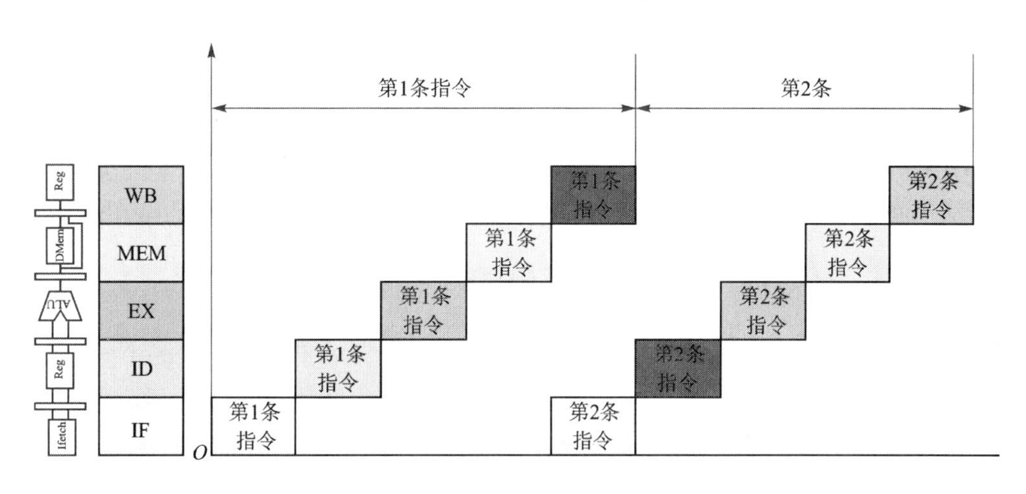

图 3-30　先写后读而产生数据竞争

r5＝r4－r3;;

Instructions i

Instructions $i+1$

Instructions $i+2$

Instructions $i+3$

例 3-7

$r3=r1+r2$;;

Instructions i;;

Instructions $i+1$;;

Instructions $i+2$;;

$r5=r4-r3$;;

Instructions $i+3$;;

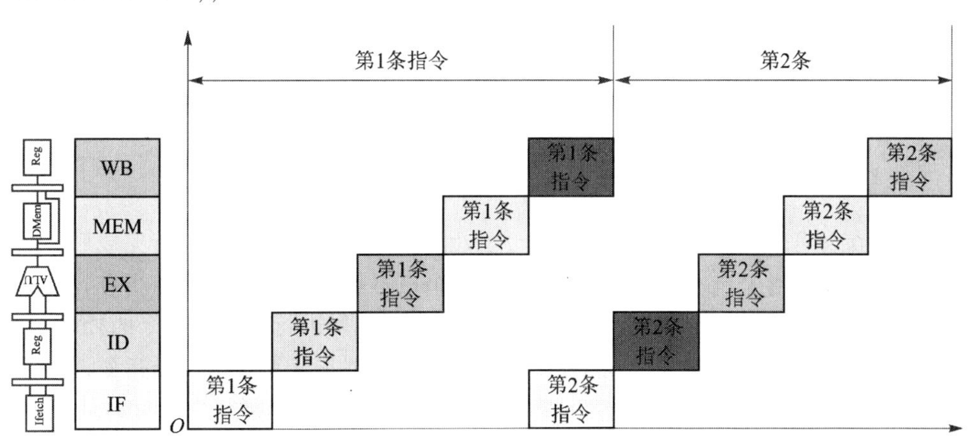

图 3-31　将不会产生竞争的指令前移的流水线示意图

事实上并不是每条指令的流水线延迟都相同，不同处理器的数据手册均给出了不同指令的处理延迟。编程遇到先写后读同一寄存器时，需要在两条指令之间增加两条指令之间增加 $D-1$ 条非竞争指令，其中 D 为前一条指令的处理延迟。即，每条指令经过处理延迟 D 个机器周期后，其输出才可用。

控制竞争当跳转或其他改变 PC 指针的指令执行时，PC 指针的变换引起流水线获取指令的冲突，称为控制竞争。

例 3-8 下述跳转程序，当 r1 等于 r3 时程序跳转到 start 执行 Instructions 1，否则执行下一条指令 Instructions 5。下面看看这些指令在流水线中如何安排。

```
_start:
Instructions 1;;
Instructions 2;;
Instructions 3;;
Instructions 4;;
fcomp(r1,r3);;
if AEQ, jump _start;;
Instructions 5;;
Instructions 6;;
Instructions 7;;
```

程序开始指令流水线开始工作，每个机器周期读取 1 条指令。如图 3-32 所示。第 5 个机器周期时，读取跳转判断指令 if AEQ, jump _start;;。下一个机器周期应该读取 start: Instructions 1 还是 Instructions 5 呢？这需根据 fcomp(r1,r3)的执行结果决定。

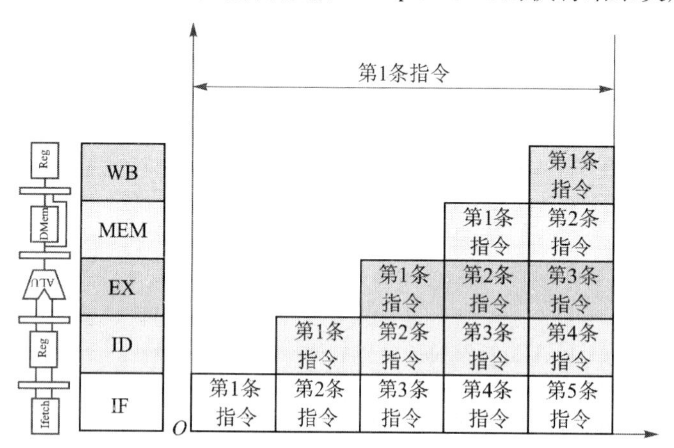

图 3-32 第一条指令执行示意图

在非指令流水线处理器中，这些都不是问题，因为，只有前一条指令执行完成后，才会执行下一条指令。但是在指令流水线处理器中，虽然一个机器周期能够完成一条指令，但是每条指令均有处理延迟。就是说，前一条指令还没处理完成时，需要进行下一条指令的处理。

无论是 start: Instructions 1 还是 Instructions 5 处理器总需要读取一条指令进行，假定处理器 PC++继续读取下一条指令 Instructions 5，其流水线执行如图 3-33 所示。

等到第 8 个机器周期，第 5 条指令在 MEM 处理单元中判断 PC 指针应该是 PC++还是指向 start。

如果为 PC++，则应该执行一条指令 Instructions 5，在第 6 个机器周期时读取的就是 Instructions 5，指令流水线继续工作。

如果应该执行 start: Instructions 1 呢？PC 指针应该指向 start，第 5 条指令后应该读取

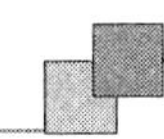

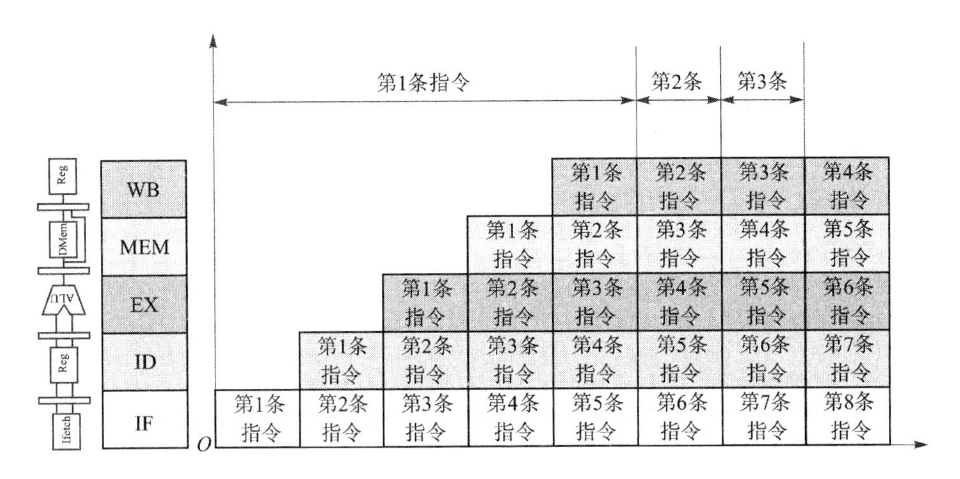

图3-33 处理器PC++继续读取下一条指令Instructions 5时流水线执行示意图

start：Instructions 1指令而不是Instructions 5。可是此时不仅是Instructions5，已经读到了Instructions 7，这3条指令均不应执行。需要阻塞流水线，废弃这3条指令。重新开始读取正确指令start：Instructions 1。

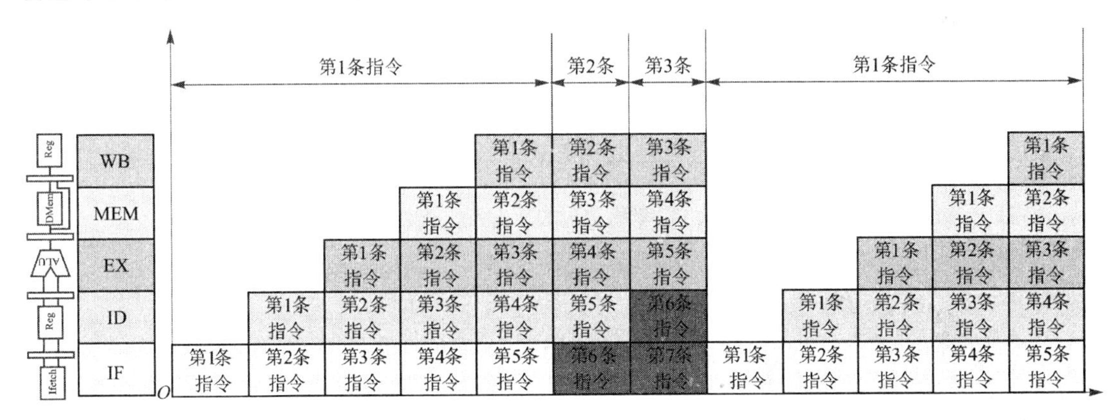

图3-34 处理器PC++继续读取下一条指令Instructions 1时流水线执行示意图

跳转等程序完成功能的重要指令，在程序中会经常出现，因此需要想法减少控制竞争带来的流水线停顿。主要有以下几种软硬件方法。

① 改变指令流水线硬件，将跳转判断从MEM阶段前移到ID阶段，这样可使转移指令造成的停顿周期到1个。

② 像循环指令中大部分时间是跳转回去，只有最后一次出循环时时顺序执行的。基于执行跳转和不执行跳转两者的概率不同，人们提出了分支预测技术。指令流水线在跳转指令后，加载执行概率大的指令，也就降低了流水线中断的概率。

③ 程序前移，流水线中断主要是跳转指令后需要执行的指令，不确定性引起的。能不能在跳转指令后加载，无论是跳转条件满足还是不满足，都需要执行的指令，就是跳转指令前的指令。这些指令无论是跳转发生还是不发生都需要执行。从跳转指令前移动指令的多少取决于跳转指令的处理延迟D，移动指令数等于$D-1$。

```
_start:
```

```
Instructions 1;;
fcomp(r1,r3);;
if AEQ, jump _start;;
Instructions 2;;
Instructions 3;;
Instructions 4;;
Instructions 5;;
Instructions 6;;
Instructions 7;;
```

指令移动后的指令流水线时空图如图 3-35 所示。

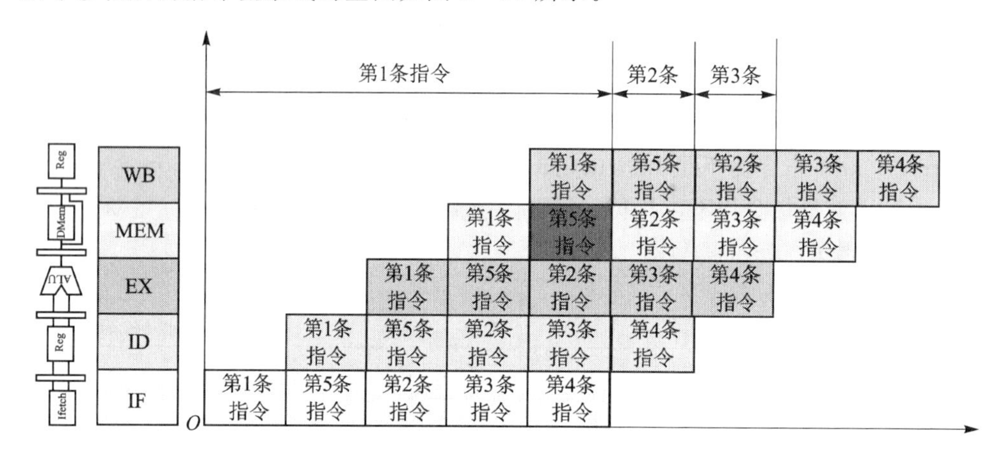

图 3-35　指令移动后的指令流水线时空图

指令流水线在第 5 个时钟周期决定下一条指令是 start：Instructions 1 还是 Instructions 5，这样就不会造成流水线中断。

流水线结构的诞生，使得 DSP 仅仅单时钟周期即可完成单条指令（包括乘法指令在内），大大提高了运算速度，提高了资源利用效率，乘法器的加入进一步提高了计算速度，使得 DSP 在信号处理中得到了广泛应用。而随着电子技术的不断发展，高分辨率雷达成像、高清视频的实时处理等，对 DSP 芯片的计算能力提出了更高的要求，普通的指令流水线结构已经不能满足要求，于是人们发明了更高效的处理器结构：超标量（Super Scalar）与超长指令字（VLIW）结构。

3.7　超标量与超长指令字处理器

让我们继续回到批阅试卷的例子中，如果还想进一步提高判卷速度呢？再增加 5 位老师，如何安排这些老师呢？每 2 位老师判一道题，一位老师判前一半，另一位判后一半。将一道题分成若干份，看起来不是非常方便。

我们将两种方法相结合，10 位老师分成 2 组，每 5 位老师组成一条阅卷流水线，每条流水线评阅 100 份卷子。其执行过程如图 3-36 所示。

此时，10 位老师共耗时 $15+3\times(100-1)=312$ min，即 5 h 12 min。和 5 位老师相比时间缩短了将近一半，而且每位老师只需要掌握一道题目的标准答案。平均每份试卷约需要 1.5

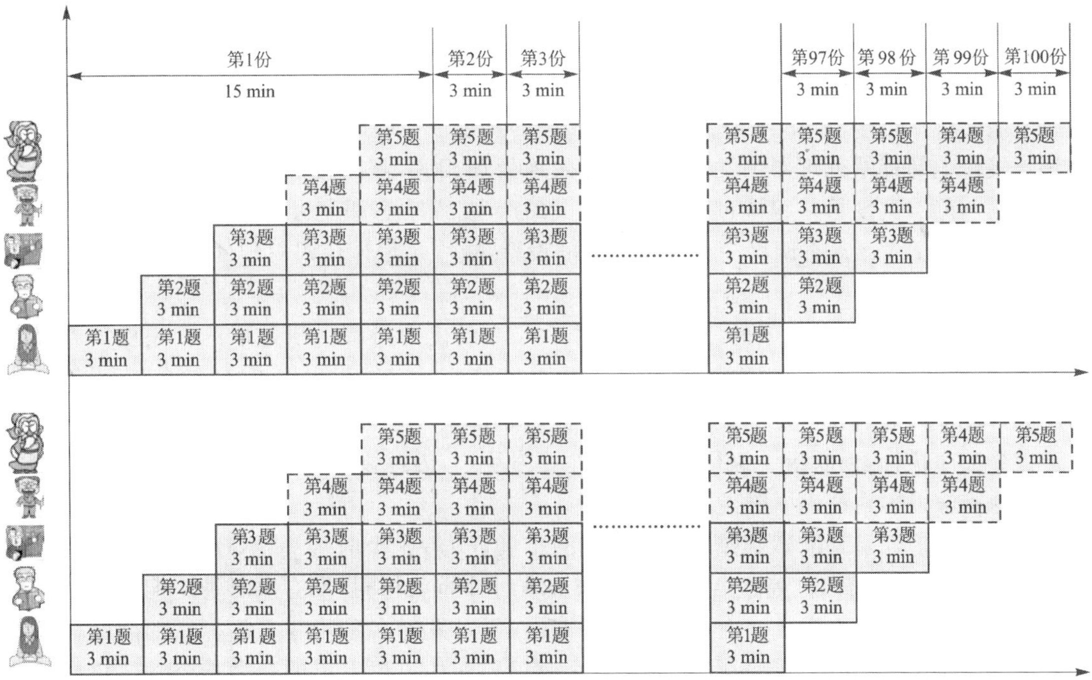

图 3-36 两种方法相结合的流水线执行示意图

min，即一个节拍出2份试卷。相当于处理器中的CPI=0.5。

指令流水线技术的不断发展，使得处理器的CPI接近于1。进一步提高处理器执行速度即要求CPI<1，我们也可以采用多位老师判卷的方法，这就是CPI<1的超标量和超长指令字结构。也就是并行处理技术，在处理器中有两类并行处理方法：超标量和超长指令字。

在认识这两种新结构之前，先熟悉几个概念：

① 操作延迟(OL)：指一条指令产生结果后使用的机器时钟周期数。所使用的参考指令是能够代表指令集中大多数指令的简单指令。操作延迟就是指这种指令执行时所需的机器时钟周期数。

② 机器并行度(MP)：指机器支持的可以同时执行的最大指令数目。实际上，可以把它看做在任何时候能够同时在流水线中运行的最大指令数。

③ 发射延迟(IL)：指发射两条连续的指令之间所需要的机器时钟周期数。参数指令仍然选用简单指令。在这里，发射是指一条新的指令初始化后进入流水线。

④ 发射并行度(IP)：指在每个时钟周期内可以发射的最大指令数。

3.7.1 超标量处理器

早期的单发射结构微处理器的流水线设计目标是做到每个周期能平均执行一条指令，但这一目标不能满足处理器性能增长的要求，为了提高处理器的性能，要求处理器具有每个周期能发射执行多条指令的能力。与超长指令字(Very Long Instruction Word，VLIW)结构的数字信号处理器相似，超标量结构的处理器每个时钟周期也并行发射和执行多条指令，在指令执行时根据资源、数据相关等情况，决定是否并行执行指令。超标量结构是当代多发射微处理器所广泛采用的微体系结构。

在超标量微处理器中，每个周期可同时发射执行多条指令，但指令的高发射频率意味着相关所发生的频率也很高，而且其结构决定了相关的复杂性。因此，相关的检测和解决策略的优劣将直接影响超标量处理器的性能。为了有效地处理相关，需采用静态和动态调度技术相结合的方法。静态调度可在编译过程中减少相关的产生；而动态调度可根据处理器的动态信息，发掘出更多的 ILP。动态调度简化了编译器的设计，减小了编译代码对硬件的依赖，但却以大量的硬件开销为代价。

在超标量处理器中，指令的发射策略是指在指令的发射过程中所采取的相关检测方法和相关处理措施，决定指令队列中指令的发射顺序，其算法效率的优劣将直接影响超标量处理器的性能。设计高效的指令发射策略是实现高性能超标量处理器的前提。在超标量处理器中，由于指令乱序执行，判断指令执行结束的条件更为复杂，因此设计超标量处理器时，应考虑采取一定的措施以实现精确中断。

超标量处理器是基准标量流水线处理器的扩展，OL＝1 个时钟周期，IL＝1 个时钟周期，IP＝n 条指令/时钟周期。处理器时钟周期与基准时钟周期相同，没有次时钟周期。简单的操作都在一个时钟周期内完成。在每个时钟周期内，可以发射多条指令。超标量的度数(Super Scalar Degree)由发射并行度 n 决定，n 是每个时钟周期内可以发射的最大指令数。超标量处理器的指令执行过程如图 3－37 所示。与标量流水线处理器相比，度数为 n 的超标量处理器可以看作是有 n 条流水线或者 n 倍宽度的流水线，即在每个流水段中可以驻留 n 条指令，而不是一条。超标量处理器的 MP＝$n\times k$。

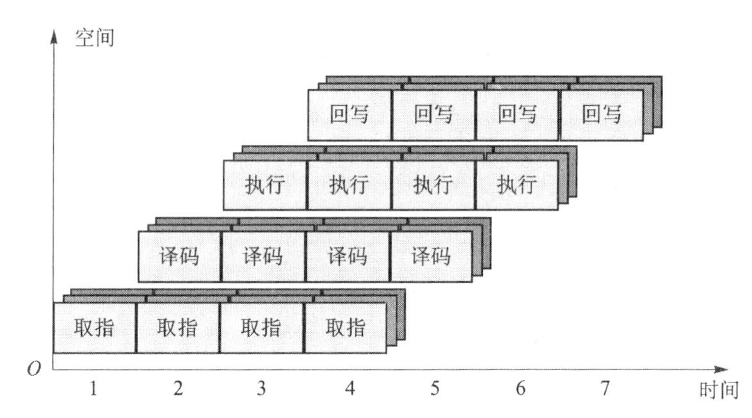

图 3－37　度数 n＝3 的超标量处理器的指令处理过程

如果每个次时钟周期发射 n 条指令，发射延迟将减少到基准时钟周期的 $1/m$，总的发射并行度或者吞吐率将是每个基准时钟周期 $n\times m$ 条指令。最终处理器的并行度将是 MP＝$n\times m\times k$，这里的 n 是超标量的度数，m 是超流水的度数，而 k 是基准处理器的流水线度数。处理器的并行度可以看成是 MP＝$n\times(m\times k)$，表示超标量处理器有 $m\times k$ 个流水段。这样的处理器可以等效地看做是超标量度数为 n，具有 $m\times k$ 段的深度流水线处理器，而没有必要冠以“超标量超流水”处理器这样冗长的名称。

超标量处理机可以在每个时钟周期发出 1～8 条指令，这些指令必须是不相关的并且不能出现资源冲突。假设处理机有一个整数部件和一个浮点部件，处理机至多能发出两条指令，一条是整数类型的指令，包括整数算术逻辑运算，存储器访问操作和转移指令；另一条必须是浮点类型的指令。如果不是这样，处理机则只能发出一条指令。如果处理机的执行部件足够，则资源冲突的可能性会减小。

超标量处理机一般设计有多至10个执行部件，这些执行部件往往被分成若干组。每组共用一套预约站、一条总线或一个寄存器堆/缓冲区的一个写端口。从每个周期最多可发出的指令条数来看，发出2～4条指令的超标量处理机居多。例如早期的MC88110超标量处理机有10个执行部件，每个周期最多发出两条指令。而PowerPC 620超标量处理机有6个执行部件，每个周期最多可发出4条指令。

3.7.2 超长指令字(VLIW)处理器

超长指令字（Very Long Instruction Word，VLIW）计算机的设计思想来源于1983年Yale大学Fisher教授提出的水平微程序设计原理。水平微程序设计的微指令字可以相当长，可以定义较多的微命令，使得每个微周期能够控制众多彼此独立的功能部件并行地操作。将水平微程序设计思想与超标量处理技术相结合，即产生了VLIW结构的设计方法。

典型的超长指令字VLIW机器指令字长度有数百位，超长指令字不同字段中的操作码被分送给不同的功能部件。如图3-38所示，在VLIW处理机中多个功能部件是并发工作的，所有的功能部件共享大型公用寄存器堆。VLIW的并发操作主要是在流水的执行阶段进行的，每条指令指定多个操作。如图3-39所示，在执行阶段可并行执行3个操作。VLIW机器的工作很像超标量机，但它用一条长指令实现多个操作的并行执行方式来减少对存储器的访问。

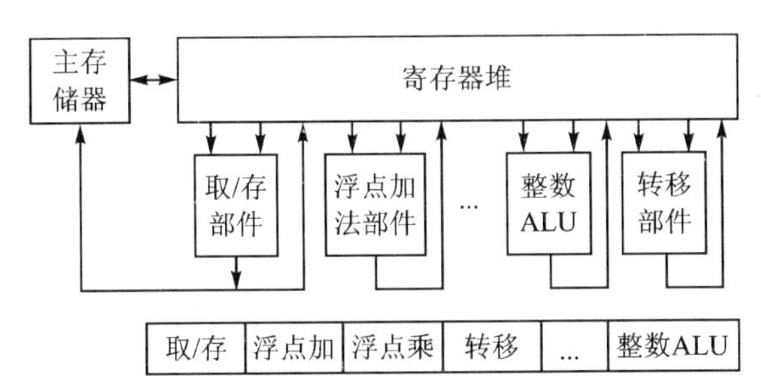

图3-38 典型的VLIW处理机和指令格式

目前的高性能DSP处理器普遍采用多发射体系结构，每个时钟周期发出多条指令，通过多个功能单元并行执行实现指令级并行(ILP)。多发射体系结构有超标量和VLIW两种，由于超标量体系结构硬件的复杂性和指令动态调度所导致的时间不确定性，DSP处理器更多采用VLIW结构。VLIW使用静态指令调度技术，并且使用非常简单的指令，每条指令编码一个操作，使用宽的并行指令独立控制各个功能单元，它的流水线是非保护的，没有用于防止资源冲突和隐藏流水线延时的硬件互锁机制。VLIW的程序必须由程序员或编译器静态调度，每个时钟周期发出4～8条指令。VLIW DSP处理器使用宽指令字，这些指令字分成若干固定字段，每个字段完全指定一个功能单元的操作，包括操作码和操作数。这些操作是简单的，而且是相互独立的。

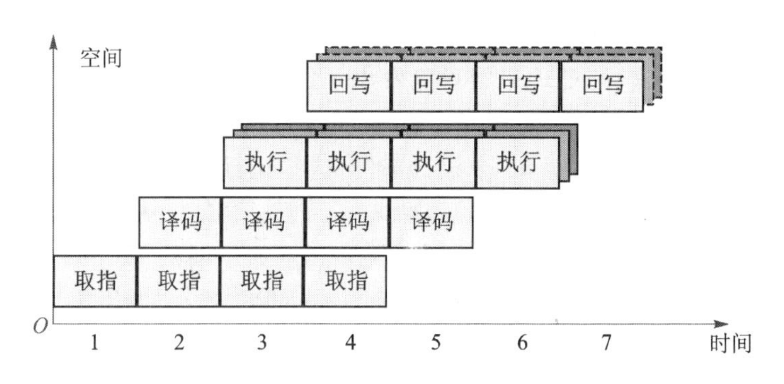

图 3-39 度数 $n=3$ 的 VLIW 处理器的指令处理过程

TI 公司的 VelociTI 体系结构是 VLIW DSP 的典型代表，它的编码方案在 3 个方面增加了 VLIW DSP 处理器的灵活性。

① 它的 256 位指令字等分成固定的 8 个 32 位原子 RISC 指令，不是专用于特定的单元，每个字段可以含有任意单元的自含指令。

② 取指包中的所有指令总是并行执行，它的并行性从完全串行到完全并行是完全可编程的。VelociTI 允许指令包内指令的串行执行，减少了代码大小的开销，而这本来是以前嵌入式应用中 VLIW 的主要缺点。

③ VelociTI 指令包内的每个 RISC 指令可以按独立条件执行，任何指令都由于条件执行而减少了与分支有关的流水线延时，提高了性能。TI 的 TMS320C62x 和 TMS320C64x 等高性能 DSP 处理器内核均使用 VelociTI 体系结构。

VLIW 处理器与超标量处理器有些类似。这两类处理器的实现意图以及性能目标十分相似，它们代表了两种不同的方法，但最终目标是相同的，即通过指令级并行处理来提高处理器的性能。两种方法发展道路及背景各不相同。有人提出这两种方法是相互促进的，应该将它们结合起来，ADI 公司提出的 TigerSharc 系列的 DSP 采用了静态超标量结构，便是将超标量与 VLIW 结合，从而获得极大的性能提高。

3.7.3 超标量与超长指令字(VLIW)的区别

超标量与超长指令字(VLIW)的区别如下：

① 在超标量处理器中，究竟是哪 n 条指令将被发射到执行段是在运行时决定的，而在 VLIW 处理器中，这样的指令发射决策是在编译时进行的，编译器决定哪 n 条指令将被同时发射到执行段，并将这 n 条指令作为一个超长指令字存放到程序存储器中。

② VLIW 处理器一次发射一条长指令，其中包含多个操作，而不是像超标量处理器那样一次发射多条指令。这样做可以减轻指令发射逻辑电路的带宽，因为超标量处理器中为了发射多条指令的需要，必须将指令发射逻辑电路流水化，并提高其带宽，使其硬件复杂化，同时增加了成本。

③ VLIW 处理器采用静态调度，长指令的组装由编译器完成，而不需要像超标量处理器那样由动态调度硬件完成，从而进一步减轻硬件负担，当然也丧失了动态调度的优点。

④ VLIW 处理器为了使所有功能单元充分发挥作用，必须要开发更多的指令并行性，因

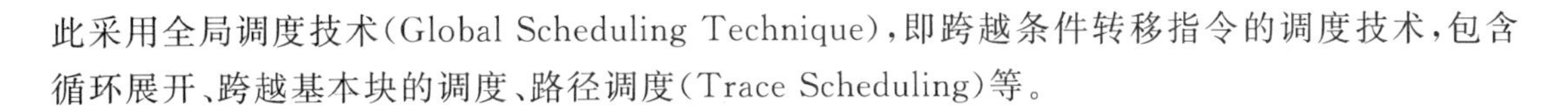

此采用全局调度技术(Global Scheduling Technique),即跨越条件转移指令的调度技术,包含循环展开、跨越基本块的调度、路径调度(Trace Scheduling)等。

3.8 DSP 的传输速度

DSP 的存储空间主要分为寄存器、内部存储器、外部存储器和 cache。cache 在 DSP 中是作为内部存储器与总线之间的缓存而使用的,可以保持数据传输的连续性。在 DSP 中,访问速度最快的是对寄存器的访问,其次是内部存储器,而访问外部存储器的速度是最慢的。但就容量来说,由于 DSP 芯片的限制,内部存储器的容量往往是有限的,不能满足大量数据存储的要求。但是外部存储器没有这样的限制,就和 PC 中的硬盘一样,容量可以做的很大,因此,大量的数据可以存储在外部存储器里。但对于实时处理来说,处理数据的速度至关重要。外部存储器的访问速度就成了系统实时处理的瓶颈。

3.8.1 DMA 控制技术

在以 CPU 为核心的系统中,由于所有电路部件都是与总线相连接的,所以,不同的电路部件、甚至相同部件中不同单元之间的数据传输,都必须经过 CPU 执行程序来实现。例如当存储单元 A 中的数据必须要复制到存储单元 B 中,就要先把 A 单元中的数据读入到 CPU,再通过 CPU 把数据写入到存储器单元 B。这样做的原因很简单,就是无法实现每一个存储器单元都与其他单元之间建立直接联系。实际上,计算机系统与电信系统十分相似。在电信系统中,人们无法做到任何两部话机之间都建立直接的线路,只能通过交换机进行连接。这种通过 CPU 执行程序来实现数据传输的方式,受到外部存储器工作速度的限制,实际传输一个字节需要几十到几百微秒,对于 DSP 系统这种数据传输量比较大的情况,数据传输就显得速度太慢,并且占用太多 CPU 资源,因此大大影响了 CPU 的时间特性。

为了提高系统的工作效率,突破外部存储器访问速度的瓶颈,我们希望能用硬件在外部存储器与内存之间直接进行数据交换而不通过 CPU,这样数据传输的速度上限就取决于存储器的工作速度,而不会占用太多 CPU 资源。因此,在大多数 DSP 中采用了“存储器直接访问控制”技术,也就是通常所说的 DMA 控制技术。

DMA 控制数据直接传输的原理如图 3-40 所示。

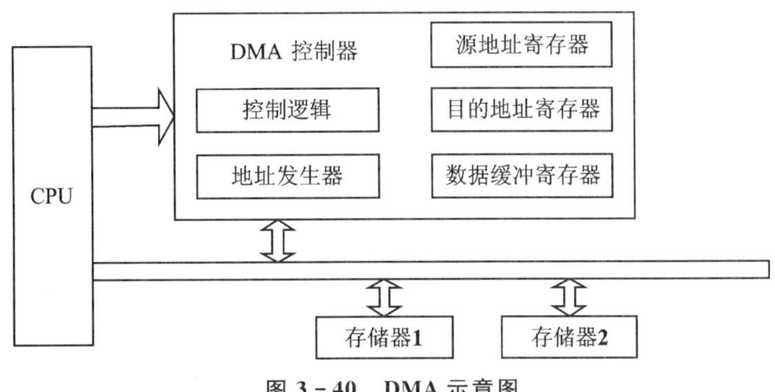

图 3-40　DMA 示意图

DMA 控制器一般由控制逻辑、地址发生逻辑、数据缓冲寄存器、源地址和目的地址寄存器组成。当 CPU 进行运算处理不需要使用总线时，就可以由 DMA 接管总线的控制权，DMA 控制总线后，会通过总线直接访问存储器，并完成数据传输任务。当 CPU 需要使用总线时，DMA 再把总线控制权交还给 CPU。由此可以看出，DMA 控制技术体现了并行工作的思想。

实际上，DMA 控制器也是在 CPU 控制下完成工作的。在需要使用 DMA 控制器时，CPU 必须对 DMA 进行相应的设置，把数据源的地址、要传送的目的地址以及数据的长度等数据送入 DMA，然后再把总线控制权交给 DMA。DMA 完成任务后，会通过中断方式通知 CPU 收回总线控制权。

DMA 控制技术的基本特点如下：

① 在 CPU 完全控制工作的存储器直接访问。

② 进行数据传输前，CPU 必须把源地址和目的地址等必须的参数写入到 DMA。

③ 在 DMA 工作过程中，一旦 CPU 需使用 DMA 所占用的总线，DMA 就必须立即把总线控制权交还给 CPU。

④ DMA 所有功能都是通过寄存器在系统时钟控制下完成的。

在执行指令的过程中，通过 DMA 可以提高系统的工作效率。例如，要进行 100 个数据的累加运算，而这 100 个数据存储在外部存储器中。如果不利用 DMA，系统每次累加一个数据后，都要产生指令去读取外部存储器，而打断 ALU 的计算过程。而利用 DMA 技术，可以在 ALU 进行累加计算的同时通过配置 DMA 从外部存储器中不断的读取数据，而不会影响 ALU 的计算，体现了并行工作的思想，将数据传输速率对系统的限制降到了最低，提高了 DSP 的工作效率。

3.8.2 DMA 控制器与传输控制块

对于具有哈佛结构的 DSP 器件来说，为了更加有效地利用各种总线，DSP 器件中往往会提供多条 DMA 通道。这时，并不是使用独立的多个 DMA 控制器实现多条直接访问通道（即 DMA 通道），而是使用统一的、具有多通道管理能力的 DMA 控制器。

DMA 控制器由专用的控制器核、发送端控制寄存器与接收端数据控制寄存器等构成。DMA 传输的数据流具有方向性，即从发送端到接收端。若发送端或接收端是存储器，它需要通过传输控制寄存器（TCB 寄存器）来描述相应的地址和控制。

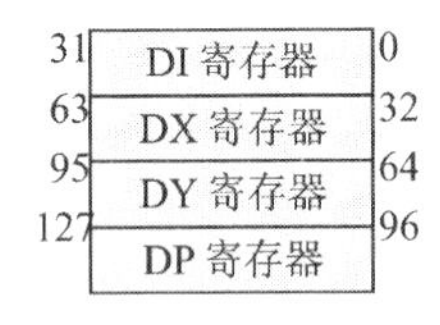

图 3-41 DMA TCB 寄存器

TCB 寄存器是一个 128 位的四字组寄存器，含有 DMA 块传输所需的控制信息，由 DMA 索引寄存器 DI、X 维寄存器 DX、Y 维寄存器 DY 和 DMA 指针寄存器 DP 组成，每个寄存器都为 32 位，其结构如图 3-41 所示。在 DMA 发送时，TCB 寄存器包含了源地址，将要发送的字数量，地址增量和控制位；在 DMA 接收时，寄存器包含了目的地址，将要接收的字数量，地址增量和控制位。

DI 寄存器用来存放数据段的起始地址，根据 TCB 类型不同，分别指向 DMA 源地址或目的地址，地址可以为外部地址、片内存储器地址、链路口等。

DX 寄存器包含了一个高 16 位的计数值和一个低 16 位的增量，如果使能了二维 DMA，则该寄存器保存的只是 X 方向的计数值和增量，这里注意，X 方向的计数值和增量都必须是将要传输的 32 位正常字的字数。

DY 寄存器与 DX 寄存器一起使用，同理保存了 Y 方向上的高 16 位的计数值和低 16 位的增量，如果只进行一维的 DMA 传输，则需要将该寄存器设置为 0。

DP 寄存器用来设置 DMA 传输的所有控制信息，控制信息主要有 DMA 传输类型设置、中段使能、开始传输等，详细的位定义可参照具体所使用的器件类型。

下面以 TS201 为例说明 DMA 传输数据的操作过程。

为了实现 DMA 通道的建立，只需对 TCB 寄存器载入起始地址、地址修改量以及传输字数即可。这里给出一个链路口 DMA 传输数据的实例，实例中需要两个 DSP 处理器，DSP A 作为传输处理器，DSP B 作为接收处理器，为了实现将 DSP A 中存储在 data_tx 文件下的数据发送到 DSP B 的 data_rx_tx 文件，可将作为目的和源的 TCB 寄存器分别设置如下：

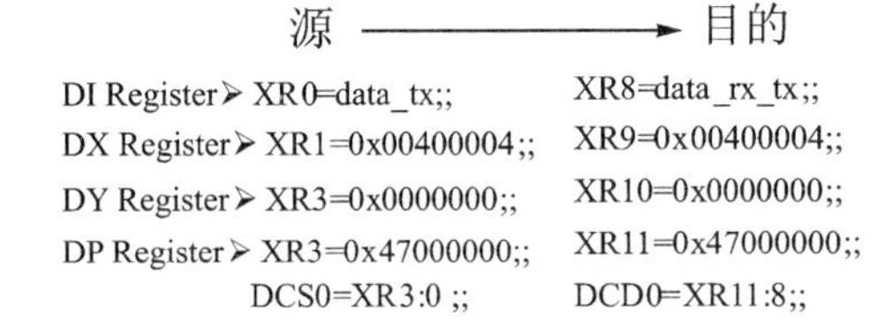

DI 分别设置为源地址 data_tx 和目的地址 data_rx_tx；DX 的设置代表传输的数据字数为 64 个 32 位正常字（N＝0x0040），地址修改量为 4 字；DY 设置为 0，表示是一维的 DMA 传输；通过查看器件中对 DMA 指针寄存器 DP 位定义的说明，可知该设置表示使用的是片内存储器 DMA，使用 DMA 中断使能，并且采用 4 字（128 位）模式等。

TCB 编程代码如下：

```
1：发送模块代码为
TCB_temp.DI = data_tx;                     //index points to source buffer
TCB_temp.DX = 4 | (N << 16);               //modify is 4 for quad - word transfers, count is N and
                                           //must be shifted to upper half
TCB_temp.DY = 0;                           //only a 1 dimension DMA
TCB_temp.DP = 0x47000000;                  //control word set for quad - word transfers to
                                           //internal memory with interrupt enabled
__builtin_sysreg_write(LCTL2, 0x000004DA);
q = __builtin_compose_128((long long)TCB_temp.DI | (long long)TCB_temp.DX << 32, (long long)
(TCB_temp.DY | (long long)TCB_temp.DP << 32));
__builtin_sysreg_write4(DC6, q);           //program the TCBs
2：接收模块代码为
TCB_temp.DI = data_rx_tx;
TCB_temp.DX = 4 | (N << 16);               //modify is 4 for quad - word transfers, count is N and
                                           //must be shifted to upper half
TCB_temp.DY = 0;                           //only a 1 dimension DMA
```

```
    TCB_temp.DP = 0x47000000;              //control word set for quad - word transfers to
                                           //internal memory with interrupt enabled
    q = __builtin_compose_128((long long)TCB_temp.DI | (long long)TCB_temp.DX << 32, (long long)
(TCB_temp.DY | (long long)TCB_temp.DP << 32));
    __builtin_sysreg_write4(DC10, q);      //program the TCBs
```

程序运行结果如图 3-42 所示，可见实现了 DMA 模式的数据传输。

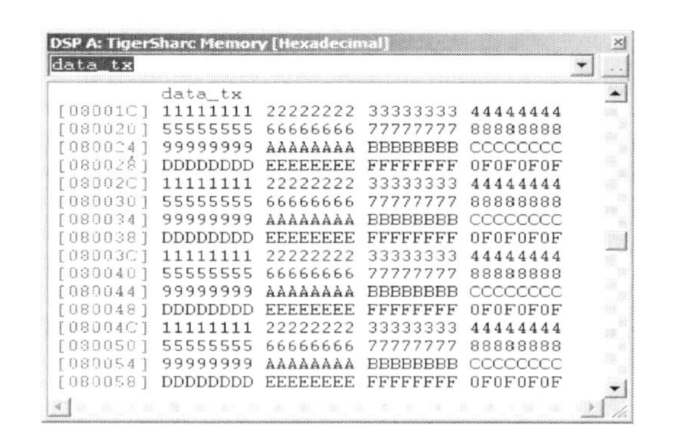

(a) 硬件初始化后的DSP A的发送数据

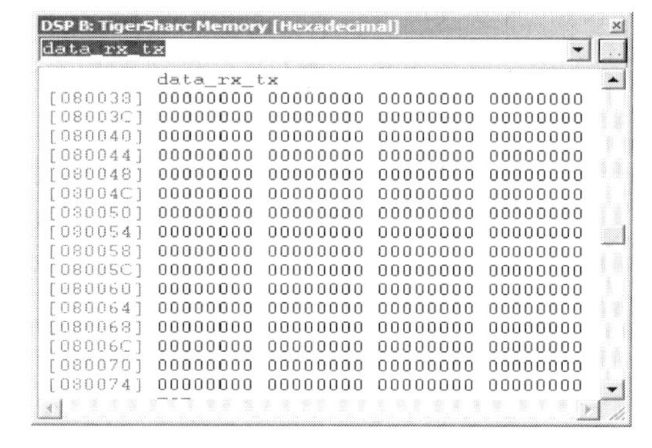

(b) 硬件初始化后的DSP B的接收数据

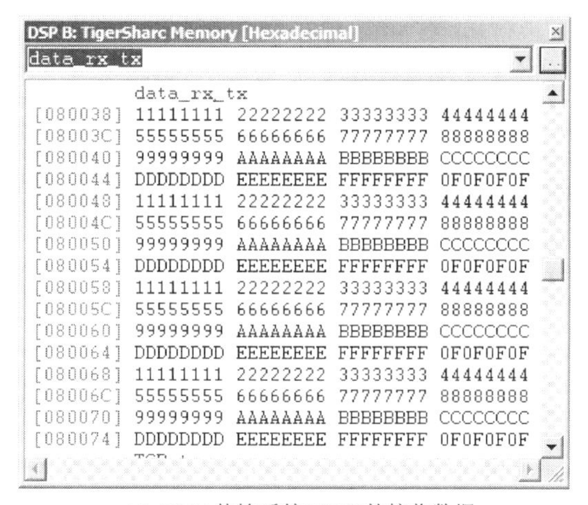

(c) DMA传输后的DSP B的接收数据

图 3-42　程序运行结果

随着近年来电子技术的飞速发展，超宽带通信、高清视频信号处理系统等对 DSP 的处理速度和吞吐能力有了更进一步的要求，相应的 DSP 芯片也在飞速发展中。当系统运算速度不能满足要求时，人们在单 DSP 中加入多个运算单元，如 C64 系列、TS201 等，使系统运算的并行度进一步提高；原始的指令流水线只能达到单周期单指令的处理能力，人们为了实现单周期执行多条指令，提出了超标量（如 TS201）和超长指令字结构（如 C6416），使得流水线的效率进一步得到提高。

总而言之，DSP 是在随着信号处理需求的不断提高中发展起来的，人们的整体思路是利用资源来换取处理速度，当现有 DSP 不能满足要求时，人们开发新的结构或者加入新的单元，来满足不断增长的需求。可以说信号处理的发展促进了 DSP 芯片的快速发展，DSP 芯片的发

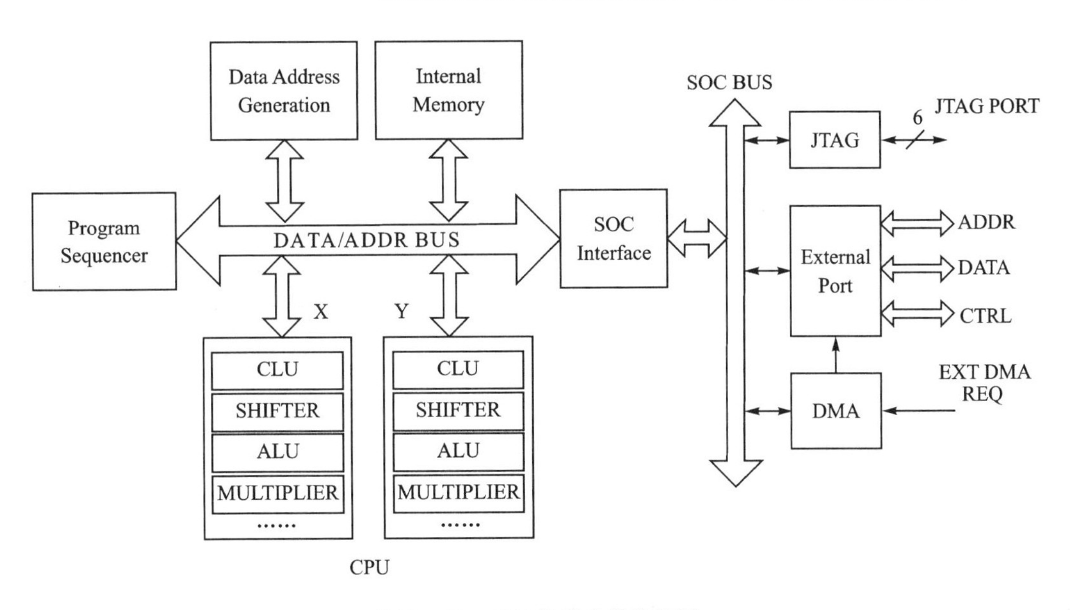

图 3-43　DSP 的基本结构框图

展史反映了信号处理的发展史，正是由于 DSP 芯片的设计灵活性，才使其成为了当今信号处理的绝对主力，并且仍在蓬勃发展中保持着旺盛的生命力。

第 4 章

DSP 芯片的构成与开发流程

4.1 DSP 芯片的基本结构

4.1.1 典型 DSP-TS201S 基本结构

ADSP-TS201S TigerSHARC 是一款用于大规模信号处理的高性能处理器，该 DSP 不管是在内部运算单元，还是在外部接口、内部存储与 Cache 器等方面都具备相当的优势。

ADSP-TS201S 采用静态超标量结构，通过内部的双运算模块同时工作实现了单指令多数据(SIMD)引擎，支持 32 位浮点、40 位扩展精度浮点以及 8、16、32、64 位定点运算。ADSP-TS201S 提供专门的总线仲裁逻辑使得其最多支持 8 片 DSP 共享总线，并且高速的 Link 接口也为多处理器间的通信提供了无缝连接。它采用了存储器访问结构、指令分支预测、互锁寄存器等新的技术。静态是指指令级的并行在解码和运行之前就决定了；超标量是指芯片内部具有多条流水线，可以同时发射多条指令，每个周期可以执行 4 条指令，6 个浮点或 24 个 16 位定点操作。互锁技术保证了当流水线复杂时，程序的执行不会被流水线的延时打乱。指令分支预测是通过一个 128 位的分支目标缓存器(BTB)实现的，目的是减少分支延时。

图 4-1 为 ADSP-TS201S 的功能结构框图。

下文将分别从 DSP 内部运算单元、总线结构、片内存储器与 cache，外部 I/O 接口等方面对 ADSP-TS201S 进行介绍。

1. ADSP-TS201S 内部运算单元

ADSP-TS201S 内部运算单元作为其内核结构中最重要的组成部分，如图 4-2 所示，主要由以下几个部分组成：双运算块、程序控制器、整形 ALU、数据对齐缓冲器和中断控制器等。

① 双运算模块。每个模块包括一个 ALU，一个乘法器，一个 64 位移位器，一个 128 位 CLU，一个 32 字寄存器组和一个相应的数据对齐缓冲器(DAB)。运算模块主要用于片内的各种计算。

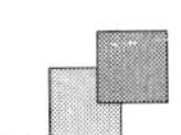

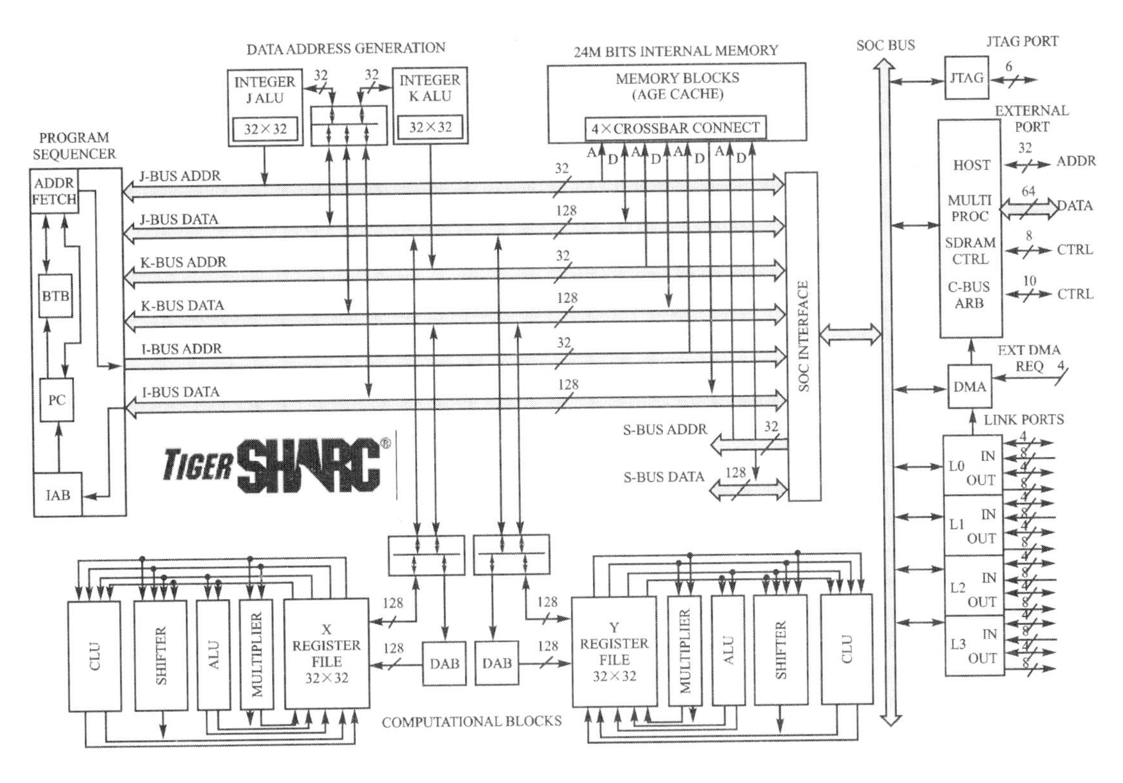

图 4-1 ADSP-TS201S 的功能框图

② 双整数逻辑算术单元。每个单元都有 31 字的通用数据寄存器,用于数据寻址和指针控制。

③ 一个包括指令对齐缓冲器(IAB)和分支目标缓冲器(BTB)的程序控制器。主要控制程序跳转。大多数处理器在循环、跳转等操作中都要消耗大量的指令周期,而 ADSP-TS201S 可实现零开销或近乎零开销的循环跳转。

④ 一个中断控制器。提供硬件、软件中断,支持电平与沿触发,也支持中断优先级及中断嵌套、降级等。

2. ADSP-TS201S 总线结构

ADSP-TS201S 的总线结构分为内部总线和外部总线,只有外部总线以外部引脚的方式连接到处理器外。其中内部总线包括 3 条相互独立的 128 位的内部数据总线和 32 位的地址总线(I-BUS、J-BUS 和 K-BUS),每条数据总线借助于接口桥与所有内部存储器块相连。

ADSP-TS201S 的片内系统总线通过 SOC 接口与 S-BUS 连接外部接口与存储器系统,进而进行数据交换。常用的通信协议包括流水协议和 SDRAM 协议,同时 ADSP-TS201S 还支持慢速设备协议,该协议适用于对性能没有特殊要求的设备。

3. ADSP-TS201S 存储器与 cache

ADSP-TS201S 在片上集成了 24 Mbit 的片内 DRAM 存储器,该存储器被分为 6 个 4 Mbit 的块,每个存储块(M0,M2,M4,M6,M8,M10)能够存储程序、数据或同时存储程序和数

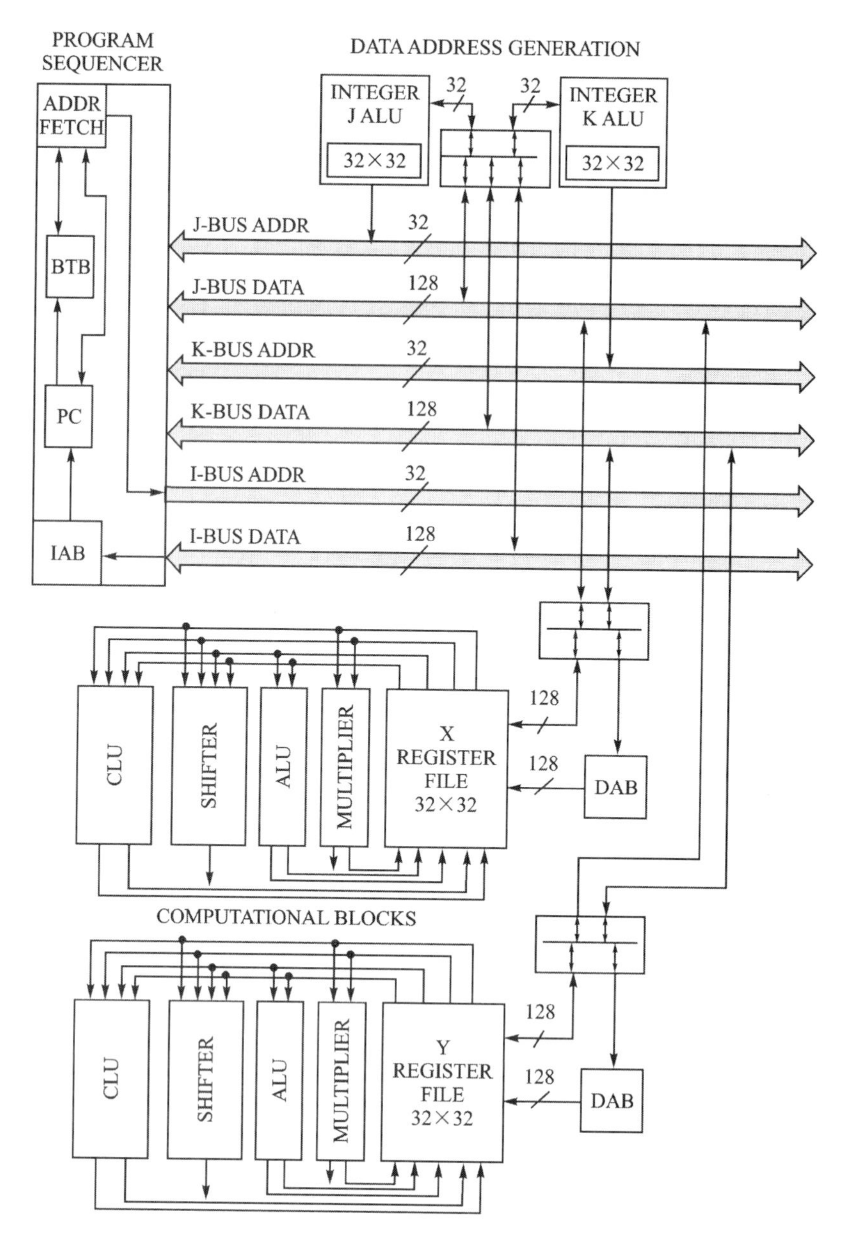

图 4-2　ADSP-TS201S 处理器内核结构

据。如果将指令和数据存储在不同的存储块中，则 DSP 可在取址的同时访问数据。其寻址空间相比其他 DSP 也更为复杂，包括主机、多处理器系统空间(DSPs)、片外存储器镜像设备和外部存储器等。对 ADSP-TS201S 存储空间总结如下：

① 片内 24 Mbit DRAM，4 条 128 位内部数据总线，每条数据总线都连接到片内存储器 Bank，从而提供了每秒 33.6 GB 的内部带宽。

② 外部接口提供与主机、多处理器系统空间(DSPs)、片外存储器镜像设备和外部 SRAM 及 SDRAM 的连接。统一的寻址空间有利于 DSP 与相关外部设备的直接数据交换。

4. ADSP-TS201S 外部 I/O 结构

与内核结构相对应,ADSP-TS201S 有专门的 I/O 处理器用于控制 I/O 访问,I/O 访问方式可以是内核控制方式,也可以是 DMA 方式。此外 ADSP-TS201S 还有专门的 SDRAM 控制器,专门产生 SDRAM 访问时所需的控制信号,其 I/O 结构图如图 4-3 所示。

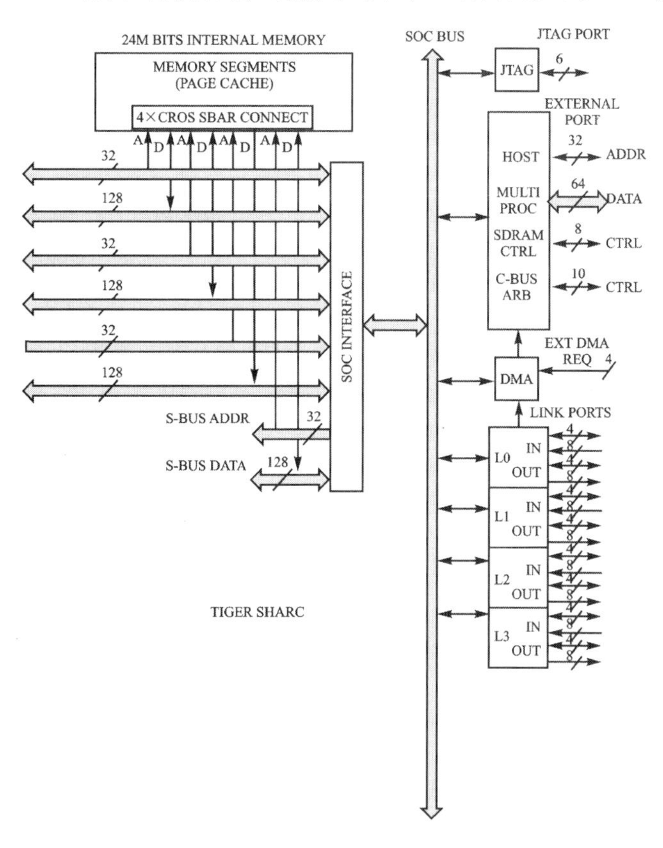

图 4-3 ADSP-TS201S 的 I/O 结构

ADSP-TS201S 中常用的 I/O 接口包括 JTAG 接口、外部总线端口、主机接口、多处理器接口、SDRAM 控制器、EPROM 接口、14 路 DMA 控制器、4 路链路(Link)口、2 个定时器以及通用 I/O。先对 ADSP-TS201S 的 I/O 结构总结如下:

① 1 个 14 通道 DMA 控制器,可同时控制多个 DMA 的操作,支持 6 种不同方式的 DMA。

② 一个兼容 JTAG 的 IEEE1149.1 接口可用于片上仿真。

③ 4 个全双工 Link 口可以实现多处理器片间的无缝连接,传输时钟设置为 500 MHz,数据宽度 4 位,在时钟的上升沿和下降沿驱动数据,因此每个链路口速度能够达到 4 Gbit/s。

④ 2 个 64 位内部 Timer。

下面将从内核结构,I/O 结构两个方面对 ADSP-TS201S 进行介绍。

4.1.2 ADSP-TS201S 常用引脚分类

ADSP-TS201S 的引脚多达 576 个，其中大多数输入引脚通常都是同步的（与特定的时钟相连），但也有少数引脚是异步的。对于这些异步引脚，片内的同步电路用于防止它们的亚稳定性。异步信号的 AC 规定仅当需要可预测的周期到周期操作时才有用。

所有输入都根据参考时钟采样，因此输入规格（异步最小脉宽和同步输入建立与保持时间）必须满足需要以确保识别。

输出引脚通常是三态的，DSP 复位时将所有的输出驱动为三态，允许这些引脚到达他们内部的上拉或下拉状态。有些输出引脚（控制信号）有上拉或下拉，能够在不同的驱动之间切换时保持确定的值。

这 576 个引脚根据其功能大致可以分为以下 10 类：时钟和复位引脚，外部端口总线控制引脚，外部端口仲裁引脚，外部端口 DMA/Flyby 引脚，外部端口 SDRAM 控制器引脚，JTAG 端口引脚，标志位、中断和定时器引脚，链路口引脚，阻抗和驱动强度控制引脚，电源、地和参考引脚。同时部分引脚在复位时有第二功能，用于设置 ADSP－TS201S 的运行模式，这类引脚为 I/O Strap 引脚。

这 10 类引脚的功能分别如表 4－1 所列。

表 4－1 DSP 引脚说明

定　义	默认值
时钟和复位引脚	时钟输入，时钟频率设置以及复位信号输入/输出
外部端口总线控制引脚	数据总线、地址总线、控制总线以及使能信号等
外部端口仲裁引脚	总线、内核、DMA 等优先级设置
外部端口 DMA/Flyby 引脚	DMA/Flyby 控制与时钟信号
外部端口 SDRAM 控制器引脚	提供 SDRAM 控制、使能信号
JTAG 端口引脚	ADSP－TS201S 的仿真器程序加载与调试
标志位、中断和定时器引脚	标志位，外部中断触发，定时器（复位时作为 Strap 引脚）
链路口引脚	链路口数据传输与控制
阻抗和驱动强度控制引脚	控制数字驱动强度和阻抗
电源、地和参考引脚	为 DSP 提供 2.5 V 的外部电压和 1.05 V 的内核电压

4.1.3 ADSP-TS201S 算法处理性能

目前 ADSP-TS201S 是 ADI 公司性能最高的 DSP 处理器，广泛应用于雷达信号处理，基站通信等领域。

ADSP-TS201S 在内核时钟 600MHz 时，处理能力达到每秒 48 亿次乘加运算（GMACS）或 36 亿次浮点运算（GFLOPS），使得其成为目前最强的 32 位浮点处理器之一。图 4－4 所示

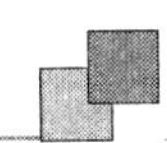

为 600 MHz 时钟下 ADSP-TS201S 运行通用算法性能。

峰值工作频率最高可达600MHz	
1 位性能	1536 亿条复数乘累加/秒
16 位性能	48 亿条 MAC 指令/秒
32 位定点性能	1.2 Billion MACs/second
32 位浮点性能	36 亿次浮点运算(GFLOPS)

16 位定点算法	600MHz 工作频率下的执行时间	时钟周期
256 点复数FFT（基数 2）	0.975 μs	585
FIR 滤波器（每个抽头）	0.21 ns	0.125
复数FIR（每个抽头）	0.83 ns	0.5

32 位浮点算法	600MHz 工作频率下的执行时间	时钟周期
1024 点复数FFT（基数 2）	15.64 μs	9384
[8×8]×[8×8] 矩阵乘法	2.33 μs	1399
FIR 滤波器（每个抽头）	0.83 ns	0.5
复数FIR（每个抽头）	3.33 ns	2

图 4－4　600 MHz 时 ADSP-TS201S 执行通用算法的性能

4.2　DSP 中数据传输和处理方法

由于具备强大的硬件和优化的体系结构，DSP 芯片通常用于实时信号处理领域。ADSP－TS201S 作为 ADI 公司最有代表性的 DSP 芯片之一，很好地解决了实时信号处理中的两个问题，即实时传输和实时处理的问题。

下面分别从数据传输和数据处理的角度来对 DSP 的实时信号处理进行说明。

4.2.1　ADSP-TS201S 高效数据访问与传输方法

ADSP-TS201S 的数据空间，根据配置方式的不同，可大致分为以下几类：片内寄存器、DRAM、外部 SDRAM、其他片外存储空间。其他片外存储空间可能包括 FIFO、FPGA 生成的寄存器和存储器等连接在外部总线上的存储介质。对这 3 种空间的访问如下：

① 对于内部寄存器和 DRAM 的访问是通过内部总线进行访问，因此无须配置，直接访问即可。

② 对 SDRAM 的访问要通过 DSP 的外部总线访问，并使用 DSP 内部集成的 SDRAM 控制器去控制访问逻辑，因此在访问之前需要通过配置 SDRCON 来设置 DSP 内部 SDRAM 控制器的访问时序，就能对 SDRAM 进行访问，SDRSON 的设置方法与 SYSCON 类似。

③ 对片外存储空间的访问，是通过总线进行数据传输，并通过 DSP 的控制信号对读写时序进行控制，因此需设置好 SYSCON 后 DSP 会根据设置的参数去配置总线延时值，之后 DSP 便能对外部存储区进行访问。

本节将主要从4个方面进行介绍：ADSP-TS201S对外部存储空间的访问与控制，ADSP-TS201S对SDRAM的访问与控制，多DSP间Link口数据传输，DMA数据传输方法。

1. ADSP-TS201S对片外存储空间的访问(非SDRAM)

对于ADSP-TS201S、片外的SDRAM、FIFO芯片、FPGA生成的寄存器、RAM、FIFO等都可以映射为其外部存储空间。由于ADSP-TS201S集成有专门的SDRAM控制接口(对SDRAM寄存器的介绍将在后文单独介绍)，而对于其他片外存储空间，ADSP-TS201S在对其进行访问时，需先考察片外存储器的总线时序，并通过配置ADSP-TS201S的总线时序来实现ADSP-TS201S与片外存储器之间数据访问。

对片外存储器的访问将在第8章中以一个系统设计的实例给出，该系统设计中采用了ADSP－TS201S对FPGA模拟的FIFO进行访问，本章将不再赘述。

2. ADSP-TS201S对片外SDRAM的访问

ADSP-TS201S处理器有一个专用的SDRAM接口，可以实现与标准SDRAM 6 Mbit、64 Mbit、128 Mbit、256 Mbit、512 Mbit的无缝连接。支持1024、512、256字的页面长度，通过对sdrcon寄存器的编程可实现页面长度的选择。同时SDRAM占用ADSP-TS201S的外部存储空间地址，通过设置/mssd3～0来确定SDRAM的地址空间范围。由于内部集成了SDRAM控制器，使得ADSP-TS201S对SDRAM的读写操作与片内内存没有太大的差别，因此本节将不再详细介绍ADSP-TS201S对SDRAM的操作方法，而重点介绍ADSP-TS201S和SDRAM连接时的硬件电路设计。为了使得对SDRAM的控制更加具体，后面的介绍将以HY57V561620b为例进行介绍。

(1) ADSP-TS201S与SDRAM的电路接口

HY57V561620b的页面长度为512字，在与ADSP-TS201S进行连接时，可将两片SDRAM拼接成32位的总线宽度，实现与ADSP-TS201S的无缝接口。根据不同的总线宽度(32位和64位)，ADSP-TS201S的地址总线与SDRAM的连接有所不同，但控制总线的连接方式没有太大的差异。其控制总线的连接方式如图4-5所示。

① 对于32位数据总线直接相连，地址总线互联方法如下：

- SDRAM地址bit9～0与ADSP-TS201S addr9～0相连。
- SDRAM地址bit10与ADSP-TS201S的sda10引脚相连。
- SDRAM地址bit15～11与ADSP-TS201S addr15～11相连。

其连接图如图4-6所示。

② 对于64位数据总线，数据线直接互联，如图4.7所示，地址线连接方式如下：

- SDRAM地址bit9～0与ADSP-TS201S addr10～1相连，ADSP-TS201S addr0悬空。
- SDRAM地址bit10与ADSP-TS201S的sda10引脚相连。
- SDRAM地址bit14～11与ADSP-TS201S addr15～12相连。

另外对于标准的SDRAM(3.3 V)，ADSP-TS201S的地址线addr15～11都可以作为bank的选择线。对于低功率的SDRAM(2.5 V)，只有addr15～14可以作为bank的选择线。因此在进行接vi设计时一定要注意所选择SDRAM的电参数。

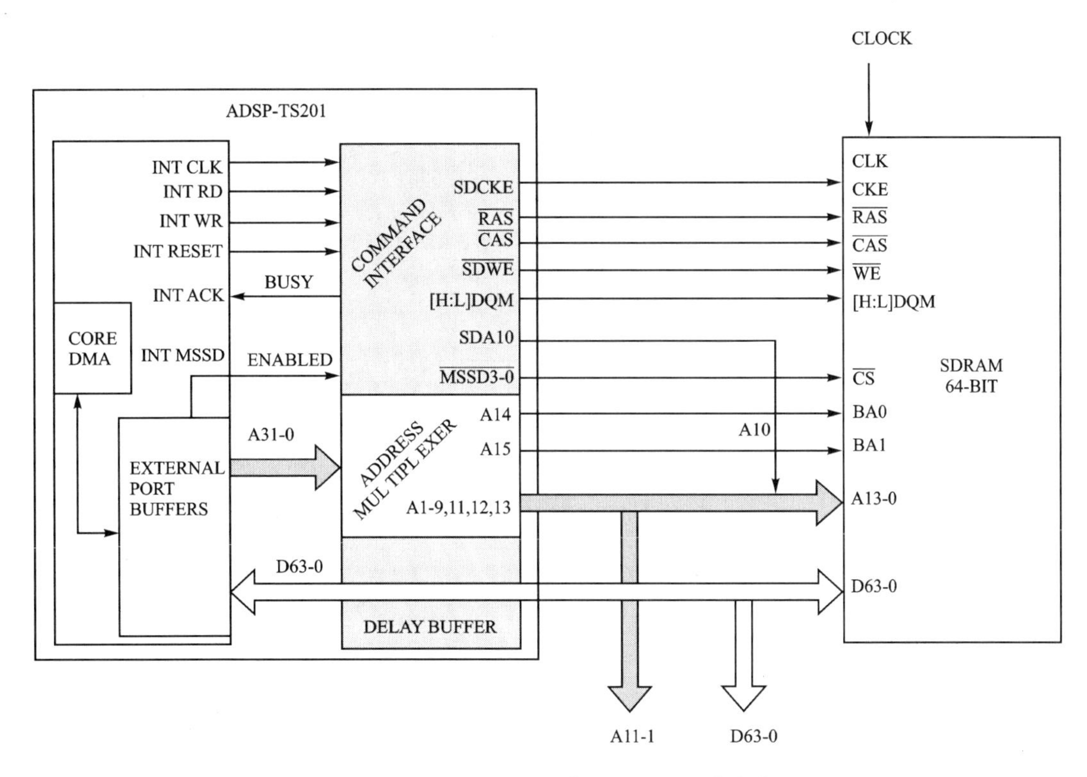

图 4－5　ADSP-TS201S 与 SDRAM 互联方式

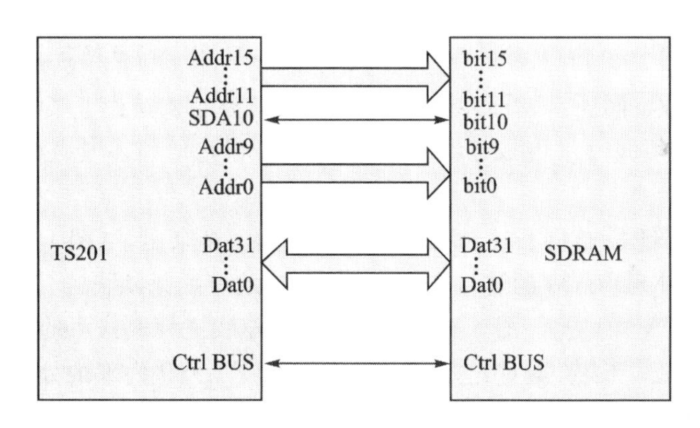

图 4－6　32 位数据总线时 ADSP-TS201S 与 SDRAM 连接方式

(2) SDRAM 接口控制寄存器配置

ADSP-TS201S 内部集成了 SDRAM 控制器，使用硬件映射的方式对 SDRAM 进行管理，进而优化数字信号处理中 SDRAM 的使用性能。地址的映射通过页面大小和总线宽度进行译码对应。

在对 SDRAM 数据访问之前，须先对系统寄存器和 SDRAM 控制寄存器进行设置，只有相应的寄存器设置完全正确，才能正常的访问 SDRAM 数据。

(3) SYSCON 寄存器设置(数据对齐方式)

在处理器硬件复位后运行用户程序前，必须先设置系统寄存器 SYSCON。在该寄存器中对系统的总线宽度进行定义，可以将处理器的外部数据总线定义成 32 位或 64 位。值得注意

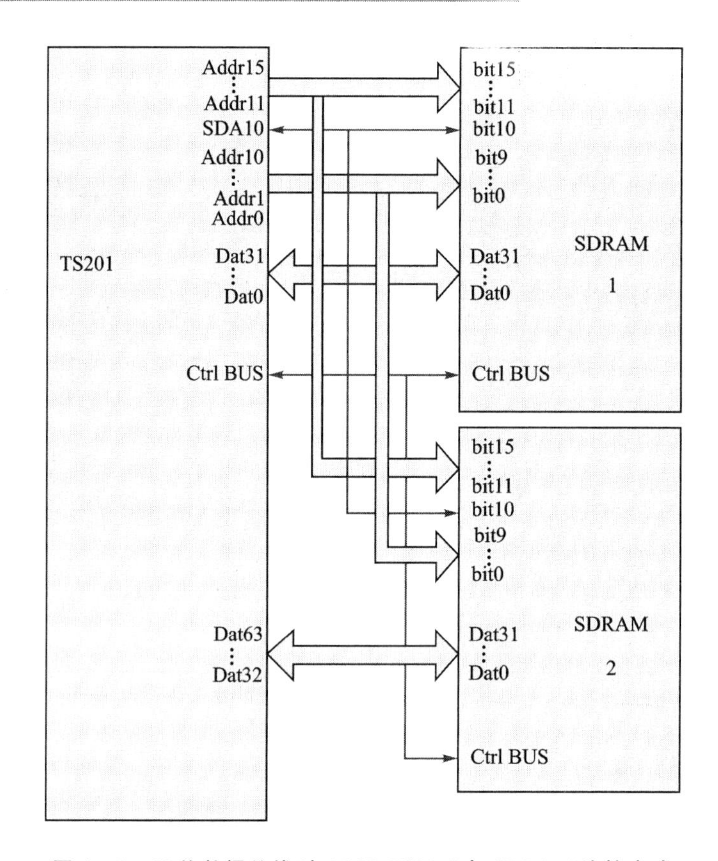

图 4-7　64 位数据总线时 ADSP-TS201S 与 SDRAM 连接方式

的是，无论是内部寻址空间还是外部存储器寻址空间，只要它们被设置了 64 位总线宽度，多处理器的寻址空间也必须同时设置成 64 位总线宽度，否则它们将不能正常工作在 64 位总线宽度。

当处理器工作在 64 位模式下时，外部地址线的 A0 就多余了，从图 4-7 中 64 位总线模式下 ADSP－TS201S 和 SDRAM 的连接图即可看出，该地址线无须再连接到 SDRAM，因为读写信号上已经包括了 A0 的信息，图 4-8 所示为 64 位总线宽度模式下的数据对齐方式。

而在 32 位总线模式下，数据对齐方式则有所不同，在 DSP 内部的处理变得更简单，该模式下的总线对齐方式如图 4-9 所示。

(4) SDRCON 寄存器设置

对 SDRAM 的编程控制是通过寄存器 SDRCON 实现的。与寄存器 SYSCON 类似，对 SDRCON 的配置必须在处理器硬件复位之后访问 SDRAM 之前完成，且这部分的程序应该在系统的初始化程序之中。在多处理器中，所有处理器的 SDRCON 寄存器必须设置成相同的配置。

SDRCON 寄存器的配置包括以下内容：

① SDRAM 使能：当系统中配置了 SDRAM 时，应当设置 SDRAM 使能位有效。

② CAS 延时：用于满足不同厂商的 SDRAM 读写延时要求。

③ 流水深度：允许 SDRAM 采用流水线方式，用于设置流水线方式时数据和地址之间延时的周期数，若改为有效，则读写访问过程中将插入一个周期的等待。

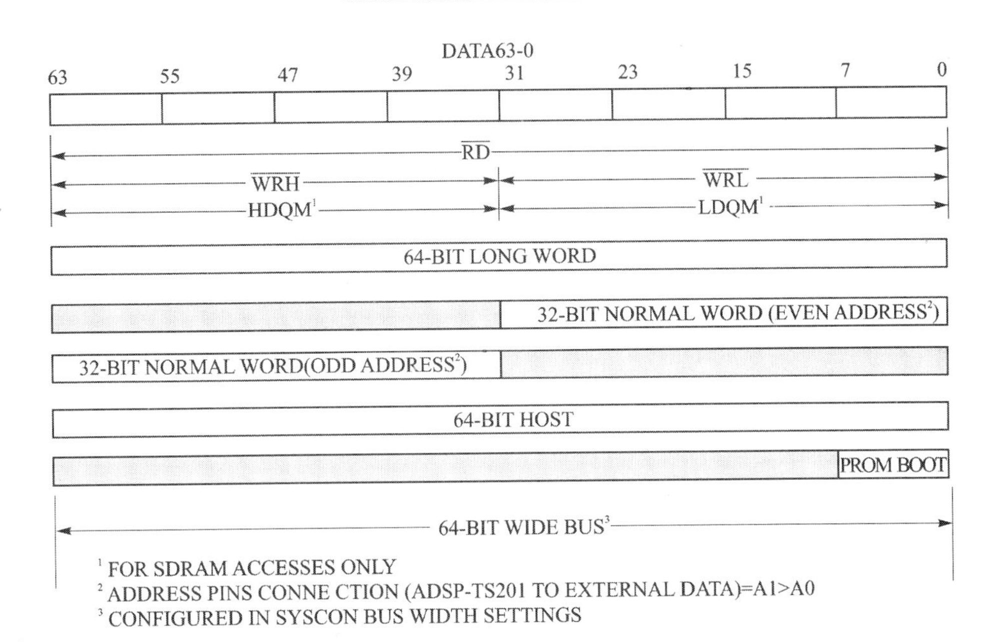

图 4－8　ADSP-TS201S 在 64 位总线模式下的数据对齐方式

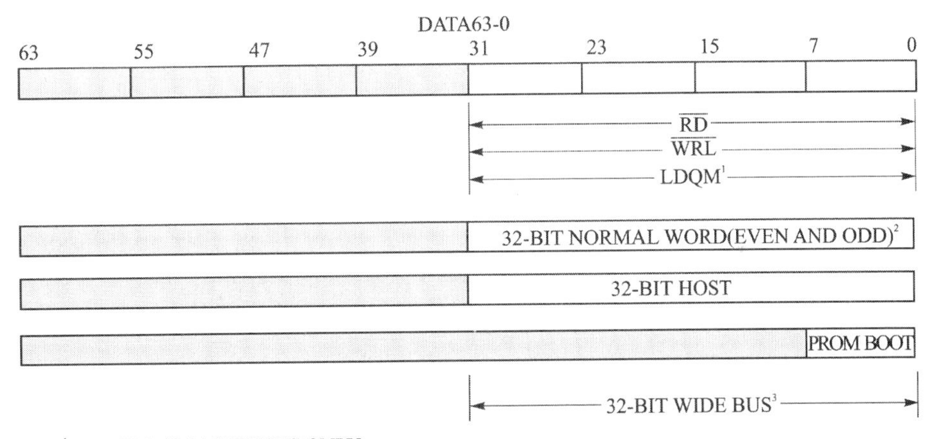

图 4－9　ADSP-TS201S 在 64 位总线模式下的数据对齐方式

④ 页面大小：用于匹配 SDRAM 的页面大小。

⑤ 刷新率：用来设置 SDRAM 的刷新率，采用 SOC 时钟进行计算。

⑥ 预充电到 RAS 延时：用于定义 SDRAM 器件的预充电时间，通常设置为 2～5 个时钟周期。但大多数 SDRAM 的该指标参数一般在纳秒级，因此 2～5 个时钟周期的设置一般能满足 SDRAM 预充电时间的要求。

⑦ RAS 到预充电延时：用于定义 SDRAM 器件的激活时间，通常设置为 2～8 个时钟周期。但大多数 SDRAM 的该指标参数一般在纳秒级，因此 2～8 个时钟周期的设置一般能满足 SDRAM 激活时间的要求。

⑧ 初始化顺序：该位规定模式寄存器设置与刷新的顺序。

⑨ EMR 使能：设置为 1 时，允许使用扩展的模式寄存器顺序，并在 MRS 之间进行。该位只有在使用低功耗 SDRAM 时才能设置成 1，否则该位只能设置成 0。

(5) 典型配置程序

下面给出了一段配置 SDRAM 与总线的程序，分别用来设置两个寄存器。通过查阅 ADSP－TS201S 对 SYSCON 和 SDRCON 的定义，可以改变其配置。

```
__builtin_sysreg_write(__SYSCON,0x0038b4cb);    //设置总线为 64 位;BANK1:流水深度为 2,加 IDLE;
                                                //BANK0:流水深度为 2,加 IDLE
__builtin_sysreg_write(__SDRCON,0x00005985);    //配置 SDRAM
```

通过上面的两条语句便能配置相应的寄存器，之后对 SDRAM 的访问与访问片内内存没有区别。

3. 多片 DSP 间的数据传输方法

由于 ADSP－TS201S 系列处理器具有 4 个全双工的链路口通信端口，因此对于多片 ADSP－TS201S 之间的数据通信，通常是采用链路口通信接口(Link 口)来实现点对点的数据通信。本节中所提及的多片 ADSP-TS201S 的数据通信将在第 8 章中通过系统中 4 片 DSP 之间 Link 口的数据通信接口硬件与程序设计给出，本章将不在赘述。

4. DMA 方式的数据访问

在对少量数据进行访问时，通常采用直接对其地址进行访问的方式，但是如果需要访问或传输的是大量数据，则通常采用 DMA 的传输方式。通过该方式，数据传输和 DSP 的运算可以同时进行，使得 DSP 的处理效率能得到进一步的提高。

ADSP-TS201 有 14 个 DMA 通道，4 个通道专门用于外部存储器设备，8 个 DMA 通道用于链路口，还有 2 个用于自动 DMA 操作。在 ADSP-TS201S 中，由于 DMA 功能扩展到了链路口、外部存储器、内部存储器以及外部设备，使得数据传输更为方便。利用 DMA 控制器，ADSP－TS201 处理器能执行以下几种类型的数据传输：

- 外部存储器到外部存储器和存储器映射的外部设备之间的数据传输。
- 外部存储器与外部设备之间的飞跃式数据传输。
- 外部存储器到链路口 I/O 的数据传输。
- 链路口 I/O 到内部存储器的数据传输。
- 链路口 I/O 到外部存储器的数据传输。
- 链路口 I/O 之间的闭环数据传输。

下面的程序给出了实际系统中一个从外部存储器到内部存储器的 DMA 的例子。该外部存储器使用了外部 FIFO，FIFO 对应的地址为 FIFOAddr，而内部存储器对应的地址为以 DistAddr 为首地址，长度为 8 192 的地址段，单次 DMA 传输的数据长度为 8 192×32 位。

```
TCB.DI = (int *)FIFOAddr;
TCB.DX = 0 | (8192 << 16);
TCB.DY = 0;
TCB.DP = 0x83000000;
Qs1a = __builtin_compose_128((long long)TCB.DI | (long long)TCB.DX << 32, (long long)(TCB.DY |
(long long)TCB.DP << 32));
```

```
    __builtin_sysreg_write4(__DCS1, qs2a);

    TCB.DI = (int *)DistAddr;
    TCB.DX = 1 | (8192 << 16);
    TCB.DY = 0;
    TCB.DP = 0x43000000;
    qd2a = __builtin_compose_128((long long)TCB.DI | (long long)TCB.DX << 32, (long long)(TCB.DY |
(long long)TCB.DP << 32));
    __builtin_sysreg_write4(__DCD1, qd2a);
```

要实现该DMA，程序中所需要配置的便是DMA对应的源寄存器和目的寄存器。一旦配置完成，并将DMA控制寄存器DP中的DMA使能位写入后，该DMA便会自行启动。源寄存器和目的寄存器都是128位寄存器，且定义基本相同。128位的寄存器可认为是由4个32位的寄存器拼接而成的，这4个32位的寄存器分别是DMA索引寄存器DI，DMA地址增量与长度寄存器DX和DY，DMA控制寄存器DP。

上文程序中前7行完成对DMA源寄存器的配置，DMA源索引寄存器配置为一个外部FIFO的地址；因为传输过程中FIFO不发生变化，且采用一维DMA，则其修改量设置为0，传输长度设置为8192，放在DX的高16位；DP的设置可参见DP寄存器的定义，如表4-2所列。

表4-2　DP寄存器定义

位	作用域	定　义
18-0	CHPT	链式DMA指针
21-19	CHTG	链式DMA目标通道 (仅针对用于链路口的8个DMA通道)
22	CHEN	链式DMA使能
23	DRQ	DMA请求使能
24	INT	DMA中断使能
26 - 25	LEN	操作数长度(32位，64位，128位可选)
27	2DDMA	选择DMA模式(2DDMA或1DDMA)
28	PR	DMA请求优先级
31-29	TY	声明设备类型

因此DP设置为0x83000000意味着：设备类型(TY)声明为外部存储区，DMA请求优先级(PR)设置为正常优先级，DMA模式(2DDMA)采用1DDMA，操作数长度(LEN)为32位，DMA中断使能(INT)打开，DMA请求使能(DRQ)关闭，链式DMA使能(CHEN)关闭。由于链式DMA不使能，链式DMA目标通道(CHTG)和链式DMA指针(CHPT)的设置值就不再有意义。

两个128位的寄存器设置完成后，分别将其写入DMA源寄存器和DMA目的寄存器，即可启动该DMA。

4.2.2 ADSP-TS201S 中数据处理方法的优化(实时处理)

ADSP-TS201 是一款针对高速信号处理设计的 DSP,得益于强大的硬件和优化的体系结构,使得该 DSP 的处理速度能够超过通常的 DSP,进而实现实时处理。

从优化的层次讲,算法的并行优化通常有这样几个方面,首先最直接的是在 CPU 结构允许范围内尽可能的指令并行,这一点与处理器有很大的相关性;二是通过循环展开及软件流水来提高并行度,避免流水线延迟,这个层面的优化灵活性很大、比较复杂,但不需要对算法结构作太多的了解;最后一点是根据处理器特性,从数学上重新优化算法结构。然而需要注意的是,在应用中常常以相反的顺序根据实际需要进行必要的优化,当代码已进行软件流水并充分并行化后再想去改变算法的基本结构,就显得不是那么容易了。

对数据处理方法的优化主要在第 8 章中通过对快速傅里叶变换(FFT)和恒虚警检测(CFAR)的优化,以实例的方式给出进行说明。

4.3 DSP 系统常用的编程和控制方法

由于 DSP 在开始工作之前需要对芯片的时钟和外设进行设置,并且 DSP 系统通常一旦启动,便开始执行重复操作,所以 DSP 的程序设计和 Windows 应用程序设计会有一些不同,大概可归纳为以下 3 点:设计思想的不同,并行执行的不同,时间可预测性的不同。

首先,在 DSP 的程序设计中,通常需要先对 DSP 和外围设备进行初始化,初始化完成后的程序为一个无限循环,在循环中判断不同的条件执行不同的任务,并通过 DSP 中断来处理一些特殊情况,类似于 Windows 应用程序设计中的消息机制;另外目前的 DSP 中并没有 Windows 编程中的多线程,除了 DMA 可以和 DSP 运算同时进行外,其他的操作都是顺序执行的,例如在执行中断服务函数时,需打断之前的操作过程,保存之前的现场后再开始执行中断服务函数,在完成中断服务函数后再恢复现场,并顺序执行进入中断前的程序;最后,实时信号处理要求程序的执行时间是可预测的,以判断系统是否满足实时性的要求。高性能的通用处理器普遍采用了 CACHE 和动态分支预测技术,使得程序执行时间的预测变得很困难,而 DSP 的动态特性较少,可以较容易地预测程序的执行时间,且 DSP 中的循环操作不需要额外消耗时间,而是通过硬件来完成循环计数器的衰减和循环的跳转,这对提高含有大量循环程序的数字信号处理算法的效率是很重要的。

一个典型的 DSP 程序工程通常是由连接描述文件(*.ldf),头文件(*.h),C 语言程序文件(*.c),汇编语言程序文件(*.asm)等组成的。其中连接描述文件(*.ldf)用于描述多处理器的存储器偏移量、共享存储区和每个处理器的存储空间;头文件(*.h)主要用于函数宏定义和变量定义;C 语言程序文件(*.c)、汇编语言程序文件(*.asm)用于编写控制 DSP 运行的程序。

在程序设计过程中,通常需要自行编写的是 C 语言程序文件(*.c)和汇编语言程序文件(*.asm),其中大部分程序可以通过 C 语言进行设计,关键的子函数可以通过汇编语言来实现以提高运行效率。

图4－10给出了一个雷达信号处理系统中单个DSP工作的流程。

图中，在程序开始之前，有对DSP和外部设备的初始化，之后一旦判断到中断信号，就开始进入循环，处理接收到的雷达数字信号，处理完成将运算结果输出后便又开始检测中断信号，等待处理后续的数据。该流程是一个典型的DSP信号处理流程。

ADSP-TS201S的编程与一般DSP的编程大同小异，下文将从系统初始化、DMA的使用和中断的使用这3个比较典型的方面对ADSP－TS201S的程序设计方法进行说明。

根据上面的介绍，本节DSP系统编程的介绍主要包括以下几个方面：ADSP-TS201S中ldf文件的编写、系统配置与初始化函数的编写、main函数的编写及典型处理流程、DSP中断的使用等4个方面。

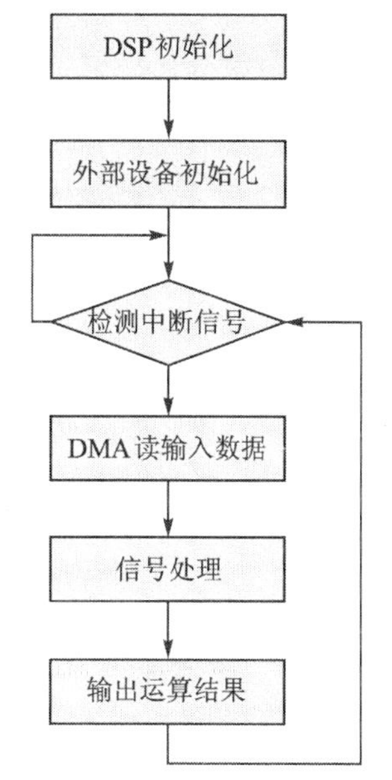

图4－10　DSP雷达信号处理流程图

4.3.1　ADSP-TS201S中LDF文件的编写

LDF文件是ADSP-TS201S工程中不可缺少的一部分，它主要用于多DSP工程中多个处理器工程之间的链接描述。通常所使用的DSP工程都是一个工程对应这一个处理器，因此LDF文件不需要做出修改。

而对于建立多处理器(MP)系统，则需要使用到LDF文件。

建立MP系统的第一步是使用链接器的多处理器功能创建一个多处理器工程和一个描述系统的LDF文件。

其中LDF文件用于描述多处理器的存储器偏移量、共享存储区和每个处理器的存储空间。在书写MP系统的LDF文件时，必须考虑以下LDF命令：

① MPMEMORY {}，该命令定义了每个处理器在多处理器存储空间(MMS)中的偏移量。在多处理器链接过程中，链接器使用该偏移量来链接各个处理器。

② MEMORY {}，该命令可定义系统中每个处理器的存储空间。

③ PROCESSOR {} 和 SECTIONS {}，利用这两个命令可定义各个处理器，并可使用存储器定义将每个处理器的输出文件放置到程序段中。

④ SHARED_MEMORY {}，当在系统中使用了外部共享存储器时，需要使用该命令。该命令能识别共享存储器项的输出，并生成驻留在MP系统的共享存储空间中的共享存储区的可执行文件(.SM)。

⑤ SM文件由工程文件中的源文件(.ASM，.C或.CPP)产生，该文件包含有放置于外部共享存储器中的数据变量的定义。

⑥ LINK_AGAINST ()，该命令可解析多处理器存储空间中的符号，并命令链接器检查指定的可执行文件(.DXEs and .SMs)，以解析局部没有解析的变量和标号，以及在MMS(也就是系统中其他处理器的内部存储器)中定义的表达式或变量。通常在LDF文件中，必须使

用 LINK_A－GAINST 0 命令。

如果命令行中包含.SM 和.DXE 文件，则必须先放.SM 文件，后面接着放其他.DXE 文件，只有这样，链接器才能正确的解析变量。一个 LDF 文件中最多可以说明的处理器数量是由处理器结构指定的（比如 ADSP TS201 最多支持 8 片）。应该注意的是，在同一个 LDF 文件中，VisualDSP＋＋4.0 尚不支持有不同结构的 DSP 混合使用（如 ADSP-TS201S 和 ADSP-21160 混合使用）。

4.3.2 Main 函数及典型处理流程

DSP 程序设计中，最核心的部分便是 main 函数的设计，DSP 中几乎所有的信号处理工作都在 main 函数中完成。

通常地，要设计一个 DSP 系统，第一步便是根据系统的需求去设计好 DSP 系统所需完成的流程图，当 DSP 处理流程图设计完成后时，剩下的工作便是根据流程图，设计图中每一个单元所需的子函数，并在主函数 main 中逐个调用这些子函数以实现流程图中的功能。

在一个 DSP 系统中，一旦 DSP 启动，DSP 的程序指针便指向 main 函数的起始端，从 main 函数开始向下顺序执行。Main 函数中执行的内容通常是以子函数的形式出现。对于 DSP 程序，根据功能又可以分为初始化程序和中断服务程序等。

前文所属的系统初始化函数通常只是 main 函数中执行的第一个子函数，初始化子函数执行完成后开始执行其他子函数。这些子函数根据所使用的编程语言又可以分为使用汇编语言编写的子函数和 C 语言编写的子函数；在 DSP 程序设计时，通常将一些较关键的、算法比较复杂的、需要多次执行的程序用汇编语言来编写，以提高系统的处理效率。通常比较同样功能的 C 语言程序和汇编语言程序时，汇编语言程序的执行效率相比 C 语言程序会提高 4～10 倍。

对于 DSP 中 main 函数编程以及汇编语言优化的具体方法，将在第 8 章的应用实例中给出。

4.3.3 ADSP-TS201S 中系统初始化程序

要使得 DSP 硬件系统能够正常工作，需要先对 DSP 硬件系统进行初始化，来配置 DSP 内部的寄存器和外围设备。不过由于要实现的功能不同，不同的 DSP 系统初始化的方法也不尽相同。对于 ADSP－TS201S，典型的系统初始化通常包括中断配置、总线配置、SDRAM 控制器配置、Link 口设置等；另外，还可以根据自己的需要增加其他初始化程序。一个典型的 DSP 初始化程序如下：

```
//全局中断非使能
    __builtin_sysreg_write(__SQCTLCL,0xFFFFFFFB);
//软件异常非使能
    __builtin_sysreg_write(__SQCTLCL,0xFFFFFFF7);
//系统总线配置
    __builtin_sysreg_write(__SYSCON,0x00309443);
//SDRAM 配置
    __builtin_sysreg_write(__SDRCON,0x00005985);
```

```
//FLAG 设置
    __builtin_sysreg_write(__FLAGREG,0x00);
    __builtin_sysreg_write(__FLAGREGST,0x88);
    __builtin_sysreg_write(__FLAGREGST,0x04);
//取消 IRQ1 的 Mask
    __builtin_sysreg_write(__IMASKH,0x00000000);
    __builtin_sysreg_write(__IMASKL,0x6043c0c0);
//IRQ0、2 电平触发,IRQ1、3 沿触发
    __builtin_sysreg_write(__INTCTL,0x0005);
//LINK 口 0 接收控制寄存器初始化
    __builtin_sysreg_write(__LRCTL0, 0x10);
    __builtin_sysreg_write(__LRCTL0, 0x19);
//LINK 口 0 发送控制寄存器初始化
    __builtin_sysreg_write(__LTCTL0, 0x10);
    __builtin_sysreg_write(__LTCTL0, 0x19);
//LINK 口 1 接收控制寄存器初始化
    __builtin_sysreg_write(__LRCTL1, 0x10);
    __builtin_sysreg_write(__LRCTL1, 0x19);
//LINK 口 1 发送控制寄存器初始化
    __builtin_sysreg_write(__LTCTL1, 0x10);
    __builtin_sysreg_write(__LTCTL1, 0x19);
//软件异常使能
    __builtin_sysreg_write(__SQCTLST,SQCTL_SW);
//全局中断使能
    __builtin_sysreg_write(__SQCTLST,SQCTL_GIE);
```

在该初始化程序中,程序顺序执行,通过"__builtin_sysreg_write(__SYSCON,0x00309443);"语句来配置寄存器,语句中两个参数分别代表被配置的寄存器有待配置的值,上面的这条语句便意味着将十六进制数 0x00309443 写入系统总线控制寄存器(SYSCON)。

初始化过程中,DSP 系统依次关闭中断使能,配置总线控制寄存器、SDRAM 时序控制寄存器、外部中断触发方式控制寄存器、Link 口配置寄存器等,待需要初始化的外部设备和不同中断初始化完成后,再打开全局中断,以免在系统还未配置好时中断触发,导致 DSP 系统出现错误。程序中的每条语句配置一个寄存器,通过配置这些寄存器实现对一个或多个功能的初始化。

下面以系统总线控制寄存器 SYSCON 为例,解释初始化过程中写入这些寄存器的参数对系统功能的配置。系统总线控制寄存器 SYSCON 定义如表 4-3 所列。

表 4-3　SYSCON 寄存器定义

位	作用域	定　义	默认值
0	BNK0IDLE	Bank 0 空闲状态	1
2-1	BNK0WAIT1-0	Bank 0 内部等待周期数	1
4-3	BNK0PIPE1-0	Bank 0 流水线深度	0
5	BNK0SLOW	Bank 0 慢速协议	1

续表 4-3

位	作用域	定　义	默认值
6	BNK1IDLE	Bank 1 空闲状态	1
8-7	BNK1WAIT1-0	Bank 1 内部等待周期数	0
10-9	BNK1PIPE1-0	Bank 1 流水线深度	0
11	BNK1SLOW	Bank 1 慢速协议	1
12	HOSTIDLE	主机空闲状态	0
14-13	HOSTWAIT1-0	主机内部等待周期数	0
16-15	HOSTPIPE1-0	主机流水线深度	0
17	HOSTSLOW	主机慢速协议	0
18	Reserved	保留位	0
19	MEMWIDTH	外部存储器总线宽度	0
20	MPWIDTH	多处理器空间总线宽度	0
21	HSTWIDTH	主机总线宽度	0
31-22	Reserved	保留位	X

系统总线控制寄存器 SYSCON 中除了少数保留位之外，其他大多数的位都表征着系统总线不同的配置。上面的初始化程序中将系统总线控制寄存器 SYSCON 配置为 0x00309443，以实现对系统总线的初始化。根据系统总线寄存器的定义，0x00309443 表示：主机总线宽度设置为 64 位；多处理器空间总线宽度设置为 64 位；外部存储空间采用 32 位宽度；主机采用流水线协议同步传输，流水线深度为 2 个周期，无等待周期，数据传输之间插入空闲状态；Bank1 采用流水线协议同步传输，流水线深度为 3 个周期，无等待周期，数据传输之间插入空闲状态；Bank0 采用流水线协议同步传输，流水线深度为 1 个周期，等待周期数为 1 周期等待，数据传输之间插入空闲状态。

由于主机总线设置为流水线深度 2 个周期，无等待周期，数据传输之间插入空闲状态，因此配置好之后总线时序为如图 4-11 所示，数据在地址线之后两个时钟周期出现在总线上。

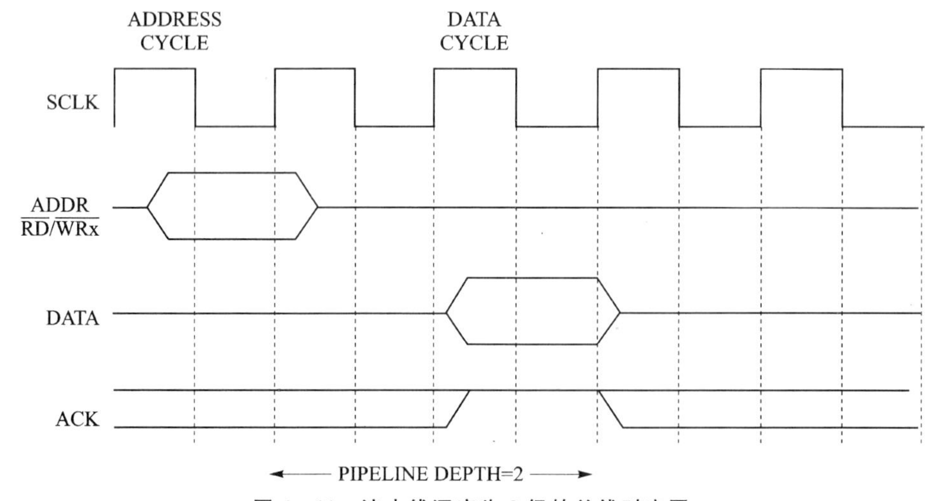

图 4-11　流水线深度为 2 级的总线时序图

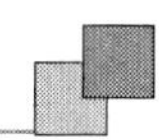

其他寄存器的配置与 SYSCON 寄存器的配置类似，均可通过参考 ADSP-TS201S 数据手册上的寄存器定义，根据自己系统的需要进行定义。

4.3.4　中断的使用方法

和大多数 DSP 的中断类似，ADSP-TS201S 的中断的使用主要有几个寄存器来控制，即中断向量表、中断控制寄存器、终端锁存寄存器以及终端屏蔽寄存器。

其中，中断向量表存储各个中断触发后所执行的中断服务函数的函数入口地址，包含 64 个 32 位的寄存器，其中 30 个寄存器分别指向 30 个中断类型，另外 34 个寄存器为保留方式。如表 4－4 所列。

表 4－4　中断向量表

寄存器	定　义	地　址	默认值
IVKERNEL	VDK 内核中断	0x1F0300	无
Reserved	N/A	0x1F0301	N/A
IVTIMER0LP	定时器 0 低优先级中断	0x1F0302	无
IVTIMER1LP	定时器 1 低优先级中断	0x1F0303	无
Reserved	N/A	0x1F0304～0x1F0305	N/A
IVLINK0	Link 口 0 中断	0x1F0306	无
IVLINK1	Link 口 1 中断	0x1F0307	无
IVLINK2	Link 口 2 中断	0x1F0308	无
IVLINK3	Link 口 3 中断	0x1F0309	无
Reserved	N/A	0x1F030A～0x1F030D	N/A
IVDMA0	DMA 通道 0 中断	0x1F030E	0x00000000
IVDMA1	DMA 通道 1 中断	0x1F030F	0x00000000
IVDMA2	DMA 通道 2 中断	0x1F0310	0x00000000
IVDMA3	DMA 通道 3 中断	0x1F0311	0x00000000
Reserved	N/A	0x1F0312～0x1F0315	N/A
IVDMA4	DMA 通道 4 中断	0x1F0316	0x00000000
IVDMA5	DMA 通道 5 中断	0x1F0317	0x00000000
IVDMA6	DMA 通道 6 中断	0x1F0318	0x00000000
IVDMA7	DMA 通道 7 中断	0x1F0319	0x00000000
Reserved	N/A	0x1F031A～0x1F031C	N/A
IVDMA8	DMA 通道 8 中断	0x1F031D	0x00000000
IVDMA9	DMA 通道 9 中断	0x1F031E	0x00000000
IVDMA10	DMA 通道 10 中断	0x1F031F	0x00000000
IVDMA11	DMA 通道 11 中断	0x1F0320	0x00000000
Reserved	N/A	0x1F0321～0x1F0324	N/A
IVDMA12	DMA 通道 12 中断	0x1F0325	0x00000000

续表 4-4

寄存器	定　义	地　址	默认值
IVDMA13	DMA 通道 13 中断	0x1F0326	0x00000000
Reserved	N/A	0x1F0327～0x1F0328	N/A
IVIRQ0	引脚 IRQ0 中断	0x1F0329	0x30000000
IVIRQ1	引脚 IRQ1 中断	0x1F032A	0x38000000
IVIRQ2	引脚 IRQ2 中断	0x1F032B	0x80000000
IVIRQ3	引脚 IRQ3 中断	0x1F032C	0x00000000
Reserved	N/A	0x1F032D～0x1F032F	N/A
VIRPT	VIRPT 中断	0x1F0330	无
Reserved	N/A	0x1F0331	N/A
IVBUSLK	总线锁定向量中断	0x1F0332	无
Reserved	N/A	0x1F0333	N/A
IVTIMER0HP	定时器 0 高优先级中断	0x1F0334	无
IVTIMER1HP	定时器 1 高优先级中断	0x1F0335	无
Reserved	N/A	0x1F0336～0x1F0338	N/A
IVHW	硬件错误中断	0x1F0339	无
Reserved	N/A	0x1F033A～0x1F033F	N/A
ILATL	ILAT(中断缓存),低 32 位	0x1F0340	无
ILATH	ILAT(中断缓存),高 32 位	0x1F0341	无
ILATSTL	ILAT 设置,低 32 位	0x1F0342	无
ILATSTH	ILAT 设置,高 32 位	0x1F0343	无
ILATCLL	ILAT 清除,低 32 位	0x1F0344	无
ILATCLH	ILAT 清除,高 32 位	0x1F0345	无
PMASKL	PMASK(中断指针屏蔽),低 16 位	0x1F0346	0x00000000
PMASKH	PMASK(中断指针屏蔽),高 16 位	0x1F0347	0x00000000
IMASKL	IMASK(中断屏蔽),低 16 位	0x1F0348	0xE3C30000
IMASKH	IMASK(中断屏蔽),高 16 位	0x1F0349	
Reserved	N/A	0x1F034A～0x1F034D	N/A
INTCTL	中断控制	0x1F034E	
Reserved	N/A	0x1F034F	N/A
TIMER0L	定时器 0 运行当前值,低 16 位	0x1F0350	无
TIMER0H	定时器 0 运行当前值,高 16 位	0x1F0351	无
TIMER1L	定时器 1 运行当前值,低 16 位	0x1F0352	无
TIMER1H	定时器 1 运行当前值,高 16 位	0x1F0353	无
TMRIN0L	定时器 0 初始化值,低 16 位	0x1F0354	无
TMRIN0H	定时器 0 初始化值,高 16 位	0x1F0355	无
TMRIN1L	定时器 1 初始化值,低 16 位	0x1F0356	无
TMRIN1H	定时器 1 初始化值,高 16 位	0x1F0357	无
Reserved	N/A	0x1F0358～0x1F035F	N/A

从中断向量表可以看出 ADSP-TS201S 的中断包括 VDK 内核中断、定时器中断、Link 口中断、DMA 中断、外部 IRQ 引脚中断、VIRPT(向量寄存器)中断、总线锁定向量中断、硬件错误中断等。编程中较常用的是如下 4 种：定时器中断、Link 口中断、DMA 中断和外部 IRQ 引脚中断。

中断控制寄存器用于设置外部 IRQ 引脚中断的触发类型，采用边沿触发或者电平触发，以及定时器的开始运行与停止。

中断锁存寄存器是一个 64 位的寄存器，通过 2 个 32 位的寄存器可以对其进行访问，这 2 个寄存器为 ILATL 和 ILATH，分别对应中断锁存寄存器的低 32 位和高 32 位，它们都是只读寄存器。寄存器 ILATL 和 ILATH 中特定的位对应一种中断类型，当中断产生时，该寄存器中相应的位被置 1，当中断服务函数执行完成后，该位被清零。

对中断锁存寄存器的设置操作只能通过寄存器 ILATSTL 和 ILATSTH 进行，写入寄存器 ILATSTL 和 ILATSTH 的数值将与寄存器 ILATL 和 ILATH 原来的值进行逻辑或操作，结果值写入寄存器 ILATL 和 ILATH，所以对寄存器 ILATSTL 和 ILATSTH 的某位写入 1 时，寄存器 ILATL 和 ILATH 中相应的位将置 1，对寄存器 ILATSTL 和 ILATSTH 的某位写入 0 时，寄存器 ILATL 和 ILATH 中相应的位没有变化。

对中断锁存寄存器的清除操作只能通过寄存器 ILATCLL 和 ILATCLH 进行，写入寄存器 ILATCLL 和 ILATCLH 的数值将与寄存器 ILATL 和 ILATH 原来的值进行逻辑与操作，结果值写入寄存器 ILATL 和 ILATH，所以对寄存器 ILATCLL 和 ILATCLH 的某位写入 0 时，寄存器 ILATL 和 ILATH 中相应的位将清零，对寄存器 ILATCLL 和 ILATCLH 的某位写入 1 时，寄存器 ILATL 和 ILATH 中相应的位没有变化。

中断屏蔽寄存器 IMASK 和中断锁存寄存器类似，也是通过 2 个 32 位寄存器 IMASKL 和 IMASKH 拼接而成的 64 位寄存器，其特定的位对应一种中断，通过对该寄存器配置，可以设置 DSP 是否响应相应中断。当该位被置 1 时，响应相应的中断；否则，如果寄存器 IMASKL 和 IMASKH 中某位被清 0 时，则即使相应的中断类型产生了中断，处理器也不响应该中断。

中断的流程图如图 4－12 所示。

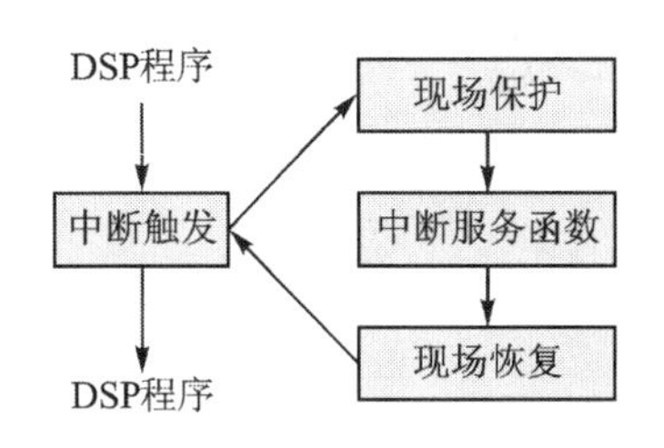

图 4－12　中断函数流程图

系统在主函数中一旦有中断触发，系统便自行对寄存器进行现场保护，再进入中断服务函数，中断服务函数执行完成后，系统将堆栈保护的寄存器出栈以恢复线程，之后系统便从主函数被打断的地方继续运行。下面是一个中断服务程序的例子：

```
void irq1_int(void);                        //ISR for DMA channel 1
interrupt(SIGIRQ1, irq1_int);               //Assign isr to IRQ1
……
……
void irq1_int(void)                         //ISR for DMA channel 1
{
    Counter++;
```

```
    return;
}
```

程序主要包括两个部分：第一部分在初始化中声明中断服务函数 irq1_int，并将中断向量表中 IRQ1 指向 irq1_int 函数指针，这样每次 IRQ1 中断触发时，只要 IRQ1 未被屏蔽，便会执行 irq1_int 函数；第二部分为 irq1_int 的具体内容，例子中每进入一次中断，将计数器加 1，中断函数完成后，中断服务函数退出，系统回到主函数流程。

第5章

DSP 多片互联与 FPGA 应用

并行处理通过互联技术将多个处理器联合使用，提高了处理性能。并行处理技术的发展，促使“深蓝”等巨型计算机的出现，提高了计算机的处理能力。在信号处理领域，同样需要高速处理能力。20 世纪 80 年代初，美国德州仪器公司（TI 公司）推出了世界第一片数字信号处理芯片（TMS320C10），开创了数字信号处理器发展的实用化时代。经过 20 多年的发展，处理器的处理能力已经达到 GIPS 以上（如 TI 的 TMS320C64x 和 ADI 的 TS201）。但是在图像处理、通信基站、雷达、声纳等计算密集型的领域，单个 DSP 的处理能力并不能满足要求，因此需要同样借助并行处理技术，解决 DSP 之间的数据传输问题，从而达到更高的处理性能。除了 DSP 之间的互联技术外，FPGA 在并行系统中起到不可或缺的作用。本章首先介绍了 DSP 芯片的互联方法，然后对适合做芯片接口规范的 FPGA 做了详细的介绍。

5.1 并行处理系统互联结构

并行系统处理器之间的互联拓扑结构如图 5－1 所示，可分为线形、星形、树形、网格形和共享总线形等多种形式。

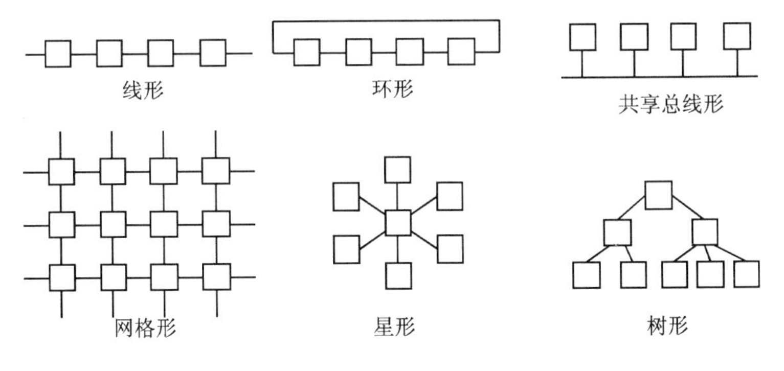

图 5－1 并行处理结构图

① 线形结构是把多个处理器按顺序依次级联在一起，这种结构对于分块顺序执行的算法特别适用，而且硬件实现和软件编程都比前面的结构更简单方便，是最为常用的一种结构。在线形结构的网络中，数据流按固定方向流动，或左或右。线形结构的优点是数据流在网络中的

传输处理延迟是固定的，每个节点只与其他两个节点有物理链路的直接互联，因此，传输控制机制较为简单，实时性强。

② 环形结构则将线型结构的首尾进行相连，成为一个闭环的系统。该结构实现简单，应用也比较广泛。

③ 共享总线形结构中的各个处理器通过总线方式可访问同一个大容量共享存储器，进行数据交换。这种结构的处理器进行大容量数据交换比较容易，尤其是对于那些需要传输到每个处理器的大量数据交换。但是这种结构中多个处理器的总线需要和共享存储器互联，因此对于硬件设计的要求较高。

④ 网格形结构分为全连接网格和不完全连接网格两种形式。网格形结构全连接网格中，每一个结点和网络中其他结点均有链路连接。不完全连接网格中，两节点之间不一定有直接链路连接，它们之间的通信，依靠其他节点转接。这种网络的优点是节点间路径多，阻塞可大大减少，可靠性高。由于网格形结构中处理器可以方便地与周围处理器交换数据，结构灵活，可以适用于复杂的并行处理模型。

⑤ 星形结构的优点是结构简单，可以很容易地实现多处理器两两之间点对点的数据传输，系统结构灵活。其缺点是属于集中控制，主结点负载过重，可靠性低，总线利用率低。

⑥ 树形结构也称为主从结构，实际上是星形结构的一种变形，通常包括一个主处理器和很多从处理器。它将原来用单独链路直接连接的结点通过多级处理主机进行分级连接，主处理器主要用来进行输入/输出数据的处理和管理控制整个系统，从处理器用来进行并行信号的处理。

选择合适的互联结构，可以解决处理器之间的数据传输瓶颈，从而发挥高性能处理器的强大性能，满足实时处理的要求。

5.2 DSP 并行处理系统中常用的互联结构

为了构成高性能并行处理系统，需要利用 DSP 的外部接口进行多处理器之间的数据交换。而不同 DSP 的外部接口不尽相同，主要包括外部存储器接口、HPI 口以及其他专用接口等。高性能 DSP 都具有外部存储器接口，而其他专用接口分属不同种类的 DSP，如 Link 口是 ADI 公司的标志，TI 的 C6455 系列具有 RapidIO 接口。其中 ADI 的 Link 口比较容易实现多 DSP 的并行系统，因此并行系统中常用 ADI 的 DSP。TI 的 C6455 系列的 RapidIO 接口具有和 Link 口相同的功能。对于其他 DSP 如 TI 的 TMS320C6x 系列，则需要利用外部存储器接口组成多 DSP 并行处理系统。

5.2.1 利用外部存储器接口组成并行结构

DSP 的外部存储器接口是用来扩展存储器大小的，通过该接口 DSP 可外接 SDRAM、SRAM、ROM、FLASH、FIFO、双口 RAM 等存储设备。因此可使用双口 RAM 或者 FIFO 将 DSP 两两联接，如图 5－2 所示。几乎所有 DSP 都可通过这种结构实现 DSP 之间的高速传输。该接口的数据传输速度较高，一般高性能 DSP 的外部存储器宽度为 64 位，数据传输速率可达 8 Gbit/s。但是 DSP、RAM、FIFO 之间连线较多，尤其是共享存储器结构时连线更为复杂。因此多使用 FIFO 作为互联器件,从而省去了地址线。

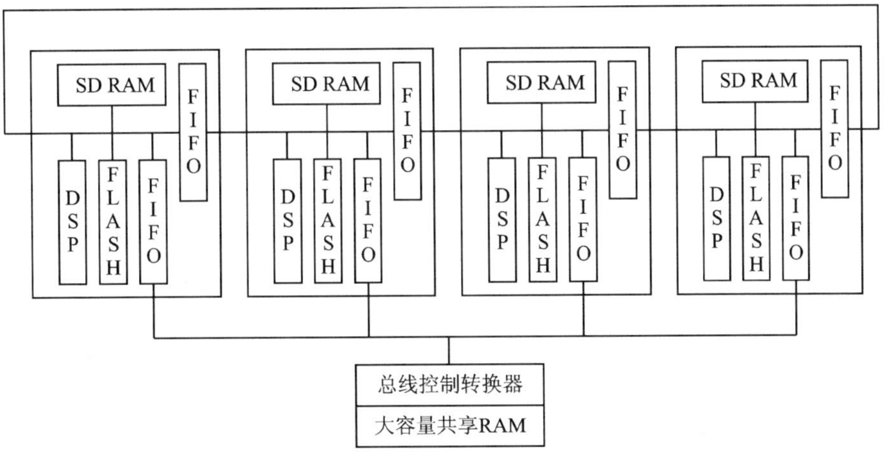

图 5-2　采用 FIFO 进行 DSP 互联

5.2.2　ADI 公司多处理器并行结构

为了便于组成多处理器系统,DSP 提供了各种高速接口和处理器结构,如 ADI 的 LINK 口及共享总线结构。

1. 共享总线(簇)方式

ADI 的 SHARC 和 TigerSHARC 处理器提供了必要的控制握手信号线,使 8 片 DSP 可以直接相连组成共享存储结构。不同于前面提到的基于 FIFO 构成的共享结构,在 ADI 的 DSP 内有完整的总线共享功能和片内总线仲裁逻辑,设计者无须开发另外的总线共享逻辑和定时电路。DSP 的片内总线仲裁逻辑能够为多达 8 个 DSP 和一个主机处理器组成的系统提供简单的无缝连接和循环优先权。共享多处理器可以利用共享总线做广播式传送,并使得处理器之间的通信变得容易。主处理器还能全面控制从处理器的片内资源,其数据线宽度为 64 位,传输率可达 8 Gbit/s。虽然省去了 FIFO 数据传输数据仲裁的麻烦,但是各个 DSP 的 64 位数据线和 64 位地址线增加了硬件设计的难度。

2. Link 口互联

TigerSHARC 系列处理器 4 个链路口为处理器间的通信提供了极大的便利。TigerSHARC 提供的 Link 传输数据率已达到 32 Gbit/s,与外部总线的数据速率不相上下,可满足高速信号处理的要求。Link 口连接的多处理器系统,如 TS201 每个 Link 仅需 12 对 LVDS 信号线便可实现 DSP 间高速数据通信,并且避免了总线冲突与仲裁,降低了硬件设计难度。每个处理器上有 4 个 Link 口,可分别与其他 4 个处理器进行无缝连接,从而构成多种并行结构。

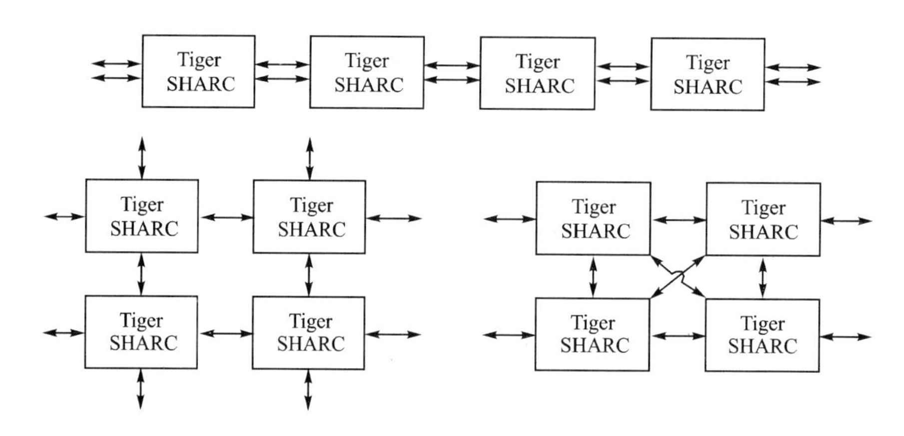

图 5-3 Link 互联方式

5.2.3 TI 公司多处理器并行结构

TI 公司也在发展自己的并行结构 DSP 处理器，在 TMS320C64x 系列中增加了多个 EMIF 接口，在 TMS320C6455 上增加了类似的 Link 结构，同时给出了已有 DSP（包括 TMS320C67x）多处理器的互联方案。

(1) Serial RapidIO 接口

为了方便地将各个高性能处理器连接起来，组成性能更高的并行处理系统，TI 在 c641xDSP 的基础上增加了和 Link 类似的 Serial RapidIO 接口。Serial RapidIO 最高传输速度可以达到 12.5 Gbit/s，该接口可作为 1 组工作，也可拆分为 2 组、4 组工作。图 5-4 为 TI 公司提供的多处理器结构：2 组构成环形连接、1 组通过开关连接、通过开关及部分互联、4 组 Mesh 网格连接、5DSP 全连接等。

(2) 利用专用互联芯片构成多处理器结构

为了方便其他 DSP 组成并行处理系统，TI 公司提供了 Solano 接口芯片。在芯片内部有 4 组 FIFO 结构的 LVDS 接口，其传输速率可以达到 13.6 Gbit/s。DSP 通过外部存储器接口与该芯片连接，从而扩展出 4 个高速互联接口，这样便可以组成图 5-5 所示的并行处理系统。

(3) 利用主机接口(HPI)组成星形/树形并行结构

HPI 通信时采用主从方式工作，主处理器通过从处理器的 HPI 口访问从处理器的存储资源。因此可以利用该接口完成处理器之间的数据交换，构成并行处理的树形、星形、线形、环形结构。其数据宽度一般为 32 位，数据传输率在 0.8 Gbit/s 左右。作者采用 EMIFB 与 HPI 接口互联构成线形多片 TMS320C641x 并行处理系统。

(4) 其他接口组成的并行结构

Mcbsp 按时分多址的方式工作，从而构成图 5-1 所示的共享总线结构。这种结构的优点是接口简单，仅需 6 根信号线便可完成互联，但传输的速率较低，最高为 125 Mbit/s。

此外对于那些具有特殊接口的 DSP 在进行并行系统设计时，可考虑使用该接口。例如 TMS320C6415/6416 具有 PCI 接口，通过 PCI 总线控制器将多 C64x 连接起来组成并行处理系统。

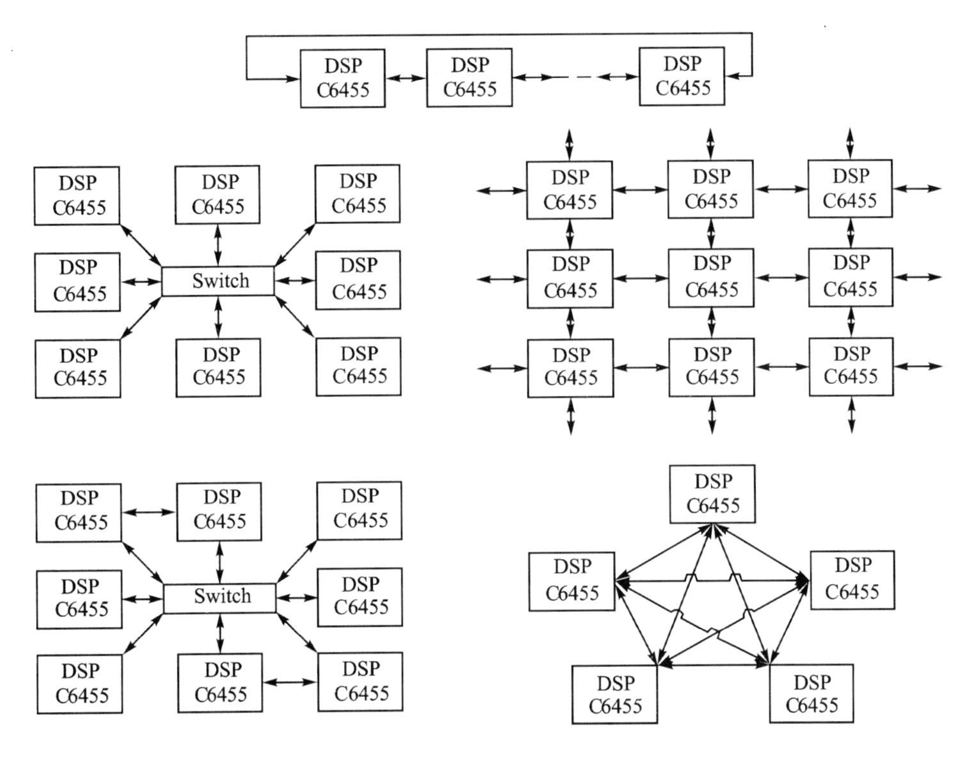

图 5-4　RapidIO 互联结构

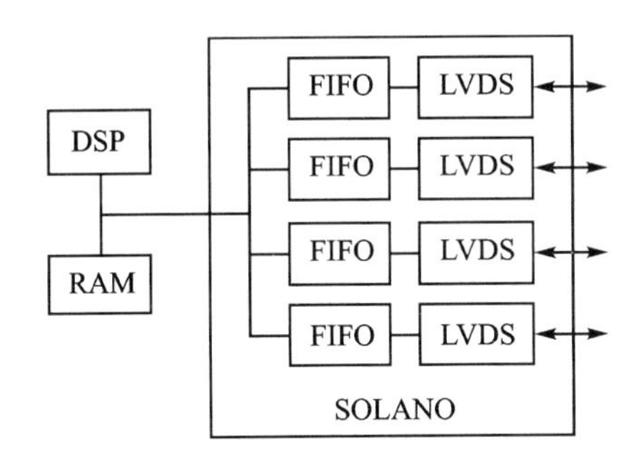

图 5-5　Solano 互联结构

5.3　DSP 互联技术总结

综上所述，外部存储器接口、Link、Serial RapidIO、HPI、专用接口芯片等方法，可将高性能 DSP 互联起来组成并行处理系统。这些互联方式各具特点，如表 5-1 所列。

上述各互联方法均可实现 DSP 并行处理，实际设计时可根据需要合理选择。由于信号处理的数据流比较单一，因此针对用户的定制产品可选用线形、环形结构，尽量减少设计复杂度以增加系统可靠性。而 COTS 产品考虑到通用性，多采用共享总线和其他互联方式相结合的并行结构。图 5-6 所示为 4 个 TigerSHARC 组成的并行处理系统。该系统采用共享总线和 Link 互联结构，处理器之间既可通过大容量存储器进行数据共享，也可由 Link 完成数据交换。PCI 接口芯片完成系统的通用总线接口。

表 5-1 各互联接口特点

名　称	典型速率 Gbit/s	信号线个数	最适合的互联结构
外部存储器接口	16	36 左右	线形、环形、共享总线形等
共享总线形	16	64 左右	共享总线形
Link	32	12 对 LVDS	线形、环形、网格形等网络互联形式
Serial RapidIO	12.5		线形、环形、网格形等网络互联形式
Solano	13.6	65 左右	线形、环形、网格形等网络互联形式
HPI	0.8	40 左右	线形、环形、树形等
Mcbsp	0.125	6	共享总线形
PCI	2.1	64 左右	树形

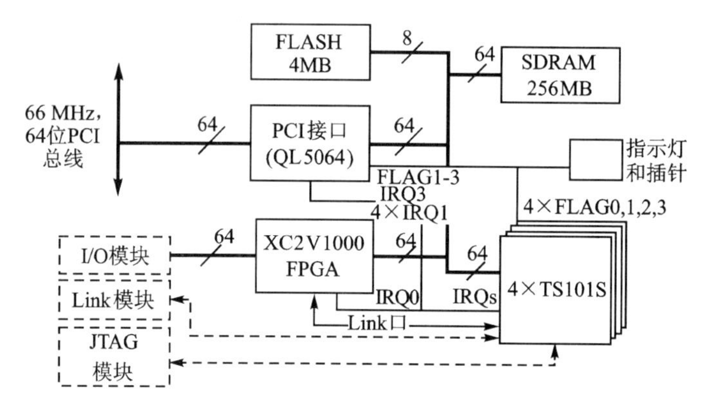

图 5-6 TigerSHARC 互联

另外在并行信号处理系统中，FPGA 作为外部接口器件，完成系统与其他系统之间的外部数据交换。在 FPGA 中可实现各种接口规范（如 FPDP、ADC、DAC、CCD、图像、自定义等接口），甚至是 Link 口协议标准。鉴于 FPGA 的 DSP 处理能力，可以将一些处理功能由 FPGA 完成，如数字下变频、FFT、预处理等。

5.4 FPGA 简介

现场可编程门阵列（Field Programming Gate Array，FPGA），是在 PAL、GAL、CPLD 等可编程器件的基础上发展的产物。在如今 FPGA 的设计中，主要采用硬件描述语言（HDL）的方式，同时配合使用可编程逻辑设计，厂家也针对自家产品提供软件 IP 核以提高资源利用率。其中硬件描述语言是一种用形式化方法来描述数字电路和设计数字逻辑系统的语言。它可以使数字逻辑电路设计者利用“语言”来描述自己的设计思想，然后利用电子设计自动化（EDA）工具进行仿真，再自动综合到门级电路，最后加载到 FPGA 实现其功能。当前，主流的 FPGA 主要来自于 Xilinx，Altera，Actel 和 Lattice 等公司。

按照编程工艺的不同，FPGA 可分为熔丝或反熔丝编程器件、SRAM 器件、EEPROM 器件等。表 5－2 对这 3 种类型的 FPGA 进行比较。

表 5－2　3 种类型 FPGA 的比较

类　型	特　点	常见种类
熔丝或反熔丝	体积小，集成度高，速度高，易加密，抗干扰，耐高温 只能一次编程，在设计初期阶段不灵活	Actel 的 FPGA 器件
SRAM	可反复编程，实现系统功能的动态重构 每次上电需重新下载，实际应用时需外挂 EEPROM 用于保存程序	大多数公司的 FPGA 器件
EEPROM	可反复编程 不用每次上电重新下载，但相对速度慢，功耗较大	大多数 CPLD 器件

5.4.1　FPGA 的内部资源

简化的 FPGA 基本由六部分组成：可编程输入/输出单元、基本可编程逻辑单元、嵌入式 RAM、丰富的布线资源、底层嵌入功能单元和内嵌专用硬核，如图 5－7 所示。

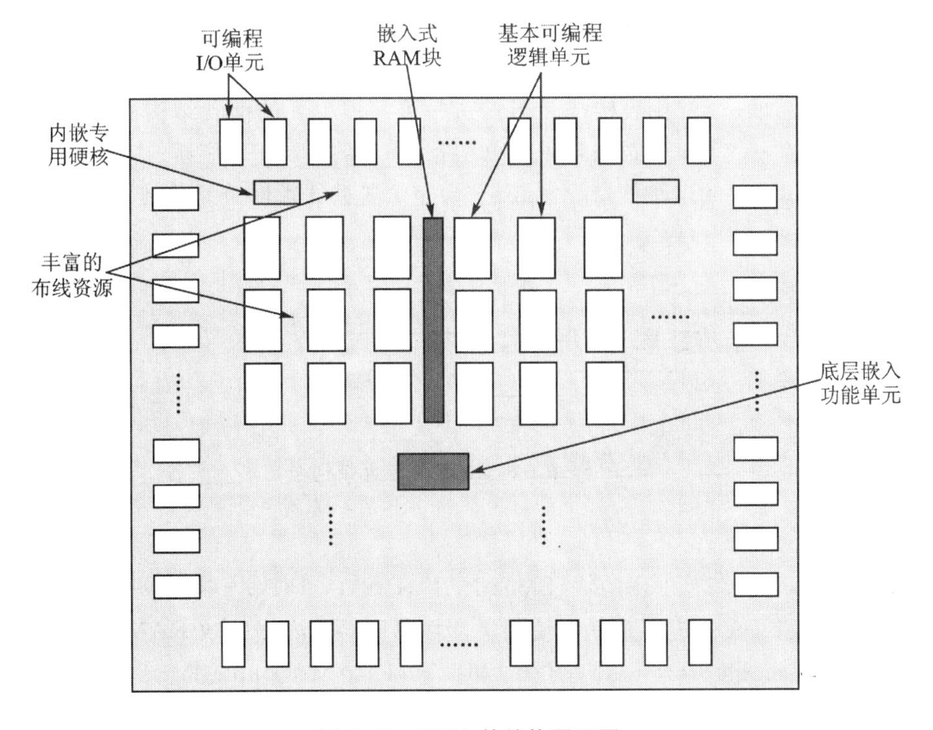

图 5－7　FPGA 的结构原理图

1. 可编程输入/输出单元

输入/输出(Input/Output)单元简称 I/O 单元，它们是芯片与外界电路的接口部分，完成不同电气特性下对输入/输出信号的驱动与匹配需求。为了使 FPGA 有更灵活的应用，目前大多数 FPGA 的 I/O 单元被设计为可编程模式，即通过软件的灵活设置，可以匹配不同的电气标准与 I/O 物理特性；可以调整匹配阻抗特性，上下拉电阻；可以调整输出驱动电流的大小。

可编程 I/O 单元支持的电气标准因工艺而异，不同器件商或不同器件族的 FPGA 支持的 I/O 标准也不同，一般来说，常见的电气标准有 LVTTL、LVCMOS、SSTL、HSTL、LVDS、LVPECL 和 PCI 等。值得一提的是，随着 ASIC 工艺的飞速发展，目前可编程 I/O 支持的最高频率越来越高，一些高端 FPGA 通过 DDR 寄存器存取技术，甚至可以支持高达 2GHz 的频率。

2. 基本可编程逻辑单元

基本可编程逻辑单元是可编程逻辑的主体，可以根据设计灵活地改变其内部连接与配置，完成不同的逻辑功能。FPGA 一般是基于 SRAM 工艺的，其基本可编程逻辑单元通常是由查找表(Look Up Table，LUT)和寄存器(Register)组成的。FPGA 内部一般采用查表结构，主要完成纯组合逻辑。FPGA 内部的寄存器结构非常灵活，可以配置为带同步/异步复位或置位、时钟使能的触发器(Flip Flop，FF)，也可以配置成为锁存器(Latch)。FPGA 中一般以寄存器完成同步时序逻辑设计。比较经典的基本可编程单元配置为一个寄存器加一个查找表。但是不同厂商的寄存器和查找表的内部结构有一定的差异，而且寄存器和查找表的组合模式也不同。例如，Xilinx 可编程逻辑单元称做 Slice，它由上下两部分构成，每部分都由一个寄存器和一个查找表组成，被称为逻辑单元(Logic Cell，LC)，两个 LC 之间有一些公用逻辑，可以完成 LC 之间的配合工作与级联。Altera 可编程逻辑单元被称为逻辑单元(Logic Element，LE)，由一个寄存器加一个查找表构成。当然这些可编程单元的配置结构随着器件的发展也在不断更新，最新的一些可编程逻辑器件常常根据设计需求推出一些新的查找表和寄存器的配置比率，并更新其内部的连接构造。图 5-8 为一个典型的逻辑单元的结构。

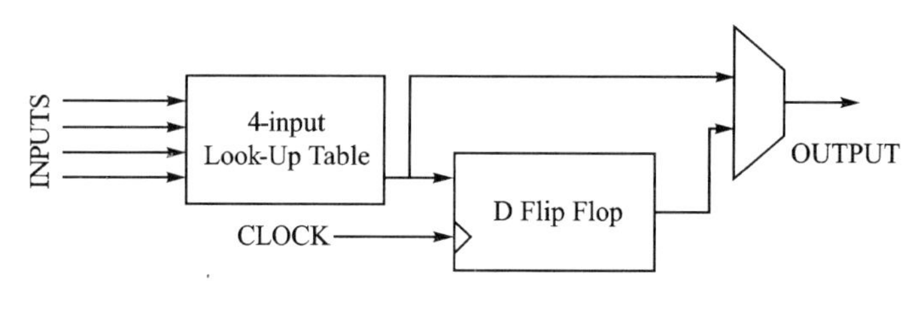

图 5-8　典型的逻辑单元结构

3. 嵌入式块 RAM

目前大多数 FPGA 都有内嵌的块(Block RAM，RAM)。FPGA 内部嵌入可编程 RAM 模块，大大地拓展了 FPGA 的应用范围和使用灵活性。FPGA 内嵌的块 RAM 一般可以灵活地配置为单口 RAM(Single Port RAM，SPRAM)、双口 RAM(Double Ports RAM，DPRAM)、伪双口 RAM(Pseudo DPRAM)、CAM(Content Addressable Memory)和 FIFO(First In First Out)等常用存储结构。RAM 的概念和功能读者应该非常熟悉，不再赘述。FPGA 中其实并没有专用的 ROM 硬件资源，实现 ROM 的思路是对 RAM 赋予初值，并保持初值。所谓 CAM，即内容地址存取器，这种存储器在每个存储单元都包含了一个内嵌的比较逻辑，写入 CAM 的数据会和其内部存取的每个数据进行比较，并返回与端口数据相同的所有内部数据的地址。概括地讲，RAM 是一种根据地址读、写数据的存储单元；而 CAM 和 RAM 恰恰相反，它返回的是和端口数据相匹配的内部地址。CAM的应用也很广泛，比如路由器中的地址交换表等。FIFO即先入先出存储队列。要在FPGA内部实现RAM、ROM、CAM和FIFO等存储结构都可以基于嵌入式的块RAM单元，并根据需求生成相应的粘合逻辑(Glue Logic)以完成地址和片选等控制逻辑。

不同器件或不同器件族的内嵌块RAM的结构不同。需要补充一点是：除了块RAM外，Xilinx的FPGA还可以灵活地将LUT配置成RAM、ROM、FIFO等存储结构，这种技术被称为分布式RAM(Distributed RAM)，分布式RAM适用于多块小容量RAM的设计。

4. 丰富的布线资源

布线资源连通FPGA内部所有单元，连线的长度和工艺决定着信号在连线上的驱动能力和传输速度。FPGA内部有着非常丰富的布线资源，这些布线资源根据工艺、长度、宽度和分布位置的不同而划分为不同的等级，有一些是全局性的专用布线资源，用以完成器件内部的全局时钟和全局复位/置位的布线；一些称做长线资源，用以完成器件Bank之间的高速信号和第二全局时钟信号的布线；还有一些称做短线资源，用以完成基本逻辑单元之间的逻辑互联与布线；另外在基本逻辑单元内部还有着各式各样的布线资源和专用时钟、复位等控制信号线。

设计者通常不需要直接选择布线资源，实现过程中一般是由布局布线器根据输入的逻辑网表的拓扑结构和约束条件自动选择可用的布线资源连通所用的底层单元模块，所以设计者通常忽略布线资源。

5. 底层嵌入功能单元

这个概念比较笼统，这里指的是那些通用程度较高的嵌入式功能模块。比如PLL(Phase Locked Loop)、DLL(Delay Locked Loop)、DSP和CPU等。随着FPGA的发展，这些模块被越来越多地嵌入到FPGA内部，以满足不同场合的需求。

目前大多数FPGA厂商在FPGA内部集成了DLL或PLL的IP核，用以完成时钟的高精度、低抖动的倍频、分频、占空比调整及相移等功能。目前高端FPGA产品集成的DLL和PLL资源越来越丰富，功能越来越复杂，精度越来越高(一般在100ps(皮秒)的数量级)。Xilinx芯片主要集成的是DLL，Altera芯片集成的是PLL。这些时钟模块的生成和配置方法一般分两种：一种是在HDL代码和原理图中直接实例化，另一种方法是在IP核生成器中配置相关参数，自动生成IP。

越来越多的高端FPGA产品将包含DSP或CPU等软处理核，从而FPGA将由传统的硬件设计手段过渡为系统级设计工具。例如Xilinx的Virtex II和Virtex II Pro系列FPGA内部集成了Power PC450的CPU Core和MicroBlaze RISC处理器Core；而Altera是在Stratix、Stratix GX和Stratix II等器件族内部集成了DSP core。这些CPU或DSP处理模块的硬件主要由一些加、乘、快速进位链、Pipelining和Mux等结构组成，加上用逻辑资源和块RAM实现的软核部分，就组成了功能强大的软计算中心。这种CPU或DSP比较适合实现FIR滤波器、编码解码盒FFT等运算。FPGA内部嵌入CPU或DSP等处理器，使FPGA在一定程度上具备了实现软硬件联合系统的能力，FPGA正逐步成为SOC(System On Chip)的高效设计平台。

6. 内嵌专用硬核

内嵌专用硬核是相对于前文所述“底层嵌入单元”而言的，它主要指那些通用性相对较差，不为大多数 FPGA 器件所包含的硬核(Hard Core)。我们称 FPGA 为通用逻辑器件,是区分于专用集成电路(ASIC)而言的。其实 FPGA 内部也有两个阵营：一方面是通用性较强、目标市场范围很广、价格适中的 FPGA;另一方面是针对性较强,目标市场明确,价格较高的 FPGA。前者主要指低成本(Low Cost)FPGA,后者主要是指某些高端通信市场的可编程逻辑器件。为了提高 FPGA 性能,适用高速通信总线与接口标准,很多高端 FPGA 集成了 SERDES (串并收发器)等专用的硬核。例如 Xilinx 的 Virtex II Pro 集成了 3.125G SERDES,支持 Rocket IO 标准;Altera 的对应器件族为 Stratix GX。

5.4.2 FPGA 的引脚分类

通常 FPGA 的引脚有很多,为了便于管理和适应多种电气标准,FPGA 的引脚通常按照不同的 Bank 进行分组。对于一般 QFP 封装的 FPGA 来说,由于其引脚分布在芯片四周,引脚较少,BANK 的组数也较少,例如 Altera 公司的 EP1C6T144,其引脚包括 4 组 BANK;而 BGA 封装的 FPGA,其引脚分布在芯片的下方,引脚较多,BANK 的组数也较多,如 Xilinx 公司的 XC4VSX55-FF1148,其引脚包含 13 组 BANK。FPGA 的引脚大体可分为通用 I/O 引脚、电源引脚、配置引脚和时钟域引脚 4 类。

1. 通用 I/O 引脚

FPGA 内大部分引脚都是 I/O 引脚,这些引脚可以由用户自行定义功能,如输入、输出、双向数据等。利用硬件描述语言写好代码程序后,通过引脚约束的限制,将 FPGA 的通用 I/O 引脚与程序代码的输入/输出对应起来,即可实现 FPGA 与外界电路的数据通信,实现代码的预期功能。

2. 电源引脚

电源引脚主要用于给 FPGA 器件供电,主要包括 GND、VccINT、VccAUX、VccO 等几类。GND 是 FPGA 的接地引脚,FPGA 内的所有电流通过 GND 最终流回电源负极;VccINT 是给 FPGA 内核供电的电源引脚,目前的 FPGA 内核电压比较低,多为 1.2 V;VccAUX 是给辅助电路供电的电源引脚,多为 2.5 V 供电;VccO 是给输出驱动器供电的电源引脚,也就给 FPGA 与外界电路进行数据通信的引脚供电,VccO 按 BANK 分布,每组 BANK 的输出电压值由 VccO 决定,可以为 3.3 V 或 2.5 V 等。

3. 配置引脚

FPGA 的配置引脚主要用于配置 FPGA 启动模式选择(M0,M1,M2)、源程序加载等功能,此外,配置引脚还包括 JTAG 引脚。JTAG 是一种国际标准测试协议(IEEE 1149.1 兼容),主要用于芯片内部测试。FPGA 的 JTAG 引脚包括 4 个,即 TMS、TCK、TDI、TDO。对应 JTAG 引脚的定义为：TMS 为测试模式选择,TMS 用来设置 JTAG 接口处于某种特定的测试模式;TCK 为测试时钟输入;TDI 为测试数据输入,数据通过 TDI 引脚输入 JTAG 接口;TDO 为测试数据输出,数据通过 TDO 引脚从 JTAG 接口输出。

4. 时钟域引脚

从功能上来说,时钟域的引脚可以实现与通用 I/O 引脚相同的功能,它的特殊性在于,时

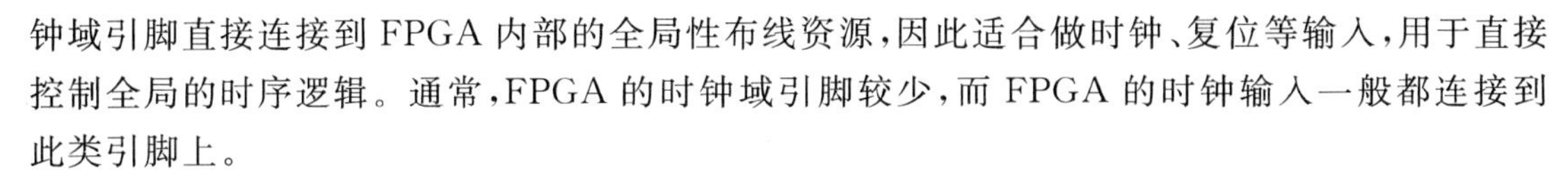

钟域引脚直接连接到FPGA内部的全局性布线资源，因此适合做时钟、复位等输入，用于直接控制全局的时序逻辑。通常，FPGA的时钟域引脚较少，而FPGA的时钟输入一般都连接到此类引脚上。

除了上面讨论的四类引脚以外，FPGA还有一些保留引脚，这些引脚的用途不一，不再进行详细分类。

5.4.3 DSP与FPGA的比较

1. DSP处理器的特点

数字信号处理器(Digital Signal Processor，DSP)是一种专用于进行信号处理算法的芯片，它是随着微电子学、数字信号处理技术等学科的发展而设计的适合进行数字信号处理算法的硬件单元。

当前世界各国多家厂商都相继推出了各有特色的DSP芯片，其中主要以美国德州仪器(Texas Instruments，TI)公司，美国模拟器件(Analog Devices Instruments，ADI)公司和美国摩托罗拉(Motorola)公司的DSP市场占有率为最高，都有各自应用的中高低端DSP产品。

由于DSP芯片是为了进行数字信号处理的目的而设计的，因此其结构是针对信号处理进行优化，且结构简单、易开发、易扩展。一般而言，DSP芯片具有下述特点：

① 采用哈佛结构或超级哈佛结构，可以同时访问指令和数据。

② 采用流水线或超级流水线以减少指令执行时间。

③ 专用的硬件加法、移位和乘法器。

④ 片内多总线结构。

⑤ 特殊的DSP指令支持。

⑥ 支持复杂的DSP编址，寻址方式多样。

⑦ 具有低开销或无开销及跳转的硬件支持。

⑧ 快速的中断处理和硬件I/O支持。

⑨ DMA控制器支持。

得益于硬件结构的这些优化，DSP很适合于实现运算量密集型，控制逻辑较为复杂的信号处理系统。

2. FPGA处理器的特点

FPGA是作为专用集成电路(ASIC)领域中的一种半定制电路而出现的，既解决了定制电路的不足，又克服了原有可编程器件门电路数有限的缺点。基本特点主要如下：

① 采用FPGA设计ASIC电路，用户不需要投片生产，就能得到合用的芯片。

② FPGA可做其他全定制或半定制ASIC电路的中试样片。

③ FPGA内部有丰富的触发器和I/O引脚，适合做接口逻辑。

④ FPGA是ASIC电路中设计周期最短、开发费用最低、风险最小的器件之一。

⑤ FPGA采用高速CHMOS工艺，功耗低，可以与CMOS、TTL电平兼容。

FPGA是由存放在片内RAM中的程序来设置其工作状态的，因此，工作时需要对片内的RAM进行编程。用户可以根据不同的配置模式，采用不同的编程方式。加电时，FPGA芯片将 EPROM 中数据读入片内编程 RAM 中,配置完成后,FPGA 进入工作状态。掉电后,FPGA 恢复成白片,内部逻辑关系消失,因此,FPGA 能够反复使用。FPGA 的编程无须专用的 FPGA 编程器,只需用通用的 EPROM、PROM 编程器即可。当需要修改 FPGA 功能时,只需换一片 EPROM 即可。这样,同一片 FPGA,不同的编程数据,可以产生不同的电路功能,因此,FPGA 的使用非常灵活。FPGA 有多种配置模式:并行主模式为一片 FPGA 加一片 EPROM 的方式;主从模式可以支持一片 PROM 编程多片 FPGA;串行模式可以采用串行 PROM 编程 FPGA;外设模式可以将 FPGA 作为微处理器的外设,由微处理器对其编程。

可以说,FPGA 芯片是小批量系统提高系统集成度、可靠性的最佳选择之一。目前随着机场电路技术的发展,芯片集成度的提高,FPGA 已经可以开始承担一些信号处理的工作。

3. DSP 与 FPGA 特点的比较

随着 DSP 技术的不断发展和更新,其运算速度的提高,芯片尺寸和功耗的减小,使 DSP 芯片用于便携式和嵌入式系统成为可能,但在手持移动台上使用 DSP 仍然有很大困难。

目前可行的并且已经广泛使用的办法是,使用基于 DSP 的结构并且用 ASIC 作补充,每一个 ASIC 为一个业务服务。使用 DSP 控制参数可变的 ASIC,既可以解决 DSP 功耗大和处理速度慢的问题,又可以解决 ASIC 灵活性差的问题。

过去 FPGA 是作为 ASIC 设计中的一个快速原型设计方法,是一个中间过程。在进行 ASIC 设计制造之前先用 FPGA 作原型进行测试,然后进行小批量的生产,这种反复的测试对于高成本的 ASIC 设计制造是必须的。现在将 FPGA 直接用于系统设计,可以减少需要的 ASIC 芯片的个数,提高灵活性。因为避免了小批量生产和测试阶段,产品从研制到市场的时间可以显著的缩短。它所带来的好处是,一个单一的或者相对较少的芯片个数可以支持更多标准的组合。

表 5-3 列出了 DSP 与 FPGA 特点的比较。

表 5-3　DSP 与 FPGA 特点的比较

比较项目	FPGA	DSP
设计方法	VHDL, Verilog HDL,综合,映射,布局布线	C,C++,汇编,MATLAB,Simulink
设计问题	引脚之间的延时,流水线和逻辑层次	信噪比,误码率,采样率
软件编程的难易程度	相当简单。但在编程前需要了解 FPGA 的内部结构	简单容易
工作速度	非常快(在设计结构合理的情况下)	速度受限于 DSP 的主时钟速度
可重新配置的能力	SRAM 类型的 FPGA 可以重新配置无限多次	通过改变程序存储器内容实现重新配置
重新配置的方法	将配置数据下载到芯片上	只需要从不同的存储器地址读出程序即可
FPGA 优于 DSP 指出与 DSP 优于 FPGA 之处	FIR 滤波器,IIR 滤波器,相关运算,卷积运算,FFT 等	具有顺序特性的信号处理程序
功率消耗控制	当电路按省电方法设计时,功耗可以降低到最低,或者功率为动态控制的	不论程序的大小,只要所用的存储器个数一样,功率的消耗就不变

续表5-3

比较项目	FPGA	DSP
乘加运算(MAC)实现方法	并行乘法器/加法器或者分布算法	重复进行MAC操作
MAC速率	用并行算法运算可以非常快。如果一个滤波器是用分布算法实现的，那么速度不取决于滤波器的阶数	受限于DSP中MAC操作的速度，滤波器的速度与其阶数成反比
并行性	可以并行化实现高性能	DSP芯片的边长通常是串行处理的，无法并行化(DSP的并行化只能在芯片之间实现)

5.5 FPGA内部资源使用

5.5.1 寄存器的定义和使用

如前所述，FPGA内拥有大量的基本可编程逻辑单元，这些单元就是FPGA编程的重要内部资源之一。通常，在FPGA程序设计中，需要涉及大量寄存器(Register)的操作，这些寄存器就是利用基本可编程逻辑单元实现的。以VHDL语言为例，寄存器的声明放在结构体的最前面，可采用的代码如下：

```
ARCHITECTURE beh OF top IS
SIGNAL reg1:    STD_LOGIC_VECTOR(7 DOWNTO 0);
BEGIN
    …
END beh;
```

代码中全部大写的单词是VHDL语言的保留关键字，ARCHITECTURE表明以下部分是FPGA程序结构体(architecture)，名称为beh，该结构体对应的实体(entity)名称为top，实体的定义在该段程序中未列出。寄存器的定义要放在结构体声明到关键字BEGIN之间，最简单的寄存器可以通过关键字SIGNAL声明，利用STD_LOGIC或STD_LOGIC_VECTOR来定义寄存器的长度。这段程序采用了矢量寄存器声明的关键字STD_LOGIC_VECTOR定义了一个8位的矢量寄存器。

定义好的寄存器可以在程序中做各种运算，如加、减、乘、移位、逻辑运算、拼接等。通常乘法采用FPGA内部的专用乘法器实现，其综合的效果要比直接在代码中写乘法的效果好。除法没有专用的除法器，通常也不能被综合，一般转换为乘法移位的运算实现。下面一段程序显示了各种运算的实现方法，其中乘法没有采用FPGA专用乘法器实现。

```
PROCESS(clk)                          //PROCESS为进程的关键字
BEGIN
    IF clk'event AND clk = '1' THEN   //在时钟的上升沿进行以下赋值操作
        reg1<= reg2 + reg3;           //加法运算
        reg4<= reg5 - reg6;           //减法运算
```

```
        reg7<= reg8 * X"22";            //乘法运算,乘数为十六进制的"22",即十进制的 34
        reg9<= reg7(17 DOWNTO10)         //移位运算,与乘法运算结合实现除法运算,
                                         //即 reg9 = reg8 / 30
        reg0<= reg1 AND "11110000";      //逻辑按位"与"运算
        reg10<= reg4 & reg7;             //将 reg4 和 reg7 的值拼接得到 reg10 的值
    END IF;
END PROCESS;
```

补充说明：① 由于 FPGA 适合做时序信号处理,因此通常利用时钟的同步实现寄存器的赋值;② 上述程序中各个寄存器的长度应按照运算后的寄存器最大长度进行定义,该段程序中省略了寄存器定义的部分。

5.5.2 FIFO 资源的定义和使用

FPGA 中的嵌入式块 RAM 用来实现数据存储功能,这类资源通常不是利用 SIGNAL 这类关键字声明的,而是应用 FPGA 的 IP 核生成工具生成的,而后在 FPGA 的程序中例化使用。如前所述,RAM 资源可以配置为单口 RAM、双口 RAM、FIFO、CAM 等多种存储资源,这里以 FIFO 为例说明嵌入式块 RAM 资源的使用。

FIFO 是英文 First In First Out 的缩写,是一种先进先出的数据缓存器,它与普通存储器的区别是没有外部读写地址线,这样使用起来非常简单,但缺点就是只能顺序写入数据,顺序读出数据,其数据地址由内部读写指针自动加 1 完成,不能像普通存储器那样可以由地址线读取或写入某个指定的地址。FIFO 一般用于不同时钟域之间的数据传输,实现不同速率数据传输的匹配。FIFO 的重要参数包括宽度、深度、满标志、空标志、读时钟、写时钟、读指针、写指针等。图 5-9 显示了一个 FIFO 的输入/输出接口。

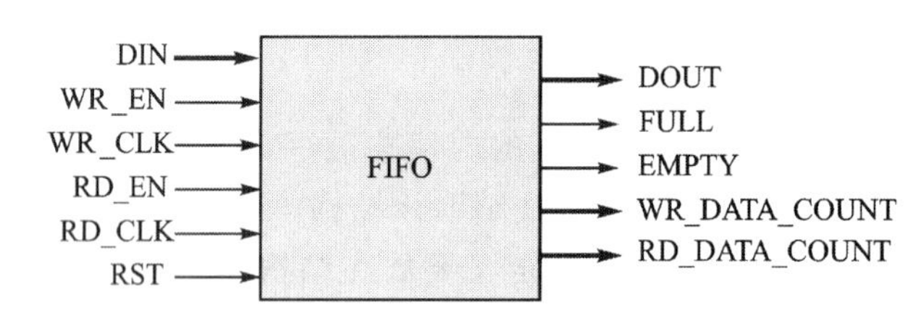

图 5-9 FIFO 的引脚定义

下面以 Xilinx 公司的 FPGA 为例,说明 FIFO 的使用。在 Xilinx ISE 环境下,在工程里添加 IP 核资源,生成一个数据输入/输出宽度都为 16 位、深度为 4096 点、读写时钟独立的 FIFO。在 FPGA 程序中,对生成的 FIFO 进行声明例化,声明的位置与定义寄存器的位置相同。以下为声明的代码:

```
COMPONENT datfifo
    PORT(   din         :    IN      STD_LOGIC_VECTOR(15 DOWNTO 0);
            rd_clk      :    IN      STD_LOGIC;
            rd_en       :    IN      STD_LOGIC;
            rst         :    IN      STD_LOGIC;
            wr_clk      :    IN      STD_LOGIC;
```

```
            wr_en               :   IN      STD_LOGIC;
            dout                :   OUT     STD_LOGIC_VECTOR(15 DOWNTO 0);
            empty               :   OUT     STD_LOGIC;
            full                :   OUT     STD_LOGIC;
            rd_data_count       :   OUT     STD_LOGIC_VECTOR(11 DOWNTO 0);
            wr_data_count       :   OUT     STD_LOGIC_VECTOR(11 DOWNTO 0));
END COMPONENT;
```

经过声明后的FIFO在结构体中可以进行例化，并对FIFO的输入/输出进行逻辑设计。下面一段程序给出了FIFO的例化代码，该FIFO的输入来自于其他FPGA，输出到DSP的数据线上，对于不适用的引脚可以使用VHDL关键字OPEN将其屏蔽。

```
Inst_datfifo    :   datfifo   PORT MAP              //FIFO例化
                    (din =>fifo1_din,
                    rd_clk =>fifo1_rdclk,
                    rd_en =>fifo1_rden,
                    rst =>fifo1_rst,
                    wr_clk =>fifo1_wrclk,
                    wr_en =>fifo1_wren,
                    dout =>fifo1_dout,
                    empty =>OPEN,                   //不使用
                    full =>OPEN,                    //不使用
                    rd_data_count =>OPEN,           //不使用
                    wr_data_count =>OPEN            //不使用
                    );
```

5.5.3　与DSP相关的读/写操作

寄存器和FIFO的读/写操作是最基本的数据通信功能。寄存器的读/写相对简单，只要在特定的读/写地址和读/写信号下对寄存器进行读取和写入操作即可；而FIFO是大量数据的存储单元，但其只有一个对外地址，因此需要一个使能信号来管理FIFO的操作。下面一段程序说明了DSP通过外部存储接口如何对寄存器和FIFO进行读/写。EMIF（外部存储器接口）是TI公司DSP器件上的一种接口，EMIF可实现DSP与不同类型存储器（SRAM、Flash RAM、DDR-RAM等）的连接。在这段程序中，reg1、reg2可由DSP进行读/写，FIFO1由DSP读操作，FIFO2由DSP写操作。

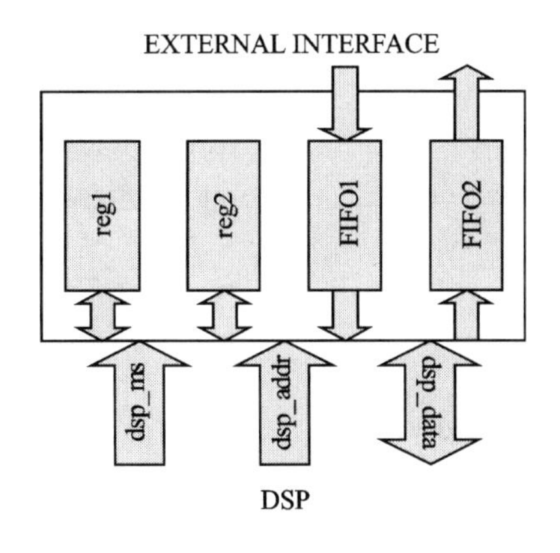

图5-10　FPGA与DSP互联

```
    --------------------  实体定义  -----------------
    ENTITY top IS
        PORT( reset, dsp_clk         :    IN       STD_LOGIC;
```

```
        dsp_rd, dsp_wr            :   IN      STD_LOGIC;
        dsp_addr                  :   IN      STD_LOGIC_VECTOR(10 DOWNTO 0);
        dsp_ms                    :   IN      STD_LOGIC_VECTOR(1 DOWNTO 0);
        dsp_data                  :   INOUT   STD_LOGIC_VECTOR(31 DOWNTO 0);
        fifo1_clk, fifo2_clk      :   IN      STD_LOGIC;
        fpga_din                  :   IN      STD_LOGIC_VECTOR(31 DOWNTO 0);
        fpga_dout                 :   OUT     STD_LOGIC_VECTOR(31 DOWNTO 0);
        fpga_dinen, fpga_douten   :   IN      STD_LOGIC
        );
END ENTITY;
------------------- 结构体定义 ---------------------
ARCHITECTURE beh OF top IS
SIGNAL reg1, reg2                 :   STD_LOGIC_VECTOR(31 DOWNTO 0);
SIGNAL fifo1_dout, fifo2_din      :   STD_LOGIC_VECTOR(31 DOWNTO 0);
SIGNAL fifo1_rden, fifo1_rdclk, fifo1_wren, fifo1_wrclk, fifo1_rst    :   STD_LOGIC;
SIGNAL fifo2_rden, fifo2_rdclk, fifo2_wren, fifo2_wrclk, fifo2_rst    :   STD_LOGIC;
COMPONENT datfifo
    PORT(   din          :   IN      STD_LOGIC_VECTOR(15 DOWNTO 0);
            rd_clk       :   IN      STD_LOGIC;
            rd_en        :   IN      STD_LOGIC;
            rst          :   IN      STD_LOGIC;
            wr_clk       :   IN      STD_LOGIC;
            wr_en        :   IN      STD_LOGIC;
            dout         :   OUT     STD_LOGIC_VECTOR(15 DOWNTO 0));
END COMPONENT;
BEGIN
--------------------- 例化 FIFO ----------------------------------
Inst_datfifo1 :     datfifo    PORT MAP           //FIFO1 例化(DSP 读)
                    (din =>fifo1_din,
                    rd_clk =>fifo1_rdclk,
                    rd_en =>fifo1_rden,
                    rst =>fifo1_rst,
                    wr_clk =>fifo1_wrclk,
                    wr_en =>fifo1_wren,
                    dout =>fifo1_dout
                    );
Inst_datfifo 2      :datfifo    PORT MAP          //FIFO2 例化(DSP 写)
                    (din =>fifo2_din,
                    rd_clk =>fifo2_rdclk,
                    rd_en =>fifo2_rden,
                    rst =>fifo2_rst,
                    wr_clk =>fifo2_wrclk,
                    wr_en =>fifo2_wren,
                    dout =>fifo2_dout
                    );
```

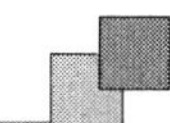

```
--------------- FIFO1 数据输入部分 ----------------
PROCESS(fifo1_wrclk)
BEGIN
IF fifo1_wrclk 'event AND fifo1_wrclk = '0' THEN          //发送端上升沿发数据,接收端下降沿采数据
        fifo1_din    <= fpga_din;                          //数据、使能由外部控制
        fifo1_wren   <= fpga_dinen;
END IF;
END PROCESS;
--------------- FIFO2 数据输出部分 ----------------
fpga_dout<= fifo2_dout;
fifo2_rden<= fpga_douten;

PROCESS(dsp_clk)                                         //DSP 信号线数据的同步处理和 FIFO 的读使
                                                         //能译码
BEGIN
    IF dsp_clk 'event AND dsp_clk = '1' THEN
        dsp_addrreg<= dsp_addr;                          //DSP 地址
        dsp_msreg<= dsp_ms;                              //DSP 空间选择
        dsp_rdreg<= dsp_rd;                              //DSP 读使能
        dsp_wrreg<= dsp_wr;                              //DSP 写使能
    END IF;
END PROCESS;
-- FIFO1 的读使能
fifo1_rden<= '1' WHEN (dsp_msreg(1) = '0' AND dsp_addrreg = "01100000000" AND dsp_rdreg = '0')
ELSE '0';
-- FIFO2 的写使能
fifo2_wren<= '1' WHEN (dsp_msreg(1) = '0' AND dsp_addrreg = "10100000000" AND dsp_wrreg = '0')
ELSE '0';

fifo1_rdclk<= dsp_clk;                                   //FIFO1 读时钟同 DSP 时钟
fifo2_wrclk<= dsp_clk;                                   //FIFO2 写时钟同 DSP 时钟
fifo2_rdclk<= fifo2_clk;                                 //FIFO2 读时钟外部提供
fifo1_rst<= NOT reset;                                   //FIFO 复位高有效,将 reset 取反连接
fifo2_rst<= NOT reset;
PROCESS(reset, dsp_clk)                                  //DSP 读取数据的逻辑控制,注意双向数据线
                                                         //dsp_data 的三态控制
BEGIN
    IF reset = '0' THEN
       dsp_data<= (others => 'Z');
    ELSE
        IF dsp_clk'event AND dsp_clk = '1' THEN
---------------------------------- 以下为读操作 ---------------
            IF ( dsp_msreg(1) = '0' AND dsp_rdreg = '0' ) THEN
                IF dsp_addrreg(10 DOWNTO 8) = "011") THEN
                    CASE dsp_addrreg(7 DOWNTO 0) IS
```

```
                WHEN X"00" = >dsp_data< = fifo_dout;
                WHEN X"01" = >dsp_data< = reg1;
            WHEN X"02" = >dsp_data< = reg2;
                WHEN OTHERS = >dsp_data< = (OTHERS = >   Z');
            END CASE;
        ELSE
            dsp_data< = (OTHERS = >   Z');
        END IF;
------------------------------ 以下为写操作  ----------------
    ELSIF ( dsp_msreg(1) = '0' AND dsp_wrreg = '0') THEN
        IF dsp_addrreg(10 DOWNTO 8) = "011" THEN
            CASE dsp_addrreg(7 DOWNTO 0) IS
                WHEN X"01" = >reg1< = dsp_data;
            WHEN X"02" = >reg2< = dsp_data;
                WHEN OTHERS = >NULL;
            END CASE;
        ELSIF dsp_addrreg(10 DOWNTO 8) = "101" THEN
            CASE dsp_addrreg(7 DOWNTO 0) IS
                WHEN X"00" = >reg1< = dsp_data;
            WHEN OTHERS = >NULL;
            END CASE;
        ELSE
            NULL;
        END IF;
    ELSE
        dsp_data< = (OTHERS = >   Z');
    END IF;
  END IF;
 END IF;
END PROCESS;
```

补充说明：① 在本程序中，FIFO 的空满标志及读写数据计数没有使用，故在例化的时候没有连接；② 由于受 DSP 的流水深度等因素的影响，本程序中 DSP 的信号线被时钟 dsp_clk 同步一次后做译码逻辑，这是通过 FPGA 的时序分析得到的结论，在具体工程中，译码可能会稍有差别；③ DSP 的数据线是双向操作，因此在 DSP 读数据的时候将 dsp_data 作为输出，其他情况要置高阻态以免数据线冲突。④ FIFO 的读写使能信号译码原则是，要保证数据和使能信号能够被同一个时钟上升沿采集到，否则会出现 FIFO 读写数据的误操作。

5.5.4 时钟管理器的使用

目前的 FPGA 中基本都有时钟管理硬件电路，如 Altera 公司 FPGA 中的 PLL、Xilinx 公司 FPGA 中的 DCM 等。这种硬件嵌入单元能够实现时钟的分频、倍频，可以提供低抖动、稳定度高、相位占空比可调的时钟。通常，时钟管理器是通过调用 FPGA 内的 IP 核实现的。图 5－11 为 Xilinx 公司 DCM(数字时钟管理单元)的示意图。

图 5-11 Xilinx 的 DCM 示意图

例如，输入时钟为 50MHz，输出时钟为输入时钟 6 倍频，即 300MHz，不进行相位偏移，通过 ISE 软件生成 IP 核后例化代码如下：

```
COMPONENT clock_dll
    PORT (    clkin_in      :    IN     STD_LOGIC;              //时钟输入
              clkfx_out     :    OUT    STD_LOGIC;              //倍频时钟输出
              clk0_out      :    OUT    STD_LOGIC               //原始时钟输出
         );
END COMPONENT;
```

实例化的代码如下：

```
Inst_clock_dll :    clock_dll     PORT MAP
                    (clkin_in =>clk50M.
                    clkfx_out =>clk300M
                    clk0_out =>clk50Mout);
```

图 5-12 为 DCM 的运行结果，可以看出，50 MHz 的时钟通过时钟管理器后生成 300 MHz的时钟。

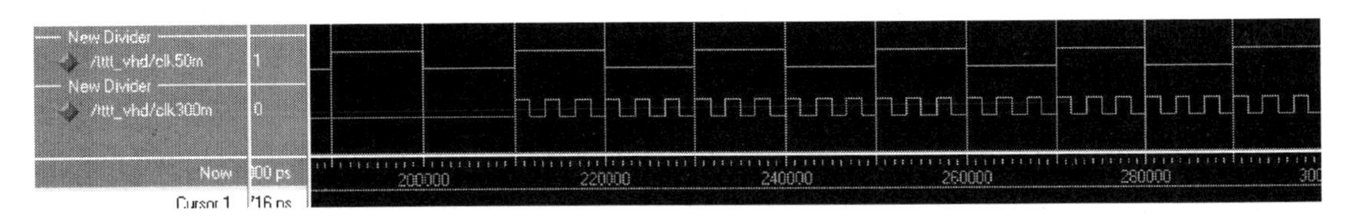

图 5-12 50 MHz 时钟 6 倍频结果

第6章

FPGA在实时处理中的应用

本章将介绍一个基于FPGA+DSP的信号处理系统。这种结构的系统结合了FPGA和DSP各自的优势和特点：信号预处理算法处理的数据量大，对处理速度的要求高，但运算结构相对比较简单，适于用FPGA进行硬件实现，这样能同时兼顾速度及灵活性；高层处理算法处理的数据量较低层算法少，但算法的控制结构复杂，适于用运算速度高、寻址方式灵活、通信机制强大的DSP来实现。因此，使用FPGA+DSP结构来实现信号处理的最大特点是结构灵活，有较强的通用性，适于模块化设计，从而能够提高算法效率；同时其开发周期较短，系统易于维护和扩展，适合于实时信号处理。

6.1 系统概述

本章所涉及的信号处理系统主要由两路的ADC、FPGA、DSP以及DSP外接的SDRAM构成，ADC可以实现对中频信号的采样，FPGA和DSP协同完成信号的处理。这种结构可用于中频雷达信号的处理，比如PD体制雷达的信号处理。在雷达信号处理中，一种典型的处理方式是对中频信号进行采样，完成中频信号的数字下变频、脉冲压缩(即FFT、复乘和IFFT)、相参积累等。图6-1为系统的结构图，器件选型有三种：ADC选用ADI公司的AD9430，FPGA选用Xilinx公司的XC4VSX55，DSP选用ADI公司的TigerSHARC TS201。

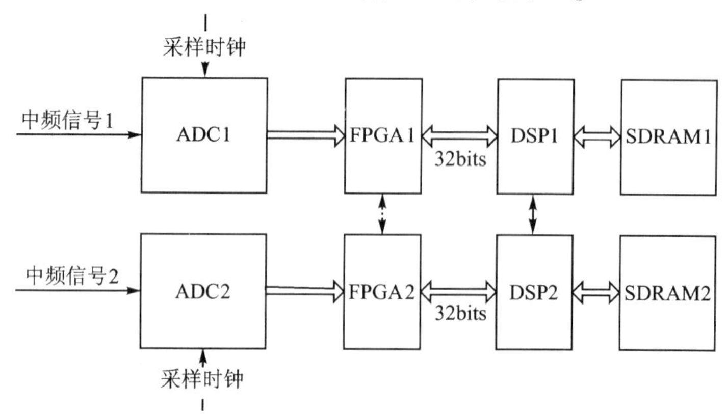

图6-1 信号处理系统结构

对于整个系统，信号的处理流程如图 6－2 所示，两支路的信号处理流程完全相同。其中，ADC 完成了中频信号的采样，FPGA 实现了信号的数字下变频和数字脉冲压缩，DSP 完成了脉冲压缩处理后信号的相参积累和 CFAR 等操作，两支路信号处理结果送入后端进行后续的信号处理。

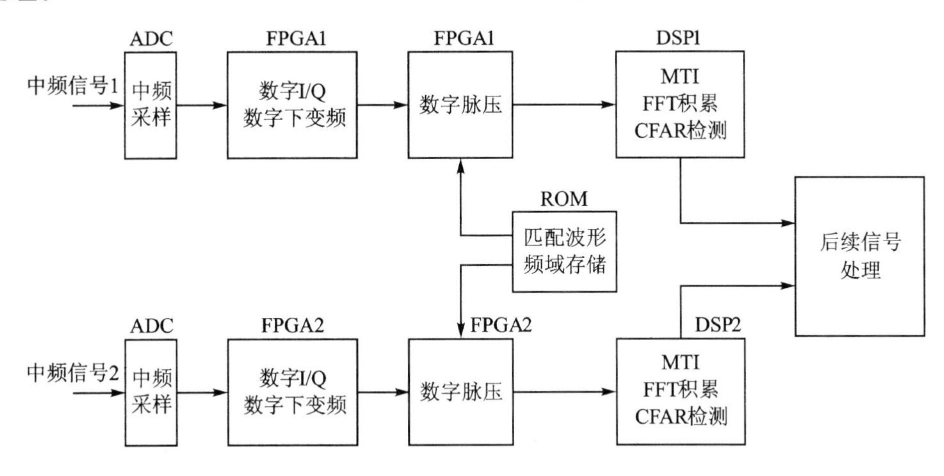

图 6－2　信号处理流程

FPGA 适合做信号的简单且速度高的预处理，在本系统的设计中，FPGA 完成对 ADC 的采样控制、中频信号的数字下变频以及基带信号的脉冲压缩，图 6－3 为 FPGA 部分的功能划分示意图。

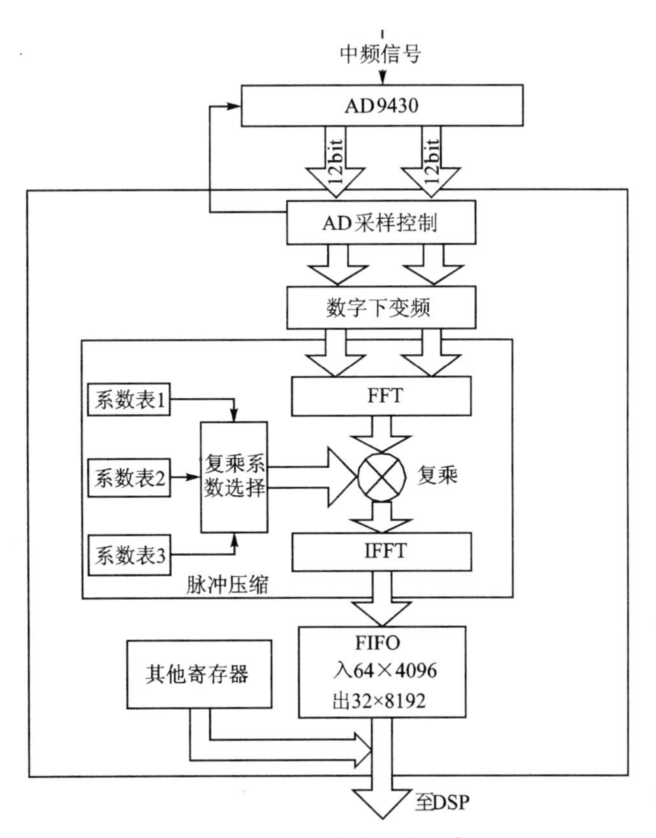

图 6－3　FPGA 功能划分示意图

由图 6-3 可见，FPGA 完成了对 ADC 的控制，接收 ADC 采样数据，并完成数字下变频工作，使中频信号转换为基带信号。基带信号为两路正交的复数信号，在脉冲压缩模块的处理下实现基带信号的频域处理。脉冲压缩的本质是信号的 FFT、复乘和 IFFT，其中复乘完成了信号的匹配滤波，在转换回时域的时候，能够获得时域信号在某一时刻达到峰值的最高信噪比。脉冲压缩处理后的数据存储在 FIFO 中，供 DSP 读取。在整个信号的处理过程中 FPGA 工作在一种流水的模式，可以使信号不间断地输入到 FPGA 内，最后，为了适合 FPGA 与 DSP 的时序差异，将处理结果存储在 FIFO 中，完成数据的传输。

6.2 FPGA 对 ADC 采样控制

中频信号的离散化是通过 ADC 采样实现的，本信号处理系统采用的是 ADI 公司的 AD9430 芯片，AD9430 是一款 12bit 的高采样率低功耗的数模转换器件，可以工作于 CMOS 和 LVDS 两种模式。在 CMOS 模式下，每个通道的数据通过率为 105MSPS，且有交替数据输出和并行数据输出两种方式；在 LVDS 模式下，数据通过率为 210MSPS，可与带有 LVDS 接收器的 FPGA 芯片进行直接接口。输出数据编码格式有二进制补码和偏移二进制码两种格式可供选择。AD9430 具有双路输出功能，即输出按照第“N，$N+2$，$N+4$…”和第“$N+1$，$N+3$，$N+5$…”采样点分为两路。AD9430 提供输出同步时钟，在同步时钟的上升沿将两路采样数据输出到引脚，因此，FPGA 适合在同步时钟的下降沿将数据读取，防止出现误码。

AD9430 需要配置的引脚不多，主要包括模式选择引脚（S1，S2，S4，S5），数据同步引脚（DS+，DS−），溢出标志（OR-A，OR-B）等。通常 AD9430 的工作模式在电路设计的时候已经固定好，不需要通过 FPGA 来控制。对于 LVDS 工作模式，数据同步按照 DS+ 为低、DS− 为高的设置即可。溢出标志作为 FPGA 的输入，用来判断数据是否溢出。在本系统中，FPGA 与 AD9430 连接的设计图如图 6-4 所示。

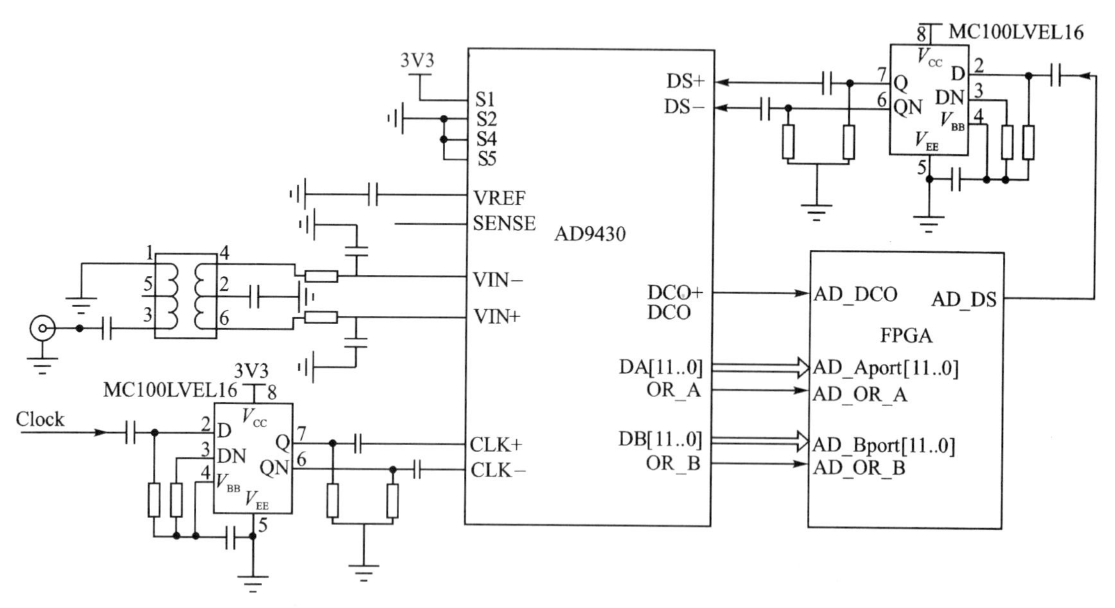

图 6-4　ADC 采样控制模块的 FPGA 外围设计

在本信号处理系统中，ADC的工作模式是由硬件直接决定的，而没有通过FPGA对引脚S1，S2，S4，S5进行配置。在S1接高，S2，S4，S5接低的配置模式下，AD9430工作在CMOS模式，采用补码数据格式并行输出，输入信号幅度峰峰值最大为1.536V。在FPGA系统复位状态下将DS配置为“1”，正常工作时将其配置为“0”。正常工作情况下，AD9430的时序如图6-5所示。

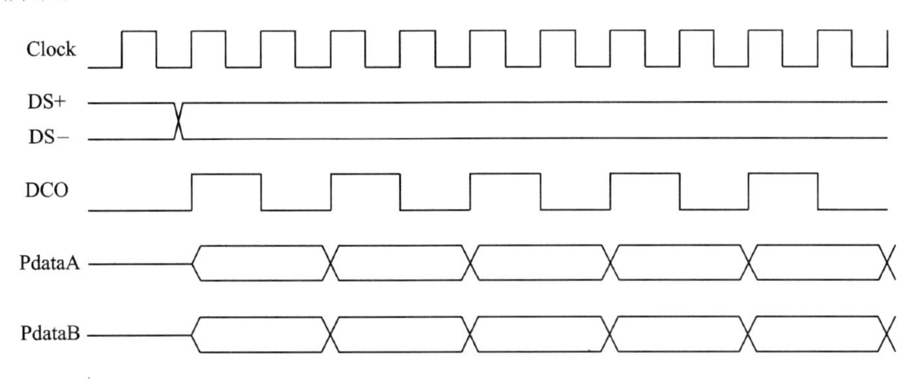

图6-5 AD9430工作时序

可以看出，在上述配置模式下，ADC的输出时钟DCO为ADC输入时钟的2倍分频，AD采样的数据在DCO的上升沿输出。因此，FPGA在接收ADC的数据时，应该在DCO的下降沿采样。此外，由于ADC的采样是流水线操作，使得ADC采样结果的数据要比真实采样点延后14个DCO时钟周期，在计时要求精确的时候，需要将这个延时考虑进去。下段程序说明了如何配置和读取ADC采样数据的方法，本例子中AD9430工作在CMOS模式，数据输出为二进制补码形式。

```
PROCESS(reset, adc_dco)
BEGIN
    IF reset = '0' THEN                          //复位时DS+接高,DS-接低
        adc_dsp< = '1';
        adc_dsn< = '0';
    ELSE                                         //正常工作是,DS+接低,DS-接高
        adc_dsp< = '0';
        adc_dsn< = '1';
    END IF;
END PROCESS;
PROCESS(reset, adc_dco)
BEGIN
    IF reset = '0' THEN                          //复位时各寄存器清零
        adc_pa_reg< = (OTHERS = >'0');
        adc_pb_reg< = (OTHERS = >'0');
    ELSE
        IF adc_dco'event AND adc_dco = '0' THEN  //在ADC的同步时钟下降沿采数据
            adc_pa_reg< = adc_data(11 DOWNTO 0);
            adc_pb_reg< = adc_data(23 DOWNTO 12);
```

```
            END IF;
        END IF;
    END PROCESS;
```

图 6-6 给出了 AD9430 的采样数据输入到 FPGA 的结果，输入为正弦信号，采样后为两路结果。

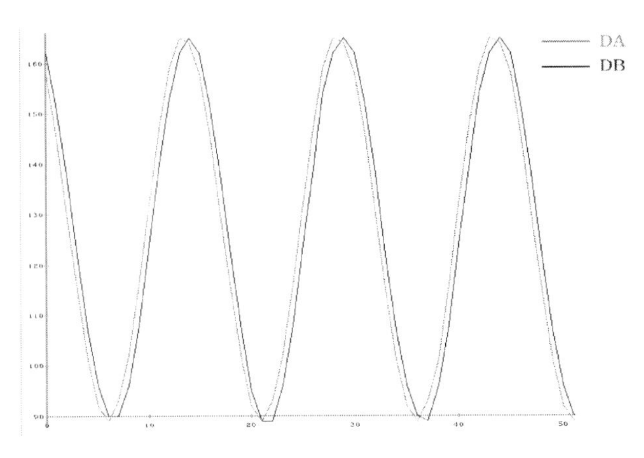

图 6-6　AD9430 采样结果

6.3　基于 FPGA 的正交采样和数字下变频

由 ADC 采样得到的数字信号仍为中频信号，带有载波，因此信号处理的第一步是将中频信号通过下变频处理转换为基带信号。数字下变频模块前端与 ADC 采样控制模块连接，处理结果送给脉冲压缩模块，如图 6-7 所示。

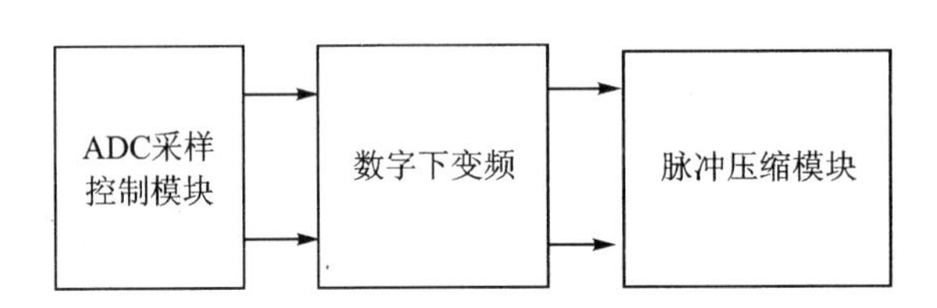

图 6-7　数字下变频模块与其他模块连接关系

常用的数字下变频的方法有很多，包括查表法、Cordic 算法、多相滤波法等。查表法通过输入的相位数据来寻址查表输出相应的正(余)弦波幅值，与中频数字信号进行乘法混频。这种方法需要大量的 ROM 资源，在实际中应用很少。Cordic 算法利用迭代的方法，通过移位、累加和减法运算计算正余弦的值，相对查表法来说减少了大量的 ROM 资源占用。但其也存在弊端，如迭代导致的运算速度较慢等。

多相滤波的方法对模拟信号的采样频率做了要求，实现对模拟信号的带通采样，使混频得以简化。然而这种方法导致了输出的两路信号“不同步”，需要用多相滤波器来消除“不同步”带来的延迟。这种方法原理上简单，容易实现，本例中就是采用这种方法实现数字信号的下变频。

通过A/D的高速采样，进入接收机的模拟信号转换为离散的数字信号，根据Nyquist带通采样定律，为了避免信号频谱的混叠，带通信号的采样率需要满足 $f_s \geqslant 2B$，且 $f_s = 4f_c/(2m+1)$，其中：m 为任意正整数，f_c 为信号中心频率，B 为信号带宽。

以 f_s 对输入信号 $r(t)=A(t)\cos(2\pi f_c+\varphi(t))$ 进行采样，得到信号序列：

$$r(n) = A(n)\cos\left[2\pi n\frac{f_c}{f_s}+\varphi(n)\right] = A(n)\cos\left[2\pi n\frac{(2m+1)}{4}+\varphi(n)\right]=$$

$$A(n)\cos\varphi(n)\cos\left(\pi n\frac{(2m+1)}{2}\right)-A(n)\sin\varphi(n)\sin\left(\pi n\frac{(2m+1)}{2}\right)=$$

$$I(n)\cos\left(\pi n\frac{(2m+1)}{2}\right)-Q(n)\sin\left(\pi n\frac{(2m+1)}{2}\right) \tag{6-1}$$

其中，$I(n)=A(n)\cos\varphi(n)$，$Q(n)=A(n)\sin\varphi(n)$，分别为信号的同相分量和正交分量。

$$r(n)=\begin{cases}(-1)^{n/2}I(n), n\text{为偶数}\\(-1)^{(n+1)/2}Q(n), n\text{为奇数}\end{cases} \tag{6-2}$$

令 $I'(n)=r(2n)\cdot(-1)^n$，$Q'(n)=r(2n+1)\cdot(-1)^n$，可知，$I'(n)$ 和 $Q'(n)$ 分别是同相分量和正交分量的2倍抽取序列，所以要复原 $r(n)$，则需 $f_s \geqslant 4B$。易知，$I'(n)$ 和 $Q'(n)$ 的数字谱分别为

$$I'(e^{j\omega})=\frac{1}{2}I(e^{j\frac{w}{2}}), Q'(e^{jw})=\frac{1}{2}Q(e^{j\frac{w}{2}})\cdot e^{j\frac{w}{2}} \tag{6-3}$$

两者的数字谱相差一个延迟因子 $e^{j\frac{w}{2}}$，因此，需要对其进行多相滤波抵消延迟。多相滤波法原理如下：对一个滤波器进行M倍降采样，就可以得到M组滤波器系数，从降采样的原理来看，滤波器在降采样后的幅频特性也发生了变化，幅值下降，频带展宽；抽选出来的 M 个滤波器，每一个的滤波延时比前一个多 $1/M$ 个样本周期，这一滤波器组等效为一组分数相移滤波器，这样第1个和第 n 个滤波器的滤波延时相差 $(1-n)/M$ 个样本周期；在工程系统中，采样周期就是一个样本周期，如果要使两个滤波器的滤波延时相差半个样本周期，则 M 必须为2的整数倍。

这里采用抽取因子 $M=4$，分别对 $I'(n)$ 和 $Q'(n)$ 做FIR多相滤波，其中 $Q'(n)$ 路的相移比 $I'(n)$ 路相移少半个采样周期，群延迟对齐后，即可分离出 I、Q 两路信号。基于多相滤波的数字下变频实现结构如图6-8所示，其中多相滤波器可采用FPGA的Filter IP核实现。对于输入数字下变频模块的数据位宽应为ADC采样位宽，即12位，经过多相滤波器后，数据输出位宽为20位，FPGA实现基于多相滤波的数字下变频的主要代码如下：

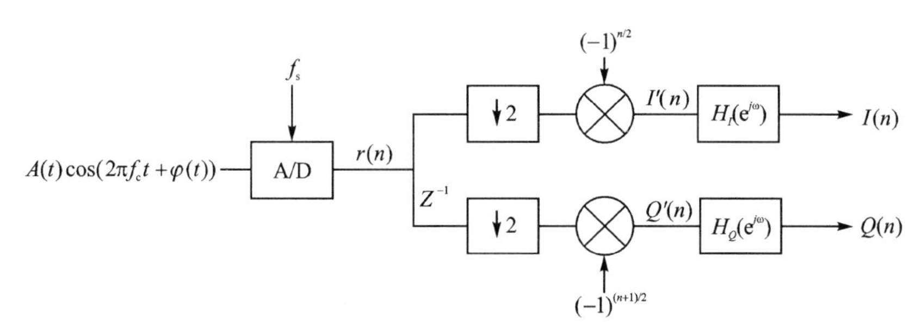

图6-8　多相滤波的数字下变频结构

```
PROCESS( clk_dco, reset )     //将 AD 提供的时钟二分频,为后面的奇偶采样做准备
BEGIN
    IF reset = '0' THEN
        cons2< = '0';
    ELSE
        IF clk_dco'event AND clk_dco = '0' THEN
            cons2< = NOT cons2;
        END IF;
    END IF;
END PROCESS;
PROCESS( clk_dco, reset)     //对 A/D 采样得到的两路信号 DataI,DataQ 进行奇偶采样
BEGIN
    IF reset = '0' THEN
        AD_pA_reg< = (OTHERS = >'0');
        AD_pB_reg< = (OTHERS = >'0');
    ELSE
        IF clk_dco'event AND clk_dco = '0' THEN
            IF cons2 = '0' THEN                          //混频系数为 + 1
                AD_pA_reg< = DataI;
                AD_pB_reg< = DataQ;
            ELSE                                         //混频系数为 - 1
                AD_pA_reg< = - DataI;
                AD_pB_reg< = - DataQ;
            END IF;
        END IF;
    END IF;
END PROCESS;
Inst_revise_phase_firi : revise_phase_firi PORT MAP     //经过多相滤波器进行相位校正
        (CLK = >CLK_dco,
        DIN = >AD_pA_reg,
        DOUT = >DoutI_Reg
        );

Inst_revise_phase_firq : revise_phase_firq PORT MAP     //经过多相滤波器进行相位校正
        (CLK = >CLK_dco,
        DIN = >AD_pB_reg,
        DOUT = >DoutQ_Reg
        );
```

经过数字下变频后,得到了两路彼此正交的 I 路和 Q 路基带信号,为后续的脉冲压缩处理提供基础。图 6 - 9 给出了 LFM 中频信号数字下变频的结果,这里表示了其中一路。

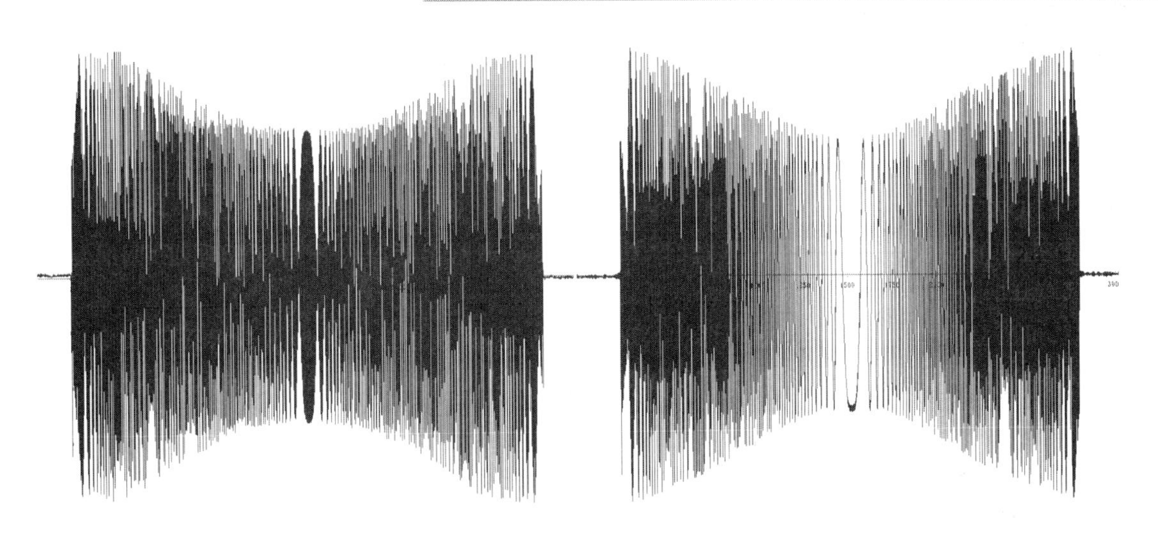

图 6-9 数字下变频的实现结果

6.4 脉冲压缩模块

脉冲压缩是一种现代雷达信号处理技术，它实际上是对回波信号与样本信号进行相关匹配滤波。其具体实现的方法有时域处理法与频域处理法。时域匹配滤波也即对回波信号与样本信号进行复相关运算，这种方法适合采样点数较少的情况，对于本信号处理系统，一个脉冲的采样点数高达 2 800 个复数，因此，不适合采用时域处理，而采取频域处理方法。脉冲压缩模块工作在 FPGA 内部，与 FPGA 引脚没有的直接信号关系，因此不涉及 FPGA 的外围设计。图 6-10 所示为脉冲压缩的实现过程。

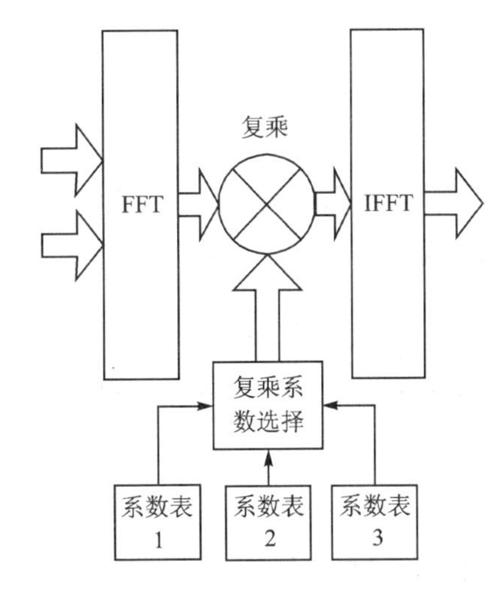

图 6-10 脉冲压缩的实现流程

脉冲压缩的本质是对基带的复数信号做 FFT，频域脉压系数复乘和 IFFT。FFT 算法的硬件实现结构主要可以分为 3 类：递归结构、流水线结构、并行阵列结构。递归结构一般只有一个运算单元和一个存储器，多采用同址运算方式，其优点是占用资源少，但相对处理周期较长，很难做到实时运算。流水线结构一般将 FFT 的每一级都用一个运算单元实现，各级之间和运算单元内部均采用流水结构，可以连续不间断地计算。并行阵列结构可以说是 FFT 算法在硬件上的完全映射，一次完整 FFT 运算中的每一次蝶形运算都有一个运算单元相对应。这种结构计算速度极快，可以流水连续计算，但是需要耗费数量巨大的硬件资源。在信号处理机中采用的是流水线算法。

常用的 FFT 流水线算法有基-2 SDF(单路延迟反馈)、基-4 SDF 和基-2^2 SDF 等结构，表 6-1 对比了 3 种方法计算 N 点 FFT 的资源使用情况。

表 6-1 3 种 FFT 算法的资源使用

	乘法器	加法器	内存
基-2SDF	2(log4N−1)	4log4N	$N-1$
基-4SDF	log4N−1	8log4N	$N-1$
基-2^2SDF	log4N−1	4log4N	$N-1$

通过比较可知，采用基-4SDF 和基-2^2SDF 结构计算 N 点 FFT 使用的乘法器少于基-2SDF 的情况；而采用基-2^2SDF 和基-2SDF 结构计算 N 点 FFT 使用的加法器少于基-4SDF 的情况；在内存占用方面，3 种结构相当。总体来说，用基-2^2SDF 结构计算 N 点的 FFT 要优越于其他两种结构。信号处理机的脉冲压缩采用的是基-2^2SDF 流水线 FFT 实现方法，这种方法是基-4FFT 算法的改进，其关键就在于使用两级基-2 蝶形级联来实现与一个基-4 蝶形基本相同的运算。

对于基-4 的 FFT，其算法如下：

$$X(4k+l)=\sum_{k=0}^{N/4-1}[x(n)+x(n+N/4)W_4^l+x(n+N/2)W_4^{2l}+x(n+3N/4)W_4^{3l}]W_N^{nl}W_{N/4}^{nk}\quad l=0,1,2,3;k=0\sim N/4-1 \tag{6-4}$$

化简得

$$X(4k+2l_2+l_1)=\sum_{k=0}^{N/4-1}\left\{W_N^{n(4k+2l_2+l_1)}\times\underbrace{\overbrace{\left[x(n)+(-1)^{l_1}x\left(n+\frac{N}{2}\right)\right]}^{BF\_I}+(-1)^{l_2}(-j)^{l_1}\overbrace{\left[x\left(n+\frac{N}{4}\right)+(-1)^{l_1}x\left(n+\frac{3N}{4}\right)\right]}^{BF\_I}}_{BF\_II}\right\} \tag{6-5}$$

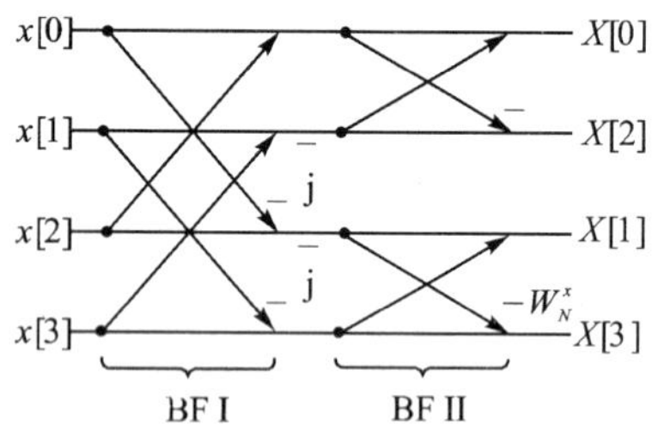

图 6-11 基-2^2SDF 算法基本单元流图

式(6-5)即为基-2^2FFT 算法公式，其内部包含两个蝶形单元 BF_I 和 BF_II，图 6-11 给出了基-2^2SDF 算法一个基本单元的运算流图。

以 256 点 FFT 为例说明基-2^2SDF 实现过程，图 6-12 为 256 点基-2^2SDF 结构示意图。

可以清楚地看到，每级 FFT 运算单元都是由两级运算单元和一个旋转因子复数乘法器组成的，而运算单元又包括蝶形运算单元和数据反馈回路两个部分。第一级蝶形运算的代码如下：

```
x_nk_re<=din_re;                              //模块输入
x_nk_im<=din_im;
x_n_re<=memo_re_dout;                         //存储输出
x_n_im<=memo_im_dout;
z_n_re<=x_n_re + x_nk_re;
z_n_im<=x_n_im + x_nk_im;
z_nk_re<=x_n_re - x_nk_re;
```

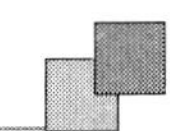

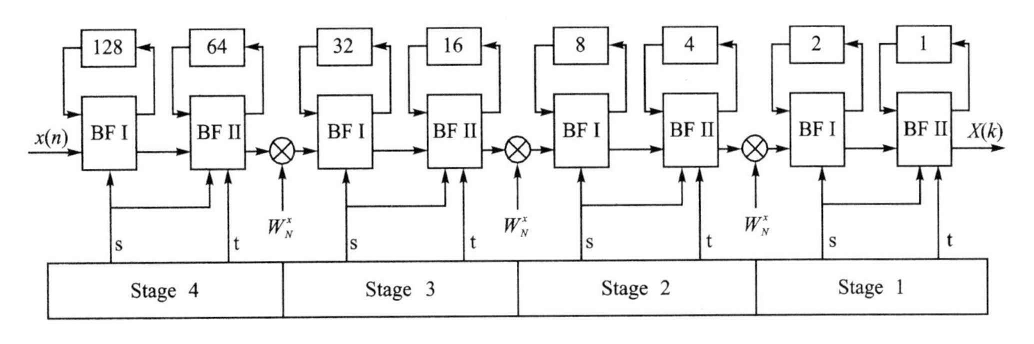

图6-12　基-2^2SDF实现结构（$N=256$）

```
z_nk_im< = x_n_im - x_nk_im;
PROCESS(clk)                                        //模块数据输出控制
BEGIN
    IF clk'event AND clk = '1' THEN
        IF ce = '1' THEN
            IF sel_i = '1' THEN
                dout_re< = z_n_re;
                dout_im< = z_n_im;
            ELSE
                dout_re< = memo_re_dout;
                dout_im< = memo_im_dout;
            END IF;
        ELSE
            NULL;
        END IF;
    END IF;
END PROCESS;
memo_re_din< = z_nk_re WHEN sel_i = '1' ELSE din_re;          //移位存储输入数据选择
memo_im_din< = z_nk_im WHEN sel_i = '1' ELSE din_im;
PROCESS(rst, clk)                                   //移位存储器地址控制逻辑
BEGIN
    IF reset = '0' THEN
        addr_in< = (OTHERS = >'0');
    ELSE
        IF clk'event AND clk = '1' THEN
            IF ce = '1' THEN
                addr_in< = addr_in + '1';
            ELSE
                NULL;
            END IF;
        END IF;
    END IF;
END PROCESS;
addr_out< = addr_in + '1';
```

```
Inst_memo_re      : fft_shift_memo_i        PORT MAP (         //a: In; b: Out
        clka => clk,
        clkb => clk,
        addra => addr_in,
        addrb => addr_out,
        ena => ce,
        wea => ce,
        enb => ce,
        rst => reset,
        din => memo_re_din,
        dout => memo_re_dout);
Inst_memo_im      : fft_shift_memo_i        PORT MAP (         //a: In; b: Out
        clka => clk,
        clkb => clk,
        addra => addr_in,
        addrb => addr_out,
        ena => ce,
        wea => ce,
        enb => ce,
        rst => reset,
        din => memo_im_din,
        dout => memo_im_dout);
```

第二级蝶形运算的代码如下：

```
x_nk_re <= din_re;                                           //模块输入
x_nk_im <= din_im;
x_n_re <= memo_re_dout;                                      //存储输出
x_n_im <= memo_im_dout;
z_n_re <= x_n_re + x_nk_re WHEN tsel = '0' ELSE x_n_re + x_nk_im;
z_n_im <= x_n_im + x_nk_im WHEN tsel = '0' ELSE x_n_im - x_nk_re;
z_nk_re <= x_n_re - x_nk_re WHEN tsel = '0' ELSE x_n_re - x_nk_im;
z_nk_im <= x_n_im - x_nk_im WHEN tsel = '0' ELSE x_n_im + x_nk_re;
PROCESS(clk)                                                 //模块数据输出控制
BEGIN
    IF clk'event AND clk = '1' THEN
        IF ce = '1' THEN
            IF sel_ii = '1' THEN
                dout_re <= z_n_re;
                dout_im <= z_n_im;
            ELSE
                dout_re <= memo_re_dout;
                dout_im <= memo_im_dout;
            END IF;
        ELSE
            NULL;
```

```
            END IF;
        END IF;
    END PROCESS;
    memo_re_din<= z_nk_re WHEN sel_ii = '1' ELSE din_re;        //移位存储的数据输入控制
    memo_im_din<= z_nk_im WHEN sel_ii = '1' ELSE din_im;
    PROCESS(rst, clk)                                           //移位存储器地址控制逻辑
    BEGIN
        IF reset = '0' THEN
            addr_in<= (OTHERS =>'0');
        ELSE
            IF clk'event AND clk = '1' THEN
                IF ce = '1' THEN
                    addr_in<= addr_in + '1';
                ELSE
                    NULL;
                END IF;
            END IF;
        END IF;
    END PROCESS;
    addr_out<= addr_in + '1';
    Inst_memo_re    : fft_shift_memo_ii        PORT MAP (       //a: In; b: Out
            clka =>clk,
            clkb =>clk,
            addra =>addr_in,
            addrb =>addr_out,
            ena =>ce,
            wea =>ce,
            enb =>ce,
            rst =>reset,
            din =>memo_re_din,
            dout =>memo_re_dout);
    Inst_memo_im    : fft_shift_memo_ii        PORT MAP (        //a: In; b: Out
            clka =>clk,
            clkb =>clk,
            addra =>addr_in,
            addrb =>addr_out,
            ena =>ce,
            wea =>ce,
            enb =>ce,
            rst =>reset,
            din =>memo_im_din,
            dout =>memo_im_dout);
```

可以看出,第二级蝶形运算单元的代码和第一级的代码基本是相同的(注意,两级模块中的 sel_i 和 sel_ii 在程序中的作用是相同的,但实际中两者的值可能不同)。在两级运算单元

中，有几个选择信号，即 sel_i、sel_ii 和 tsel_ii，这些信号需要通过一个专门的模块来生成，作为蝶形运算单元的控制模块。控制模块的代码如下：

```
PROCESS(reset, clk)                //选择信号控制逻辑生成的主计数器
BEGIN
    IF reset = '0' THEN
        cnt< = (OTHERS = >'0');
    ELSE
        IF clk'event AND clk = '1' THEN
            IF ce = '1' THEN
                cnt< = cnt + '1';
            ELSE
                NULL;
            END IF;
        END IF;
    END IF;
END PROCESS;
bf_i_sel< = cnt(CNT_WIDTH - 1);    //第一级蝶形运算选择信号,CNT_WIDTH 根据流水线级数而异
PROCESS(reset, clk)                //第二级蝶形运算选择信号
BEGIN
    IF reset = '0' THEN
        bf_ii_sel< = '0';
        bf_ii_tsel< = '0';
    ELSE
        IF clk'event AND clk = '1' THEN
            bf_ii_sel< = cnt(CNT_WIDTH - 2);
            bf_ii_tsel< = NOT (cnt(CNT_WIDTH - 1) AND cnt(CNT_WIDTH - 2));
        END IF;
    END IF;
END PROCESS;
PROCESS (reset, clk)               //本级模块输出使能 oe,即下级模块的输入使能 ce
BEGIN
    IF reset = '0' THEN
        oe< = '0';
    ELSE
        IF clk'event AND clk = '1' THEN
            IF ce = '1' AND cnt = LATENCY THEN     //LATENCY 是模块运算的整体时间,需要综合
                oe< = '1';         //各种延时即运算周期而定
            ELSE
                NULL;
            END IF;
        END IF;
    END IF;
END PROCESS;
```

本系统采用的是 6 级基-2^2SDF 的 FFT 算法结构，可以计算 4096 点 32 位复数 FFT 运

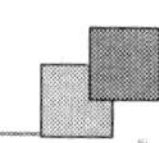

算，如图 6－13 所示。

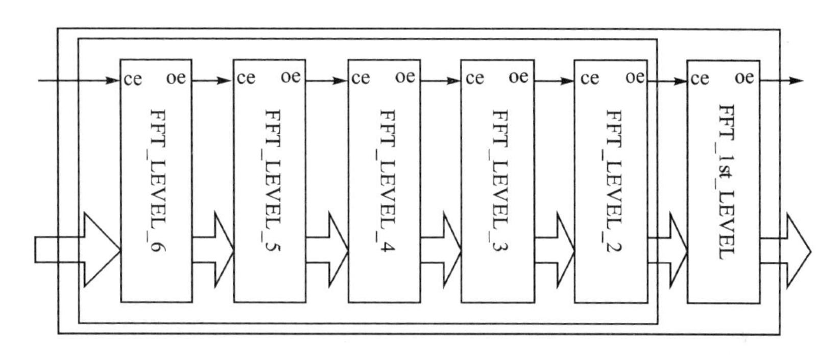

图 6－13　FFT 处理模块流水功能图

其中，FFT_LEVEL2～6 是用同一模块例化的，只是流水级参数不同；FFT_1st_LEVEL 和其他模块不同，因为是在最后一级的流水线处理中，不需要设置复数乘法器将蝶形单元的输出数据与旋转因子相乘，这一级的旋转因子都等于 1。按照流水信号处理的方法，后一级模块工作的使能是前一级模块的输出使能，可以从图 6－13 中看出各模块片选信号 ce 和输出使能 oe 的连接关系。

对于频域的复乘，匹配的系数根据已知波形预先生成，并存储在 FPGA 的 ROM 资源中，根据不同的波形信息选择对应的复乘系数表。

由于输入 FFT 模块的信号是原序列，因此 FFT 模块采用了按频率抽取的方式实现。按照数字信号处理理论可知，FFT 以后的结果是逆位序的，所以 IFFT 实现时要按照逆位序输入的方式实现，设计成按时间抽取的结构。

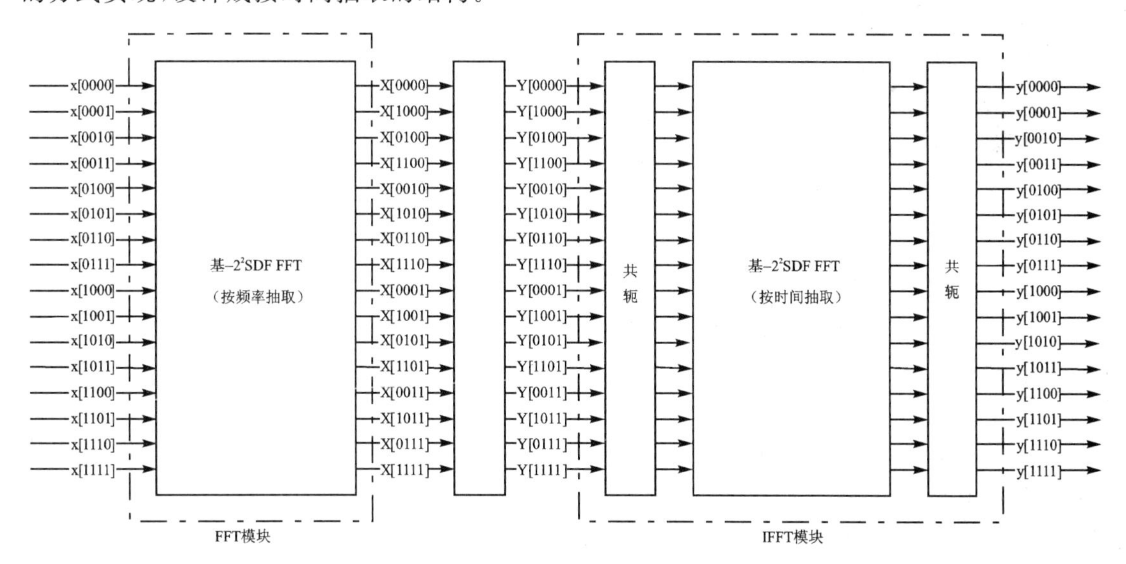

图 6－14　按频率抽取 FFT 和按时间抽取 IFFT

IFFT 可以通过修改 FFT 模块来实现。在前面设计的 FFT 处理器的基础上，只需要略微改变参数化建模下的模块结构，将按频率抽取算法的 FFT 处理器转换为按时间抽取算法的 FFT 处理器。对 FFT 处理器的输入数据共轭运算，同时对计算结果作求共轭运算后再输出，即可将 FFT 处理器转换为脉冲压缩器设计中所需 IFFT 处理器。这样，通过相对便捷的修改，就通过已经实现的 FFT 处理器实现了 IFFT 处理器的设计，大大缩短了开发周期。

整个脉冲压缩过程采用了流水线结构，可以进行连续的 FFT 计算。实际中，由于是通过波门信号控制信号处理的，因此 FFT 和 IFFT 采用了分级复位的方法，以满足系统时序处理的要求。脉冲压缩的结果存储在 FPGA 的 FIFO 中，通过中断通知 DSP 读取计算结果，以完成后续的相参积累和 CFAR 等计算功能。

图 6－15 为两路信号通过脉冲压缩后的结果，可见脉压后的峰值。

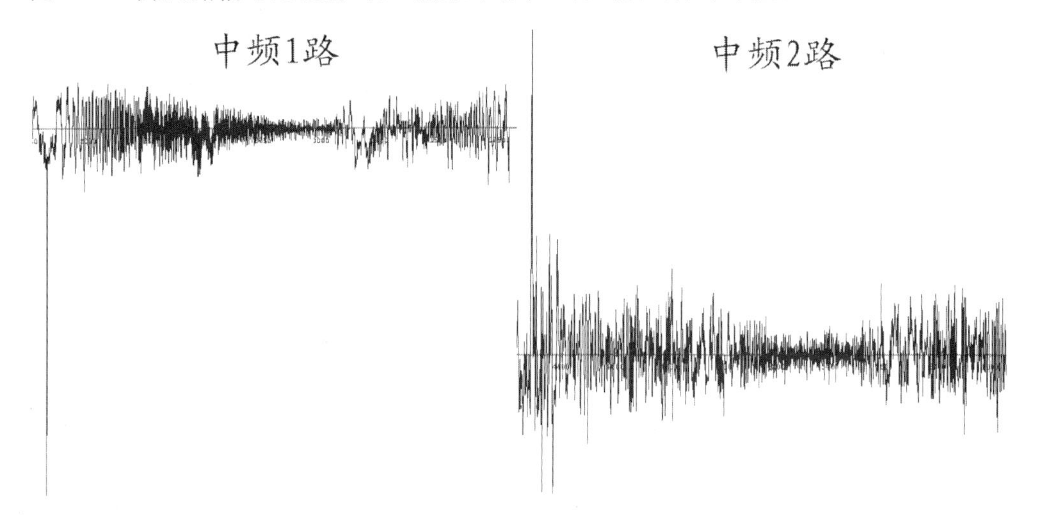

图 6－15 脉冲压缩结果

6.5 FPGA 与 DSP 之间的接口设计

信号在 FPGA 中预处理之后，将结果存储在 FIFO 中，作为数据的缓存，以适应信号的跨时钟域和芯片间的数据传输。FIFO 的大小设计为入口（FPGA 写）为 64 位（4096 深），在一个时钟周期内，FPGA 可以将信号处理结果的实部（32 位）和虚部（32 位）同时存储到 FIFO 中。由于脉冲压缩的处理是 4096 点的，因此，4096 深的 FIFO 刚好可以满足处理结果的需求。FIFO 的出口（DSP 读）为 32 位（8192 深），因为 DSP 的数据总线采用的是 32 位宽，因此，DSP 需要 8192 个时钟周期才可以将结果全部读取。图 6－16 为 FIFO 的设计以及 FPGA 和 DSP 的接口设计。

由图 6－16 可见，参与 DSP 读取 FPGA 内 FIFO 资源的引脚总线包括数据总线 DATA（32 位），地址总线 ADDR（3 位高地址＋10 位低地址，通常 DSP 与 FPGA 通信并不需要将所有地址线互相连接），BANK 选择信号 MS，读信号 RD 和写信号 WR（分为高写信号 WRH 和低写信号 WRL）。

FPGA 内的 FIFO 一般采用 FPGA 内的 Block RAM 资源生成，其读操作的时序图 6－17 所示。可以看出，对于读操作，在使能信号的作用下，数据会在下一时钟上升沿送出到数据端口，这点在时序上需要特别注意。

DSP 对片外的存储空间进行读写时，首先将指令编码为实际的地址线的地址，同时将地址线 ADDR、BANK 选择信号 MS 置于编码后的电平。在进行读写操作的时候，DSP 将 RD

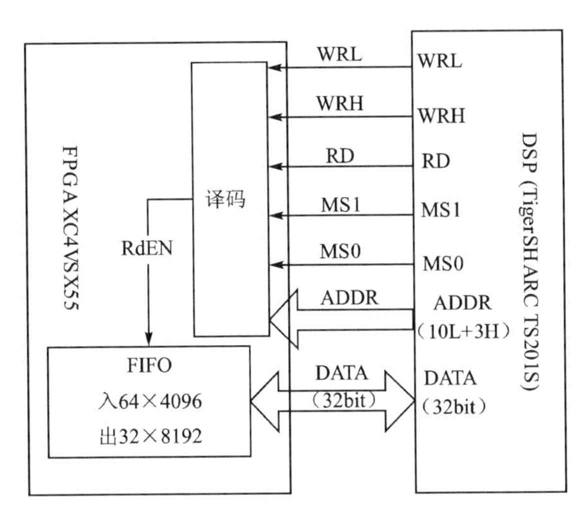

图 6－16　FPGA 的 FIFO 设计和通信接口

信号或 WR 信号拉低，并按照设定的流水深度从数据总线上获取数据或将数据置于数据总线。不同的 DSP 流水深度对应不同的数据读写延时，比如当流水深度为 3 时，DSP 对数据的操作在 DSP 的地址线、BANK 选择线、读写线都置为有效状态后的 3 个时钟周期后进行，在本系统中，DSP 采用的流水深度为 3。

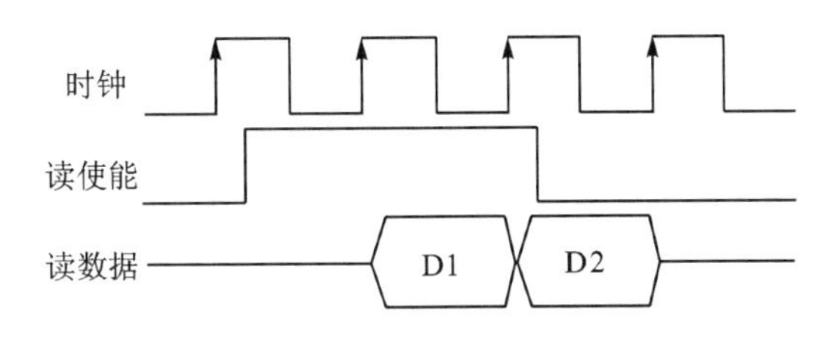

图 6－17　FIFO 的读时序

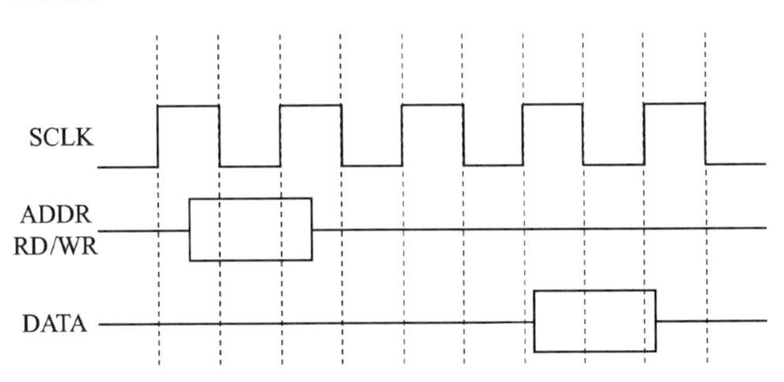

图 6－18　DSP 流水深度为 3 时的时序图

为了满足 DSP 的流水深度，FPGA 需要将地址线、BANK 选择线、读写信号线作不同的延时，而后选择适当的延时信号做使能译码。令 ADDR 为 DSP 直接连接到 FPGA 的地址线，在 DSP 读写时钟(100MHz)的上升沿时，对 ADDR 做不同的延时，得到 1 个时钟周期的延时结果 ADDRreg1，2 个时钟延时结果 ADDRreg2，其他信号以此类推。

对于 FIFO 的读操作，由于存储器的数据输出比地址的输入晚一个时钟周期，因此，存储器的读使能译码采用 1 个时钟周期延时结果信号的组合译码，即通过 ADDRreg1、MSreg1、RDreg1 组合逻辑得到存储器的读使能信号 RdEn。图 6－19 为 DSP 读取 FPGA 中 FIFO 的实际时序结果。这幅图中，CLK100M 为 DSP 读写时钟，RD、MS_1 为 DSP 引脚信号，MSreg1 为 1 个时钟延迟结果，CSorir 为 FIFO 的读使能信号，SFdout 为 FIFO16 位数据输出，Mtridata_DSP 为 DSP 的数据线引脚。可以看到，FIFO 的使能信号在对 MS、RD 信号同步之后置位，并在一个时钟周期后 FIFO 的数据发送到 FIFO 数据线上，即 SFdout。在时钟同步作用下，1 个时钟周期后，数据发送到 DSP 的数据总线上。数据在 DSP 的数据总线上保持 2 个时钟周期，因此，按照流水深度 3 的时序要求，DSP 可以将数据正确读取。

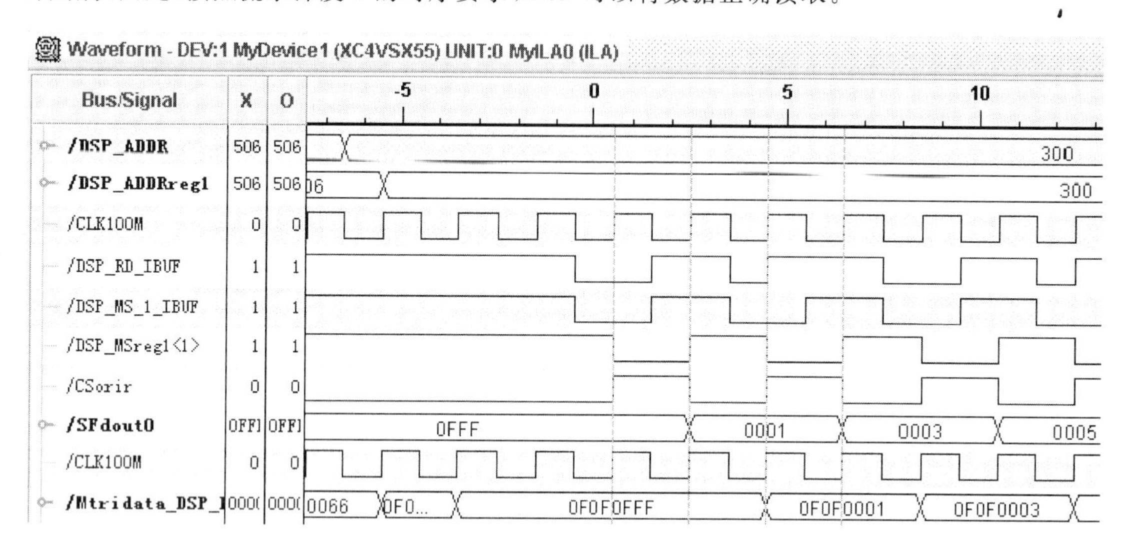

图 6-19　DSP 读取数据的实际结果

FPGA 对 DSP 读取脉冲压缩结果的代码如下：

```
PROCESS(clk100M)                        //DSP 信号线数据的同步处理和 FIFO 的读使能译码
BEGIN
    IF clk100M 'event AND clk100M = '1' THEN
        addrreg1< = addr;               //DSP 地址
        msreg1< = ms;                   //DSP 空间选择
        rdreg1< = rd;                   //DSP 读使能
    END IF;
END PROCESS;
CSorir< = '1' WHEN (msreg1(1) = '0' AND addrreg1 = "xxxx" AND rdreg1 = '0') ELSE '0';
PROCESS(reset, clk100M)
BEGIN
IF reset = '0' then
    DATA< = (others = >'Z');
ELSE
    IF clk100M 'event AND clk100M = '1' THEN
        IF addrreg1 = "xxxx" THEN
            DATA< = SFdout;
        ELSE
            DATA< = (OTHERS = >'Z');
        END IF;
    END IF;
END IF;
END PROCESS;
```

第7章

DSP在实时处理中的应用

众所周知，DSP由于其强大的信号处理功能而被广泛应用在雷达信号处理领域，本章给出了DSP应用于雷达信号处理器领域的一个例子，在该雷达信号处理器中，三片DSP分别需要完成对两组脉冲串的加窗、相参积累、恒虚警检测(CFAR)，脉冲跟踪和数据记录操作。下面主要从DSP的编程设计与并行优化两个方面来进行详细的介绍。

系统中DSP采用了Analog Device公司的ADSP-TS201S系列DSP，该DSP通过内部的双运算模块同时工作实现了单指令多数据(SIMD)引擎，支持32bit浮点、40bit扩展精度浮点以及8、16、32、64位定点运算，具备高达3.6GFLOPS的处理性能。

7.1 ADSP-TS201S信号处理系统硬件结构

本系统中硬件电路中最核心部分是由两片FPGA(XC4V55)和三片DSP(ADSP－TS201S)组成的信号处理单元。因为在进行处理之前需从FPGA的FIFO中读取脉冲数据，处理完成之后还需往第三片DSP传输运算结果。其系统结构如是图7－1所示。

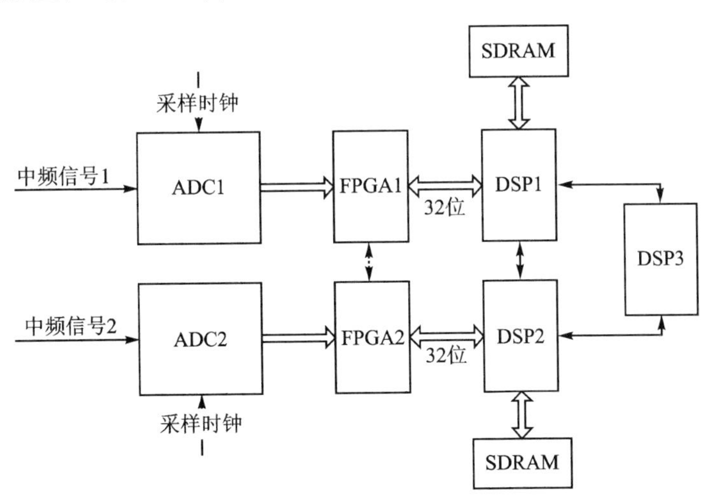

图7－1　系统硬件结构图

在本系统中，FPGA 先通过高速 ADC 将中频的 LFM 数据进行采集，并进行数字下变频和脉冲压缩处理。DSP1 和 DSP2 分别完成两路信号的信号处理工作，DSP3 主要完成对数据的接收以及对接收数据的记录工作。如图 7－1 所示，图中多片 DSP 之间通过 Link 口进行互联，形成了点到点的拓扑结构。而 DSP 与 FPGA 之间是直接采用了 DSP 的 32 位外部数据总线进行互联，由于 FPGA 在 DSP 端集成了片内 FIFO，因此 DSP 可将 FPGA 当作一个 FIFO 外部存储器来进行操作。为了在该硬件结构中实现所需的功能，系统充分发挥到了 DSP 的优势，采用了 DMA 方式来提高数据传输速率，同时还采用了并行优化来提高处理速率。

PD 雷达信号处理流程如图 7－2 所示，DSP 信号处理机内需要执行的运算主要包括以下几个部分：LFM 中频信号的数字下变频、LFM 信号脉冲压缩、运动补偿、PD 信号处理、CFAR 检测与截获判断、运动补偿与跟踪。

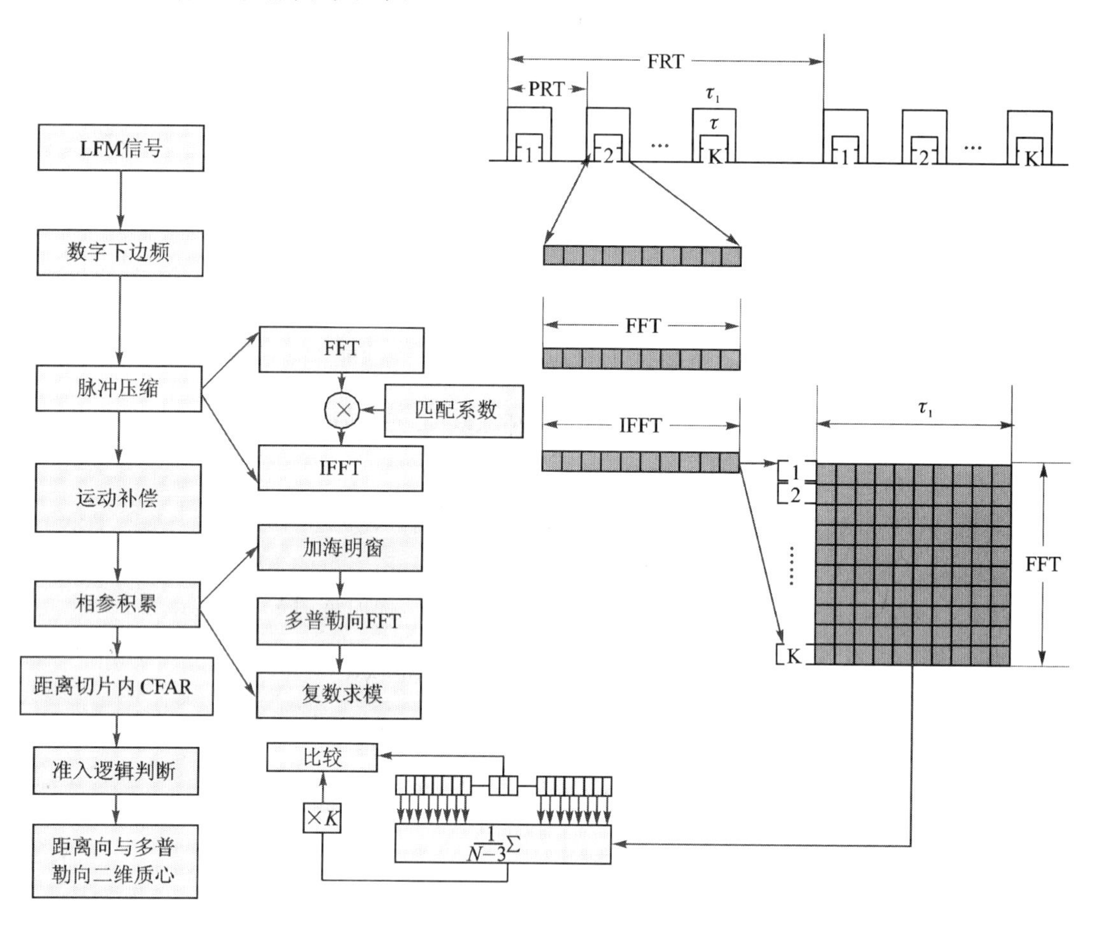

图 7－2　LFM－PD 信号处理流程

结合上面的数据流向图，由于系统同时对两路信号进行处理。信号处理流程中的数字下变频和脉冲压缩被映射在两片 FPGA(FPGA1，FPGA2)中完成，而后面的运动补偿，相参积累，恒虚警检测，截获条件判断，运动补偿与跟踪在后面的三片 DSP(DSP1，DSP2，DSP3)中完成，其中 DSP1 和 DSP2 分别完成对两路信号的相参积累、恒虚警检测与截获条件判断；而最后的运动补偿与跟踪被映射在 DSP3 中完成。图 7－2 中深色部分为在三片 DSP 中所进行处理的部分。

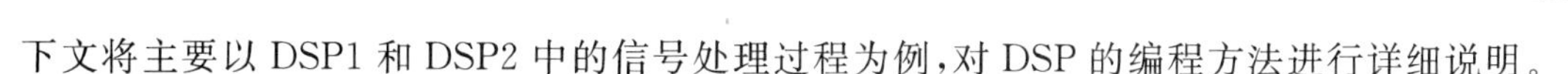

下文将主要以DSP1和DSP2中的信号处理过程为例，对DSP的编程方法进行详细说明。

7.2　系统中DSP内存分配以及不同处理器之间的数据传输

本节中，不同处理器间的数据传输主要包括DSP和FPGA之间的数据传输，多DSP之间的数据传输，DSP通过将外部存储器（包括FPGA）映射到DSP的内存中，并对其进行存取操作，在本系统中DSP1和DSP2的内存分配情况如图7－3所示。

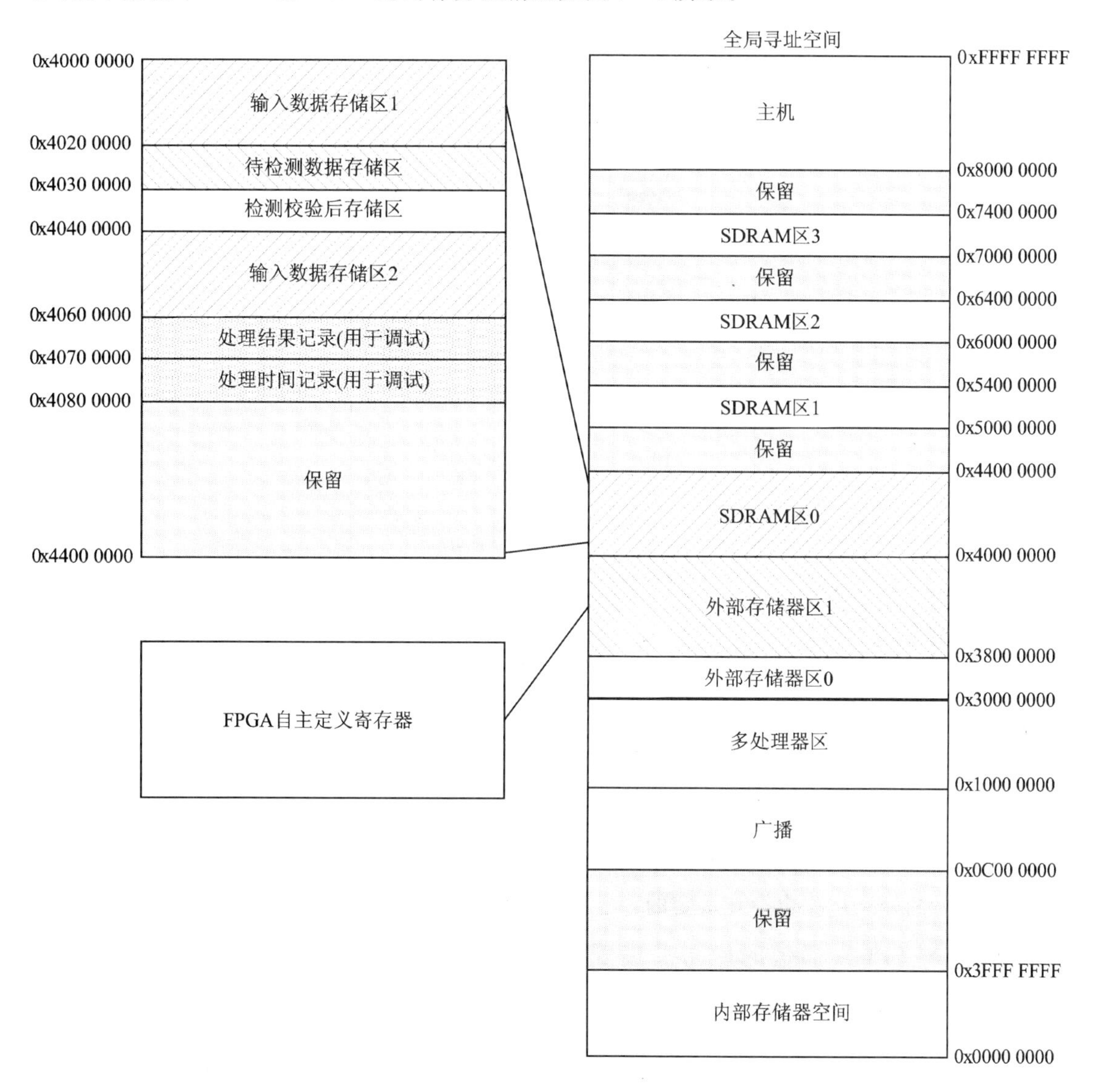

图7－3　DSP1、2的内存分配图

而在不同DSP之间的数据传输是通过Link口以DMA的方式进行传输。下文将从DSP与FPGA之间的数据传输、DSP之间Link口的数据传输这两个方面来进行介绍。

7.2.1　DSP 与 FPGA 之间的数据通信

DSP 与外部存储器的接口主要包括与 SDRAM 的接口和与 FPGA 生成的 FIFO 之间的接口，与 SDRAM 之间的接口在前面章节已经详细介绍，此处不再赘述，本节将主要针对 DSP 与 FPGA 之间的接口，介绍 DSP 与外部存储器间的数据通信。

1. ADSP-TS201S 与 FPGA 的电路接口

DSP 和 FPGA 之间的通信是通过总线进行通信，FPGA 通过时序仿真来模拟 DSP 的总线时序，而 DSP 则通过操作存储器的方式来操作 FPGA。DSP 与 FPGA 互联的外围设计如图 7-4 所示。

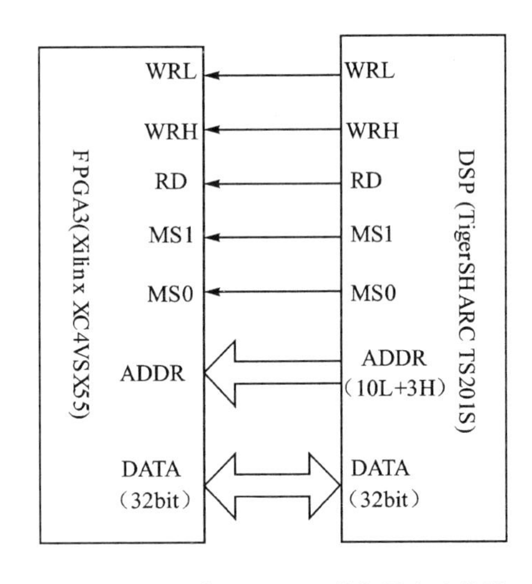

图 7-4　DSP 与 FPGA 互联外围电路设计

由图 7-4 可见，参与 DSP 读写 FPGA 内寄存器和存储器资源的引脚包括数据总线 DATA(32 位)，地址总线 ADDR(3 位高地址+10 位低地址)，BANK 选择信号 MS，读信号 RD 和写信号 WR(分为高写信号 WRH 和低写信号 WRL)。FPGA 内存储器具有使能信号，首先 DSP 生成对应该存储器的使能信号，在使能信号有效的情况下，DSP 对存储器进行操作；DSP 读写寄存器直接通过地址译码进行操作，省略了使能信号。根据 DSP 设置的流水深度的不同，使能信号的译码过程也存在一定的差异。

2. DSP 与 FPGA 通信时序与总线配置

在本信号处理系统中，DSP 的流水深度为 3，如图 7-5 所示。FPGA 为了满足 DSP 的流水深度，将地址线、BANK 选择线、读写信号线做不同的延时处理，然后选择适当的延时信号做使能译码。

而要实现上述的时序图，在 DSP 侧，进行编程时只需配置系统寄存器 SYSCON 便能实现对 FPGA 的读写。本例子可将总线配置成 0x00309443。

下面以系统总线控制寄存器 SYSCON 为例，解释初始化过程中写入这些寄存器对系统功能的配置。系统总线控制寄存器 SYSCON 定义如表 7-1 所列。

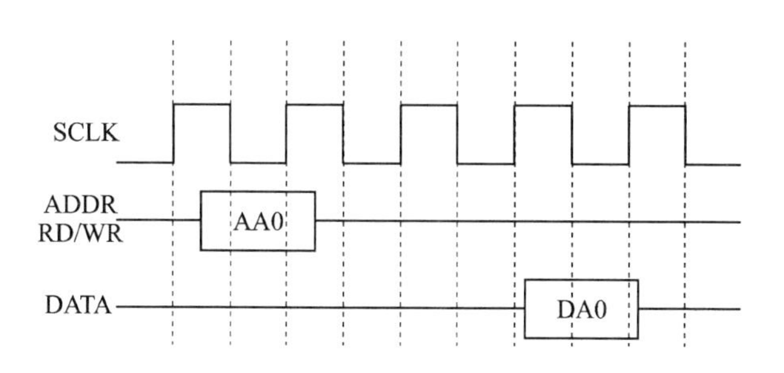

图 7-5　DSP 流水深度为 3 时的时序图

表 7-1　SYSCON 寄存器定义

位	作用域	定　义	默认值
0	BNK0IDLE	Bank 0 空闲状态	1
2—1	BNK0WAIT1—0	Bank 0 内部等待周期数	1
4—3	BNK0PIPE1—0	Bank 0 流水线深度	0
5	BNK0SLOW	Bank 0 慢速协议	1
6	BNK1IDLE	Bank 1 空闲状态	1
8—7	BNK1WAIT1—0	Bank 1 内部等待周期数	0
10—9	BNK1PIPE1—0	Bank 1 流水线深度	0
11	BNK1SLOW	Bank 1 慢速协议	1
12	HOSTIDLE	主机空闲状态	0
14—13	HOSTWAIT1—0	主机内部等待周期数	0
16—15	HOSTPIPE1—0	主机流水线深度	0
17	HOSTSLOW	主机慢速协议	0
18	Reserved	保留位	0
19	MEMWIDTH	外部存储器总线宽度	0
20	MPWIDTH	多处理器空间总线宽度	0
21	HSTWIDTH	主机总线宽度	0
31—22	Reserved	保留位	X

系统总线控制寄存器 SYSCON 中除了少数保留位之外，其他大多数的位都表征着系统总线不同的配置。该初始化程序中将系统总线控制寄存器 SYSCON 配置为 0x00309443，以实现对系统总线的初始化。根据系统总线寄存器的定义，0x00309443 表示：主机总线宽度设置为 64 位；多处理器空间总线宽度设置为 64 位；外部存储空间采用 32 位宽度；主机采用流水线协议同步传输，流水线深度为 2 个周期，无等待周期，数据传输之间插入空闲状态；Bank1 采用流水线协议同步传输，流水线深度为 3 个周期，无等待周期，数据传输之间插入空闲状态；Bank0 采用流水线协议同步传输，流水线深度为 1 个周期，等待周期数为 1 周期等待，数据传输之间插入空闲状态。

由于主机总线设置流水线深度为 2 个周期，无等待周期，数据传输之间插入空闲状态，因此配置好之后总线时序为如图 7-6 所示，数据在地址线之后两个时钟周期出现在总线上。

而由于 FPGA 所在的 Bank1 流水线深度为 3，因此在对 FPGA 进行操作时，其时序应如图 7-7 所示。

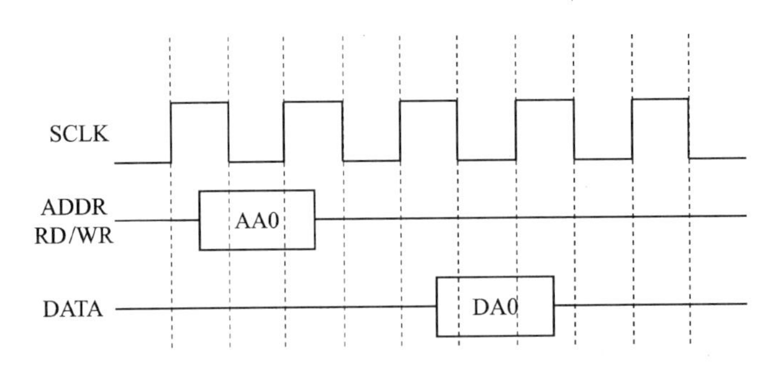

图 7-6　主机总线时序图(2 级流水线)

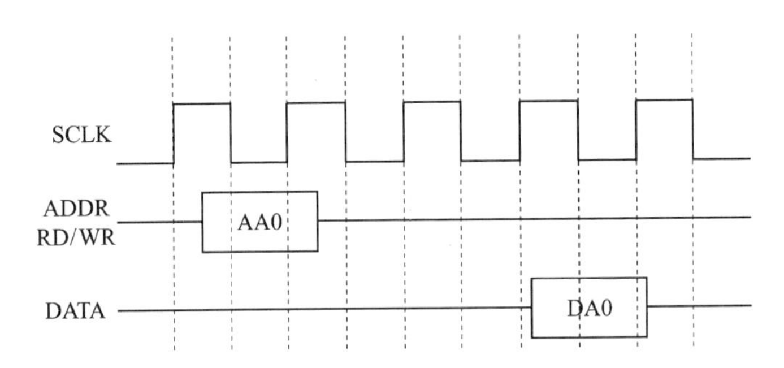

图 7-7　FPGA 读写时序图(3 级流水线)

而当 DSP 对 FPGA 进行操作之后再对其他存储区进行操作就会需要对流水线进行调整。当出现这种情况时，DSP 系统通过 IDLE 功能来解决了这个问题，这时 DSP 给出的读写时序如图 7-8 所示。

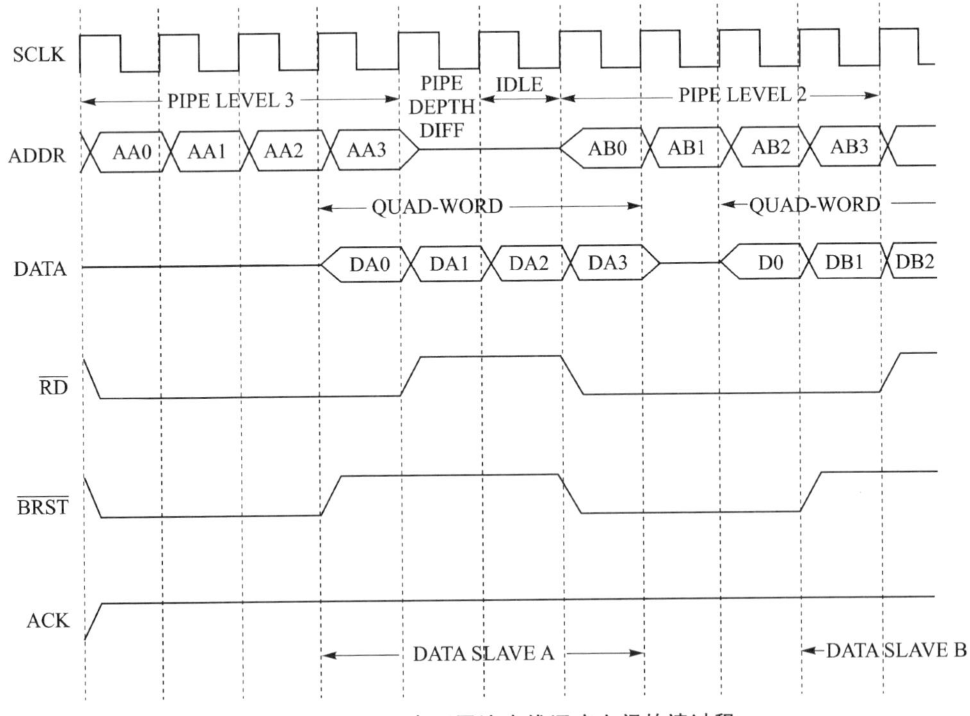

图 7-8　DSP 两个不同流水线深度之间的读过程

3. 典型配置程序

在本系统中可对SYSCON做如下配置：

```
//系统总线配置
    __builtin_sysreg_write(__SYSCON,0x00309443);
```

语句中两个参数分别代表被配置的寄存器以及寄存器有待配置的值，上面的这条语句便意味着将十六进制数0x00309443写入系统总线控制寄存器(SYSCON)。

根据系统总线寄存器的定义，0x00309443表示：主机总线宽度设置为64位；多处理器空间总线宽度设置为64位；外部存储空间采用32位宽度；主机采用流水线协议同步传输，流水线深度为2个周期，无等待周期，数据传输之间插入空闲状态；Bank1采用流水线协议同步传输，流水线深度为3个周期，无等待周期，数据传输之间插入空闲状态；Bank0采用流水线协议同步传输，流水线深度为1个周期，等待周期数为1周期等待，数据传输之间插入空闲状态。

7.2.2 DSP之间Link口数据通信

ADSP-TS201S系列处理器具有4个全双工的链路口通信端口，可提供点对点的数据通信模式，既可以实现ADSP-TS201S之间的数据通信，也可以实现与其他符合链路口协议的设备之间的通信。

利用低电压和差分信号(LVDS)技术，DSP的4个全双工链路口均可提供额外的4位接收和4位发送I/O能力。用双数据速率操作的能力锁存运行达500 MHz时钟的上升和下降沿的数据，每个链路口能支持达8 Gbit/s的最大通过量。

链路口提供一个任选的通信通道，它对于在多处理器系统内点对点内部处理器通信是有用的。导引应用也能利用链路口，每个链路口有它自己的三重缓冲4倍字长输入和双缓冲4倍字长输出寄存器。DSP核能直接写入链路口发送寄存器和从接收寄存器去读，或DMA控制器能通过8个(4个发送和4个接收)专用链路口DMA通道实现DMA转换。

每个链路口有3个信号方向来控制它的操作。例如发送器，LXCLKOUT是输出发送时钟，LXACKI是沟通输入以控制数据流，而LXBCMPO输出是专门完成块转换的；例如接收器，LXCLKIN是输入接收时钟，LCACKO是控制数据流的沟通信号，并且物理面输入表示块转换已完成。LXDATO3～0引脚是发送器的数据输出总线，而LXDATI3～0引脚是接收器的输入数据总线。链路口相关引脚的定义如表7-2所列。

表7-2 链路口相关引脚定义

引 脚	定 义
LxDATO3-0P	链路口发送通道数据线，LVDS P端
LxDATO3-0N	链路口发送通道数据线，LVDS N端
LxCLKOUTP	链路口发送通道时钟，LVDS P端
LxCLKOUTN	链路口发送通道时钟，LVDS N端

续表 7-2

引　脚	定　义
LxACKI	链路口发送通道确认输入信号,通过该信号,接收端将指示发送端可以继续发送数据
$\overline{\text{LxBCMPO}}$	链路口数据块传输完毕,用来指示 DMA 传输时,接收端已经接收完毕发送端发送的数据块
LxDATI3-0P	链路口接收通道数据线,LVDS P 端
LxDATI3-0N	链路口接收通道数据线,LVDS N 端
LxCLKINP	链路口接收通道时钟,LVDS P 端
LxCLKINN	链路口接收通道时钟,LVDS N 端
LxACKO	链路口接收通道确认输入信号,通过该信号,接收端将指示发送端可以继续发送数据
$\overline{\text{LxBCMPI}}$	链路口数据块传输完毕,用来指示 DMA 传输时,接收端已经接收完毕发送端发送的数据块

1. Link 口电路设计

在进行电路设计时,通过 ADSP-TS201S 芯片的 TMROE 引脚可将链路口的数据宽度设置为 1 位(默认)或 4 位。如果需要改变该默认值,只需在 TMROE 和 Vdd_IO 之间加一个 500 Ω 的上拉电阻即可。图 7-9 给出了典型的 ADSP-TS201S 之间通过 Link 口进行通信的电路,图 7-10、图 7-11 分别给出了 4 位传输模式和 1 位传输模式。

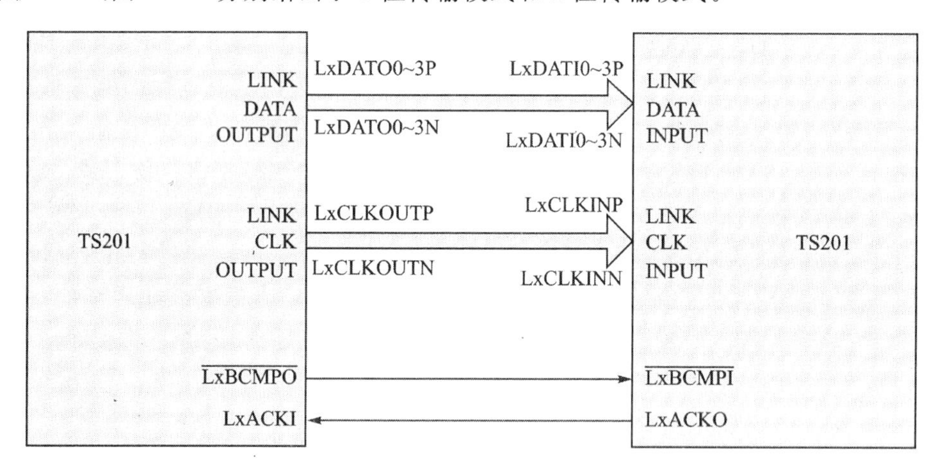

图 7-9　ADSP-TS201S 之间的链路口连接

在进行 PCB 设计时,链路口间的连接除了要遵循最基本的 PCB 设计原则外,由于 Link 口采用 LVDS 方式进行数据传输,还有以下更严格的要求:

① 每一个连接链路的 LVDS 接收端都需要接 100 Ω(误差 1%)的电阻,且要靠近接收引脚放置。

② 链路口之间的连接应该是点对点的。

③ 对高速 4 位操作,链路口时钟信号应放在 4 组 LVDS 数据信号之间。

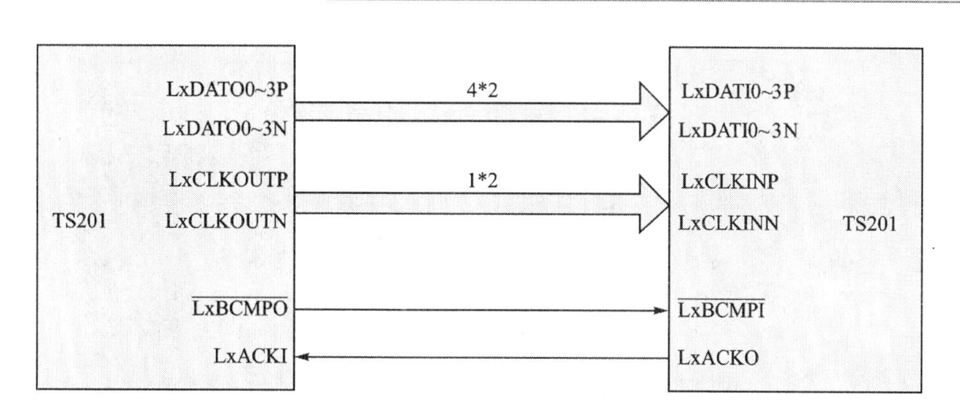

图7-10　4位传输模式下的链路口连接

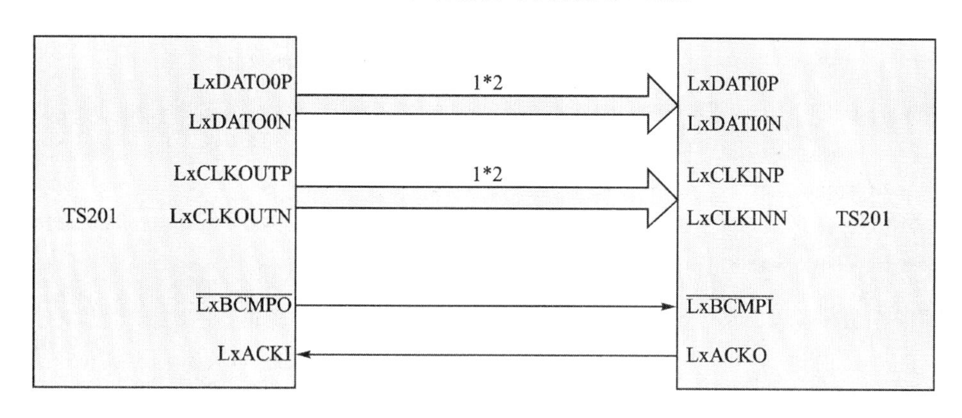

图7-11　1位传输模式下的链路口连接

④ 链路时钟线应放置在链路数据线之间，且线间距离尽量大，线的长度尽量短，过孔尽量少，LVDS对之间不要有信号或过孔。

⑤ 最好把LVDS信号单独置于一层，且放于PCB的底层或顶层，电源层或地层位于LVDS下方，也可以把LVDS信号放在电源层和/或地层的夹层中，总之与LVDS信号层相邻的上下层不能是信号层。

图7-12给出了一个实际系统中ADSP-TS201S之间通过Link口互联的PCB图。

2. Link口寄存器配置与程序设计

在使用链路口时，通常不直接使用程序去控制链路口，而是使用DMA的方式。在ADSP－TS201S中，每个链路口都有指定的DMA通道，它们还支持DMA链，也可以用于引导。需要注意的是ADSP-TS20XS的链路口与ADSP-TS101S以及SHARC DSP的链路口不兼容。

链路口程序设计与之前的DMA程序设计类似，区别在于启动DMA传输之前，需对链路口的中断、传输宽度等参数进行初始化配置，下面给出了一个典型的链路口初始化配置程序：

```
__builtin_sysreg_write(__LRCTL0, 0x10);        //Initialize the LINK0 Receive Control Register
__builtin_sysreg_write(__LRCTL0, 0x19);
__builtin_sysreg_write(__LTCTL0, 0x10);        //Initialize the LINK0 Transmit Control Register
__builtin_sysreg_write(__LTCTL0, 0x19);
```

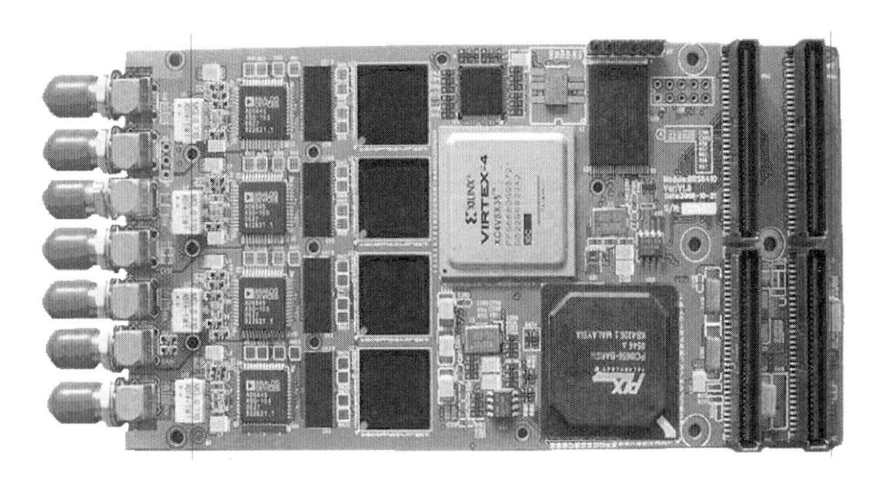

图 7-12 ADSP-TS201S 之间通过 Link 口互联的 PCB 图

```
__builtin_sysreg_write(__LRCTL1, 0x10);        //Initialize the LINK1 Receive Control Register
__builtin_sysreg_write(__LRCTL1, 0x19);
__builtin_sysreg_write(__LTCTL1, 0x10);        //Initialize the LINK1 Transmit Control Register
__builtin_sysreg_write(__LTCTL1, 0x19);
```

上述程序分别对 Link0 和 Link1 的发送控制寄存器与接收控制寄存器进行初始化。在初始化完成之后需通过 DMA 来启动 Link 口的数据传输,先配置好 DMA 寄存器,在通过查看 DMA 状态寄存器的状态来判断 Link 口数据传输是否已经完成。控制 Link 口发送的程序如下:

```
TCB_temp.DI = (int *)LinkDatatoDevice2;
TCB_temp.DX = 4 | (DATA_LEN_D1_TO_D2<< 16);
TCB_temp.DY = 0;
TCB_temp.DP = 0x47000000;

q = __builtin_compose_128((long long)TCB_temp.DI | (long long)TCB_temp.DX<< 32, (long
long)(TCB_temp.DY | (long long)TCB_temp.DP<< 32));
__builtin_sysreg_write4(__DC4, q);

while(CheckDMA4State())
    asm("nop;;");
```

程序中前 4 行为 DMA 状态寄存器的配置,中间四行将配置好的状态寄存器内容写入,最后两行为判断 Link 口 DMA 传输是否完成。程序的执行流程如图 7-13 所示。

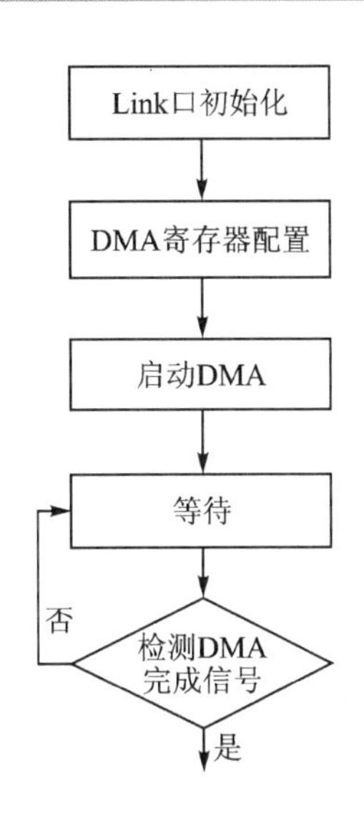

图 7-13　Link 口数据传输控制流程图

7.3　ADSP-TS201S 信号处理流程程序设计

在设计一个 DSP 系统时，第一步便是根据系统的需求去设计好 DSP 系统所需完成的流程图，当 DSP 处理流程图设计完成后，剩下的工作便是根据流程图，规划 DSP 的片内与片外内存，并根据内存的分配去设计实现每一个子功能所需的子函数，并在主函数 main 中逐个调用这些子函数以实现流程图中的功能。

根据上一节给出的信号处理工作流程，本节将给出 DSP1 和 DSP2 系统的信号处理工作流程，如图 7-14 所示。

在一个 DSP 系统中，一旦 DSP 启动，DSP 的程序指针便指向 main 函数的起始端，从 main 函数开始向下顺序执行。Main 函数中执行的内容通常是以子函数的形式出现。对于 DSP 程序，根据功能又可以分为初始化程序、中断服务程序等。而这些子函数根据所使用的编程语言有可以分为使用汇编语言编写的子函数和 C 语言编写的子函数。在 DSP 程序设计时，通常将一些较关键的、算法比较复杂的、需要多次执行的程序用汇编语言来编写，以提高系统的处理效率。

在本文的例子中，根据流程图编写了多个函数，下面列举了其中部分关键的函数进行说明：

```
extern void init( void );

extern FFT32(float * input, float * ping_pong_buffer1, float * ping_pong_buffer2, float * out-
put, int, int );
extern MyHammingWin( float * input, float * WinWeight, float * output );
extern ComplexAbs_2( float * input, float * output, int );
extern CFAR( float * input1, float * input2, int );
extern Max_BaryCenter(int , int * Target, float * SRAMStartAddr, int * BaryCenterRslt);
extern Intercept(int * BaryCenterRslt, int * InterceptRslt);
```

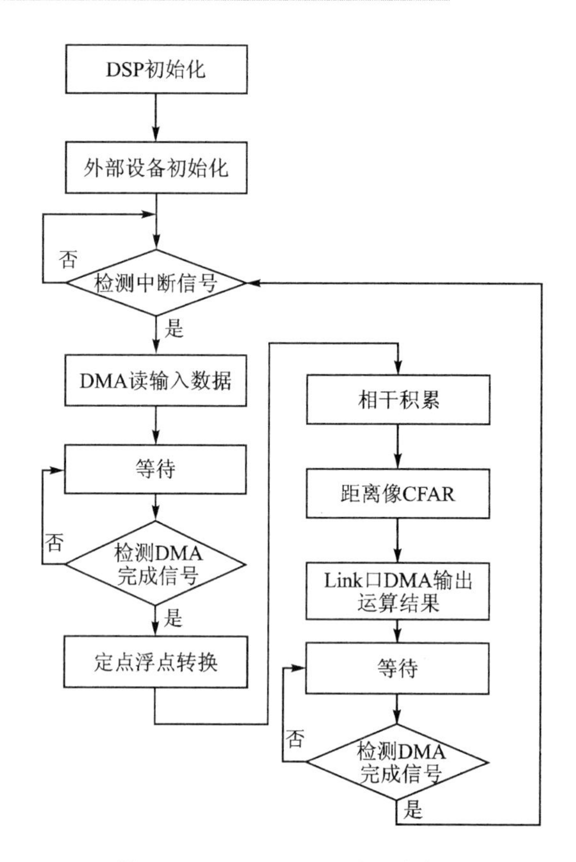

图 7-14　DSP1、DSP2 处理流程图

```
extern int2float(int * ipointer, float * fpointer);

void ProcessinTrackMode(void);

extern int CheckDMA0State(void);
extern int CheckDMA1State(void);
extern int CheckDMA2State(void);
extern int CheckDMA3State(void);

extern void irq1_int(int);
extern void dma0_int(int);
extern void dma1_int(int);
extern void dma2_int(int);
extern void dma3_int(int);
```

根据系统的程序设计，可以在 main 函数内设计流程如图 7-15 所示。

其中 DSP 先通过 init()函数完成初始化工作，之后便一直在等待中断的到来，如无中断，则继续等待；如有中断，则进入中断服务函数读取 FPGA 计算的脉冲压缩结果，并将计数器加 1，直到计数器达到脉冲个数时则可认为一帧脉冲读取完成，这时便开始执行之后的 ProcessinTrackMode()函数，对输入的数据进行处理；处理完成后启动 Link 口的 DMA，向外发送处理结果，并判断结果是否发送完毕；一旦结果发送完毕，则将计数器清零，重新开始等待并读取输

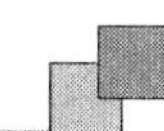

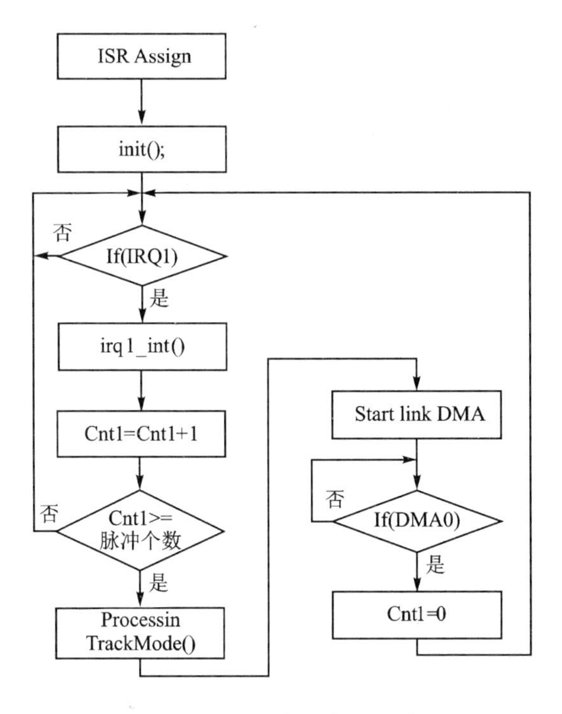

图 7-15　DSP 主函数处理流程

入数据。

这是一个典型的 DSP 信号处理过程的 main 函数，其中大部分的信号处理功能在 ProcessinTrackMode()中完成，这样使得程序看起来更加简洁明；同时程序通过使用中断服务程序，使得 main 函数的结构更加清晰。下面将根据 DSP 主函数处理流程中的各个处理模块，对 DSP 程序的编写进行说明。

7.3.1　中断服务函数声明

Main 函数中实现的第一步工作是 ISR Assign，如图 7-16 所示。

这段程序的主要作用是对中断服务函数进行声明，即声明所需要用到的中断所对应的中断服务函数，其语句如下：

```
interrupt(SIGDMA0, dma0_int);                //Assign isr to DMA channel 0
interrupt(SIGDMA1, dma1_int);                //Assign isr to DMA channel 1
interrupt(SIGDMA2, dma2_int);                //Assign isr to DMA channel 2
interrupt(SIGDMA3, dma3_int);                //Assign isr to DMA channel 3
interrupt(SIGDMA4, dma4_int);                //Assign isr to DMA channel 4
interrupt(SIGIRQ1, irq1_int);                //Assign isr to IRQ1
interrupt(SIGTIMER0HP, Timer0H_Int);
interrupt(SIGTIMER1HP, Timer1H_Int);
```

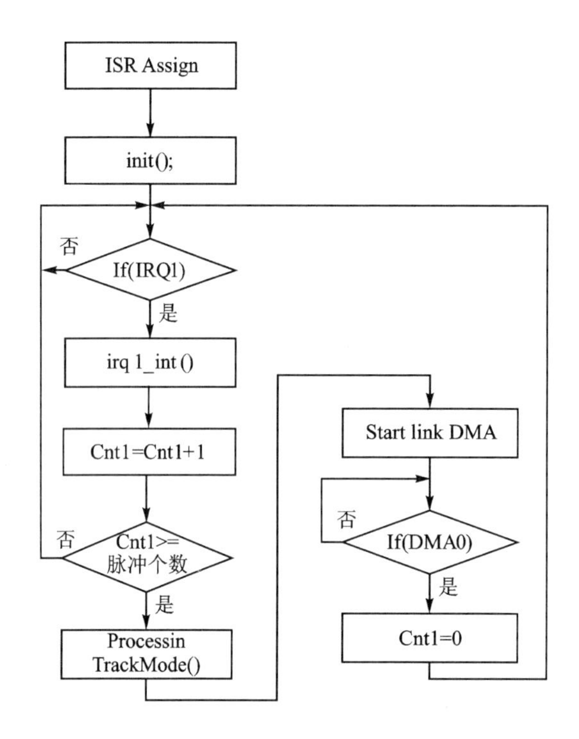

图 7-16　DSP 主函数处理流程-中断服务函数声明

7.3.2　系统初始化

在完成中断函数的声明后便开始对系统进行初始化，初始化中涉及系统中断、总线控制寄存器、SDRAM 控制寄存器等关键寄存器的初始化。本系统由于涉及数据传输与处理，因此在系统进行处理之前需先将内存的一部分空间清零，初始化在程序中的位置如图 7-17 所示。

下面给出了系统中所使用的初始化功能函数，代码如下：

```
void init( void )
{
//---------------------------Enable Cache ---------------------------------
    asm("                                   \
        #include<defts201.h>                 \
        #include<cache_macros.h>\
        #include<ini_cache.h>     \
        cache_enable(750);          \
        preload_cache;              \
          ");
    asm("#include<fftdef.h>");
    asm("CACMDALL = 0x00000000;;");                    //CACMD_EN;;");
      __builtin_sysreg_write(__SQCTLCL,0xFFFFFFFB);     //Global interrupt disable
    __builtin_sysreg_write(__SQCTLCL,0xFFFFFFF7);      //Software error disable
    __builtin_sysreg_write(__SYSCON,0x00309443);
```

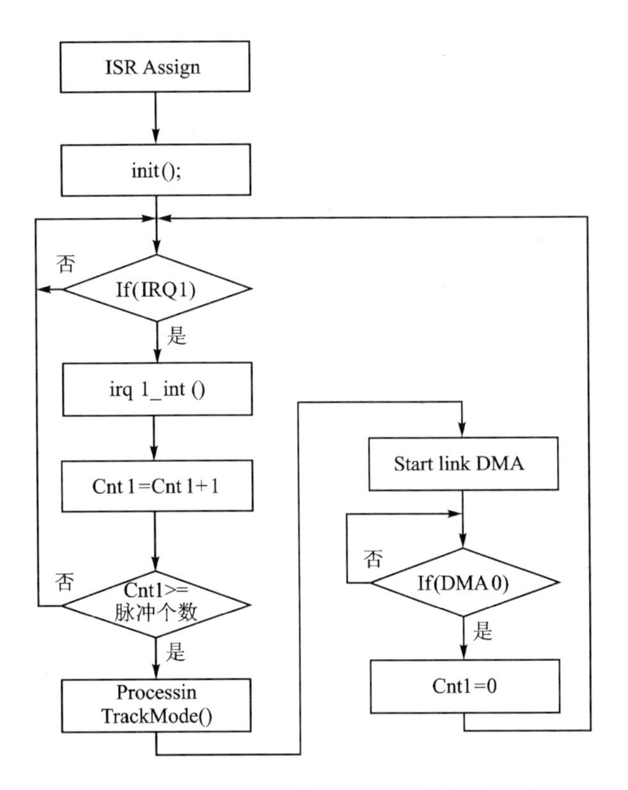

图 7－17　DSP 主函数处理流程-初始化程序

```
__builtin_sysreg_write(__SDRCON,0x00005985);          //SDRAM Configuration
  __builtin_sysreg_write(__FLAGREG,0x00);
__builtin_sysreg_write(__FLAGREGST,0x88);             //Config Flag3 as output
__builtin_sysreg_write(__FLAGREGST,0x04);             //Config Flag2 as output

__builtin_sysreg_write(__IMASKH,0x00101000);          //enable the interrupt with the IRQ1
                                                      //still remain masked to ensure the DMA
                                                      //in the initialization not to be
                                                      //interrupt
  __builtin_sysreg_write(__IMASKL,0x4043c0c0);
  __builtin_sysreg_write(__INTCTL,0x0005);            //IRQ0、2 triggered by voltage,IRQ1、
                                                      //3 triggered by edge

__builtin_sysreg_write(__LRCTL0, 0x10);               //Initialize the LINK0 Receive
                                                      //Control Register
__builtin_sysreg_write(__LRCTL0, 0x19);
__builtin_sysreg_write(__LTCTL0, 0x10);               //Initialize the LINK0 Transmit
                                                      //Control Register
__builtin_sysreg_write(__LTCTL0, 0x19);

__builtin_sysreg_write(__SQCTLST,SQCTL_SW);           //Software error enable
__builtin_sysreg_write(__SQCTLST,SQCTL_GIE);          //Global interrupt enable
```

```
        __builtin_sysreg_write(__FLAGREGCL, ~FLAGREG_FLAG3_OUT);
        __builtin_sysreg_write(__FLAGREGST, ~FLAGREG_FLAG2_OUT);

        //Initialize the SDRAM Storage
        for (SDRAMSwitch = 0; SDRAMSwitch<2; SDRAMSwitch++)
        {
            if (SDRAMSwitch == 0)
            {
                SDStartAdd = SDRAMADDR1;
            }
            else
                SDStartAdd = SDRAMADDR2;
            //Fill the Storage with zero, Max Pulse number is 182, thus fill the 182 ~ 255 pulses
with zero
            for(i = 186; i<256; i++)
            {
                DMA2Finish_Flag = 0;
                TCB_temp.DI = &DataZero;
                TCB_temp.DX = 0 | (8192<< 16);
                TCB_temp.DY = 0;
                TCB_temp.DP = 0x43000000 | ((int)&qs0b) >>2;
                qs0a = __builtin_compose_128((long long)TCB_temp.DI | (long long)TCB_temp.DX<<
32, (long long)(TCB_temp.DY | (long long)TCB_temp.DP<< 32));

                TCB_temp.DI = (int *)(SDStartAdd + 8192 * i);
                TCB_temp.DX = 1 | (8192<< 16);
                TCB_temp.DY = 0;
                TCB_temp.DP = 0x83000000 | ((int)&qd0b) >>2;
                qd0a = __builtin_compose_128((long long)TCB_temp.DI | (long long)TCB_temp.DX<<
32, (long long)(TCB_temp.DY | (long long)TCB_temp.DP<< 32));

                __builtin_sysreg_write4(__DCS2, qs0a);
                __builtin_sysreg_write4(__DCD2, qd0a);
                while(CheckDMA2State())
                    asm("nop;;");
            }
            //As every pulse was sampled by 5600 points, thus fill the left 2592 points with zero
            for (i = 0; i<186; i++)
            {
                DMA2Finish_Flag = 0;
                TCB_temp.DI = &DataZero;
                TCB_temp.DX = 0 | (2592<< 16);
                TCB_temp.DY = 0;
```

```
            TCB_temp.DP = 0x43000000 | ((int)&qs0b) >>2;
            qs0a = __builtin_compose_128((long long)TCB_temp.DI | (long long)TCB_temp.DX<<
32, (long long)(TCB_temp.DY | (long long)TCB_temp.DP<< 32));


            tempadd = SDStartAdd + 8192 * i + 8192;
            TCB_temp.DI = (int * )(tempadd);
            TCB_temp.DX = 1 | (2592<< 16);
            TCB_temp.DY = 0;
            TCB_temp.DP = 0x83000000 | ((int)&qd0b) >>2;
            qd0a = __builtin_compose_128((long long)TCB_temp.DI | (long long)TCB_temp.DX<<
32, (long long)(TCB_temp.DY | (long long)TCB_temp.DP<< 32));

            __builtin_sysreg_write4(__DCS2, qs0a);
            __builtin_sysreg_write4(__DCD2, qd0a);
            while(CheckDMA2State())
                asm("nop;;");
        }
    }

    RegisterData = __builtin_sysreg_read(__IMASKH);
    RegisterData = RegisterData|0x00000400;
    __builtin_sysreg_write(__IMASKH,RegisterData);     //unmask the interrupts
}
```

7.3.3 从FPGA中FIFO使用DMA方式读取处理数据

系统的初始化之后便是等待外部中断，并在外部中断的触发下，在中断服务函数中启动DMA，开始对FPGA的FIFO中的数据进行读取。并通过计数器来判断目前对外部数据的读取是否已经完成。只有当计数器当前读数操作已经完成时，才能开始后续的处理程序。系统设计时，把读数的操作放在中断中进行，这种设计方法的好处是保证了读数时间的可控性。由于通常一个复杂的系统都包含有多个中断，每个中断服务函数的长短，优先级不一，并且随时可能触发，因此如果读数的操作在主函数中完成，那个很有可能会被其他中断服务函数多次打断，使得读数的时间变得不可控。这样，在进行处理时可能就会处理到不完整的数据，对系统的正常运行造成致命的影响。而本系统中的这种设计就避免了这些问题，在中断服务函数中完成时，可以通过优先级设置，将其他中断先进行屏蔽，保证正在使用的中断服务函数顺利执行，这样便能做好读数的过程不被打断，读数的时间是可控的。

从片外读数并判断计数器是否已满足条件的程序在流程图中的位置如图7-18所示。

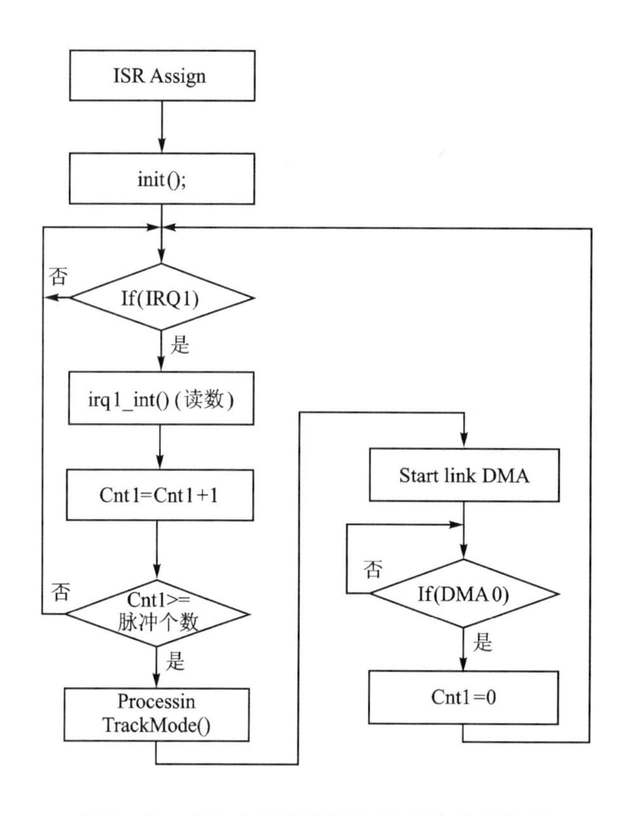

图 7-18 DSP 主函数处理流程-外部数据读取

7.3.4 数据处理

一旦数据已经准备好，系统的工作便是将准备好的数据通过 ProcessinTrackMode() 函数来处理，该函数是整个 DSP 数字信号处理的核心，被用于实现雷达信号处理算法中的一些常见流程中，如加窗、相参积累、恒虚警检测等，但是由于这部分信号处理的工作在通用的 DSP 中不具备太多的参考性，这里对其原理不再赘述。

在编写这种较核心的数字信号处理程序时最需要关注的便是程序的处理效率，为了提高处理效率，缩短处理时间，系统可以采用 C 语言与汇编语言混合编译的方式。对于 C 语言的编写肯定都不陌生，而 ADSP-TS201S 中汇编语言的编写，上一节中通过一个 FFT 的例子已经给出了编写方法与优化方法的说明。通常通过汇编语言的优化，对于同样的一个处理任务，汇编语言的处理效率要能比 C 语言快 2～5 倍，甚至更好。系统中数据处理部分程序的设计与优化将在后文 DSP 汇编语言程序并行优化中进行详细阐述。

本系统中，ProcessinTrackMode() 函数在整个处理流程中的位置如图 7-19 所示。

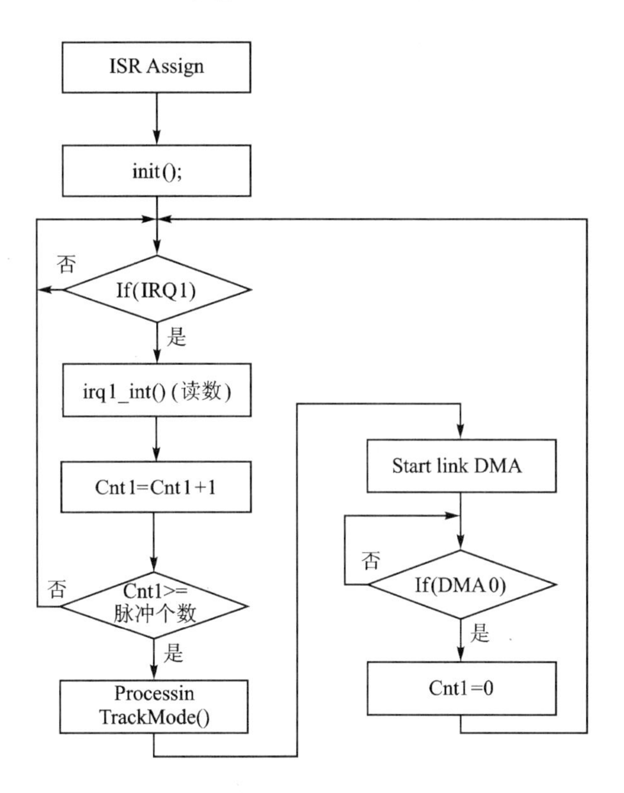

图 7-19　DSP 主函数处理流程—信号处理程序

7.3.5　DSP 以 DMA 方式传输数据

完成信号处理工作之后，系统便将处理完成的结果传送给 DSP3，如本章图 7-1 的系统结构框图所示。系统在不同 DSP 数据传输时同样使用了 DMA 的方式，通过 Link 口进行传输，这部分功能在处理流程中所处的位置如图 7-20 所示。

```
    //设置 DMA 控制寄存器
DMA4Finish_Flag = 0;
TCB_temp.DI = (int * )LinkDataToDevice3;
TCB_temp.DX = 4 | (DATA_LEN_D2_TO_D3<< 16);
TCB_temp.DY = 0;
TCB_temp.DP = 0x47000000;

//启动 DMA 传输
q = __builtin_compose_128((long long)TCB_temp.DI | (long long)TCB_temp.DX<< 32, (long
                long)(TCB_temp.DY | (long long)TCB_temp.DP<< 32));
__builtin_sysreg_write4(__DC4, q);

//判断 DMA 是否已经完成
while(CheckDMA4State())
    asm("nop;;");
```

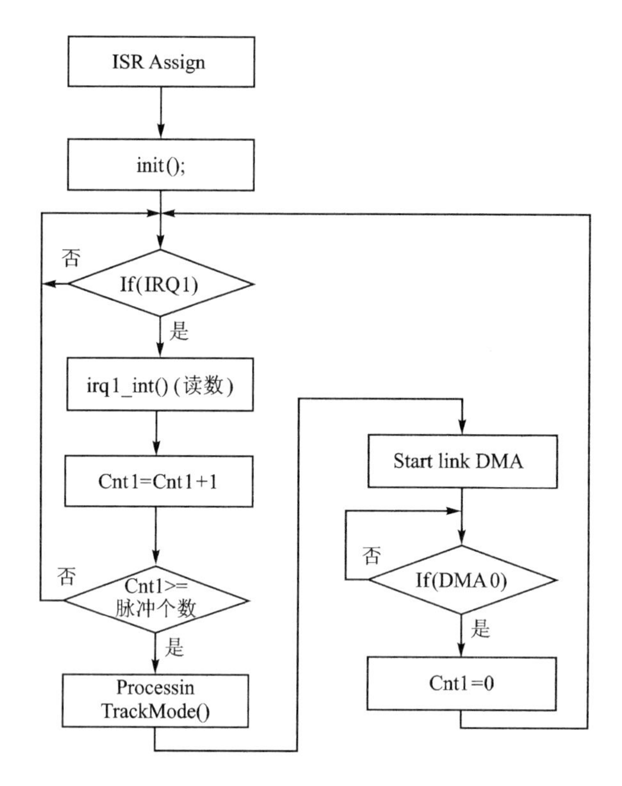

图 7-20 DSP 主函数处理流程—信号处理程序

```
//计数器标志位,开始下一次处理流程
FIFODone_Flag = 0;
```

在 Link 口完成了 DMA 的数据传输后,对之前的计数器进行清零,系统便开始了下一次的处理流程的循环,处理工作到此结束。

7.4 DSP 汇编语言并行优化

本节内容主要集中介绍信号处理核心软件进行软件系统的并行优化,包括处理器内部及处理器间的并行流水线(嵌套)的设计,以及应用 SIMD、软件流水、超标量等并行机制,对系统关键算法环节进行指令级的优化。

下文将重点以快速傅里叶变换(FFT)和恒虚警检测(CFAR)为例,详细分析了如何进行算法级与代码级的并行优化,以及软件流水的方法。

7.4.1 FFT 在 ADSP-TS201S 中的并行优化方法

图 7-21 给出了标准 16 点基 2 FFT 的实现结构,其中数据以位反序方式输入,正常顺序输出,结构上可以实现同址计算。然而在 TS201 中,对内存的顺序读写通常是效率最高的,为了提高运算中的随机访问内存的速度,系统提供了高速缓冲存储器(cache)。CPU 在读写数据时,首先访问 cache,由于 cache 的速度与 CPU 相当,因此 CPU 就能在零等待状态下迅速地

完成数据的读写。只有 cache 中不含有 CPU 所需的数据时，CPU 才去访问主存，CPU 在访问 cache 时找到所需的数据称为命中，否则称为未命中。因此，访问 cache 的命中率则成了提高效率的关键。

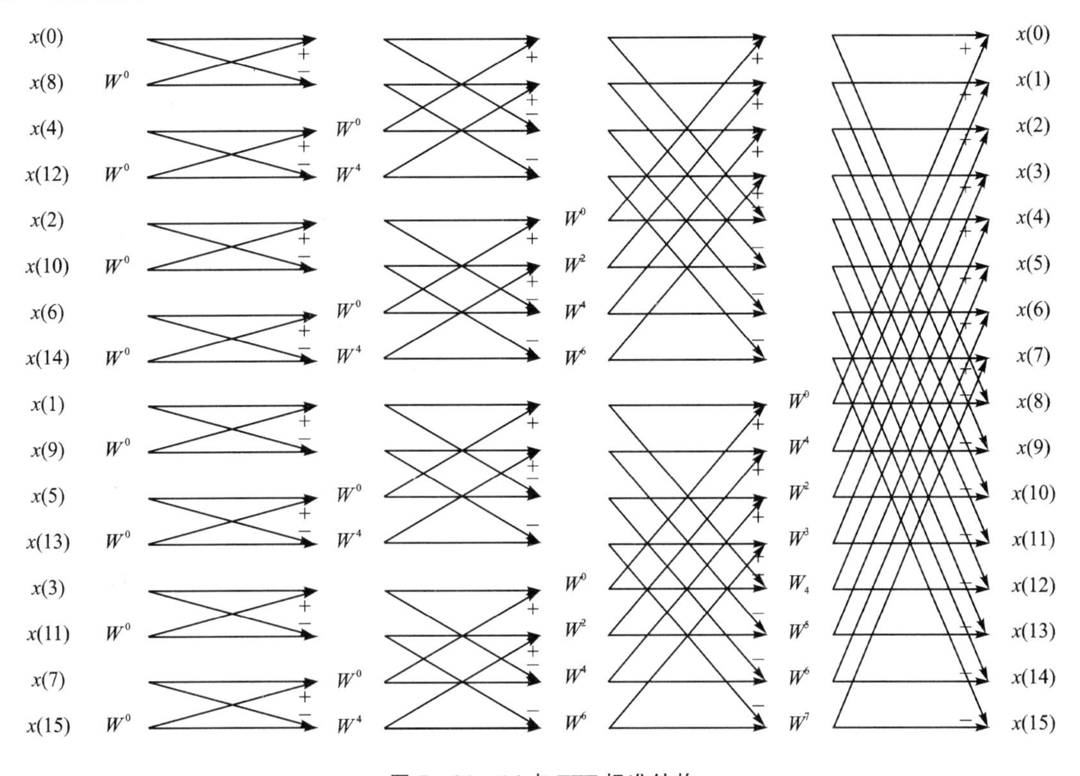

图 7-21　16 点 FFT 标准结构

1. 算法结构的优化

分析图 7-21 中的运算结构可以发现，随着级数增加，蝶形运算的两个输入的跨度在成倍增大，当 cache 的容量无法容纳所有输入数据时，cache 命中的概率便很小了，算法执行的速度也会成倍降低。因此解决问题的关键在于重新安排每一级的输出，以保证从内存中顺序读取下一级输入数据。新的实现结构如图 7-22 所示。

显然，新的结构中每一级的输出只是标准结构按照位反序的重新排列，即

$$m=\begin{cases}n/2 & n\text{ 为偶}\\(n-1)/2+N/2 & n\text{ 为奇}\end{cases}\qquad(7-1)$$

当 n 为偶，右移一位；n 为奇则左移一位并将最高位置 1。这样经过 $K=\log_2 N$ 次位反序又回到 n，使最终输出变为正常位序，并且实现了输入数据的顺序访问。但需要注意的是，这种结构由于重新排序，所以不能进行原位计算，需要额外的缓冲存储缓冲存储，对于有 24Mbit 片内存储的 TS201S 来说完全可以满足。

另外因为第 1、2 级只有加减运算而没有乘法，所以通常被合并为一级效率更高的基 4 算法来实现。

2. 指令级并行操作优化

表 7-3 给出了完成一个复数蝶形运算必要的步骤。

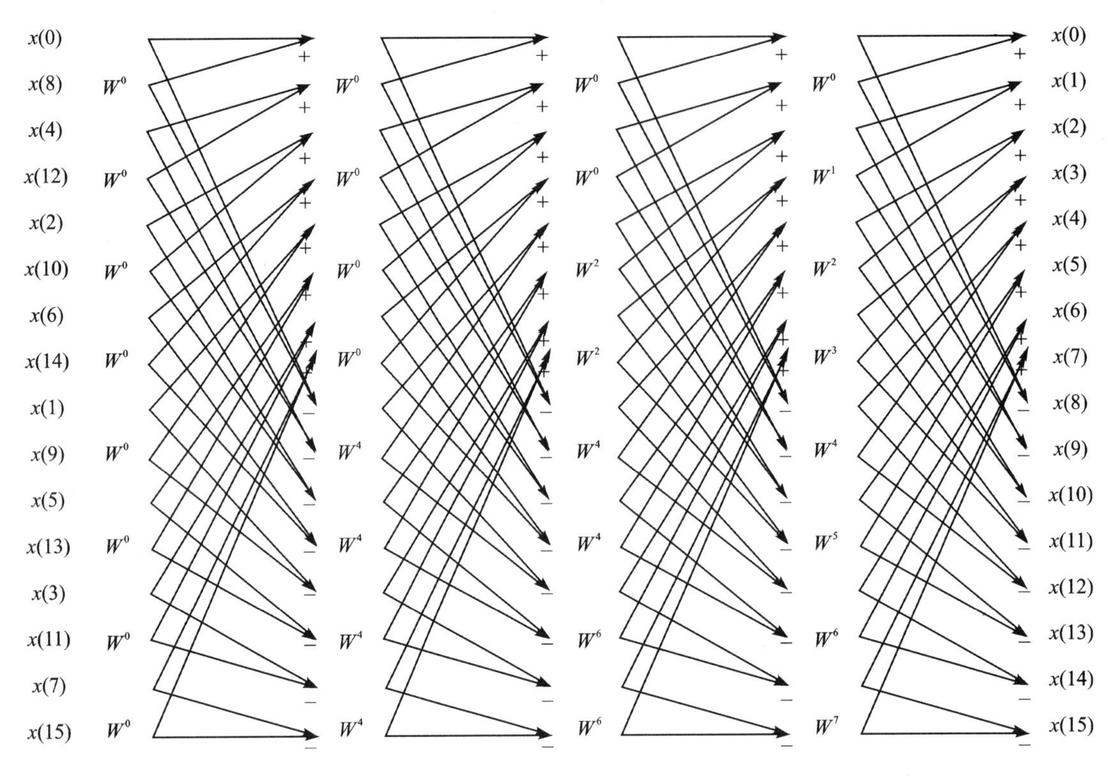

图 7-22 适合顺序访问的 16 点 FFT 结构

表 7-3 完成单个复数蝶形运算的操作

Mnemonic	Operation
F1	Fetch Real(Input1) of the Butterfly
F2	Fetch Imag(Input1) of the Butterfly
K2	Fetch Real(Input2) of the Butterfly
F4	Fetch Imag(Input2) of the Butterfly
M1	K2 * Real(twiddle)
M2	F4 * Imag(twiddle)
M3	K2 * Imag(twiddle)
M4	F4 * Real(twiddle)
A1	M1－M2＝Real(Input2 * twiddle)
A2	M3＋M4＝Imag(Input2 * twiddle)
A3	F1＋A1＝Real(Output1)
A4	F1－A1＝Real(Output2)
A5	F2＋A2＝Imag(Output1)
A6	F2－A2＝Imag(Output2)
S1	Store(Real(Output1))
S2	Store(Imag(Output1))
S3	Store(Real(Output2))
S4	Store(Imag(Output2))

① 注意到TS201S有X、Y两个计算块可以同时工作,来实现SIMD引擎,因此可以将两个相邻的蝶形运算分别在X和Y计算块中同时处理。更具体的,F1、F2、K2和F4总共载入4个32位字,在TS201中可以用一个4字访问指令加载到X计算块的寄存器组中,接着需要再用一个4字加载指令读取第二个蝶形运算数据到Y寄存器组中,以便在后续乘法与算术操作中可以实现SIMD。

② 由于TS201S支持单指令加/减操作,因此A3、A4和A5、A6可分别被合并为单个算术操作指令(通过SIMD同时在两个蝶形运算上实现)。而对于S1、S2、S3和S4,因为新的算法结构中每一级输出需要重新排序,蝶形运算的Output1和Output2间有N个words的跨度,因此这4个存储操作不能在一个周期完成。但如果考虑到SIMD方式,两个相邻的蝶形运算Output1和Output2的序号也分别是相邻的,那么我们可以在一个周期里同时存储两个蝶形的Output1(4字),在下一个周期同时存储两个蝶形的Output2(4字),以充分利用系统128位总线宽度。

按照上述优化过的操作序列如表7-4所列,共有2次取数操作(F)、4次乘法、4次ALU和2次回写操作(S)。由于TS201S支持静态超标量,允许读写、乘法及ALU操作在同一周期内并行,考虑到软件流水,其中的最大原子操作数为4,所以在SIMD方式下只需要4个时钟周期即完成一对蝶形运算。另外注意到TS201有两套寻址单元:JALU和KALU,上述的4次读写操作只使用了JALU,因此还有4次KALU操作可以使用。

表7-4 部分优化后的复数蝶形运算的操作

Mnemonic	Operation
F1	Fetch Input1,2 of the Butterfly1
F2	Fetch Input1,2 of the Butterfly2
M1	Real(Input2) * Real(twiddle)
M2	Imag(Input2) * Imag(twiddle)
M3	Real(Input2) * Imag(twiddle)
M4	Imag(Input2) * Real(twiddle)
A1	M1－M2＝Real(Input2 * twiddle)
A2	M3＋M4＝Imag(Input2 * twiddle)
A3	Real(Input1)＋/－A1＝Real(Output1,2)
A4	Imag(Input1)＋/－A2＝Imag(Output)
S1	Store(Output1,both Butterflies)
S2	Store(Output2,both Butterfiles)

观察适合顺序访问的16点FFT结构中,每一级的运算结构都是独立并且相同的,因此与16点FFT标准结构相比,可以减少一级循环嵌套,前提是必须找到一种方法使得在每一级运算时能正确的取旋转因子(适合顺序访问的16点FFT结构中级与级之间的区别仅在于旋转因子)。这可以通过一个虚拟的旋转因子偏置量以及一个掩码来实现:在每一次顺序取旋转因子时首先对偏置量作递增操作,再将其与(AND)掩码,即得到正确的旋转因子偏置量。例如16点FFT中的第三级,前2个蝶形运算的旋转因子为W^0,第3、4个为W^2,5、6为W^4,最

后 2 个为 W^6……，取掩码为 0xFFFF FFFE，当虚拟偏置量从 0x0 递增到 0x7，经过上述与操作即得到正确的偏置量，而下一级的掩码只需将上一级掩码算术右移（符号位扩展）一位即可。因此为了取旋转因子，需要增加虚拟偏置量递增、掩码和取旋转因子 3 个 KALU 操作，考虑到 SIMD 则需要 6 个 KALU，但如上所述，我们仅有 4 次 KALU 操作可以使用。通过仔细观察适合顺序访问的 16 点 FFT 结构可以发现，除了最后一级之外的所有以 SIMD 方式并行的两个蝶形运算都使用了相同的旋转因子，因此 3 个 KALU 操作可以满足；而在最后一级虽然每个蝶形运算使用不同的旋转因子，但它也不需要用到掩码操作，直接将虚拟的旋转因子偏置量递增即是实际的偏置，这样 4 次 KALU 操作也可以满足要求。

经过充分的指令级优化的操作序列示于表 7-5 中，其中增加了 K1、K2 和 K3 这 3 个 KALU 操作用来取旋转因子。

表 7-5　最终的复数蝶形运算的操作序列

Mnemonic	Operation
K1	Virtual Pointer Offset Mask
K2	Twiddles Fetch
K3	Virtual Pointer Offset Increment
F1	Fetch Input1,2 of the Butterfly1
F2	Fetch Input1,2 of the Butterfly2
M1	Real(Input2) * Real(twiddle)
M2	Real(Input2) * Real(twiddle)
M3	Real(Input2) * Real(twiddle)
M4	Real(Input2) * Real(twiddle)
A1	M1－M2＝Real9Input2 * twiddle)
A2	M3＋M4＝Imag(Input2 * twiddle)
A3	Real(Input1)＋/－A2＝Imag(Output1)
A4	Imag(Input1)＋/－A2＝Imag(Output1)
S1	Store(Output1,both Butterflies)
S2	Store(Output2, both Butterflies)

3. 基于软件流水的并行优化

TS201S 处理器的指令流水线的深度为 10 级，包括取指、译码、执行等。在指令执行过程中数据相关性、资源相关性、总线冲突以及分支相关性等因素都会造成在指令流水线中插入延迟。图 7-23 示出了最终操作序列中 FFT 运算各个操作间的相关性，图中箭头起始操作的运算结果会被箭头指向的操作所用到。其中一些相关操作间会由于指令流水线而插入一个周期的延迟，例如 F2 与 A1，也就是如果在执行 F2 后立即执行 A1，则会由于数据相关性插入一级延迟，优化代码时必须使这样的两个操作间相隔至少 1 个时钟周期。类似的相关操作如下：

```
K2 - >M1,M2,M3,M4
F1,F2 - >M1,M2,M3,M4,A3,A4
M1,M2 - >A1
```

```
M3,M4 ->A2
A1,A2 ->A3,A4
```

当不考虑并行情况时的指令执行如表 7-6 所列，其中 MAC 和 ALU 分别为乘法与算术运算单元。为了利用 TS201S 的静态超标量结构，需要引入软件流水结构，以使得每个周期中各个运算单元能高效运行。

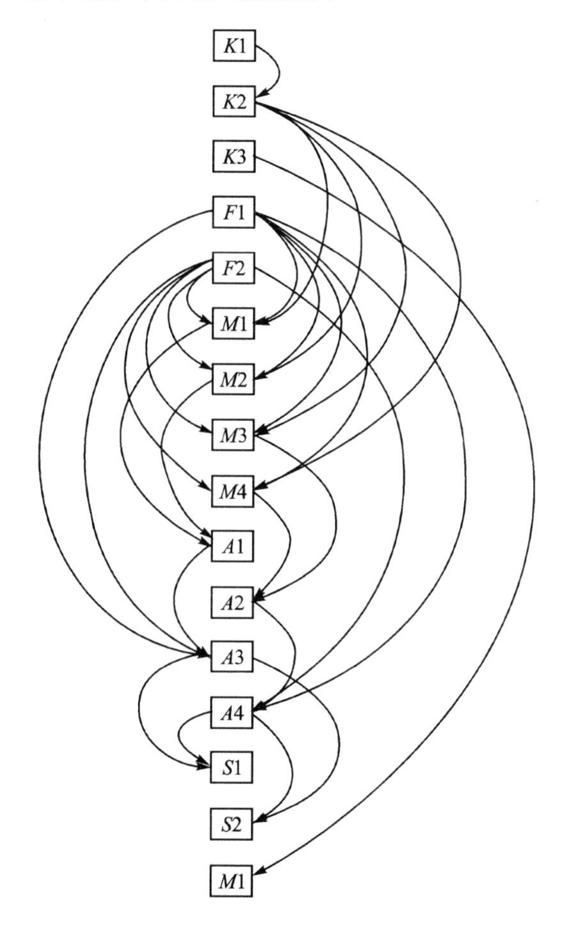

图 7-23　优化后的操作相关性

表 7-6　不考虑流水时的指令执行

Cycle/Operation	JALU	KALU	MAC	ALU
1	F1	K1		
2	F2	K2		
3		K3		
4			M1	
5			M2	
6			M3	
7			M4	A1
8				
9				A2
10				A3
11				A4
12	S1			
13	S2			

软件流水是开发循环程序指令级并行性的技术，是一种有效的循环优化方法。它通过并行执行连续的多个循环体来加快循环的执行速度，在前一个循环体未结束前启动下一个新的循环体。在软件流水中，因为循环体的重叠，导致了循环软件流水后，同一个变量的不同实例其生存期可能重叠（变量生存期，也即相应操作输出结果的最大相关周期数，是指从一个变量的实例的定值操作开始起，到最后一个引用操作开始止），为了避免后续循环体中该变量的实例覆盖前面循环体中定义的值，需要将这些实例赋予不同的寄存器，因此循环体的重叠增加了寄存器需求，导致寄存器压力增大，当目标处理机所提供的寄存器不足时，软件流水可能失败，如表 7-7、表 7-8 所列。

表 7-7　软件流水寄存器约束分析

State	Depentency To States	Max Dep Cycles	Compute Block Registers Needed
K1	K2	1	0
K2	M1,M2,M3,M4	5	4*([5/4]+1)=8
K3	K1	1	0
F1	M1,M2,M3,M4,A1,A2	10	4*([10/4]+1)=16
F2	M1,M2,M3,M4,A1,A2	10	4*([10/4]+1)=16
M1	A1	2	2([2/4]+1)=2
M2	A1	2	2([2/4]+1)=2
M3	A2	2	2([2/4]+1)=2
M4	A2	2	2([2/4]+1)=2
A1	A3,A4	2	2([2/4]+1)=2
A2	A3,A4	2	2([2/4]+1)=2
A3	S1,S2	1	4([1/4]+1)=4
A4	S1,S2	1	4([1/4]+1)=4
S1	none	0	0
S2	none	0	0
	Total Regs		60

表 7-8　蝶形运算软件流水并行指令

Cycle/Operation	JALU	KALU	MAC	ALU
1	F1	K1	MR−−	A3−−−
2	F2	K2	M2−	A4−−−
3	S1−−−		M3−	A2−−
4	S2−−−	K3	M1	A1−
5	F1+	K1+	M4−	A3−−
6	F2+	K2+	M2	A4−−
7	S1−−		M3	A2−
8	S2−−	K3+	M1+	A1
9	F1++	K1++	M4	A3−
10	F2++	K2++	M2+	A4−
11	S1−		M3+	A2
12	S2−	K3++	M1++	A1+
13	F1+++	K1+++	M4+	A3
14	F2+++	K2+++	M2++	A4
15	S1		M3++	A2+
16	S2	K3+++	M1+++	A1++

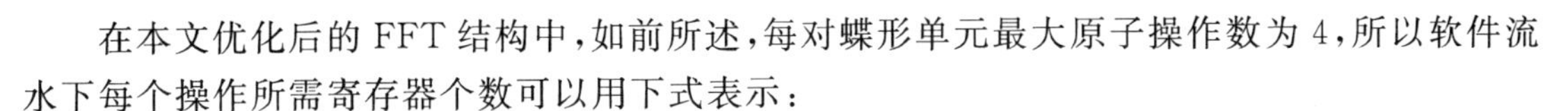

在本文优化后的FFT结构中，如前所述，每对蝶形单元最大原子操作数为4，所以软件流水下每个操作所需寄存器个数可以用下式表示：

$$Pipelined\_Reg\_Per\_State\_Output = UnPipelined\_Reg\_Per\_State\_Output \times [(Max\_Dep\_Cycle/4)+1] \tag{7-2}$$

其中，Pipelined_Re_Per_State_Output 和 UnPipelined_Reg_Per_State_Output 分别表示流水与非流水条件下单个操作结果输出所需寄存器的个数；Max_Dep_Cycle 为此操作输出结果的最大相关周期数，即变量生存期；[]表示取整。表7-1中示出了在FFT中应用软件流水所需的寄存器状况。注意到由于A3，A4较之于M1，M2，M3，M4，A3，A4是同时+/−操作，故其所需寄存器数目也是后者的两倍。通过分析，软件流水化至少需要60个寄存器，而TS201S有64个32位Reg，故可以满足要求。

右表7-8给出了最终完全软件流水后的并行指令执行过程，其中“+”表示下一对新的蝶形运算的相应操作，“−”表示上一对蝶形运算的相应操作。表中所有指令都是并行的，其间没有延迟，流水深度为4级蝶形，也就是说，优化后一次过程可以执行4对蝶形运算。

正如预期的那样，最终实验结果显示当运行点数大于cache结构的FFT时，经过上述一系列改进的代码的执行时间仅为优化前的1/3不到。

7.4.2 CFAR在ADSP-TS201S中的并行优化方法

如图7-24所示为CFAR实现框图，为了减轻因目标跨过相邻多普勒单元而形成的自身干扰，待检测单元两边各有一个保护单元，在背景噪声为瑞利分布条件下，$K=5.16$。

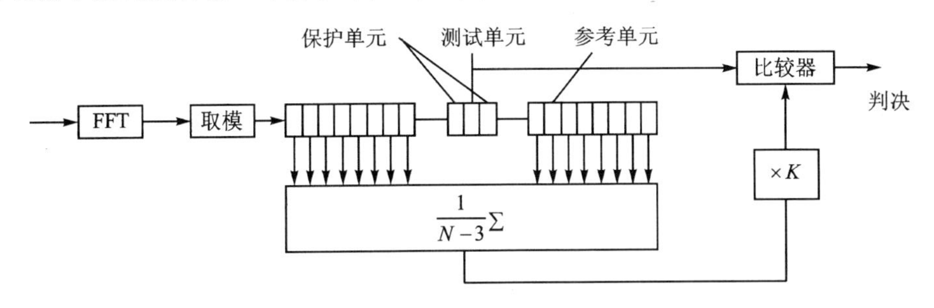

图7-24 滑窗CFAR处理原理框图

考虑滑窗CFAR在TS201S中的并行实现，图7-25给出了一次单元滑窗的数据变化情况。显然，每次滑窗时都将16个参考单元重新求和并不是一个好的办法。观察图7-24可以发现，其实每次滑窗只需在上一次求和的基础上加上两个新滑入的数据单元[$x(n+8)$与$x(n+19)$]，再减去两个滑出的单元[$x(n)$与$x(n+11)$]即可。但是不幸的是，这4个word数据的地址并不连续，因此我们不能使用双字或4字操作在一个周期完成。注意到要完成检测还需要取出待比较单元$x(n+10)$，而$x(n+8)\sim x(n+11)$为连续4字，但在TS201S中，双字、4字寄存器加载或存储访问时，存储器中的数据排队非常重要，也就是双寄存器载入或存储必须使用一个可被2整除的地址指针(双字对齐)；同样，4字寄存器载入或存储必须使用一个可被4整除的地址指针(四字对齐)。在CFAR滑窗时，$x(n+8)$的地址只有1/4的概率满足4字对齐，而对于这种情况，TS201S提供了一种特殊的寻址方式：数据排队缓冲池(DAB)访问。

在TS201S中，每个计算块都为访问未排队的数据提供了一个相关的数据排队缓冲池(X

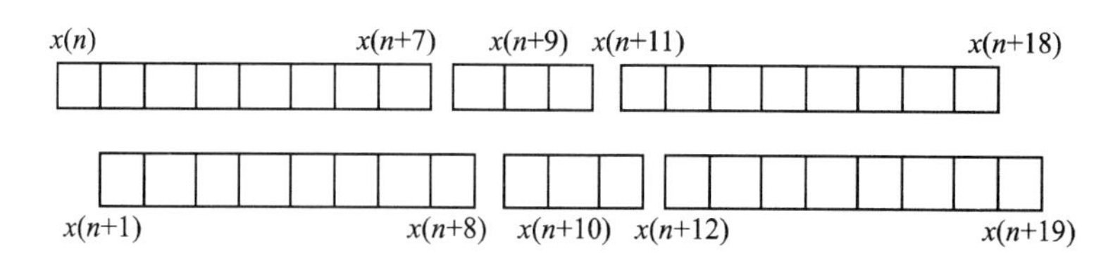

图 7-25　一次单元滑窗的数据变化

—DAB 和 Y—DAB)。使用 DAB 程序可以执行对一个未排队的 4 字数据(4 个 word 或 8 个 short word)的存储器访问,并把数据载入到另外 4 个数据寄存器中。DAB 实际上完成为一个 4 字 FIFO(先入先出)使用单个 4 字缓冲区保存跨越 4 字边界的数据,并用来把 FIFO 的数据和当前的 4 字访问数据载入寄存器。

图 7-26、图 7-27 分别说明了排队和未排队的数据访问情况。当按照四字对齐访问存储器时,可以看到 DAB 不对数据排队,X—DAB 内容不变。而当对未排队的数据进行访问时,如图 7-27 中 4 字加载 word1～word4,首先需要进行一次读操作来初始化 DAB,清除前面的数据,并载入连续的第一个正确数据。DAB 自动决定来自地址指针的最近的 4 字边界,并从存储器中读入正确的 4 字载入。换句话说,对未排队数据,DAB 访问需执行两个相同的操作:先在最近的四字边界加载,再加载正确的值。

因此对于一次滑窗操作中需执行 4 次寄存器加载操作:$x(n)$、$x(n+19)$和两次 DAB 加载 $x(n+8)$～$x(n+11)$。接下来考虑 SIMD,由于在沿单个距离门的滑窗过程中,后一点的计算要基于前一点的计算结果(和),故不可能同时做同一距离门的相邻两点滑窗。可以考虑在 X、Y 计算块中同时进行相邻两个距离门的滑窗,检测同一个速度门。

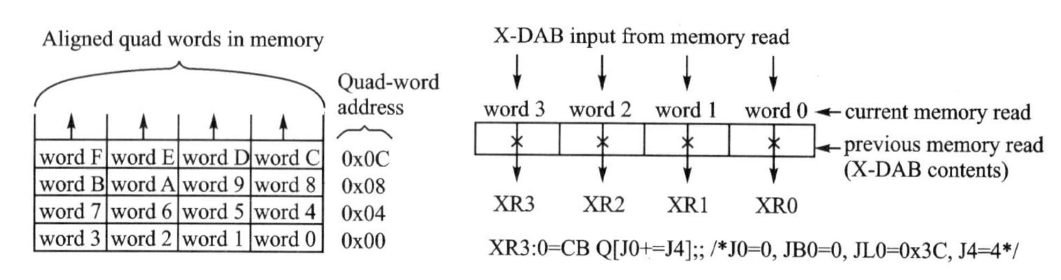

图 7-26　排队数据的 DAB 操作

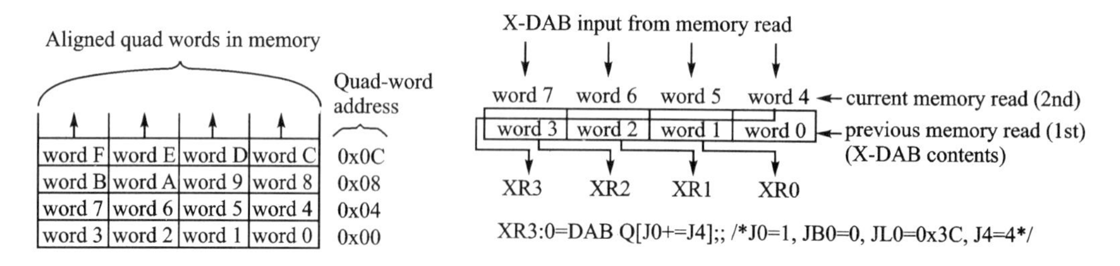

图 7-27　未排队数据的 DAB 操作

表 7-9 列出了 SIMD 方式下完成双距离门同时滑窗所需的操作。

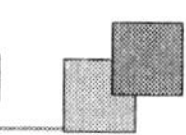

表 7-9　双距离门 CFAR 所需操作

Mnemonic	Operation
FX0	Fetch x(n+19) of R. Gate 1
FY0	Fetch x(n+19) of R. Gate 2
FX1	Fetch x(n) of R. Gate 1
FY1	Fetch x(n) of R. Gate 2
K	Adjust KALU addressing Pointe
J	Adjust JALU addressing Pointer
FX2	1st DAB Quad word Fetch x(n+8)～x(n+11) of R. Gate 1
FX3	2nd DAB Quad word Fetch x(n+8)～x(n+11) of R. Gate 1
FY2	1st DAB Quad word Fetch x(n+8)～x(n+11) of R. Gate 2
FY3	2nd DAB Quad word Fetch x(n+8)～x(n+11) of R. Gate 2
A1	Original Sum+x(n+19) in both R. Gate
D1	A1－x(n) in both R. Gate
A2	D1＋x(n+8) in both R. Gate
D2	A2－x(n+11) in both R. Gate
M	D2 * Ratio in both R. Gate
Comp	Compare Mwith x(n+10) in both R. Gate
V	Adjust V. Gate No. in KALU
Detect1	Detect Target in R. Gate 1 by XSTAT Reg.
Detect2	Detect Target in R. Gate 2 by YSTAT Reg.

由于 DSP 操作的相关性，各操作的执行序列及数据相关性导致的延时如表 7-10 左所列。

从表 7-10 左边可看到，虽然分别使用 JALU 和 KALU 两个来加载两个距离门的数据，但由于大多数情况下，相邻距离门的数据会放在同一个 Memory Block 中，考虑到这种情况，不应在同一周期执行 FX 和 FY 的加载操作，以防止总线冲突引入的延迟。受此限制，SIMD 方式下每滑窗一个数据单元，至少需要 8 个时钟周期。

另外，对于在 Comp 比较操作完成后分别根据 XSTAT 和 YSTAT 对两个距离门的同一个速度门单元进行目标检测的 Detect1 和 Detect2 操作，由于只有当检到目标后才会执行跳转，这里需要注意使用分支目标缓冲(BTB)和分支预测机制。在 TS201S 中，因为采用了十级深度流水，当发生分支预测错误等情况时，需要清空指令流水线重新取指，这会带来 4～9 个代价周期(penalty cycle)，因此程序控制器(program sequencer)中提供了 BTB 机制以减少或消除分支开销。由于在一个距离门的 256 个速度门中，检出目标的概率极低，因此 Detect1 和 Detect2 应预测为不发生(NP)。

应用了软件流水的并行指令结构安排如表 7-10 右所示，其中流水深度为两级单元滑窗处理，时间性能为 4Cycles/单元，因此完成 M 个距离门 N 个速度门的数据矩阵的滑窗大约需要 4MN 个时钟周期。

表 7-10 单元滑窗 CFAR 的软件流水并行指令

Cycle/Operation	JALU	KALU	ALU	MAC	Program Sequencer
1	FX0				
2		FY0			
3	FX1	K			
4	J	FY1			
5	FX2		A1		
6	FX3				
7		FY2	D1		
8		FY3			
9					
10			A2		
11					
12			D2		
13					
14				M	
15					
16			Comp		
17		V			
18					Detect1
19					Detect2

Cycle/Operation	JALU	KALU	ALU	MAC	Program Sequencer
1	FX0	V--			
2		FY0	A2-		Detect1--
3	FX1	K			Detect2--
4	J	FY1	D2-		
5	FX2		A1		
6	FX3			M-	
7		FY2	D1		
8		FY3	Comp-		
9	FX0+	V-			
10		FY0+	A2		Detect1-
11	FX1+	K+			Detect2-
12	J+	FY1+	D2		
13	FX2+		A1+		
14	FX3+			M	
15		FY2+	D1+		
16		FY3+	Comp		

通过一系列的并行优化，使得 DSP 系统的处理速度相比优化前提高了 3～8 倍。

7.5 实时系统处理结果

由于系统中 DSP 主要进行了相参积累、恒虚警检测等处理，本节中给出了 DSP 在处理前和处理后的数据，对 DSP 部分处理的功能予以验证。

首先在 DSP 对信号进行处理之前，两个通道的信号波形分别如图 7-28、图 7-29 所示。可见通道 1 信噪比较高，通道 2 信噪比稍低。

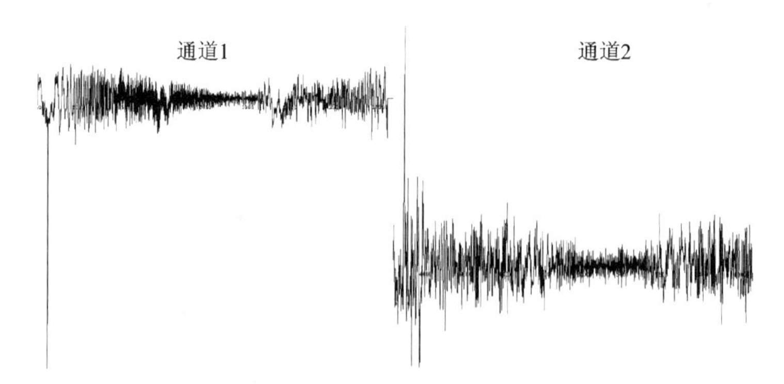

图 7-28 DSP 通道 1，通道 2 输入波形

而在 DSP 完成相应的信号处理工作之后，信号的可识别性已经得到了很大的改善。如图 7-29 所示。从图中可以看出，通道 1 和通道 2 的信号在处理之后都有很好的可分辨性。

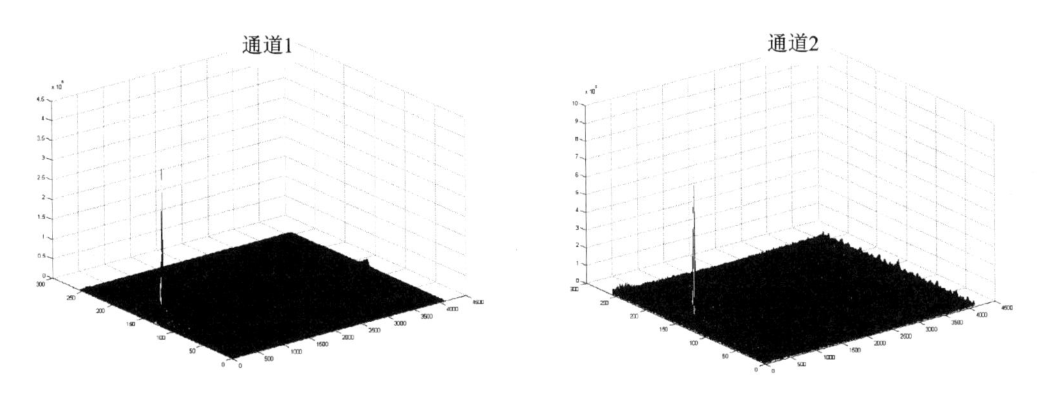

图 7-29　DSP 通道 1，通道 2 输出波形

第8章 实时图像处理系统

8.1 DSP芯片介绍

本系统中应用的DSP为TI公司C6000系列的TMS320C6416。本节将对TMS320C6416做一个简单的介绍。

TMS320C6416是TI公司生产的定点DSP系列的成员，采用一种改进的哈佛总线结构：一套256位的程序总线，两套32位数据总线和一套32位DMA专用总线。处理单元采用高性能、先进的VelociTI™(very long instruction word)结构，每时钟周期可并行执行8条32位的指令。在时钟为600 MHz时，每指令周期为1.67 ns，具有4800MIPS的性能。其主要特点如下：

① CPU中有2个功能单元，每个功能单元包括32个字长为32位的通用寄存器，包括3个ALU，1个乘法器，每个功能单元输入/输出端口相互独立，可实现并行处理。虽然C6416一次同时读取和执行8条指令，但并不意味着一次同时执行8条有效的指令。运算单元、寄存器和内存资源冲突以及指令间的上下文依赖关系都会阻碍有效指令的并行执行。C6416的运行效率随有效指令的并行程度的不同而不同，因此应用程序编写的好坏直接影响C6416的运行效率。为了有效地利用VLIW结构的并行资源，提高C6416的运行效率，同时减少应用程序员的编程难度，TI在推出VLIW结构的DSP的同时，推出了C优化器和汇编语言优化器。利用这两种优化器，应用程序员在大多数的情况下，可以不用考虑VLIW结构而按常规编程，程序经优化器优化后，可以产生并行程度较高的目标代码。

② 外部存储器接口(external memory interface，EMIF)是TMS320C6416的最大特色之一，TMS320C6416有两种EMIF接口EMIFA和EMIFB，其中EMIFA支持8/16/32/64位数据宽度以及同步、异步各种类型的存储器，EMIFB支持8/16位数据宽度以及同步、异步各种类型的存储器。

③ TMS320C6416片内有16KB的数据RAM和16KB的程序RAM。TMS320C6416的地址总线为32位，所以寻址范围达到4GB，通过EMIF实际可访问1280MB的片外存储空间，其存储器空间可分为4个部分：片内程序空间(可以用做cache)、片内数据空间、外部存储空间和内部外围设备空间。片内程序空间可设为cache，存储经常使用的代码，减少片外访问次

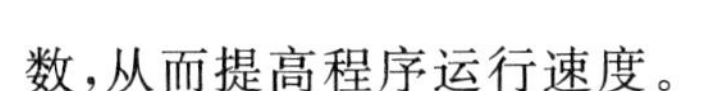
数，从而提高程序运行速度。

④ TMS320C6416 的外围设备包括 DMA 控制器、主机接口(HPI)、中断选择等。TMS320C6416 有 64 个相互独立的可编程 DMA 通道，可在 CPU 后台工作，以 CPU 时钟传输数据。因此，TMS320C6416 可以与外部的低速设备接口而不降低 CPU 的吞吐量。

⑤ TMS320C6416 具有丰富的指令集，内含 50 余条指令，且大部分是单周期的，可完成数据传输、算术逻辑运算和程序控制等功能。由于多处理单元的采用，在无资源冲突下，TMS320C6701 最多可并行执行 8 条基本指令。指令执行可分为 4 个步骤：取指(fetch)、指令拆装(dispatch)、译码(decode)、执行(execute)，这 4 个步骤可并行操作。TMS320C6416 支持多种寻址方式，如寄存器寻址、直接寻址、短立即数寻址、长立即数寻址和相对寻址。此外，它还提供循环寻址方式，适用于相关和卷积运算中的存储器寻址。

⑥ TMS320C6416 能够给 8 个串行或并行执行的指令打包，每个指令包大小为 256 位，减少了取指次数，降低了功耗。

⑦ 所有指令都是条件执行指令，减少了代价昂贵的跳转开销，增加了并行度。

TMS320C6416 是目前具有高性能的定点 DSP，由于其本身具有丰富的硬件资源和较高的定点运算能力，采用其作为信号处理硬件的核心处理器的实现方案具有硬件构成简单、成本低、性能高等优点。C6416 在内部集成了丰富的外围设备(peripherals)，方便用于控制片外的存储器、主机以及串行通信设备。

8.2 系统功能与总体结构

本系统是实时图像处理的核心部分，系统将提取到的图像数据进行处理后再通过接口送入下一级电路。根据系统的功能要求，设计了基于 DSP 和 FPGA 的信号处理系统，系统的总体设计结构如 8-1 所示。基于 DSP 和 FPGA 的信号处理系统是目前比较常用的并行处理系统解决方案，在信号处理的各个领域得到广泛应用。DSP+FPGA 结构最大的特点是结构灵活，有较强的通用性，适于模块化设计，从而能够提高算法效率；同时其开发周期较短，系统易于维护和扩展，尤其适合于实时信号处理。

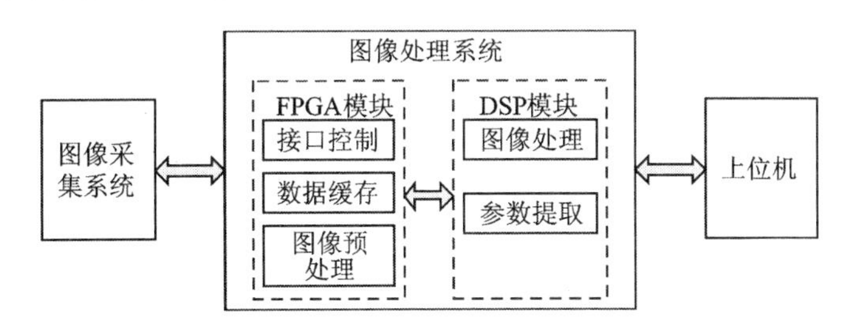

图 8-1 系统总体结构图

本信号处理硬件主要由 2 片 FPGA、2 片 DSP 和 6 片 SDRAM 存储器构成，其中由两片 DSP 充当主处理器，FPGA 主要完成逻辑控制功能并提供图像数据接口。系统采用如图 8-2 所示对称的并行处理结构。

信号处理硬件设计时采用了模块化的设计思路，按照任务要求将整体系统分为多个模块。每个 DSP+FPGA 结构组成一个相对独立的处理模块(PE)，PE 模块的算法主要由 DSP 完

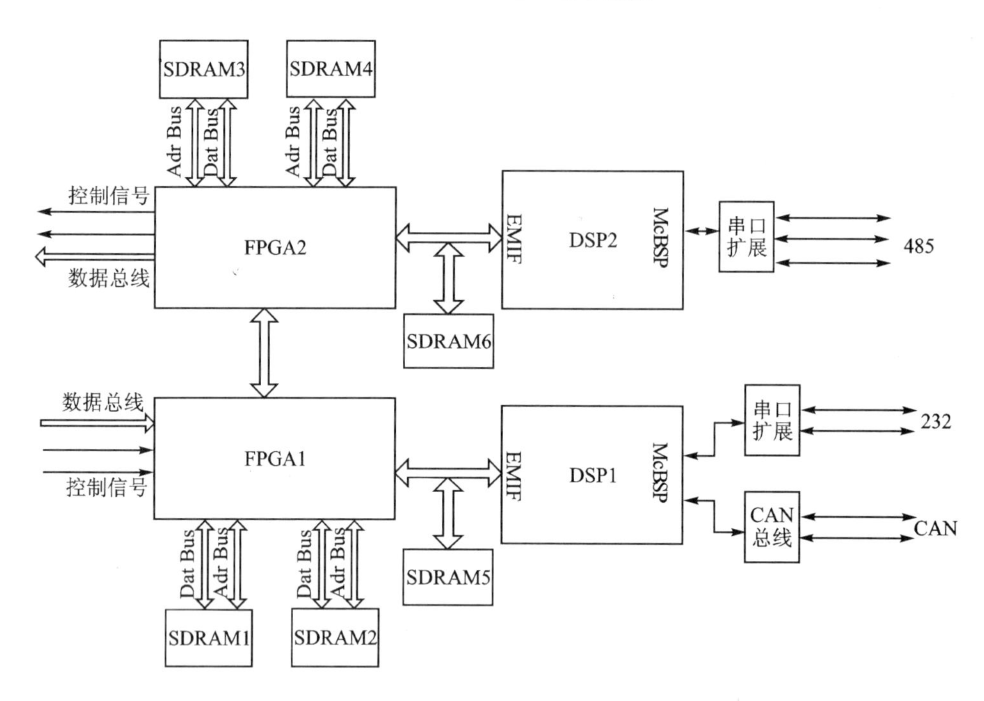

图 8-2 系统结构

成，FPGA 主要负责接口控制和数据读写的逻辑，以及必要的图像预处理操作。每个模块能完成的功能主要包括接口控制、数据传输、图像处理算法。模块与模块之间的通信主要通过 FPGA 之间的数据通路实现，采用 FIFO 缓存的结构进行数据交互，从而保证大量数据的实时传输；每个通信接口只负责相邻两个 PE 模块的数据交互，使得逻辑控制和任务的仲裁相对简便易行。模块间数据流的传递采用接力式的流水组织形式，与传统的多模块共享总线的处理机结构相比，减少了数据总线接口的负担，不会由于总线资源的占用冲突影响整个系统的处理速度。当某个模块不能完成任务时，只要 FPGA 之间的数据通道能正常工作，其他模块仍能完成部分算法并将处理结果下传出去。这种设计方式使得系统的容错性比较强，某一 PE 模块的异常不会使系统整体的处理流程停顿下来。

系统的每个 DSP+FPGA 模块的结构和功能存在相似性，在需要的时候能进行模块扩展，在硬件设计上，只需根据需要添加相应的 DSP+FPGA 结构的 PE 模块，进行重新布线即可，PE 的外部接口基本一致，减小了设计和制板的难度；在软件设计上，接口和逻辑控制部分也可移植其他模块的程序，只需较少的改动就能正常工作。与传统的多 DSP 处理系统相比，这种对称的模块化结构具有良好的可扩展性，大大减少了系统做改动时软硬件设计的难度。

在功能方面，FPGA 完成接口控制、协议转换和必要的图像预处理功能。其中 FPGA1 负责完成和图像采集系统的图像数据接收、预处理、缓存功能，此外还和 FPGA2 一起负责 DSP1 和 DSP2 之间的数据交换。FPGA2 提供图像数据的输出接口，主要负责将 FPGA1 提取的窗口数据通过高速数据接口传输出去，同时还完成 DSP1 和 DSP2 之间的数据交换。

DSP 属于信号处理硬件的核心部分，负责实现图像处理的核心算法等功能，处理得到的结果通过串口扩展的 CAN 总线通信接口对外输出。系统在设计时，还留有备用的 485 和 232 接口，从而为系统总体的扩展留有空间。

8.2.1　图像数据的采集

原始图像数据量大,数据传输速率高(每秒15帧,每帧数据量1024×2048×10 bits),因此在信号传输时采用LVTTL电平的同步并行高速数据传输接口。包括10 bits图像数据,帧同步信号、行使能信号、像元时钟等控制信号,在FPGA中完成该接口协议的转换,时序如图8-3所示。

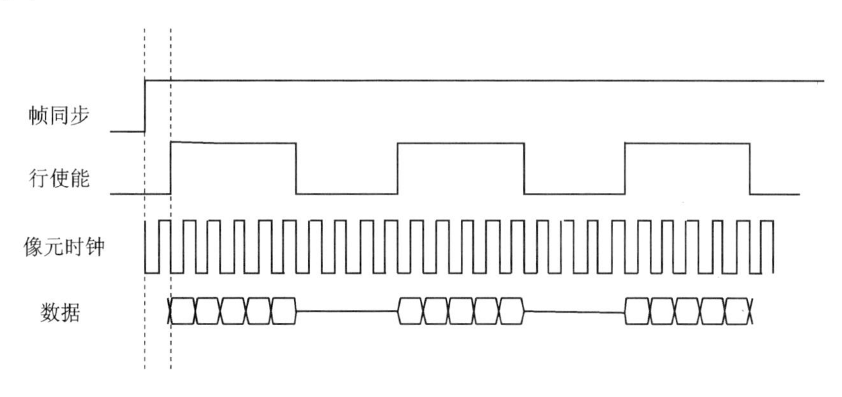

图8-3　控制信号与数据时序图

8.2.2　图像数据的输出

图像处理结果经CAN总线送给上位机,其中CAN总线接口通过DSP的多通道缓冲串口(Mcbsp)扩展实现,工作于SPI方式,采用CAN协议芯片和接口芯片扩展得到CAN总线接口。CAN总线控制芯片采用Microchip公司的MCP2510独立的可编程CAN控制器芯片和MCP82C251CAN总线收发器。

8.3　系统硬件结构设计

8.3.1　FPGA功能设计

在FPGA中需要完成以下内容:两片SDRAM的乒乓控制、数据的接收、图像预处理和图像输出。

每个FPGA外接的两片SDRAM实现乒乓存储,当接收奇数帧图像数据时,图像数据依次经过可编程图像数据接口、数据通路1、SDRAM控制器2,进入SDRAM2进行缓存;此时,图像预处理部分通过数据通路1、SDRAM控制器1可以访问缓存在SDRAM1中的数据,并对图像数据进行预处理,处理完成的数据通过DSP接口控制器传送到图像处理模块中进行后续处理。同样,当接收偶数帧图像数据时,图像数据依次经过可编程图像数据接口、数据通路2、SDRAM控制器1,进入SDRAM1进行缓存;此时,图像预处理部分通过数据通路、SDRAM

控制器 2 可以访问缓存在 SDRAM2 中的数据，并对图像数据进行预处理，预处理模块针对接收的图像采集系统的图像数据，在 FPGA 中利用加窗等方法对图像的背景噪声进行抑制。

预处理后的数据通过 DSP 接口传送到图像处理模块中进行后续处理。采用这种乒乓结构可以保证原始图像数据的接收和读取能同时进行，实时地对图像数据进行预处理操作，去除数据操作时的时间等待。这样提高了预处理模块的数据传输速度，能充分发挥 FPGA 在数据传输方面的速度优势。

FPGA1/2 的功能基本相同，主要完成原始数据接收、预处理和数据缓存，另外可为 DSP1/2 之间的数据传输通路。FPGA 内部结构如图 8-4 所示。

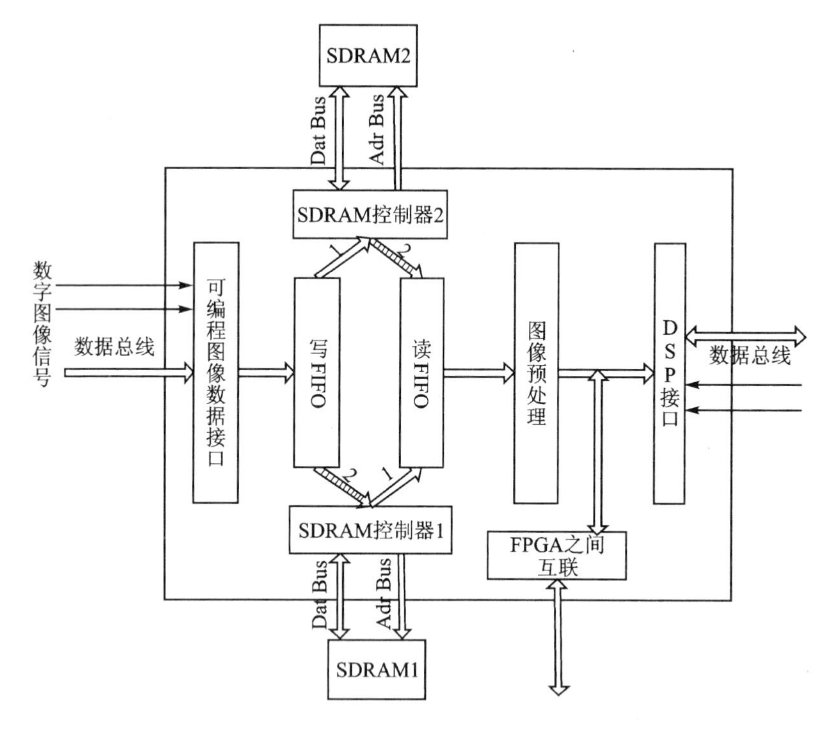

图 8-4 FPGA 内部功能结构图

FPGA 提供的的接口包括可编程数字图像信号接口、FPGA 之间互连接口、SDRAM 控制器、与 DSP 模块之间的数据传输接口，这些接口组成了预处理模块的数据通路。

8.3.2 DSP 功能设计

DSP 主要实现图像处理功能，同时需要实现图像处理系统与前后级系统通信的功能。

本信号处理器的图像处理模块设计为双 DSP 结构，每个 DSP 的峰值处理能力为 4800MIPS，因此系统中 DSP 的处理能力为 9600MIPS。DSP 为 TI 公司 C6000 系列的 TMS320C6416。

TMS320C6416 是目前具有高性能的定点 DSP，由于其本身具有丰富的硬件资源和较高的定点运算能力，采用其作为信号处理硬件的核心处理器的实现方案具有硬件构成简单、成本低、性能高等优点。C6416 在内部集成了丰富的外围设备(peripherals)，方便用于控制片外的存储器、主机以及串行通信设备。该处理器具有多个外部数据接口，可以提高数据传输速度。结合 C6416 丰富的外部接口，DSP 处理单元结构如图 8－5 所示。

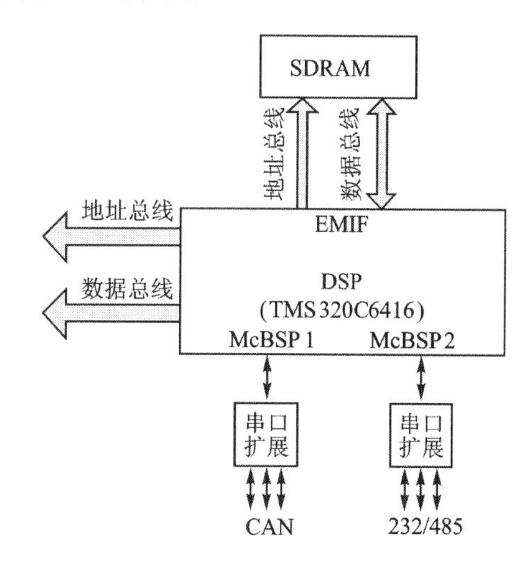

图 8－5　DSP 处理单元结构

DSP 的工作原理为：预处理模块 FPGA 将预处理后的数据由输入 FIFO 缓存通过 DSP 的存储器接口传给 DSP，然后由 DSP 开始进行图像处理，处理后的数据缓存到 DSP 的外部存储器中。当图像处理得到的数据需要进一步的算法处理时，缓存的数据可通过本地 EMIF 口，以 DMA 的方式将数据传输到 FPGA 的输出 FIFO 缓存中，再由 FPGA 之间的互连总线将数据传送到其他模块的 FPGA，进而传送给 DSP，由其他模块的 DSP 完成剩余算法处理。DSP 模块可以通过扩展后的 CAN 总线接口将图像处理提取的数据送出，也可以通过 CAN 总线接收更新的工作参数和状态命令字等内容。通过 CAN 总线接收的控制命令用于对图像采集系统的控制，DSP 内部设计了命令解析协议，对命令解析后，按照约定的格式经过 DSP 与 FPGA 间的接口传递给 FPGA，由 FPGA 经 LVTTL 数据接口将控制命令按照 RS232 数据协议发送给图像采集系统。DSP 工作原理图如图 8－6 所示。

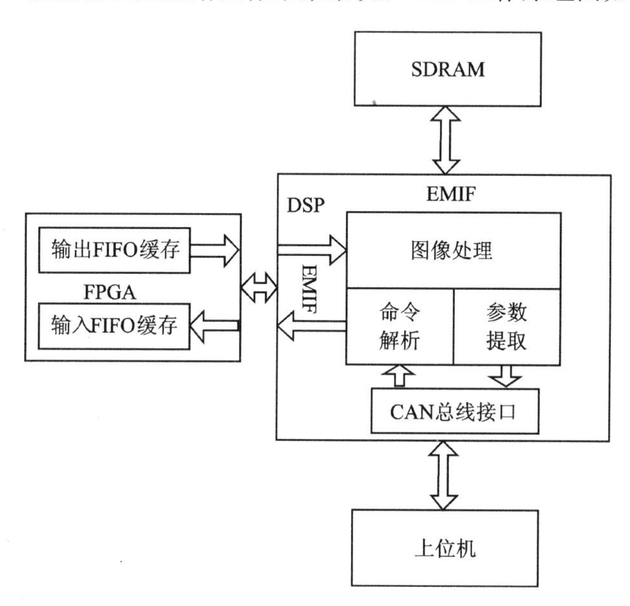

图 8－6　DSP 工作原理图

FPGA 向 DSP 传输数据、DSP 与 SDRAM 之间的数据交互，都可以以 DMA(Direct Memory Access)的方式进行，保证了高数据吞吐率，同时大大减小了 DSP 的 CPU 的负担，使图像处理运算和图像数据传输的资源冲突降到最低。

DMA 控制器最大的特点是可以在没有 CPU 参与的情况下完成映射存储空间中的数据搬移。这些数据搬移可以是在片内存储器、片内外设或是外部器件之间，而且是在 CPU 后台进行的。DMA 控制器具有 64 个相互独立编程的传输通道，允许进行 64 个不同内容的 DMA 传输。另外，还有一个辅助通道用来服务于主机口接口读写访问。

DMA 控制器有如下主要特点：

① 后台操作。DMA 控制器可以独立于 CPU 工作。

② 高吞吐率。可以以 CPU 时钟的速度进行数据传输。

③ 64 个通道。DMA 控制器可以控制 64 个独立通道的传输。

④ 辅助通道。主机口用辅助通道来访问 CPU 的存储空间。辅助通道与其他通道间的优先级可以设置。

⑤ 单通道分割(split-channel)操作。利用单个通道就可以与一个外设间同时进行数据的读和写传输，效果就好像使用两个 DMA 通道一样。

⑥ 多帧传输。传送的每个数据块可以含有多个数据帧。

⑦ 优先级可编程。每一个通道对于 CPU 的优先级是可编程确定的。

⑧ 地址产生方式可编程。每个通道的源地址寄存器和目标地址寄存器对于每次读写都是可配置索引的。地址可以是常量、递增、递减，或是设定地址索引值。

⑨ 32 位地址范围。DMA 控制器可以对任何一个地址映射区域进行访问，包括：

- 片内数据存储区。
- 片内程序存储区(当其作为映射存储器时，而不是作为 cache 使用)。
- 片内的集成外设。
- 通过 EMIF 接口的外部存储器。
- 通过扩展总线接口的扩展存储器。

⑩ 传送数据的字长可编程。每个通道都可以独立选择宽度为字节、半字(16 位)或字(32 位)。

⑪ 自动初始化。每传送完一块数据，DMA 通道会自动为下一个数据块的传送重新初始化。

⑫ 事件同步。读、写和帧操作都可以由指定的事件触发。

⑬ 中断反馈。当一帧或一块数据传送完毕，或是出现错误情况时，每一个通道都可以向 CPU 发出中断请求。

8.3.3 系统通信接口设计

系统对图像数据的处理流程比较复杂，数据和控制命令要在处理模块之间，模块内部处理器与存储器之间频繁交互。系统提供了多个通信接口，通过对接口的逻辑控制，保证数据流和控制流的正确传输，以实现图像的实时处理。

1. FPGA 之间通信接口

本信号处理硬件的处理核心为两个 DSP 芯片，它们之间没有直接连接的接口，所以两个 FPGA 之间的数据通信、两个 DSP 之间的数据通信以及 FPGA 与 DSP 的交叉数据通信都要经过 FPGA 之间的接口进行连接。在设计中，FPGA1 和 FPGA2 中各自生成缓存 FIFO，在数据传输时，通过缓存读取数据。具体功能示意图如图 8-7 所示。

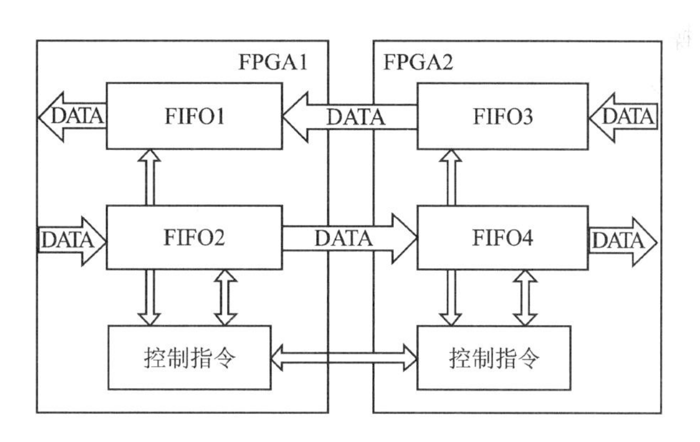

图 8-7 FPGA 之间连接控制示意图

一共生成 4 个 FIFO,其中 FIFO1 为 FPGA1 的数据接收缓存,FIFO2 为 FPGA1 的发送缓存,FIFO3 为 FPGA2 的发送缓存,FIFO4 为 FPGA2 的接收缓存。

由于 FPGA 之间一共有 37 根连接线,同时考虑到数据传输量以及 FPGA 的内存资源问题所以生成的 4 个 FIFO 都是 16 位宽 1k 深度的。

FIFO1 与 FIFO3 之间共有 16 bit 数据线、1 bit 时钟线、1 bit 使能控制线,方向均为由 FIFO3 到 FIFO1。

FIFO2 与 FIFO4 之间共有 16 bit 数据线、1 bit 时钟线、1 bit 使能控制线,方向均为由 FIFO2 到 FIFO4。

2. FPGA 与 SDRAM 接口

由于 FPGA 自身的 RAM 的容量只有 720 kbits,不能满足大量的图像数据的存储,所以必须外扩存储空间。本信号处理硬件在每片 FPGA 上外扩了两个 16M 的 SDRAM,在 FPGA 内部设计了两个 SDRAM 控制器,对这两个 SDRAM 进行控制。FPGA 内部对 SDRAM 控制的功能示意图如图 8-8 所示。

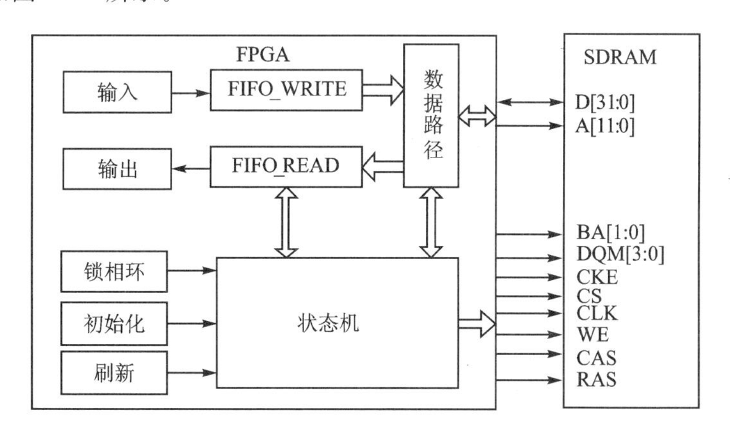

图 8-8 FPGA 读写 SDRAM 控制示意图

① CLK:由系统时钟驱动的时钟信号,SDRAM 所有的输入信号都在时钟的上升沿采样。CLK 同时使内部突发寄存器增加,并控制输出寄存器。

② CKE:时钟使能信号,CKE 上升沿时钟有效,下降沿时钟无效。时钟无效时产生 PRECHARGE POWER-DOWN 和 SELF REFRESH 操作,ACTIVE POWER-DOWN 或者

CLOCK SUSPEND 操作。CKE 是同步的，除非在器件进入 POWER－DOWN 和 SELF REFRESH 模式后，CKE 变为异步指导跳出该模式。在提供低备用电源的 POWER－DOWN 和 SELF REFRESH 模式中包括 CLK 在内的所有输入缓冲都是无效的。CKE 可以被限制为高电平。

③ CS：片选信号，CS 为低时命令译码器有效，为高时命令译码器无效。CS 置为高时所有命令被标记。CS 提供对复杂块系统的外部的块选择。CS 是命令码的一部分。

④ WE，CAS，RAS：命令输入端口，WE 读写控制信号，CAS 列选择信号，RAS 行选择信号。它们与 CS 信号共同定义正在输入的命令。

⑤ DQM0-DQM3：输入/输出标记信号（字选择信号），DQM 对应位为高时有效，在写状态时作为输入的标记信号，在读状态时为输出的使能信号。输入数据在写循环中被标记，输出缓冲在读循环中被置为高阻态。DQM0 对应 DQ0-DQ7，DQM1 对应 DQ8-DQ15，DQM2 对应 DQ16-DQ23，DQM3 对应 DQ24-DQ31。DQM0-DQM3 被认定为 DQM 时它们处于相同的状态。

⑥ BA0-BA1：块地址输入信号，BA0，BA1 定义有效、读、写和 PRECHARGE 命令被应用在哪个块中。

⑦ A0-A11：地址输入信号，在有效、读或写命令时 A0－A11 被采样，来选择存储阵列中的一个存储单元。

⑧ DQ0-DQ31：数据输入/输出端口。

SDRAM 的时钟信号由 FPGA 提供，FPGA 通过设定 CS 信号对 SDRAM 进行选择，若 SDRAM 被选中，SDRAM 进入有效状态，之后 FPGA 通过控制 WE 信号对 SDRAM 进行读/写操作。读/写操作前要选择起始存储单元，FPGA 通过改变 SDRAM 的地址寄存器选择 RAM 块和块中的行（FPGA 控制 BA0，BA1 选择 RAM 块，通过 A0－A11 选择列信息），然后 FPGA 通过设定地址位 A0－A8 选择起始列信息。最后 FPGA 在时钟的驱动下对选定的存储单元进行读/写操作，每个时钟周期读/写一次，通过 FPGA 内部的计数器改变 SDRAM 的地址信息，选择不同的存储单元进行操作，直到完成整个读/写过程。其中在读/写操作过程中 FPGA 可以通过设置 DQM0-DQM3，对数据进行特定位的读/写操作。

3. FPGA 与 DSP 之间通信接口

本信号处理硬件中 FPGA 作为数据输入/输出的控制及预处理芯片，必须要与作为数据处理核心的 DSP 进行通信，另外，由于 DSP 之间没有直接的数据接口，DSP 之间的数据通信也必须经过 FPGA 进行。因此，FPGA 与 DSP 之间必须建立高速的数据通信接口。

FPGA 与 DSP 之间的连接通过 DSP 的 EMIF 口实现。FPGA 与 DSP 的 EMIF 互连时，FPGA 当作 DSP 的外部存储器处理，通过在 FPGA 内部设计读写 FIFO，实现 EMIF 对 FPGA 的数据访问。具体功能示意图如图 8－9 所示。

在 FPGA 内部生成两个 16 bit×1024 的 FIFO，用于 DSP 与外系统的数据传输缓存，其中 FIFO_R 用于图像预处理结果数据输入到 DSP 的缓存，FIFO_W 用于 DSP 向图像预处理模块发送数据的缓存，两个 FIFO 相互独立。同时 FPGA 内部设置一个状态寄存器，用于记录两个 FIFO 的状态，为 DSP 操作 FIFO 提供必要的信息。在 FPGA 内还有一个控制逻辑的模块，用于控制 FIFO 的工作，保证数据传输的准确。

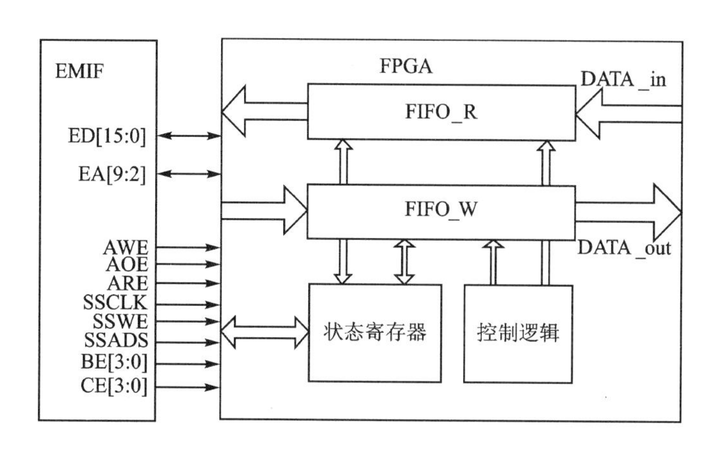

图 8-9 FPGA 与 EMIF 连接控制示意图

4. LVTTL 电平串口

为了实现与图像采集系统进行控制命令传输等低速数据通信，利用 FPGA 的 LVTTL 接口中的 2 根信号线作为 RX 和 TX 信号线。在 FPGA 中设计 232 协议从而完成通信功能。也可通过 DSP 扩展出来的 232 接口将其接到 FPGA 中，完成协议转换。

5. EMIF 接口

EMIF 是 DSP 访问片外存储器的外部存储器接口，它不仅具有很强的接口能力(可以和各种存储器直接接口)，而且具有很高的数据吞吐能力(高达 1200 Mbit/s)。DSP 可以通过这个接口方便的访问各种外部存储器如 SDRAM，SRAM，ROM 或其他地址映射存储空间。C6416 配备有一个 64 位的 EMIFA 和一个 16 位的 EMIFB，每个 EMIF 都拥有 4 根片选信号，因此可最多直接连接 8 个外设。

EMIF 是外部存储器和 C6416 片内其他单元间的传输接口，也就是说 TMS320C6416 访问片外存储器时必须通过 EMIF 接口。TMS320C6416DSP 的 EMIF 接口具有很强的接口能力。其数据总线宽度为 32 位，可寻址空间为 4 GB，可以与目前市场上几乎所有类型的存储器直接接口。TMS320C6416DSP 的 EMIF 的主要信号功能与使用包括：

① $\overline{\text{AOE}}$：异步存储器输出使能信号，低电平有效。

② $\overline{\text{AWE}}$：写使能信号，当$\overline{\text{AOE}}$有效时，在写周期中，低电平有效后即可进行写操作。

③ $\overline{\text{ARE}}$：读使能信号，当$\overline{\text{AOE}}$有效时，在读周期中，有效后即可进行读操作。

④ 电源线：提供+5 V 和+3.3 V 电压。

此外，TMS320C6416DSP 的 EMIFA 和 EMIFB 中还有一组存储映射寄存器，通过设置这些寄存器的控制域来完成对 EMIFA 和 EMIFB 的工作方式的控制，其中配置的内容包括各个空间上存储器类型、设置相应的接口时序、配置各个寄存器的内存空间等。EMIFA 的寄存器分别为：

- 全局控制寄存器 GBLCTL：地址为 0x01800000；
- CE1 空间控制寄存器 CE1CTL：地址为 0x01800004；
- CE0 空间控制寄存器 CE0CTL：地址为 0x01800008；
- 保留：地址为 0x0180000C；

- CE2 空间控制寄存器 CE2CTL：地址为 0x01800010；
- CE3 空间控制寄存器 CE3CTL：地址为 0x01800014；
- SDRAM 控制寄存器 SDCTL：地址为 0x01800018；
- SDRAM 刷新控制寄存器 SDTIM：地址为 0x0180001C

EMIFB 的寄存器分别为：

- 全局控制寄存器 GBLCTL：地址为 0x01A80000；
- CE1 空间控制寄存器 CE1CTL：地址为 0x01A80004；
- CE0 空间控制寄存器 CE0CTL：地址为 0x01A80008；
- 保留：地址为 0x01A8000C；
- CE2 空间控制寄存器 CE2CTL：地址为 0x01A80010；
- CE3 空间控制寄存器 CE3CTL：地址为 0x01A80014；
- SDRAM 控制寄存器 SDCTL：地址为 0x01A80018；
- SDRAM 刷新控制寄存器 SDTIM：地址为 0x01A8001C

其中，全局控制寄存器完成对整个片外存储器的公共参数的设置，4 个 CEx 空间控制寄存器分别控制对应存储空间的接口参数，两个 SDRAM 控制寄存器完成对 SDRAM 空间的接口控制。

TMS320C6416DSP 的每个读/写周期都是由 3 个阶段组成的，包括建立、触发和保持。在进行时序设计时，主要内容就是计算读/写周期中，这 3 个阶段分别持续的时间，以及与之相对应的裕量值。同时，这 3 个值的设计也是空间控制寄存器 CEx 进行配置的关键所在。

本信号处理硬件中 EMIF 接口连接 FPGA、SDRAM 和 Flash。本信号处理硬件外接一片 16 MB 的 SDRAM，以 DMA 的方式访问 SDRAM，执行存取数据的操作。DSP 的 EMIF 还外接了一片 512 KB 的 Flash，用于存储程序和数据。系统上电时，DSP 可选择通过 EMIF 访问 Flash 中的程序，进行系统启动。EMIF 还是本信号处理硬件的数据输入/输出接口。DSP 处理模块中的 DSP 通过 EMIF 口也能完成数据的传输和访问，此时 FPGA 看做 DSP 的外接 RAM 处理，通过 EMIF 接口 DSP 可以访问 FPGA 的内部存储器。

TMS320C6416 的 EMIF 提供对 SDRAM 的直接接口。而且可以更灵活地设置 SDRAM 地址的结构参数，包括列地址数目（页的大小）、行地址数目（每个 Bank 中页的数量）以及存储体的数量（打开的页面数量）。最多能够同时激活 SDRAM 中 4 个不同的页，这些页可以集中在一个 CE 空间中，也可以跨越多个 CE 空间，一个存储体一次只能打开一页。TMS320C6416 的 EMIF 还支持 SDRAM 的自刷新模式，并采用 LRU 的页面置换策略，可以提供更高的接口性能。

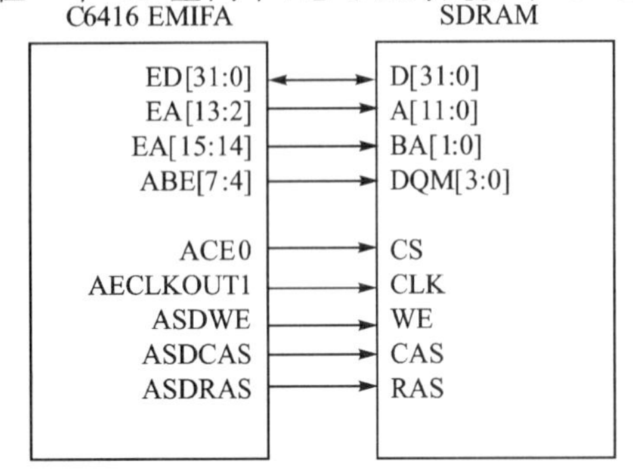

图 8-10　EMIFA 与 SDRAM 接口连接图

SDRAM 来实现图像数据的缓存，使用 1 片 32 bit 的 SDRAM 芯片 MT48LC4M32B2，其存储结构为 4 Banks × 1M × 32 Bit，工作频率为 143/166 MHz，支持与 TMS320C6701 的 EMIF 的无缝连接。SDRAM 与 TMS320C6701 的 EMIF 连接原理图如图 8-10 所示。

各个信号线的作用如表 8-1 所列。

表 8-1　与 SDRAM 接口信号的功能

DSP 端(EMIF)	SDRAM 端	功　能
ED[31:0]	D[31:0]	SDRAM 数据线
EA[13:2]	A[11:0]	SDRAM 地址线
EA[15:14]	BA[1:0]	SDRAM 存储块(bank)片选
ABE[7:4]	DQM[3:0]	输入/输出使能
ACE0	CS	SDRAM 片选
AECLKOUT1	CLK	SDRAM 读写时钟
ASDWE	WE	这三根信号线与 CS 组合译码为 SDRAM 的控制命令
ASDCAS	CAS	
ASDRAS	RAS	

Flash 芯片在本处理系统中用于存储 DSP 程序代码和数据；当 DSP 系统上电时，系统默认工作于从 EMIF 采用默认时序引导系统。本信号处理硬件中，选用了 AMD 公司的 AM29LV400B 芯片，内部容量为 512KB。其接口详细的接口连接原理图如图 8-11 所示。其中，A0～A19 为地址线，D0～D15 为数据线，$\overline{\text{BAOE}}$和$\overline{\text{BAWE}}$分别为输出使能和写使能，$\overline{\text{CE}}$ 为片使能。在上电引导过程中，由于 TMS320C6416 默认的引导模式是从外部$\overline{\text{CE1}}$空间的 16 位 Flash 来引导装载，所以，TMS320C6416 的$\overline{\text{BACE1}}$和 Flash 的片选$\overline{\text{CE}}$相连。

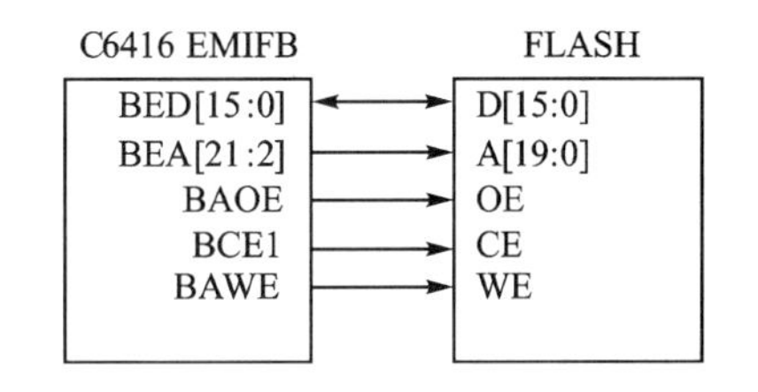

图 8-11　EMIFB 与 Flash 接口连接图

各信号线的作用如表 8-2 所列。

表 8-2　与 Flash 接口信号的功能

DSP 端(EMIF)	Flash 端	功　能
BED[15:0]	D[15:0]	Flash 数据线
BEA[21:2]	A[19:0]	Flash 地址线
BAOE	OE	输出使能
BCE1	CE	芯片使能
BAWE	WE	写使能

通常情况下，C6000 DSP 可以有两种引导方式，引导方式通过引脚 BOOTMODE[4：0]设置，具体信息参见 TI 相关数据手册。本信号处理硬件可以使用并已调试通过的引导方式有 Flash 加载和主机加载，其引脚 BOOTMODE[4：0]分别设置为 01101、00111。其加载过程如下：

① Flash 加载，位于 CE1 空间的 64 KB 的 Flash 代码首先通过 DMA 被搬到地址 0 处。加载过程在复位信号撤销之后开始，此时 CPU 内部保持复位状态，由 DMA 执行 1 个单帧的数据块传输。传输完成后，CPU 退出复位状态，开始执行地址 0 处的指令。用户可以指定外部加载 Flash 的存储宽度，EMIF 会自动将相邻的 8 bit/16 bit 数据合成为 32 bit 的指令。

② 主机加载，核心 CPU 停留在复位状态，芯片其余部分保持在正常状态。引导过程中，PC 通过 PCI2040 经过 HPI 初始化 CPU 的存储空间。主机完成所有的初始化工作后，向 HPI 控制寄存器的 DSPINT 位写 1，结束引导过程。此时 CPU 退出复位状态，开始执行 0 地址的指令。HPI 加载模式下，可以对 DSP 所有的存储空间进行读写。

此外，对 Flash 存储器进行烧写一般有以下几种方法：一是通过编程器烧写；二是通过开发商提供的专门烧写软件工具进行烧写；三是自己编写烧写程序通过 DSP 烧写。在这里，使用自己编写的烧写程序来将 DSP 程序烧些入 Flash 中。该方法不仅简单，而且方便实用，能够在不同环境下进行现场烧写，即可实现对 Flash 存储器进行擦除、烧写和查看内存内容等多项功能操作。其具体步骤如下：

① 编写用户程序，通过 CCS 编译、链接生成目标文件 DSPx2.out。

② 编写 hex6x 命令文件(X.cmd)，并利用 hex6x 来执行这个文件，然后将用户目标文件 DSPx2.out 转换为十六进制格式 DSPx2.hex。

③ 使用 SuperPro 编程器，设置 Flash 的型号等信息，然后将十六进制格式文件 DSPx2.hex 转化为二进制格式文件 DSPx2.bin。

④ 使用 CCS 打开编写的 Flash 烧写程序的工程文件，将 DSPx2.bin 文件拷贝到该程序中设定的路径文件夹下，然后运行该烧写程序直至结束，从而完成程序烧写任务。

6. CAN 总线接口

CAN，是 Controller Area Network 的缩写，即控制器局域网，它是一种支持分布式控制或实时控制的串行数据通讯协议。

通过与 CAN 协议芯片和接口芯片的配合，处理机可扩展出 CAN 总线接口。该接口扩展的原理如图 8-12 所示。CAN 协议芯片选择的是 MCP2510，该芯片采用 SPI 接口，连接方便，拥有 3 个发送缓冲区，两个接收缓冲区，比较宽的工作电压和低功耗。接口芯片选择的是 PCA82C251，兼容于多种 CAN 总线控制器接口，将 CAN 协议转换后的信号转变为低压差分信号对输出。

C6416 拥有两个多通道缓冲串行口(McBSP)，C6000 的多通道缓冲串口(McBSP)是在 TMS320C2x/C3x/C5x 和 TMS320C54x 串口的基础上发展起来的，McBSP 的功能包括：

① 全双工通信。

② 双缓冲数据寄存器，允许连续的数据流。

③ 收发独立的帧信号和时钟信号。

④ 可以与工业标准的编/解码器、AICs(模拟接口芯片)以及其他串行 A/D,D/A 接口。

⑤数据传输可以利用外部时钟，或者是片内的可编程时钟。

⑥ 通过与之连接的 DMA 通道 DMA 控制器，串口数据读写具有自动缓冲能力。

另外，McBSP 有以下特点：

① 支持以下方式的传输接口：

- TI/E1 帧协议。
- MVIP 兼容的交换方式以及 ST-BUS 兼容设备，包括 MVIP 帧方式、H.100 帧方式和 SCSA 帧方式。
- IOM-2 兼容设备。

● AC97 兼容设备。
● IIS 兼容设备。
● SPI 设备。

② 可与多达 128 个通道进行收发。
③ 传输的数据字长可以是 8 位、12 位、16 位、20 位、24 位和 32 位。
④ μ -律/A -律压扩硬件。
⑤ 对 8 位数据的传输，可选择 LSB 先传还是 MSB 先传。
⑥ 可设置帧同步信号和数据时钟信号的极性。
⑦ 内部传输时钟和帧同步信号可编程程度高。

DSP 之间可以通过 McBSP 接口的互连来传输数据，传输速度最高可以达到 50 Mbit/s。本信号处理硬件将 McBSP 设置为 SPI 工作模式，利用 MCP2510 和 PCA82C251 扩展出了一个 CAN 总线接口。扩展方式如图 8－12 所示。

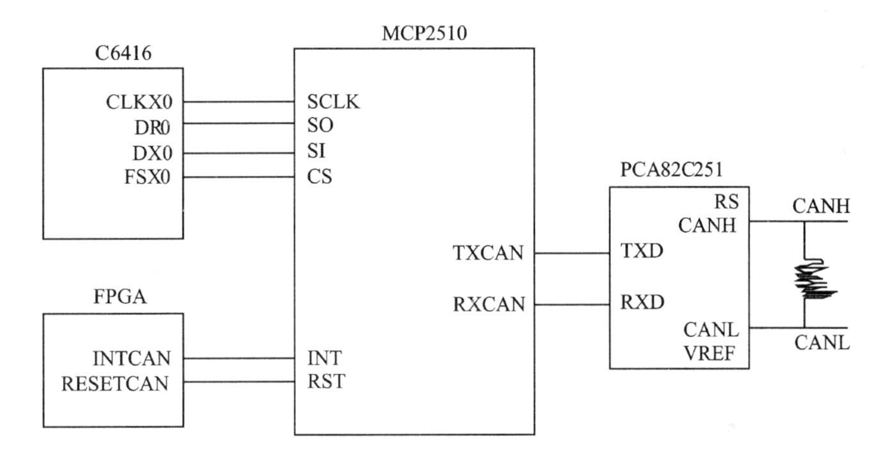

图 8－12　CAN 总线接口的扩展图

CAN 总线控制器 MCP2510 是一种带有 SPI 接口的 CAN 控制器。它支持 CAN 技术规范 V2.0A/B，能够发送或接收标准的和扩展的信息帧，同时具有接收滤波和信息管理的功能。

MCP2510 的主要特点如下：

● 支持 CANV2.0A/B。
● 具有 SPI 接口，支持 SPI 模式 0,0 和 1,1。
● 内含 3 个发送缓冲器和 2 个接收缓冲器，可对其优先权进行编程。
● 具有 6 个接收过滤器，2 个接收过滤器屏蔽。
● 具有灵活的中断管理能力。
● 采用低功耗 CMOS 工艺技术，其工作电压范围为 3.0～5.5 V，有效电流为 5 mA，维持电流为 10 μA。
● 工作温度范围为－40～＋125 ℃。

MCP2510 的特性能够满足系统的要求，在本项目中具有应用可行性。

MCP2510 有 PDIP、SOIC 和 TSSOP 三种封装形式，有 18 个引脚。

MCP2510 的收发操作：MCP2510 的发送操作通过 3 个发送缓冲器来实现。这 3 个发送缓冲器各占据 14 字节的 SRAM。第一字节是控制寄存器 TXBNCTRL，该寄存器里的内容设定了信息发送的条件，且给出了信息的发送状态；第二至第六字节用来存放标准的和扩展的标识符以及仲裁信息；最后 8 字节则用来存放待发送的数据信息。在进行发送前，必须先对这些寄存器进行初始化。

MCP2510 的中断管理。MCP2510 有 8 个中断源，包括发送中断、接收中断、错误中断及总线唤醒中断等。利用中断使能寄存器 CANINTE 和中断屏蔽寄存器 CANINTF 可以方便地实现对各种中断的有效管理。当有中断发生时，INT 引脚变为低电平并保持在低电平，直到 MCU 清除中断为止。

MCP2510 的错误检测，CAN 协议具有 CRCF 错误、应答错误、形式错误、位错误和填充错误等检测功能。MCP2510 内含接收出错计数器(REC)和发送出错计数器(TEC)两个错误计数器。因而对于网络中的任何一个节点来说，都有可能因为错误计数器的数值不同而使其处于错误-激活、错误-认可和总线-脱离 3 种状态之一。

在使用 CAN 控制器 MCP2510 时，需要对 MCP2510 进行初始化以及对 CAN 总线上的数据进行收发操作。与其他 CAN 控制器不同的是，读、写 MCP2510 的发送和接收缓冲器必须通过 SPI 接口协议的读写命令来实现。写指令首先被发送到 MCP2510 的 SI 引脚，并在 SCK 的上升沿锁存每个数据位，然后发送地址和数据。执行完毕指令后，数据被写进指定的地址单元中，再通过 SPI 接口协议的写命令来设置发送位以启动发送。

节点控制器的 MCU 可选用具有 SPI 接口的微处理器，也可采用不带 SPI 接口的微处理器。本信号处理硬件采用的是不带 SPI 接口的 89C251 微处理器，89C251 可通过 4 条普通的 I/O 线与 CAN 控制器的 SPI 接口直接相连，并可用软件算法来实现 SPI 接口协议。CAN 总线收发器 82C251 则作为 MCP2510 与物理总线的接口。如果需要进一步提高系统的抗干扰能力，可在 MCP2510 和 82C251 之间再加一个光电隔离器。

SPI 接口协议。操作时，首先，将读指令和地址发送到 MCP2510 的 SI 引脚，并在 SCK 的上升沿锁存每个数据位。同时把存储在这个地址单元中的数据在 SCK 的下降沿输出到 SO 引脚。当执行读写操作时，CS 引脚应始终保持在低电平。

CAN 总线收发器 82C251 提供协议控制器和物理传输线路之间的接口，它可以用高达 1Mb/s 的速率在两条具有差动电压的总线电缆上传输数据。82C251 具有较高的击穿电压，因此可以在电源电压范围内驱动 45 Ω 的总线负载，而且其在隐性状态下的下拉电流小，在掉电情况下的总线数据特性有一定的改善。82C251 的特性如下：

- 完全符合 ISO11898 标准。
- 高速率(最高达 1 Mbit/s)。
- 具有抗瞬间干扰，保护总线的能力。
- 斜率控制，降低射频干扰(RFI)。
- 差分接收器，抗宽范围的共模干扰，抗电磁干扰(EMI)。
- 热保护。
- 防止电源和地之间发生短路。
- 低电流待机模式。
- 为上电的节点对总线无影响。

82C251 具有 3 种不同的工作模式，可以通过 Rs 引脚来配置。

① 高速模式，它支持最大的总线速度和/或长度。这种模式的总线输出信号用尽可能快

的速度切换，因此能使用屏蔽的总线电缆来防止外界的干扰。高速模式通过 $V_{Rs}<0.3V_{cc}$ 来选择将 Rs 控制输入直接连接到微控制器的输出口，或者低电平，或者一个高电平有效的复位信号。

② 斜率模式，当使用非屏蔽电缆时可以考虑使用这种模式，这种模式的输出转换速度被有目的地降低以减少电磁辐射。

③ 准备模式，这种模式在电源供电的应用和要求系统功耗非常低的时候采用，在准备模式中，一个报文就可以将系统激活。当 $V_{Rs}>0.75V_{cc}$ 时，进入准备模式。

7. RS-485/RS-232 总线接口

RS-232 接口是 1970 年由美国电子工业协会(EIA)联合贝尔系统、调制解调器厂家及计算机终端生产厂家共同制定的用于串行通讯的标准。

它的全名是"数据终端设备(DTE)和数据通讯设备(DCE)之间串行二进制数据交换接口技术标准"该标准规定采用一个 25 个引脚的 DB25 连接器，对连接器的每个引脚的信号内容加以规定，还对各种信号的电平加以规定。DB25 的串口一般只用到的引脚只有 2(RXD)、3(TXD)、7(GND)这 3 个，随着设备的不断改进，现在 DB25 针很少看到了，代替它的是 DB9 的接口，DB9 所用到的引脚比 DB25 有所变化，是 2(RXD)、3(TXD)、5(GND)这 3 个。因此现在都把 RS232 接口叫做 DB9。

EIA-RS-232C 对电器特性、逻辑电平和各种信号线功能都做了规定。

在 TXD 和 RXD 上：逻辑 1(MARK)＝－3 V～－15 V；逻辑 0(SPACE)＝＋3～＋15 V

在 RTS、CTS、DSR、DTR 和 DCD 等控制线上：信号有效(接通，ON 状态，正电压)＝＋3 V～＋15 V；信号无效(断开，OFF 状态，负电压)＝－3 V～－15 V。

以上规定说明了 RS-323C 标准对逻辑电平的定义。对于数据(信息码)：逻辑"1"(传号)的电平低于－3 V，逻辑"0"(空号)的电平高于＋3 V；对于控制信号；接通状态(ON)即信号有效的电平高于＋3 V，断开状态(OFF)即信号无效的电平低于－3 V，也就是当传输电平的绝对值大于 3 V 时，电路可以有效地检查出来，介于－3～＋3 V 的电压无意义，低于－15V 或高于＋15V 的电压也认为无意义，因此，实际工作时，应保证电平为±(3～15) V。

EIA-RS-232C 与 TTL 转换：EIA-RS-232C 是用正负电压来表示逻辑状态，与 TTL 以高低电平表示逻辑状态的规定不同。因此，为了能够同计算机接口或终端的 TTL 器件连接，必须在 EIA-RS-232C 与 TTL 电路之间进行电平和逻辑关系的变换。

RS-232C 规定标准接口有 25 条线，4 条数据线、11 条控制线、3 条定时线、7 条备用和未定义线，常用的只有 9 根数据线如下：

① 联络控制信号线。

数据装置准备好(Data set ready-DSR)——有效时(ON)状态，表明 modem 处于可以使用的状态。

数据终端准备好(Data terminal ready-DTR)——有效时(ON)状态，表明数据终端可以使用。

这两个信号有时连到电源上，一上电就立即有效。这两个设备状态信号有效，只表示设备本身可用，并不说明通信链路可以开始进行通信了，能否开始进行通信要由下面的控制信号决定。

请求发送(Request to send-RTS)——用来表示 DTE 请求 DCE 发送数据，即当终端要发送数据时，使该信号有效(ON 状态)，向 modem 请求发送。它用来控制 modem 是否要进入发送状态。

允许发送(Clear to send-CTS)——用来表示 DCE 准备好接收 DTE 发来的数据,是对请求发送信号 RTS 的响应信号。当 MODEM 已准备好接收终端传来的数据,并向前发送时,使该信号有效,通知终端开始沿发送数据线 TXD 发送数据。

这对 RTS/CTS 请求应答联络信号是用于半双工 MODEM 系统中发送方式和接收方式之间的切换。在全双工系统中作发送方式和接收方式之间的切换。在全双工系统中,因配置双向通道,故不需要 RTS/CTS 联络信号,使其变高。

接收线信号检出(Received Line detection-RLSD)——用来表示 DCE 已接通通信链路,告知 DTE 准备接收数据。当本地的 modem 收到由通信链路另一端(远地)的 modem 送来的载波信号时,使 RLSD 信号有效,通知终端准备接收,并且由 MODEM 将接收下来的载波信号解调成数字两数据后,沿接收数据线 RXD 送到终端。此线也称做数据载波检出(Data Carrier detection-DCD)线。

振铃指示(Ringing-RI)——当 MODEM 收到交换台送来的振铃呼叫信号时,使该信号有效(ON 状态),通知终端,已被呼叫。

② 数据发送与接收线。发送数据(Transmitted data-TXD)——通过 TXD 终端将串行数据发送到 modem(DTE→DCE)。

接收数据(Received data-RXD)——通过 RXD 线终端接收从 modem 发来的串行数据,(DCE→DTE)。

③ 地线。

有两根线 SG、PG——信号地和保护地信号线,无方向。

上述控制信号线何时有效,何时无效的顺序表示了接口信号的传送过程。例如,只有当 DSR 和 DTR 都处于有效(ON)状态时,才能在 DTE 和 DCE 之间进行传送操作。若 DTE 要发送数据,则预先将 DTR 线置成有效(ON)状态,等 CTS 线上收到有效(ON)状态的回答后,才能在 TxD 线上发送串行数据。这种顺序的规定对半双工的通信线路特别有用,因为半双工的通信才能确定 DCE 已由接收方向改为发送方向,这时线路才能开始发送。

由于 RS232 接口标准出现较早,难免有不足之处,主要有以下四点:

① 接口的信号电平值较高,易损坏接口电路的芯片,又因为与 TTL 电平不兼容故需使用电平转换电路方能与 TTL 电路连接。

② 传输速率较低,在异步传输时,波特率为最高为 20 kbit/s。

③ 接口使用一根信号线和一根信号返回线而构成共地的传输形式,这种共地传输容易产生共模干扰,所以抗噪声干扰性弱。

④ 传输距离有限,最大传输距离标准值为 50 in,实际上也只能用在 15 m 左右。

为了弥补 RS－232 通信距离短、传输速度低等不足之处，于 1983 年提出的一种串行数据接口标准，RS－485 采用差分传输方式，也称作平衡传输，具有比较高的噪声抑制能力，最大传输距离约为 1200 m，最大传输速率为 10 Mbit/s，还增加了多点、双向通信能力。

现从 5 个方面简单介绍 RS—485 如下:

① 采用平衡发送和差分接收方式,即在发送端,驱动器将 TTL 电平信号转换成差分信号输出;在接收端,接收器将差分信号变成 TTL 电平,能有效地抑制共模干扰,提高信号传输的准确率。

② 电气特性：对于发送端，逻辑1以两线间的电压差为+(2～6)V表示；逻辑0以两线间的电压差为-(2～6)V表示。对于接收端，A比B高200mV以上即认为是逻辑1，A比B低200mV以上即认为是逻辑0。接口信号电平比RS-232降低了，不易损坏接口电路的芯片，且该电平与TTL电平兼容，可方便与TTL电路连接。

③ 共模输出电压为-7 V～+12 V，接收器最小输入阻抗为12 kΩ。

④ 最大传输速率为10 Mbit/s。当波特率为1200 bit/s时，最大传输距离理论上可达15 km。平衡双绞线的长度与传输速率成反比，在100 Kbit/s速率以下，才可能使用规定最长的电缆长度。RS-485需要2个终接电阻，接在传输总线的两端，其阻值要求等于传输电缆的特性阻抗，为120 Ω。在短距离传输时(一般在300 m以下)可不终接电阻。

⑤ 采用二线与四线方式，二线制可实现真正的多点双向通信。而采用四线连接时，只能有一个主(Master)设备，其余为从设备，无论四线还是二线连接方式总线上可连接多达32个设备。RS-485总线挂接多台设备用于组网时，能实现点到多点及多点到多点的通信(多点到多点是指总线上所接的所有设备及上位机任意两台之间均能通信)。连接在RS-485总线上的设备也要求具有相同的通信协议，且地址不能相同。在不通信时，所有的设备处于接收状态，当需要发送数据时，串口才翻转为发送状态，以避免冲突。

RS-485标准通常作为一种相对经济、具有相当高噪声抑制、相对高的传输速率、传输距离远、宽共模范围的通信平台。同时，RS-485电路具有控制方便、成本低廉等优点。

DSP1通过MAXIM3100和MAXIM3485扩展了一个RS485接口，DSP2利用MAXIM3100和MAXIM3232扩展了一个RS-232接口。MAX3100将DSP的McBSP接口转换为232协议，此时Rx和Tx为LVTTL电平标准。可用来与可见光子系统进行通信。

可通过MAX3485E或者MAX3232，转换为RS-485或者RS-232电平标准。SPI接口扩展原理如图8-13所示。

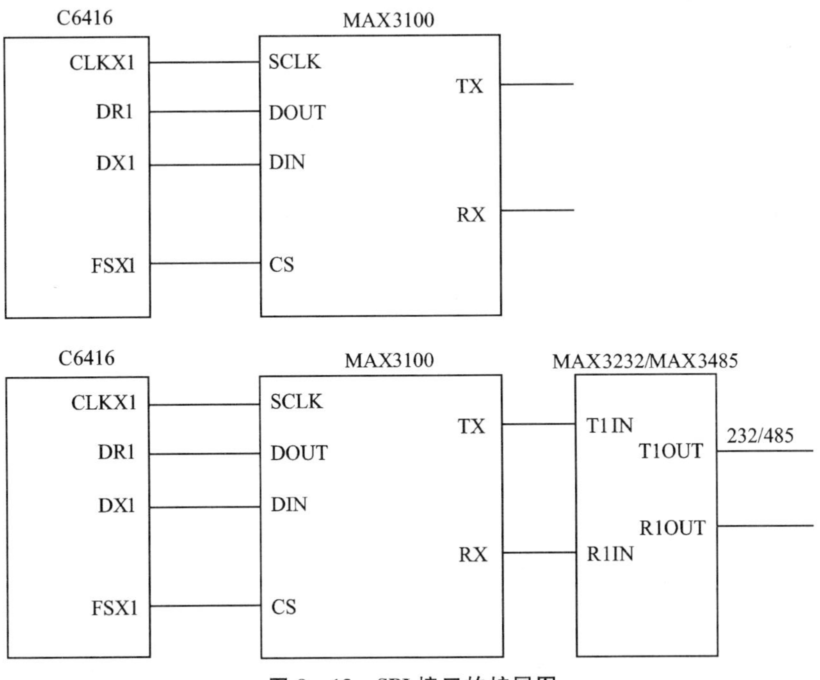

图8-13 SPI接口的扩展图

8.4 电源及时钟电路设计

8.4.1 系统电源设计

本信号处理硬件中,使用了两种处理芯片以及多种数据接口,因此所要求的电源供电电压比较多,共需 5 种电压。

Virtex-Ⅱ XC2V1000 需要外部提供 3 种电源:处理核电源(C V_{dd}) 1.5 V,通用 I/O 接口电源(D V_{dd})3.3 V,以及 LVTTL 供电电压(D V_{dd})3.3 V。

TMS320C6416 需要外部提供两种电源:CPU 核电源(CV_{dd}) 1.4 V(600 MHz)以及周边 I/O 接口电源(D V_{dd}) 3.3 V。

在上电过程中,应当保证内核电源先上电,最迟也应当与 I/O 电源同时加电。如果实际系统中只能 D V_{dd}先加电,那么必须保证在整个上电过程中,D V_{dd}不会超过 C V_{dd} 2 V,而且整个上电过程应在 25 ms 内完成。要求供电次序的原因是,如果只有 DSP 内核获得供电,周边 I/O 没有供电,对芯片上不会产生任何损害的,只是没有输入、输出能力。反之,若周边 I/O 得到供电而 DSP 内核没有加电,那么芯片缓冲/驱动部分的三极管将处在一个未知状态下工作,这是非常危险的。

由于许多器件都采用 3.3 V 电压,所以 DSP 和 FPGA 可与这样的外部器件直接接口,不需再附加其他电平转换器件。由于系统的输入电压为 5V,需要转换得到 1.5V 、1.4V、3.3V,故应采用电压调节器来完成此任务。

在本次硬件设计时,考虑到进度要求选择了 TI 公司提供的 TPS5461x。

TPS5461x 系列是具有高性能的同步降压 DC/DC 转换器,使设计人员最少只需采用 6 个外部元件就能快速地进行电源开发(TPS54611～TPS54616 预置电压方式为内部补偿,外部只需要 6 个无源元件,TPS54610 的调整方式则是外部补偿,因此需要多几个外部元件),大大降低了电路板面积和成本,而且使电源设计变得更为简易和快捷。这种内置 12A MOSFET 开关的同步 DC/DC 转换器可以在整个工作温度范围内提供大于 6A 的持续输出电流,并能在 3.0～6.0V 输入电压范围内进行工作。通过在同步降压配置中集成功率 MOSFET,该器件能够实现高达 90%的功效,特别适合为大负载的 DSP、FPGA 和微控制器应用进行供电。

TPS5461x 系列 DC/DC 转换器之所以能够降低开发难度,不仅因为其集成了功率场效应晶体管和补偿电路,还因为其交互软件开发工具可以在整个外部元件选择过程中,为电源设计新手和有经验的工程师提供有力的支持。这套开发工具提供了材料清单、参考原理图、回路响应图和基于设计人员输入内容得出的效率曲线。用户可以从该工具的元件数据库中选择外部电感和电容(用户也可将自己中意的元件加入到此数据库中)。

TPS5461x 器件不仅能在小空间内提供高输出电流,同时还能提供各种集成保护功能,比如供电正常指示、过电流保护、热关断和欠电压闭锁。它所集成的同步整流器和功率 MOSFET 所具有的 30mW 低导通电阻使该器件的功效能实现 90%以上。它具有可调节的 PWM 频率范围(280～700kHz)及固定频率 350 kHz 和 550 kHz,为了解决应用中的转换噪声灵敏度的问题,转换频率可以是从两个固定频率之中二选一,也可在 280～700kHz 范围内进行任

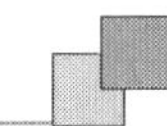

意调节。此外，TI的Power PAD封装技术所具有的优异的热传导性能是其他封装热传导性能的3倍，且无须配备大体积的散热片。用户也可以选用外部补偿器件来增强其灵活性，以调节输出电压或根据特定应用需求定制回路响应特性。

TPS5461x系列包括低至0.9 V的固定或可调节输出电压版本的器件，精度为1.0%。主要型号及各芯片主要参数如表8-3所列。

表8-3 TPS5461x系列芯片参数表

型号	输出电压/V	反馈	慢启动时间/ms	慢启动参数 F/s
TPS54611	0.9	内部补偿	3.3	5.5×10^{-6}
TPS54612	1.2	内部补偿	4.5	4.2×10^{-6}
TPS54613	1.5	内部补偿	5.6	3.3×10^{-6}
TPS54614	1.8	内部补偿	3.3	5.5×10^{-6}
TPS54615	2.5	内部补偿	4.7	4.0×10^{-6}
TPS54616	3.3	内部补偿	6.1	3.0×10^{-6}
TPS54610	可调低至0.9	外部补偿		

TPS5461x系列芯片的转换频率可以固定在350kHz或者550kHz而无需外围元件。要设置为350kHz，只需把FSEL引脚接地；要得到550kHz的转换频率，就要将FSEL引脚接输入电压。通过FSEL设置的转换频率精度为±20%。要想得到更高的精度或者不同于以上2种的转换频率，可以通过R_T与地之间的连接电阻R_1来调节，可调频率范围为280～700 kHz，R_1阻值与转换频率之间的对应关系可以近似用式(8-1)表示，此时FSEL引脚必须悬空。这种模式获得转换频率的精度为±8%。

$$\text{转换频率} = (100\ \text{k}\Omega/R_1)\times 500[\text{kHz}] \tag{8-1}$$

TPS5461x系列芯片有1个内置的慢启动电路来控制启动后输出电压的上升时间(各型号的芯片不同)，如表8-5所列。此外输出电压的上升时间也可以通过在SS/ENA脚与模拟地之间加1个电容C6来延长。电容C6的值可以通过式(8-2)计算得到。不管采用何种方法，慢启动时间和输入电压及负载电流无关。

$$C_{SS} = t_{SS}\times K \tag{8.2}$$

式中：C_{SS}为慢启动电容C6(单位为F)，t_{SS}为期望的慢启动时间(单位为s)，K为器件固有的慢启动参数。

当TPS5461x的输入电压超过3V或者SS/ENA有效时，慢启动周期开始，对于内部控制的慢启动，输出电压立即线性上升直到额定输出。如果使用了外部控制的慢启动电容，在慢启动周期开始与输出电压开始上升之间有个固定的延时，这个延时与电容C6有关，可以由式(8-3)计算得到。

$$t_{delay} = 1.2C_{SS}/5 \tag{8.3}$$

式中，t_{delay}为慢启动延迟时间。

在本信号处理硬件中采用输出固定电压的TPS54613(1.5 V)、TPS54616(3.3 V)以及可调电压TPS54610(1.4 V)。另外由于板上的DSP和FPGA都是功耗比较大的元器件，系统需要3.3 V供电的器件比较多，单独用一个3.3 V电源来为其供电可能不能提供足够的功率，因此选用两片 TPS54616 分别对 FPGA 和 DSP 及其外围电路供电。系统电源接口部分的结构图如图 8-14 所示。

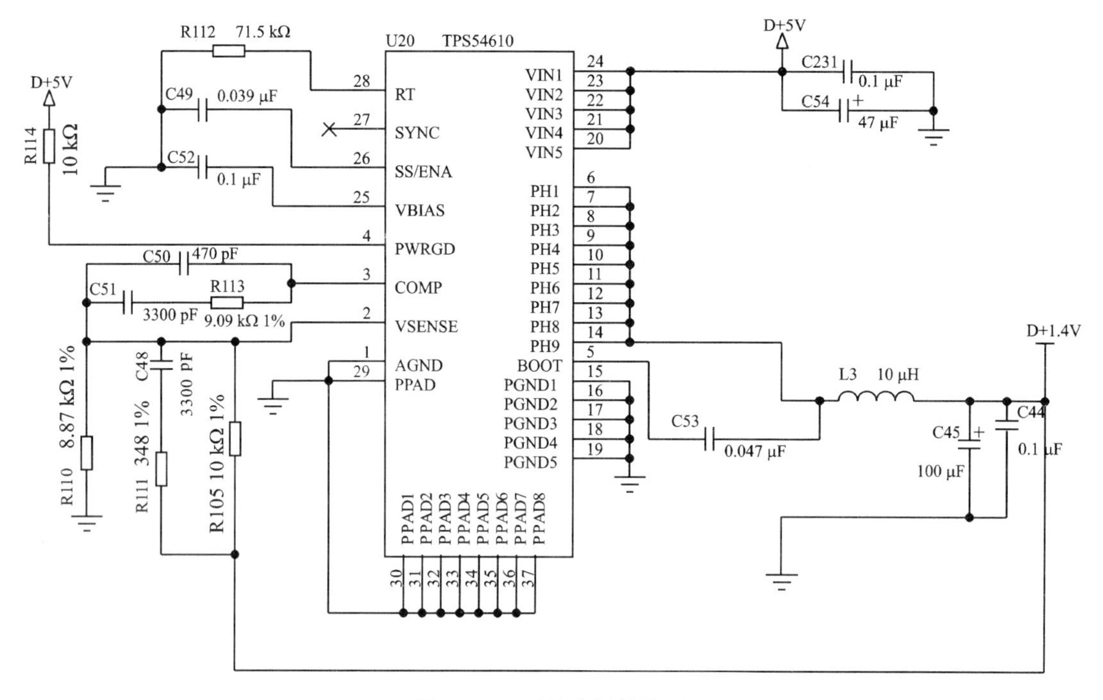

图 8-14 系统电源结构图

8.4.2 系统时钟设计

本信号处理硬件中，由于同一个晶振既要为 FPGA 提供时钟，同时又要为 DSP 提供时钟，所以在晶振的输出加了一个时钟驱动电路。时钟电路设计的结构图如 8-15 所示。

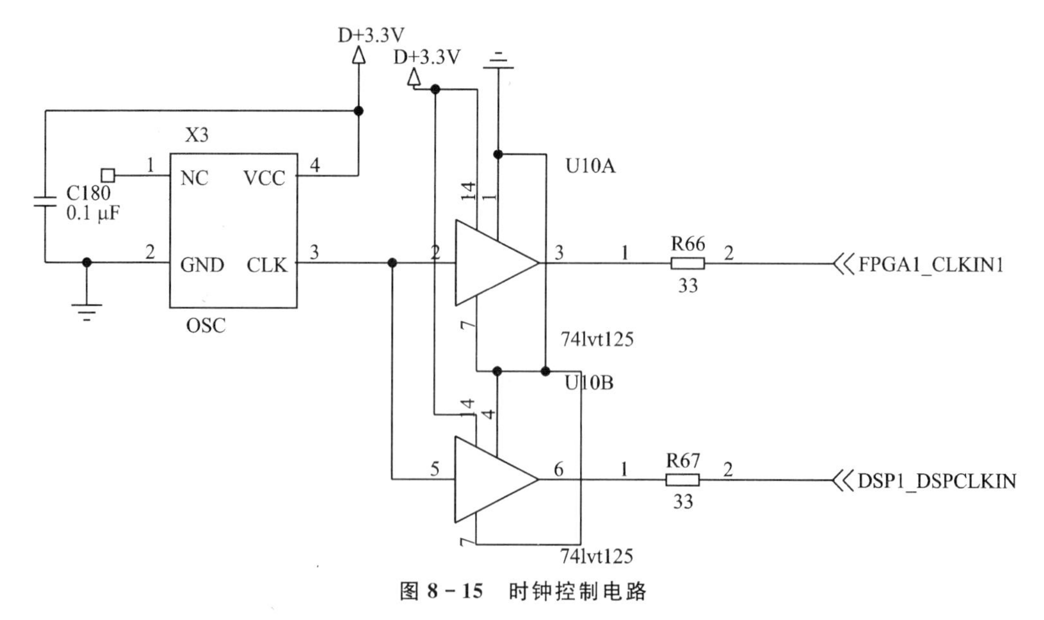

图 8-15 时钟控制电路

由于数据传输及运算量较大，所以作为控制及预处理的FPGA和处理核心DSP要求的时钟频率都比较高，所以外部输入时钟信号不宜直接提供系统所需的时钟。因此，必须对外部输入时钟信号进行倍频，进而产生系统所需的时钟。

选用的FPGA芯片XC2V1000FG456内带8个锁相环电路，可以根据具体的需要进行多种频率时钟的锁相合成。

选用的DSP芯片TMS320C6416的主频是600 MHz。C6416片内集成了锁相环PLL模块，可以对外部输入时钟信号进行倍频。芯片的输入引脚CLKMODE负责片内PLL的配置，不同芯片中CLKMODE引脚的数目不同，对于C6416来说，有两个CLKMODE引脚。本配置如表8-4所示。

表8-4 PLL倍频设置对照表

CLKMODE1	CLKMODE0	PLL倍频设置
0	0	1
0	1	6
1	0	12
1	1	保留

在本信号处理硬件中选用CLKMODE[1:0]＝10b，即PLL进行12倍频，当外部输入时钟频率为50 MHz时，系统时钟频率为600 MHz。如图8-16所示。

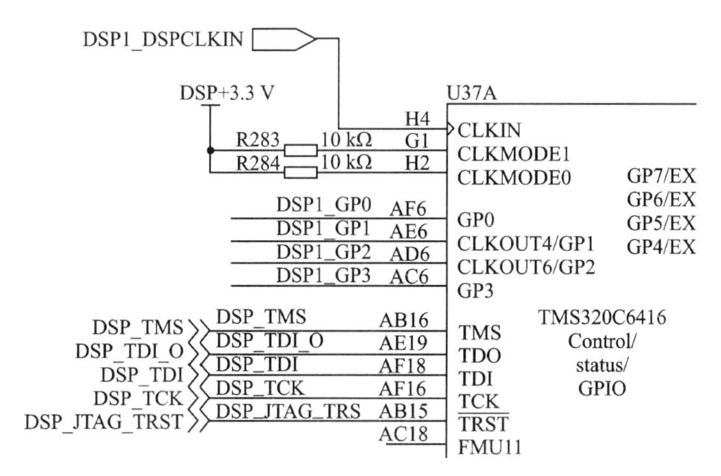

图8-16 锁相环设计

8.5 原理图设计

8.5.1 DSP原理图设计

DSP主要完成图像处理、目标检测、识别等图像处理功能，同时需要完成上位机命令解析、图像采集系统命令转发功能。

本信号处理硬件的图像处理模块设计为双 DSP 结构，每个 DSP 的峰值处理能力为 4GIPS，因此系统中 DSP 的处理能力为 8GIPS。DSP 为 TI 公司 C6000 系列的 TMS320C6416。

EMIF 是 DSP 访问片外存储器的外部存储器接口，它不仅具有很强的接口能力（可以和各种存储器直接接口），而且具有很高的数据吞吐能力（高达 1200 MB/s）。DSP 可以通过这个接口方便的访问各种外部存储器如 SDRAM，SRAM，ROM 或其他地址映射存储空间。C6416 配备有一个 64 位的 EMIFA 和 32 位的 EMIFB，拥有 4 根片选信号，因此可最多直接连接 4 个外设。

DSP 之间可以通过 McBSP 接口的互连来传输数据，传输速度最高可以达到 50 Mbit/s。本信号处理硬件将 McBSP 设置为 SPI 工作模式，利用 MCP2510 和 PCA82C251 扩展出了一个 CAN 总线接口，如图 8-17 所示。

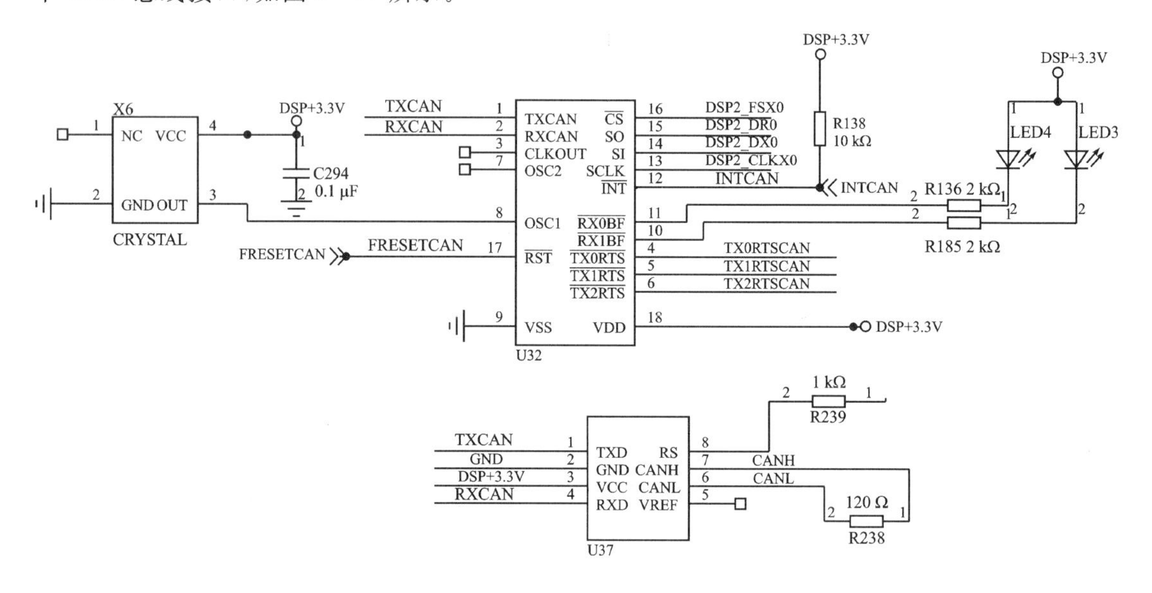

图 8-17　CAN 总线接口

8.5.2　FPGA 原理图设计

由于 FPGA 自身的 RAM 的容量只有 720 Kbit，不能满足大量的图像数据的存储，所以必须外扩存储空间。每个 FPGA 外接的两片 SDRAM 实现乒乓存储，对接收的图像数据进行缓存，如图 8-18 所示。

本信号处理硬件的处理核心为两个 DSP 芯片，它们之间没有直接连接的接口，所以两个 FPGA 之间的数据通信、两个 DSP 之间的数据通信以及 FPGA 与 DSP 的交叉数据通信都要经过 FPGA 之间的接口进行连接。

本信号处理硬件中 FPGA 作为数据输入/输出的控制及预处理芯片，必须要与作为数据处理核心的 DSP 进行通信，另外，由于 DSP 之间没有直接的数据接口，DSP 之间的数据通信也必须经过 FPGA 进行。因此，FPGA 与 DSP 之间必须建立高速的数据通信接口。FPGA 与 DSP 之间的连接通过 DSP 的 EMIFA 口实现。

U5

信号	引脚	名称
FPGA1_SD1_A0	25	A0
FPGA1_SD1_A1	26	A1
FPGA1_SD1_A2	27	A2
FPGA1_SD1_A3	60	A3
FPGA1_SD1_A4	61	A4
FPGA1_SD1_A5	62	A5
FPGA1_SD1_A6	63	A6
FPGA1_SD1_A7	64	A7
FPGA1_SD1_A8	65	A8
FPGA1_SD1_A9	66	A9
FPGA1_SD1_A10	24	A10
FPGA1_SD1_A11	21	A11
FPGA1_SD1_BA0	22	BA0
FPGA1_SD1_BA1	23	BA1
FPGA1_SD1_SDCLK	68	CLK
FPGA1_SD1_SDDQM0	16	DQM0
FPGA1_SD1_SDDQM1	71	DQM1
FPGA1_SD1_SDDQM2	28	DQM2
FPGA1_SD1_SDDQM3	59	DQM3
FPGA1_SD1_SDCAS#	18	CAS
FPGA1_SD1_SDCKE	67	CKE
FPGA1_SD1_SDRAS#	19	RAS
FPGA1_SD1_SDWE#	17	WE
FPGA1_SD1_SDCS#	20	CS
D+3.3V	1	VDD1
D+3.3V	15	VDD2
D+3.3V	29	VDD3
D+3.3V	43	VDD4
D+3.3V	3	VDDQ1
D+3.3V	9	VDDQ2
D+3.3V	35	VDDQ3
D+3.3V	41	VDDQ4
D+3.3V	49	VDDQ5
D+3.3V	55	VDDQ6
D+3.3V	75	VDDQ7
D+3.3V	81	VDDQ8
	14	NC1
	30	NC2
	57	NC3
	69	NC4
	70	NC5
	73	NC6

名称	引脚	信号
DQ0	2	FPGA1_SD1_D0
DQ1	4	FPGA1_SD1_D1
DQ2	5	FPGA1_SD1_D2
DQ3	7	FPGA1_SD1_D3
DQ4	8	FPGA1_SD1_D4
DQ5	10	FPGA1_SD1_D5
DQ6	11	FPGA1_SD1_D6
DQ7	13	FPGA1_SD1_D7
DQ8	74	FPGA1_SD1_D8
DQ9	76	FPGA1_SD1_D9
DQ10	77	FPGA1_SD1_D10
DQ11	79	FPGA1_SD1_D11
DQ12	80	FPGA1_SD1_D12
DQ13	82	FPGA1_SD1_D13
DQ14	83	FPGA1_SD1_D14
DQ15	85	FPGA1_SD1_D15
DQ16	31	FPGA1_SD1_D16
DQ17	33	FPGA1_SD1_D17
DQ18	34	FPGA1_SD1_D18
DQ19	36	FPGA1_SD1_D19
DQ20	37	FPGA1_SD1_D20
DQ21	39	FPGA1_SD1_D21
DQ22	40	FPGA1_SD1_D22
DQ23	42	FPGA1_SD1_D23
DQ24	45	FPGA1_SD1_D24
DQ25	47	FPGA1_SD1_D25
DQ26	48	FPGA1_SD1_D26
DQ27	50	FPGA1_SD1_D27
DQ28	51	FPGA1_SD1_D28
DQ29	53	FPGA1_SD1_D29
DQ30	54	FPGA1_SD1_D30
DQ31	56	FPGA1_SD1_D31
GND1	86	
GND2	72	
GND3	58	
GND4	44	
VSSQ1	12	
VSSQ2	6	
VSSQ3	32	
VSSQ4	38	
VSSQ5	46	
VSSQ6	52	
VSSQ7	78	
VSSQ8	84	

MT48LC4M32B2/SO

图 8-18　SDRAM 原理图

8.5.3　整体布局布线

本信号处理硬件中，多采用的是高速的数据传输口，比如 LVTTL、SDRAM 的读写、FPGA 之间的通信以及 FPGA 与 DSP 之间的数据交换。这些高速的数据传输要求在电路板的布局布线上考虑比较多的情况。图 8-19 为 PCB 板整体布局示意图。

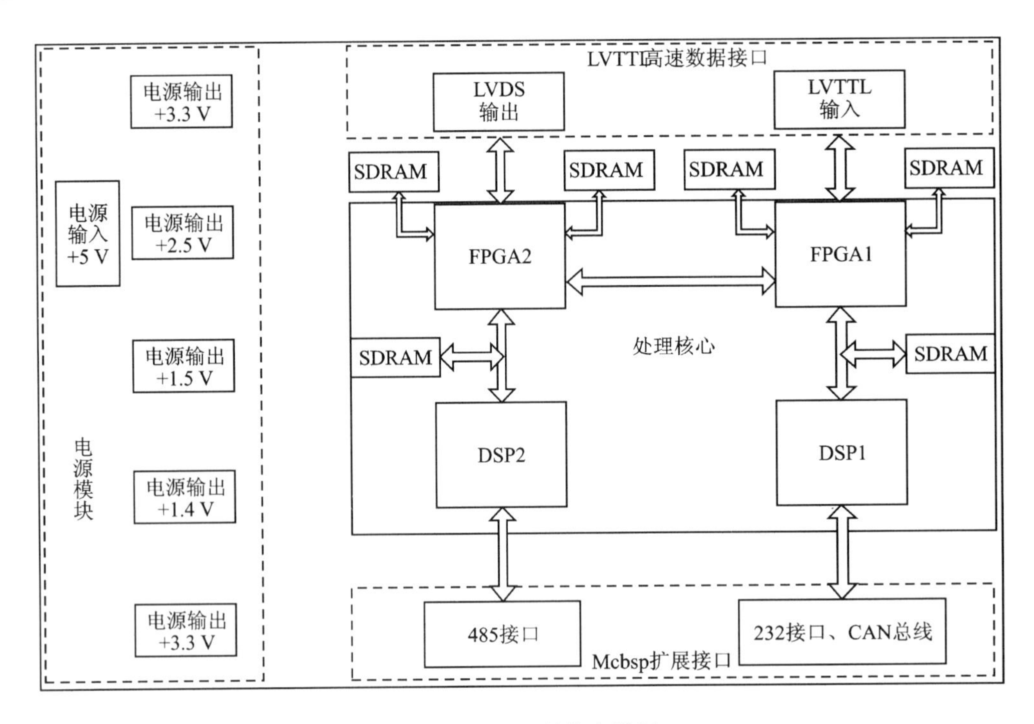

图 8-19　PCB 整体布局图

8.5.4　PCB 布局

既使在整个 PCB 板中的布线完成得都很好，但由于电源、地线的考虑不周到而引起的干扰，会使产品的性能下降，有时甚至影响到产品的成功率。所以对电源、地线的布线要认真对待，把电源和地线所产生的噪声干扰降到最低限度，以保证硬件的质量和性能。可以采用以下的方法：

① 在电源、地线之间加上去耦电容。

② 尽量加宽电源、地线宽度，且最好是地线比电源线宽。

③ 做成多层板，电源，地线占用独立的层。

PCB 中的电源布局布线如图 8-20 所示。

如前所述，本信号处理硬件的 LVTTL 高速图像接口采用同步并行接口，接口协议在 FPGA 中完成。由于数据传输速率非常高，所以对走线长度也有一定的要求，从而减少传输的不同延时对信号造成的影响。PCB 中的高速数据接口布线如图 8-21 所示。

为了满足高速的图像数据的存储与读取要求，本信号处理硬件中所选用的 SDRAM 为 MT48LC4M32B2，其读写速度为 84MHz。随着信号速率的增加，各信号之间的不同传输延时对信号传输的影响就越来越显著。为了避免信号传输延时对数据的影响，布线时走线长度要尽量地等长。PCB 中的 SDRAM 连接布线如图 8-22 所示。

基于同样的高速传输数据的考虑，FPGA 之间互连的线，以及 FPGA 与 DSP 之间的连线同样是尽可能的等长。PCB 中的 FPGA 之间连接布线如图 8-23 所示。

PCB 中的 FPGA 与 DSP 之间连接布线如图 8-24 所示。

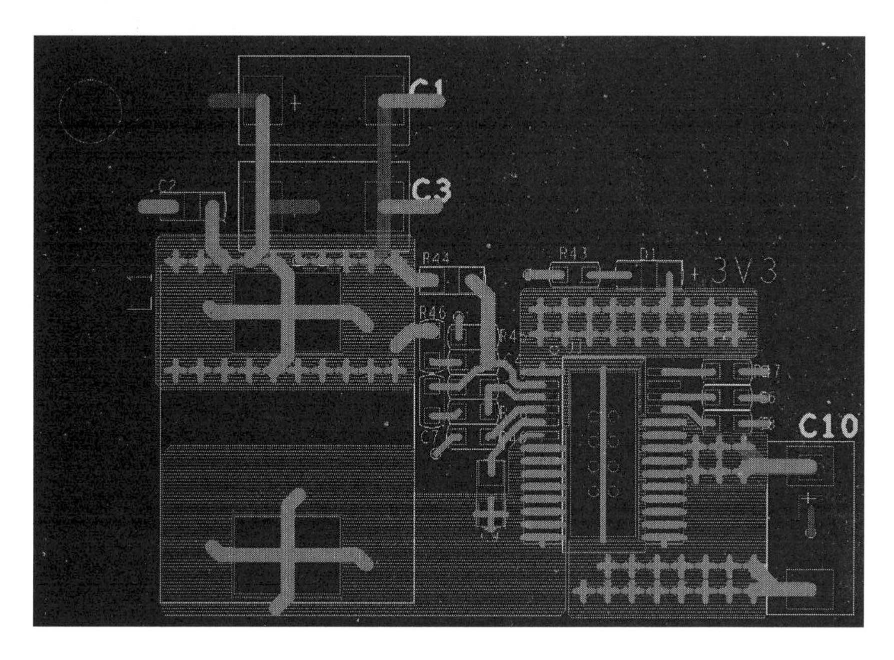

图8-20　电源PCB布线图

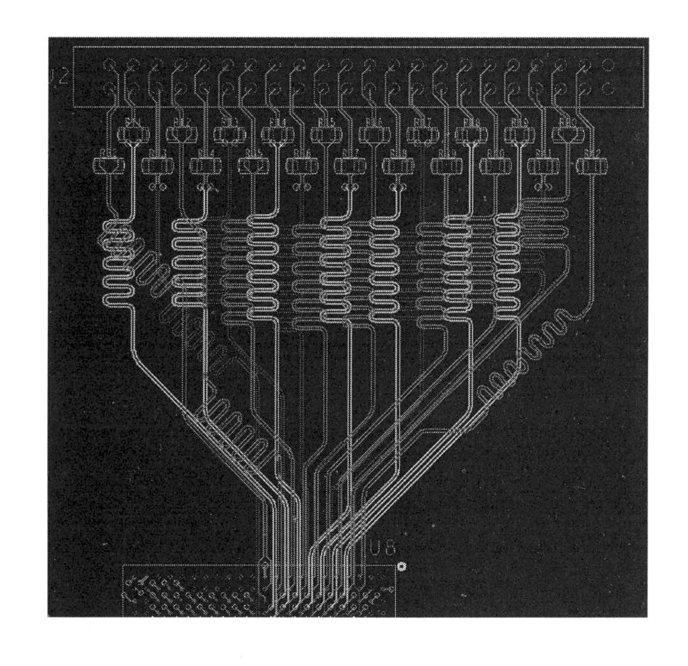

图8-21　高速数据接口PCB布线图

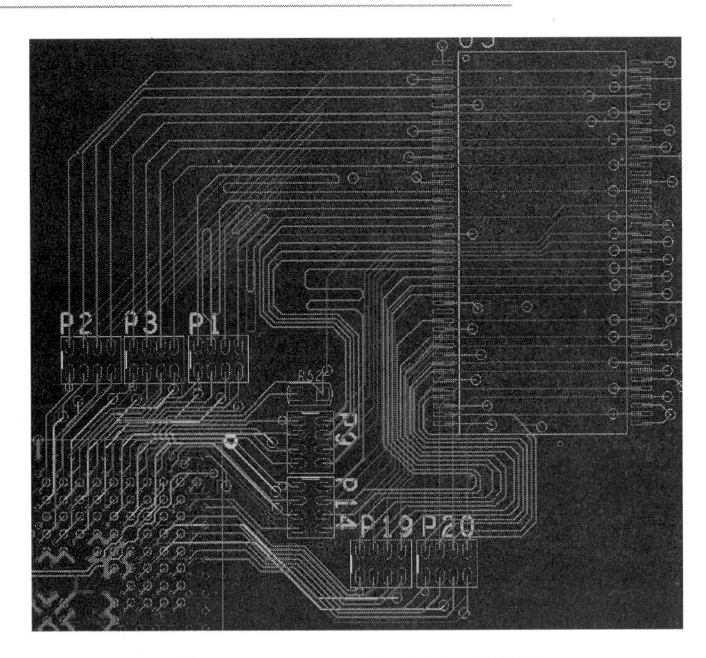

图 8-22 SDRAM 接口 PCB 布线图

图 8-23 FPGA 之间连接 PCB 布线图

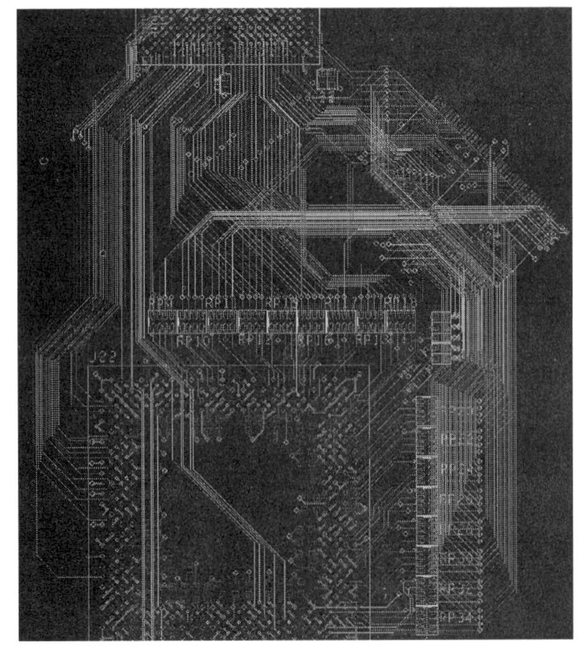

图 8-24 FPGA 与 DSP 之间连接 PCB 布线图

电路板整体 PCB 布线图如图 8－25 所示。

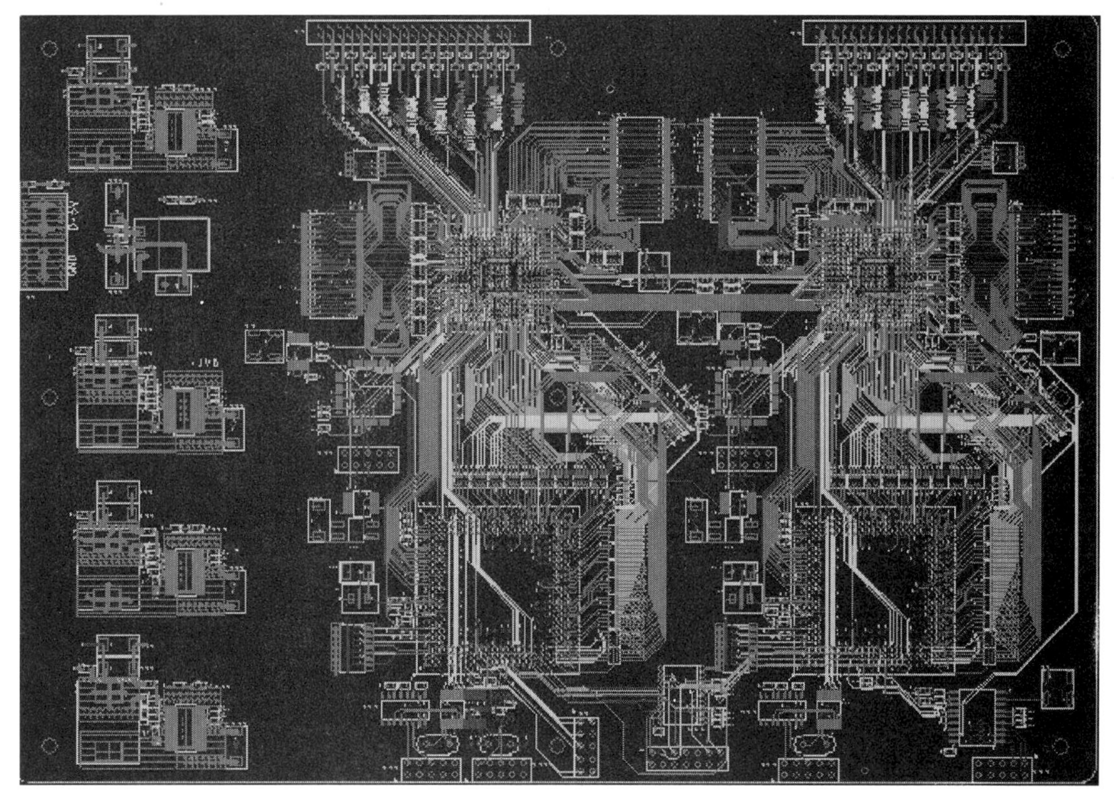

图 8－25　系统 PCB 布线图

8.6　系统功能调试

8.6.1　系统电源调试

本信号处理硬件中，使用了两种处理芯片（FPGA、DSP）以及多种数据接口，因此所使用的电源供电电压比较多，共需 5 种电压。

通过对电路板电源的测量、调试后，电源部分能够为系统提供正确的供电电压。系统正常工作时输入电流为 1A。

8.6.2　系统时钟调试

由于数据传输及运算量较大，作为控制及预处理的 FPGA 和处理核心 DSP 要求的时钟频率都比较高，所以外部输入时钟信号不宜直接提供系统所需的时钟。因此，必须对外部输入时钟信号进行倍频，进而产生系统所需要的时钟。

本信号处理硬件中外部数据接口的输入时钟为 50 MHz，整个数据的传输速率为 50×10

×2 Mbit/s,为满足图像数据实时传输的要求,选取 SDRAM 的访问时钟为 80 MHz。由于 SDRAM 的内部存储空间为 4×32 Mbit,每帧图像数据大小为 4096×2048×10 bits,所以存储前首先需要将来自数据接口的数据进行拼接,每两个 10 bit 的数据拼接为一个 20 bit 的数据,为此 FPGA 与外部接口间缓冲 FIFO 的读时钟设置为 160 MHz。在 SDRAM 的配置过程中要选取一个较低频率的时钟完成相应的延时操作,本系统中选取时钟频率为 10 MHz。同时设置 FPGA 与 DSP 间的缓冲 FIFO 写时钟为 80 MHz。综上所述整个 FPGA 系统正常工作需要的时钟频率包括 10 MHz、80 MHz 和 160 MHz。

在本信号处理硬件中设计了两个晶振,频率分别为 40 MHz 和 80 MHz,我们选取 80 MHz 时钟作为 FPGA 的外部输入时钟,之后在 FPGA 内部利用一个锁相环锁相合成得到系统正常工作所需要的时钟。

FPGA 锁相环的配置程序:

```
dll : CLKDLLE
port map (CLKIN => input_clk_ibuf_b, CLKFB => feedback_clk_buf_b, RST => RST, CLK0 => CLK_
80M, CLK90 => open, CLK180 => open, CLK270 => open,
CLK2X => CLK_160M, CLK2X180 => open, CLKDV => clk_10M,LOCKED => DCM_LOCK);
```

本信号处理硬件选用的 DSP 芯片 TMS320C6416 的主频是 480 MHz。因为 C6416 片内集成了锁相环 PLL 模块,可以对外部输入时钟信号进行倍频,其中芯片的输入引脚 CLKMODE 负责片内 PLL 的配置。

在本信号处理硬件中我们选取 80MHz 的晶振作为 DSP 的外部输入时钟,同时选用 CLKMODE[1:0]=01b,即 PLL 进行 6 倍频,从而使得 DSP 的系统时钟频率为 480MHz。

8.6.3 系统与图像采集系统间接口的调试

信号处理硬件通过 LVTTL 电平接口接收来自图像采集系统的图像数据。在接口的实际调试中,因为没有图像采集系统提供实时的图像数据,所以利用本信号处理硬件自身的 FPGA1 产生与实际图像格式相同的递增数序列,模拟图像采集系统的图像数据输入,并且生成与之相应的时钟、帧同步和行使能,利用 FPGA2 接收来自 FGPA1 的递增数序列。鉴于图像数据的传输速度高达 50 MHz,为了减少数据线间的串扰并提高数据传输的准确性,FPGA1 与 FPGA2 之间采用数据线与地线相互编织并且共地的传输线相连。

来自图像采集系统的图像数据传输速率为 50 MHz,同时为了减少图像数据在 FPGA2 内传输、存储的时间开销,FPGA2 对 SDRAM 的访问时钟设置为 80 MHz,而且来自可见光子系统的两路图像数据进入 SDRAM 之前要进行拼接,所以来自图像采集系统的原始图像数据进入 FPGA2 后首先要经过 FIFO 的缓存。具体实现时在 FPGA2 内设计了两个深度为 1024,数据位宽为 16 位的异步 FIFO,在图像数据传输过程中,首先将 FIFO0 内的数据取出,相邻两个图像数据拼接完成后传输给 SDRAM 进行存储,当一整行(1024 个像素)图像数据处理完成后,处理对象转向 FIFO2,将图像数据取出、拼接后依次存入 SDRAM,以此不断循环。通过该操作实现了两片 COMS 采集数据的无缝拼接,为后期的图像处理奠定了基础。同时为了使来自图像采集系统的图像数据在本信号处理硬件中的传输、存储和处理都是以帧为单位进行,FPGA2 要在检测到帧同步信号后才可以接收原始图像数据。所以 FIFO 的写使能要通过对帧同步信号和行使能进行逻辑组合获得，FIFO的时钟输入为来自FPGA1的时钟信号。

FPGA1模拟的递增数序列格式如图8-26所示。

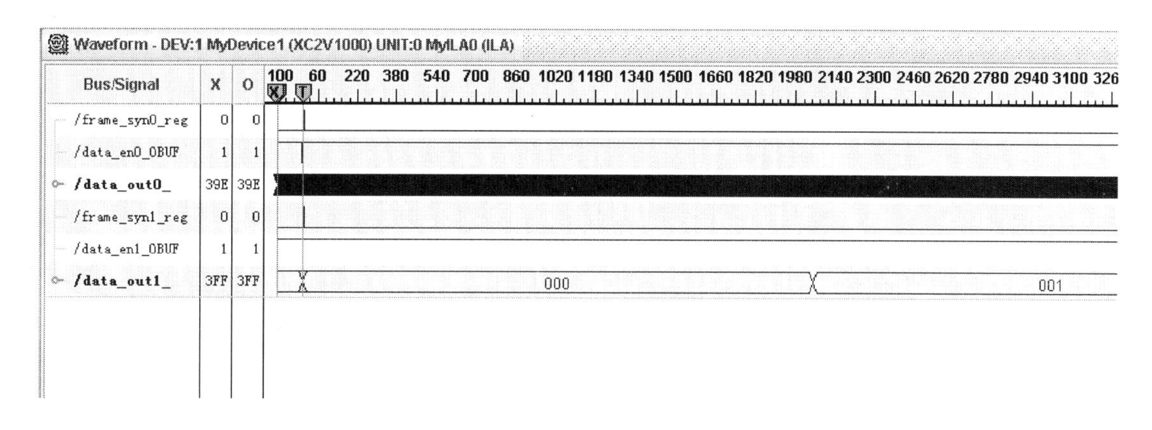

图8-26 FPGA1模拟的图像数据

FPGA2接收到的数据如图8-27所示。

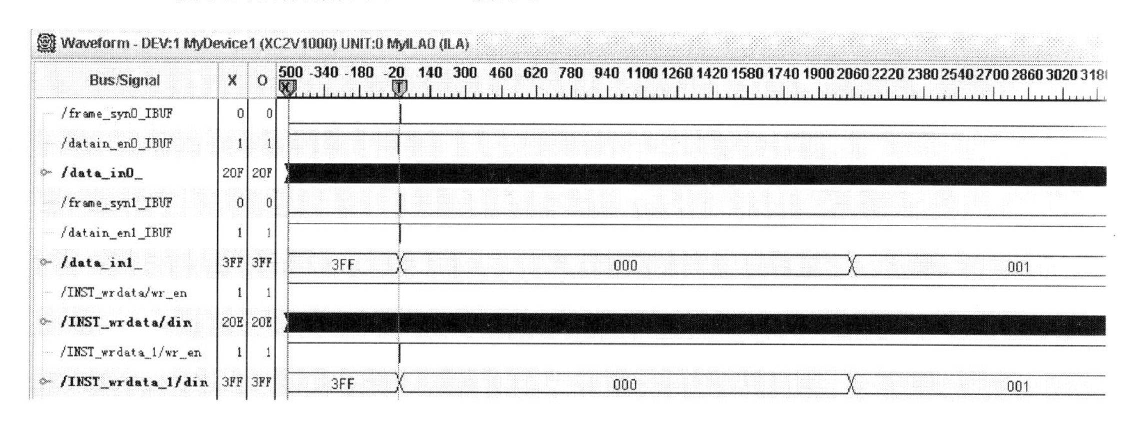

图8-27 FPGA2接收的图像数据

8.6.4 系统FPGA功能调试

在FPGA中主要完成以下内容：两片SDRAM的乒乓控制、数据的接收、图像预处理和图像输出。FPGA内部功结构图如图8-28所示。

为实现每个FPGA外接两片SDRAM的乒乓存储，采取如下方法：当接收奇数帧图像数据时，图像数据依次经过可编程图像数据接口、数据通路1、SDRAM控制器2，进入SDRAM2进行缓存；此时，图像预处理部分通过数据通路1、SDRAM控制器1可以访问缓存在SDRAM1中的数据，并对图像数据进行预处理，处理完成的数据通过DSP接口控制器传送到图像处理模块中进行后续处理。同样，当接收偶数帧图像数据时，图像数据依次经过可编程图像数据接口、数据通路2、SDRAM控制器1，进入SDRAM1进行缓存；此时，图像预处理部分通过数据通路2、SDRAM控制器2可以访问缓存在SDRAM2中的数据，并对图像数据进行预处理，预处理模块针对接收的图像采集系统的图像数据，在FPGA中利用加窗等方法对图

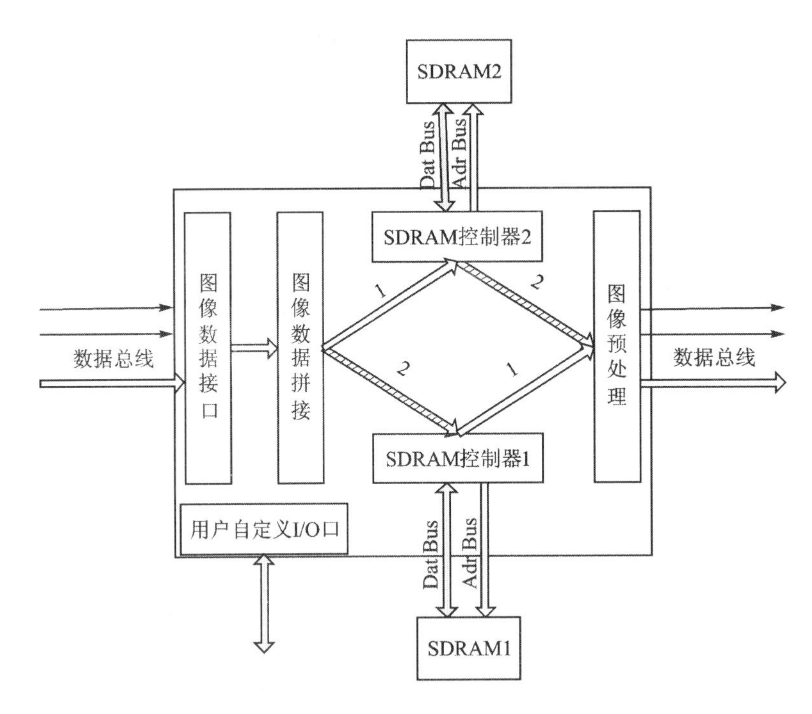

图 8-28　FPGA2 接收的图像数据

像的背景噪声进行抑制。

本信号处理系统中，FPGA 对原始图像数据进行的预处理主要为窗图像数据的提取。在实际应用中整个原始图像中有很大部分为背景数据，在最终的图像处理以及目标参数提取中是没有任何价值，感兴趣的只是包含目标的很小一块区域。为此，在图像处理前要对原始图像数据进行窗数据提取，根据目标所在位置提取所需要的区域的数据，从而减少图像处理过程中对冗余数据的无谓开销。考虑到窗数据提取在 DSP 内完成时，不仅浪费了大量数据总线的带宽，而且增加了整个图像处理过程的时间，为此，在 FPGA 内完成窗数据提取，每次 DSP 将通过对上幅图像处理获得的目标的大致位置传输给 FPGA，FPGA 将该信息转换为图像数据在 SDRAM 内的地址，并且通过对 SDRAM 访问地址的实时改变获得所需要的窗数据。同时将提取的窗数据传输给 DSP，进行最终的图像处理和目标参数估计。

图像数据在 FPGA 内预处理后要通过 DSP 接口传送到图像处理模块中进行后续处理。采用这种乒乓结构可以保证原始图像数据的接收和读取能同时进行，实时地对图像数据进行预处理操作，去除数据操作时的时间等待。这样提高了预处理模块的数据传输速度，能充分发挥 FPGA 在数据传输方面的速度优势。

FPGA1/2 的功能基本相同，主要完成原始数据接收/输出、预处理和数据缓存，另外可为 DSP1/2 之间的数据传输通路。

FPGA 提供的接口包括可编程数字图像信号接口、FPGA 之间互连接口、SDRAM 控制器、与 DSP 模块之间的数据传输接口，这些接口组成了预处理模块的数据通路。

但在实际处理中，由于 SDRAM 的访问速度和 DSP 读取数据的速度不一致，导致对上帧图像数据的读取时间不等于对当前帧图像数据的存储时间。为此 SDRAM 的乒乓控制中两片 SDRAM 间的切换通过计数实现，每片 SDRAM 存储的数据量为一帧图像的大小，每当计数器累计到一帧图像大小时，首先要判断 DSP 是否已经将上帧数据完全读走，若没有读完，则接下来的一帧数据需要存储到同一片 SDRAM，同时计数器清零重新开始计数，下次计数器累计到一帧图像大小时再判断 DSP 是否将另一片 SDRAM 内的图像完全读走，若已经完全读取，则给 SDRAM 切换标志赋值使其有效，从而完成两片 SDRAM 间的切换同时又保证了图像数据的完整性。其中判断 DSP 是否将上帧图像数据完全读走时使用的标志信号由 DSP 提供，DSP 内每次接收一帧图像数据时就给 FPGA 一个标志信号。

FPGA 内产生两片 SDRAM 转换标志的 VHDL 程序：

```
process(rst,clk180)
begin
    if rst = '1' then
        sample_counter< = (others = >'0');
        switch_ctrl_int< = '0';
    elsif clk180'event and clk180 = '1' then
        if sample_counter = x"100000" and ss_switch_reg1 = '1' then
            sample_counter< = x"000000";
            switch_ctrl_int< = '1';
        elsif sample_counter = x"100000" then
            sample_counter< = x"000000";
        elsif controller_wrdata_fifo_rden_r = '1' then
            switch_ctrl_int< = '0';
            sample_counter< = sample_counter + '1';
        else
            switch_ctrl_int< = '0';
        end if;
    end if;
end process;
```

8.6.5　FPGA 与 SDRAM 接口调试

由于 FPGA 自身的 RAM 的容量只有 720 kbits，不能满足大量的图像数据的存储，所以必须外扩存储空间。本信号处理硬件在每片 FPGA 上外扩了两个 16 MB 的 SDRAM，在 FPGA 内部设计了两个 SDRAM 控制器，实现了 FPGA 与 SDRAM 的无缝连接，两片 SDRAM 的工作在乒乓模式，具体工作流程在 8.6.3 小节已经介绍。FPGA 内部对 SDRAM 控制的功能示意图如图 8-29 所示。

SDRAM 的时钟信号由 FPGA 提供，FPGA 通过设定 CS 信号对 SDRAM 进行选择，若 SDRAM 被选中，SDRAM 进入有效状态，之后 FPGA 通过控制 WE 信号对 SDRAM 进行读/写操作。读/写操作前要选择起始存储单元，FPGA 通过改变 SDRAM 的地址寄存器选择 RAM 块和块中的行(FPGA 控制 BA0，BA1 选择 RAM 块，通过 A0－A11 选择列信息)，然后 FPGA 通过设定地址位 A0－A8 选择起始列信息。最后 FPGA 在时钟的驱动下对选定的存储单元进行读/写操作，每个时钟周期读/写一次，通过 FPGA 内部的计数器改变 SDRAM 的地址信息，选择不同的存储单元进行操作，直到完成整个读/写过程。其中在读/写操作过程中

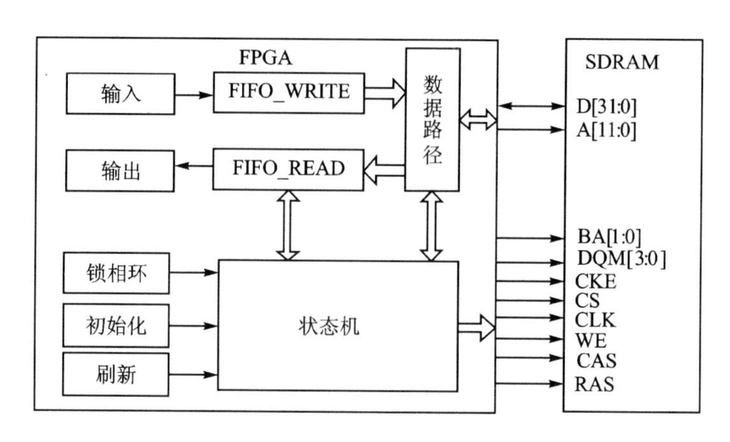

图 8-29　FPGA 读写 SDRAM 控制示意图

FPGA 可以通过设置 DQM0－DQM3，对数据进行特定位的读/写操作。

SDRAM 的配置：

```
ddr_clk_a<=not CLK2X_a;                          --sdram clock output
ddr_clk_b<=not CLK2X_b;
user_input_mask<="00";
user_config_register<="0000110011";              --select cas=3, burstlength=8
user_command_register<="000";
user_input_mask_d<="0000";
user_input_mask_c<="0000";
```

SDRAM 的写地址：

```
process(clk180,rst)
begin
  if (rst='1') then
    write_address<="0000000000000000000";
  elsif clk180'event and clk180='1' then
    if switch_restart='1' then
        write_address<="0000000000000000000";
    elsif controller_wraddr_fifo_inc_r='1' then
        write_address<=write_address + '1';
      end if;
  end if;
end process;
```

SDRAM 的读地址：

```
process(clk180,rst)
begin
if (rst='1') then
    read_address<=(others=>'0');
    read_column_counter<=(others=>'0');
    read_row_counter<=(others=>'0');
elsif clk180'event and clk180='1' then
    if switch_restart='1' then
```

```
        read_column_counter<=(others=>'0');
        read_row_counter<=(others=>'0');
        if dsp_mode=x"00" then
            read_address<=(others=>'0');
        else
            read_address<=dsp_rdaddr(18 downto 0);
        end if;
    elsif controller_rdaddr_fifo_inc_r='1' then
        if dsp_mode=x"00" then
            read_address<=read_address + '1';
        else
            if read_column_counter=x"3F" then
                read_address<=read_address + x"C1";
                read_column_counter<=(others=>'0');
                read_row_counter        <=read_row_counter + '1';
            else
                read_address<=read_address + '1';
                read_column_counter<=read_column_counter + x"0001";
            end if;
        end if;
        end if;
end if;
end process;
```

SDRAM 读写操作的时序图如图 8－30 所示。

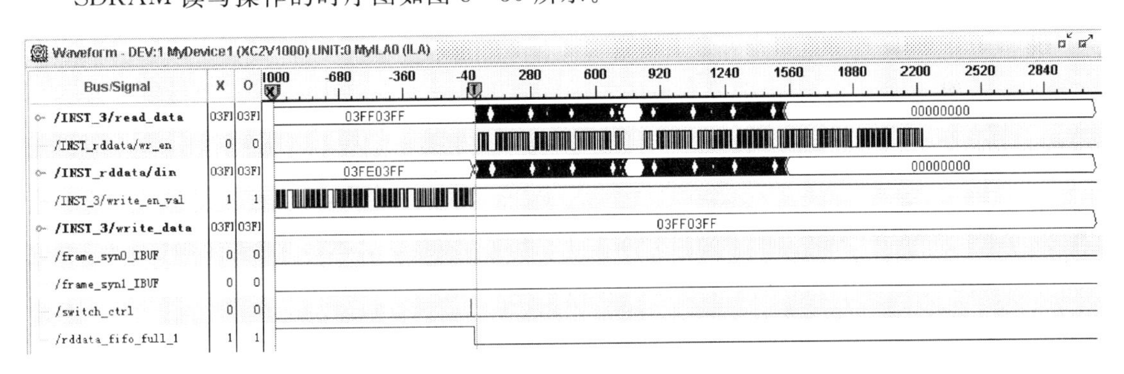

图 8－30　SDRAM 的读写时序

8.6.6　FPGA 与 DSP 之间通信接口调试

本信号处理硬件中 FPGA 作为数据输入/输出的控制及预处理芯片，必须要与作为数据处理核心的 DSP 进行通信，另外，由于 DSP 之间没有直接的数据接口，DSP 之间的数据通信也必须经过 FPGA 进行。因此，FPGA 与 DSP 之间必须建立高速的数据通信接口。

FPGA 与 DSP 之间的连接通过 DSP 的 EMIF 口实现。FPGA 与 DSP 的 EMIF 互连时，FPGA 当作 DSP 的外部存储器处理，通过在 FPGA 内部设计读写 FIFO，实现 EMIF 对 FPGA

的数据访问。具体功能示意图如图 8-31 所示。

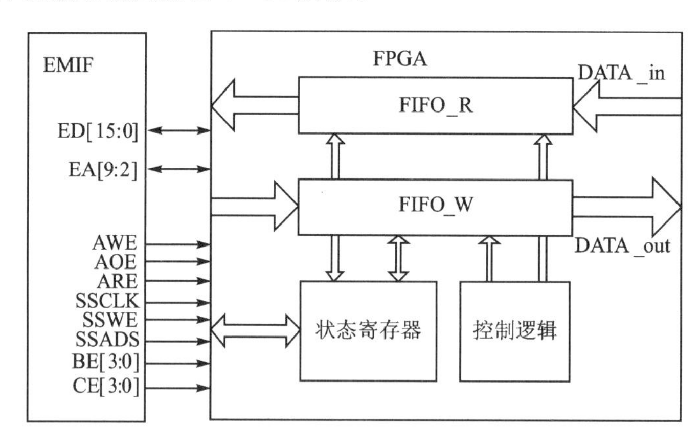

图 8-31 FPGA 与 EMIF 连接控制示意图

在 FPGA 内部生成两个 16 bit×1024 的 FIFO,用于 FPGA 与 DSP 间数据传输缓存,其中 FIFO_R 用于图像预处理结果数据输入到 DSP 的缓存,FIFO_W 用于 DSP 向图像预处理模块发送数据的缓存,两个 FIFO 相互独立。同时 FPGA 内部设置一个状态寄存器,用于记录两个 FIFO 的状态,为 DSP 操作 FIFO 提供必要的信息。在 FPGA 内还有一个控制逻辑的模块,用于控制 FIFO 的工作,保证数据传输的准确。

SDRAM 内存储的数据由 FPGA 控制进入 FIFO_R 进行缓冲,DSP 通过 EMIF 接口访问 FIFO_R,读取 FIFO_R 内的图像数据。FPGA 与 DSP 间通过 DSP 的 EMIF 接口进行通信过程中,FPGA 控制对 EMIF 接口地址总线的译码,并且利用 EMIF 接口的使能信号进行逻辑组合获得 FIFO_R 的读使能信号,同时 DSP 提供 FIFO_R 的读时钟。

在 FPGA 与 DSP 的通信过程中,FPGA 与 DSP 之间传输不仅包含预处理后的图像数据,还包括 DSP 传输给 FPGA 的命令信息。每次通信的开始都是由 DSP 通过 EMIF 接口给既定的寄存器写入不同的状态,FPGA 对 DSP 写入寄存器内的内容进行判断,决定输出数据给 DSP 还是接收来自 DSP 的数据。

DSP 内部对 EMIF 接口的访问采用 EDMA 方式,保证了高数据吞吐率,同时大大减小了 DSP 的 CPU 的负担,使图像处理运算和图像数据传输的资源冲突降到最低。在 FPGA 内图像数据的存储和传输以帧为单位,DSP 内 EDMA 访问 EMIF 接口时是以固定的 1024 个数据为单位循环。FPGA 内的 FIFO_R 每次满标志有效时给 DSP 中断,DSP 内部相应的中断函数控制 EDMA 的开启,EDMA 每次读取 1024 个图像数据后就停止访问 EMIF 接口,直到 FPGA 再次给 DSP 提供中断。DSP 内部设置一相应变量,每次 EDMA 访问结束后该变量自动加一。当该变量值等于 4096 时,表示 DSP 已经接收了一帧图像。

FIFO_R 例化程序:

```
INST_rddata : rddata_fifo port map (
                    rd_clk          =>ssclk_buf,
                    wr_clk          =>clk180_int,
                    ainit           =>rdfifo_clr,
                    din             =>controller_output_data,
                    wr_en           =>controller_rddata_fifo_wren,
```

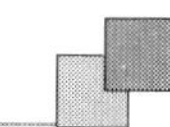

```
        rd_en                  =>user_rddata_fifo_rden_reg,
        dout                   =>user_output_data_int,
        empty                  =>rddata_fifo_empty,
        wr_count               =>rdfifo_wrcount,
        rd_count               =>rdfifo_rdcount);
```

FPGA 与 DSP 接口通信的 VHDL 程序：

```
ssregen1<='1'  when dsp_ssads='0' and dsp_ce3='0' and ea=x"02" and ea20='0' and ea21='0'
else '0';
ssregen2<='1'  when dsp_ssads='0' and dsp_ce3='0' and ea=x"03" and ea20='0' and ea21='0'
else '0';
ssregen3<='1'  when dsp_ssads='0' and dsp_ce3='0' and ea=x"04" and ea20='0' and ea21='0'
else '0';
ssregen4<='1'  when dsp_ssads='0' and dsp_ce3='0' and ea=x"05" and ea20='0' and ea21='0'
else '0';
ssregen5<='1'  when dsp_ssads='0' and dsp_ce3='0' and ea=x"06" and ea20='0' and ea21='0'
else '0';
ssregen7<='1'  when dsp_ssads='0' and dsp_ce3='0' and ea=x"07" and ea20='0' and ea21='0'
else '0';
ssregen8<='1'  when dsp_ssads='0' and dsp_ce3='0' and ea=x"08" and ea20='0' and ea21='0'
else '0';
ssregen9<='1'  when dsp_ssads='0' and dsp_ce3='0' and ea=x"09" and ea20='0' and ea21='0'
else '0';
ssregen10<='1'  when dsp_ssads='0' and dsp_ce3='0' and ea=x"0A" and ea20='0' and ea21='0'
else '0';
ssregen6<='1'  when dsp_ssads='0' and dsp_ce3='0' and ea20='1' and ea21='0' else '0';

process(sys_rst_1,ssclk_buf)
begin
    if sys_rst_1='1' then
        ss_trig_reg<='0';
        ss_int_reg<='0';
        ss_irqen_reg<='0';
        ss_fifoclr_reg<='0';
        ss_inputen_reg<='0';
        ss_led_reg<='0';
        ss_switch_reg<='0';
    elsif ssclk_buf'event and ssclk_buf='1' then
        if dsp_sswe='0' and ssregen1='1' then
            dsp_rdaddr       <=edin;
        elsif dsp_sswe='0' and ssregen2='1' then
            ss_sample_reg    <=edin;
            dsp_fifo_wren    <='1';
        elsif dsp_sswe='0' and ssregen3='1' then
            ss_trig_reg      <='1';
```

```
            elsif dsp_sswe = '0' and ssregen4 = '1' then
                dsp_column        < = edin;
            elsif dsp_sswe = '0' and ssregen5 = '1' then
                dsp_row           < = edin;
            elsif dsp_sswe = '0' and ssregen7 = '1' then
                dsp_mode          < = edin;
                ss_switch_reg     < = '1';
            elsif dsp_sswe = '0' and ssregen8 = '1' then
                ss_fifoclr_reg< = '1';
            elsif dsp_sswe = '0' and ssregen9 = '1' then
                ss_inputen_reg< = '1';
            elsif dsp_sswe = '0' and ssregen10 = '1' then
                ss_led_reg< = edin(0);
            else
                ss_int_reg< = '0';
                ss_trig_reg< = '0';
                ss_irqen_reg< = '0';
                ss_fifoclr_reg< = '0';
                ss_inputen_reg< = '0';
                ss_switch_reg< = '0';
            end if;
        end if;
end process;
emif_gen : for i in 0 to 31 generate
    begin
    iods : IOBUF_F_16 port map    (O = >edin, IO = >ed, I = >edout, T = >ssoe);
end generate;
```

DSP 的 EMIF 接口接收到的数据如图 8－32 所示。

```
0x03300000:  0x00000001 0x00020003 0x00040005 0x00060007 0x00080009 0x000A000B 0x000C000D 0x000E000F
0x03300020:  0x00100011 0x00120013 0x00140015 0x00160017 0x00180019 0x001A001B 0x001C001D 0x001E001F
0x03300040:  0x00200021 0x00220023 0x00240025 0x00260027 0x00280029 0x002A002B 0x002C002D 0x002E002F
0x03300060:  0x00300031 0x00320033 0x00340035 0x00360037 0x00380039 0x003A003B 0x003C003D 0x003E003F
0x03300080:  0x00400041 0x00420043 0x00440045 0x00460047 0x00480049 0x004A004B 0x004C004D 0x004E004F
0x033000A0:  0x00500051 0x00520053 0x00540055 0x00560057 0x00580059 0x005A005B 0x005C005D 0x005E005F
0x033000C0:  0x00600061 0x00620063 0x00640065 0x00660067 0x00680069 0x006A006B 0x006C006D 0x006E006F
0x033000E0:  0x00700071 0x00720073 0x00740075 0x00760077 0x00780079 0x007A007B 0x007C007D 0x007E007F
0x03300100:  0x00800081 0x00820083 0x00840085 0x00860087 0x00880089 0x008A008B 0x008C008D 0x008E008F
0x03300120:  0x00900091 0x00920093 0x00940095 0x00960097 0x00980099 0x009A009B 0x009C009D 0x009E009F
0x03300140:  0x00A000A1 0x00A200A3 0x00A400A5 0x00A600A7 0x00A800A9 0x00AA00AB 0x00AC00AD 0x00AE00AF
0x03300160:  0x00B000B1 0x00B200B3 0x00B400B5 0x00B600B7 0x00B800B9 0x00BA00BB 0x00BC00BD 0x00BE00BF
0x03300180:  0x00C000C1 0x00C200C3 0x00C400C5 0x00C600C7 0x00C800C9 0x00CA00CB 0x00CC00CD 0x00CE00CF
0x033001A0:  0x00D000D1 0x00D200D3 0x00D400D5 0x00D600D7 0x00D800D9 0x00DA00DB 0x00DC00DD 0x00DE00DF
0x033001C0:  0x00E000E1 0x00E200E3 0x00E400E5 0x00E600E7 0x00E800E9 0x00EA00EB 0x00EC00ED 0x00EE00EF
0x033001E0:  0x00F000F1 0x00F200F3 0x00F400F5 0x00F600F7 0x00F800F9 0x00FA00FB 0x00FC00FD 0x00FE00FF
0x03300200:  0x01000101 0x01020103 0x01040105 0x01060107 0x01080109 0x010A010B 0x010C010D 0x010E010F
0x03300220:  0x01100111 0x01120113 0x01140115 0x01160117 0x01180119 0x011A011B 0x011C011D 0x011E011F
0x03300240:  0x01200121 0x01220123 0x01240125 0x01260127 0x01280129 0x012A012B 0x012C012D 0x012E012F
0x03300260:  0x01300131 0x01320133 0x01340135 0x01360137 0x01380139 0x013A013B 0x013C013D 0x013E013F
0x03300280:  0x01400141 0x01420143 0x01440145 0x01460147 0x01480149 0x014A014B 0x014C014D 0x014E014F
0x033002A0:  0x01500151 0x01520153 0x01540155 0x01560157 0x01580159 0x015A015B 0x015C015D 0x015E015F
0x033002C0:  0x01600161 0x01620163 0x01640165 0x01660167 0x01680169 0x016A016B 0x016C016D 0x016E016F
0x033002E0:  0x01700171 0x01720173 0x01740175 0x01760177 0x01780179 0x017A017B 0x017C017D 0x017E017F
0x03300300:  0x01800181 0x01820183 0x01840185 0x01860187 0x01880189 0x018A018B 0x018C018D 0x018E018F
0x03300320:  0x01900191 0x01920193 0x01940195 0x01960197 0x01980199 0x019A019B 0x019C019D 0x019E019F
0x03300340:  0x01A001A1 0x01A201A3 0x01A401A5 0x01A601A7 0x01A801A9 0x01AA01AB 0x01AC01AD 0x01AE01AF
0x03300360:  0x01B001B1 0x01B201B3 0x01B401B5 0x01B601B7 0x01B801B9 0x01BA01BB 0x01BC01BD 0x01BE01BF
0x03300380:  0x01C001C1 0x01C201C3 0x01C401C5 0x01C601C7 0x01C801C9 0x01CA01CB 0x01CC01CD 0x01CE01CF
0x033003A0:  0x01D001D1 0x01D201D3 0x01D401D5 0x01D601D7 0x01D801D9 0x01DA01DB 0x01DC01DD 0x01DE01DF
0x033003C0:  0x01E001E1 0x01E201E3 0x01E401E5 0x01E601E7 0x01E801E9 0x01EA01EB 0x01EC01ED 0x01EE01EF
0x033003E0:  0x01F001F1 0x01F201F3 0x01F401F5 0x01F601F7 0x01F801F9 0x01FA01FB 0x01FC01FD 0x01FE01FF
0x03300400:  0x02000201 0x02020203 0x02040205 0x02060207 0x02080209 0x020A020B 0x020C020D 0x020E020F
0x03300420:  0x02100211 0x02120213 0x02140215 0x02160217 0x02180219 0x021A021B 0x021C021D 0x021E021F
0x03300440:  0x02200221 0x02220223 0x02240225 0x02260227 0x02280229 0x022A022B 0x022C022D 0x022E022F
0x03300460:  0x02300231 0x02320233 0x02340235 0x02360237 0x02380239 0x023A023B 0x023C023D 0x023E023F
```

图 8－32　EMIF 接口接收到的数据

8.6.7 DSP功能调试

DSP主要完成图像处理、目标检测、识别等图像处理功能，同时需要完成上位机命令解析、图像采集系统命令转发功能。

本信号处理硬件的图像处理模块设计为双DSP结构，每个DSP的峰值处理能力为4GIPS，因此系统中DSP的总处理能力为8GIPS。

DSP的工作原理为：预处理模块FPGA将预处理后的数据由输入FIFO缓存通过DSP的存储器接口传给DSP，然后由DSP开始进行图像处理、识别等处理，处理后的数据缓存到DSP的外部存储器中。当图像处理得到的数据需要进一步的算法处理时，缓存的数据可通过本地EMIF口，以EDMA的方式将数据传输到FPGA的输出FIFO缓存中，再由FPGA之间的互连总线将数据传送到其他模块的FPGA，进而传送给DSP，由其他模块的DSP完成剩余算法处理。DSP模块可以通过扩展后的CAN总线接口将图像处理提取的目标参数送出，也可以通过CAN总线接收更新的工作参数和状态命令字等内容。通过CAN总线接收的控制命令用于对照相机的控制，DSP内部设计了命令解析协议，对命令解析后，按照约定的格式经过DSP与FPGA间的接口传递给FPGA，由FPGA经LVTTL数据接口将控制命令按照RS-232数据协议发送给照相机。

本信号处理硬件中FPGA向DSP传输数据、DSP与SDRAM之间的数据交互，都采用EDMA(Enhanced Direct Memory Access)的方式进行，保证了高数据吞吐率，同时大大减小了DSP的CPU的负担，使图像处理运算和图像数据传输的资源冲突降到最低。

EDMA控制器最大的特点是可以在没有CPU参与的情况下完成映射存储空间中的数据搬移。这些数据搬移可以是在片内存储器、片内外设或是外部器件之间，而且是在CPU后台进行的。

DSP内部EDMA的设置以及相应中断函数的配置程序：

```
    hDma1 = EDMA_open(EDMA_CHA_ANY, EDMA_OPEN_RESET);
    EDMA_configArgs(hDma1,
        0x417C0001,
        (Uint32)ssin_src,
        0x00000400,
        (Uint32)data_temp,
        0x00000004,
        0x00000000
        );
    EDMA_enableChannel(hDma1);
    EDMA_setChannel(hDma1);
    while (! transfer_done1);
    transfer_done1 = 0;
    EDMA_close(hDma1);
interrupt void
c_int08(void){
      if (EDMA_intTest(12)){
```

```
        transfer_done1 = TRUE;
        EDMA_intClear(12);
      }
      return;
}
```

DSP 接收 FPGA 数据并存储到 SDRAM 中，其中 SDRAM 内接收的数据如图 8－33 所示。

```
0x00400DE0:  0x02F002F1 0x02F202F3 0x02F402F5 0x02F602F7 0x02F802F9 0x02FA02FB 0x02FC02FD 0x02FE02FF
0x00400E00:  0x03000301 0x03020303 0x03040305 0x03060307 0x03080309 0x030A030B 0x030C030D 0x030E030F
0x00400E20:  0x03100311 0x03120313 0x03140315 0x03160317 0x03180319 0x031A031B 0x031C031D 0x031E031F
0x00400E40:  0x03200321 0x03220323 0x03240325 0x03260327 0x03280329 0x032A032B 0x032C032D 0x032E032F
0x00400E60:  0x03300331 0x03320333 0x03340335 0x03360337 0x03380339 0x033A033B 0x033C033D 0x033E033F
0x00400E80:  0x03400341 0x03420343 0x03440345 0x03460347 0x03480349 0x034A034B 0x034C034D 0x034E034F
0x00400EA0:  0x03500351 0x03520353 0x03540355 0x03560357 0x03580359 0x035A035B 0x035C035D 0x035E035F
0x00400EC0:  0x03600361 0x03620363 0x03640365 0x03660367 0x03680369 0x036A036B 0x036C036D 0x036E036F
0x00400EE0:  0x03700371 0x03720373 0x03740375 0x03760377 0x03780379 0x037A037B 0x037C037D 0x037E037F
0x00400F00:  0x03800381 0x03820383 0x03840385 0x03860387 0x03880389 0x038A038B 0x038C038D 0x038E038F
0x00400F20:  0x03900391 0x03920393 0x03940395 0x03960397 0x03980399 0x039A039B 0x039C039D 0x039E039F
0x00400F40:  0x03A003A1 0x03A203A3 0x03A403A5 0x03A603A7 0x03A803A9 0x03AA03AB 0x03AC03AD 0x03AE03AF
0x00400F60:  0x03B003B1 0x03B203B3 0x03B403B5 0x03B603B7 0x03B803B9 0x03BA03BB 0x03BC03BD 0x03BE03BF
0x00400F80:  0x03C003C1 0x03C203C3 0x03C403C5 0x03C603C7 0x03C803C9 0x03CA03CB 0x03CC03CD 0x03CE03CF
0x00400FA0:  0x03D003D1 0x03D203D3 0x03D403D5 0x03D603D7 0x03D803D9 0x03DA03DB 0x03DC03DD 0x03DE03DF
0x00400FC0:  0x03E003E1 0x03E203E3 0x03E403E5 0x03E603E7 0x03E803E9 0x03EA03EB 0x03EC03ED 0x03EE03EF
0x00400FE0:  0x03F003F1 0x03F203F3 0x03F403F5 0x03F603F7 0x03F803F9 0x03FA03FB 0x03FC03FD 0x03FE03FF
0x00401000:  0x00000000 0x00000000 0x00000000 0x00000000 0x00000000 0x00000000 0x00000000 0x00000000
0x00401020:  0x00000000 0x00000000 0x00000000 0x00000000 0x00000000 0x00000000 0x00000000 0x00000000
0x00401040:  0x00000000 0x00000000 0x00000000 0x00000000 0x00000000 0x00000000 0x00000000 0x00000000
0x00401060:  0x00000000 0x00000000 0x00000000 0x00000000 0x00000000 0x00000000 0x00000000 0x00000000
0x00401080:  0x00000000 0x00000000 0x00000000 0x00000000 0x00000000 0x00000000 0x00000000 0x00000000
0x004010A0:  0x00000000 0x00000000 0x00000000 0x00000000 0x00000000 0x00000000 0x00000000 0x00000000
0x004010C0:  0x00000000 0x00000000 0x00000000 0x00000000 0x00000000 0x00000000 0x00000000 0x00000000
0x004010E0:  0x00000000 0x00000000 0x00000000 0x00000000 0x00000000 0x00000000 0x00000000 0x00000000
0x00401100:  0x00000000 0x00000000 0x00000000 0x00000000 0x00000000 0x00000000 0x00000000 0x00000000
0x00401120:  0x00000000 0x00000000 0x00000000 0x00000000 0x00000000 0x00000000 0x00000000 0x00000000
0x00401140:  0x00000000 0x00000000 0x00000000 0x00000000 0x00000000 0x00000000 0x00000000 0x00000000
0x00401160:  0x00000000 0x00000000 0x00000000 0x00000000 0x00000000 0x00000000 0x00000000 0x00000000
0x00401180:  0x00000000 0x00000000 0x00000000 0x00000000 0x00000000 0x00000000 0x00000000 0x00000000
0x004011A0:  0x00000000 0x00000000 0x00000000 0x00000000 0x00000000 0x00000000 0x00000000 0x00000000
0x004011C0:  0x00000000 0x00000000 0x00000000 0x00000000 0x00000000 0x00000000 0x00000000 0x00000000
0x004011E0:  0x00000000 0x00000000 0x00000000 0x00000000 0x00000000 0x00000000 0x00000000 0x00000000
0x00401200:  0x00000000 0x00000000 0x00000000 0x00000000 0x00000000 0x00000000 0x00000000 0x00000000
0x00401220:  0x00000000 0x00000000 0x00000000 0x00000000 0x00000000 0x00000000 0x00000000 0x00000000
```

图 8－33　DSP 外接 SDRAM 中存储的数据

8.6.8　FPGA 之间通信接口调试

本信号处理硬件的处理核心为两个 DSP 芯片，它们之间没有直接连接的接口，所以两个 FPGA 之间的数据通信、两个 DSP 之间的数据通信以及 FPGA 与 DSP 的交叉数据通信都要经过 FPGA 之间的接口进行连接。在具体实现中，在 FPGA1 和 FPGA2 中各自生成缓存 FIFO，在数据传输时，通过缓存读取数据。具体功能示意图如图 8－34 所示。

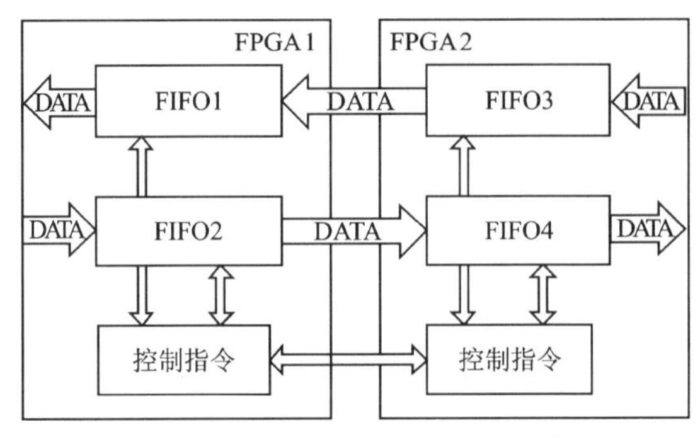

图 8－34　FPGA 之间连接控制示意图

一共生成 4 个 FIFO，其中 FIFO1 为 FPGA1 的数据接收缓存，FIFO2 为 FPGA1 的发送缓存，FIFO3 为 FPGA2 的发送缓存，FIFO4 为 FPGA2 的接收缓存。

由于 FPGA 之间一共有 37 根连接线，同时考虑到数据传输量以及 FPGA 的内存资源问题所以生成的 4 个 FIFO 都是 16 位宽 1k 深度的。

FIFO1 与 FIFO3 之间共有 16 bit 数据线、1 bit 时钟线、1 bit 使能控制线，方向均为由 FIFO3 到 FIFO1。FIFO2 与 FIFO4 之间共有 16 bit 数据线、1 bit 时钟线、1 bit 使能控制线，方向均为由 FIFO2 到 FIFO4。

FPGA1 与 FPGA2 间缓存 FIFO4 的 VHDL 例化：

```
fpga2_wrdata : write_fifo port map (
        rd_clk              => fpga2_clk,
        wr_clk              => fpga1_clk,
        ainit               => wrfifo_clr,
        din                 => fpga1_datain,
        wr_en               => fpga1_wren,
        rd_en               => fpga2_rden,
        dout                => fpga2_dataout,
        wr_count            => wrfifo_wrcount,
        rd_count            => wrfifo_rdcount);
        write_fifo_full     <= wrfifo_wrcount(3);
        write_fifo_empty    <= not (wrfifo_rdcount(3) or wrfifo_rdcount(2));
```

在调试过程中，分别利用 ChipScope 观察 FPGA1 和 FPGA2 中发送和接收的数据，通过观察结构修改数据发送和接收的逻辑。经过反复调试后，FPGA1 和 FPGA2 间能够正常通信。

8.6.9　EMIF 接口调试

本信号处理硬件中 DSP 通过 EMIF 接口与 FPGA、SDRAM 和 FLASH 相连。外接 SDRAM 主要实现图像处理过程中图像数据的缓存，DSP 以 EDMA 的方式访问 SDRAM，执行存取数据的操作。DSP 还外接了一片 512 KB 的 Flash，用于存储程序和数据。系统上电时，DSP 可选择通过 EMIF 接口访问 FLASH 中的程序，进行系统启动。EMIF 接口还是本信号处理硬件的数据输入输出接口。DSP 处理模块中的 DSP 通过 EMIF 接口完成数据的传输和访问，通过 EMIF 接口 DSP 可以访问 FPGA 的内部存储器，此时 FPGA 看作 DSP 的外接 RAM 处理。

Flash 芯片在本处理系统中用于存储 DSP 程序代码和数据；当 DSP 系统上电时，系统默认工作于从 EMIF 采用默认时序引导系统。

通常情况下，C6000 DSP 可以有两种引导方式，引导方式通过引脚 BOOTMODE[4：0]设置，具体信息参见 TI 相关数据手册。本信号处理硬件可以使用并已调试通过的引导方式有 Flash 加载和主机加载，其引脚 BOOTMODE[4：0]分别设置为 01101、00111。其加载过程如下：

① Flash 加载，位于 CE1 空间的 64 KB 的 Flash 代码首先通过 DMA 被搬到地址 0 处。

加载过程在复位信号撤销之后开始，此时 CPU 内部保持复位状态，由 DMA 执行 1 个单帧的数据块传输。传输完成后，CPU 退出复位状态，开始执行地址 0 处的指令。用户可以指定外部加载 Flash 的存储宽度，EMIF 会自动将相邻的 8 bit/16 bit 数据合成为 32 bit 的指令。对 C6701，Flash 中的程序必须按 little-endian 的模式存储。

② 主机加载，核心 CPU 停留在复位状态，芯片其余部分保持在正常状态。引导过程中，PC 通过 PCI2040 经过 HPI 初始化 CPU 的存储空间。主机完成所有的初始化工作后，向 HPI 控制寄存器的 DSPINT 位写 1，结束引导过程。此时 CPU 退出复位状态，开始执行 0 地址的指令。HPI 加载模式下，可以对 DSP 所有的存储空间进行读写。

此外，对 Flash 存储器进行烧写一般有以下几种方法：① 通过编程器烧写；② 通过开发商提供的专门烧写软件工具进行烧写；③ 自己编写烧写程序通过 DSP 烧写。在这里运用了使用自己编写的烧写程序来讲 DSP 程序烧写入 Flash 中。该方法不仅简单，而且方便实用，能够在不同环境下进行现场烧写，即可实现对 Flash 存储器进行擦除、烧写和查看内存内容等多项功能操作。其具体步骤如下：

① 编写用户程序，通过 CCS 编译、链接生成目标文件 DSPx2.out。

② 编写 hex6x 命令文件(X.cmd)，并利用 hex6x 来执行这个文件，然后将用户目标文件 DSPx2.out 转换为十六进制格式 DSPx2.hex。

③ 使用 SuperPro 编程器，设置 Flash 的型号等信息，然后将十六进制格式文件 DSPx2.hex 转化为二进制格式文件 DSPx2.bin。

④ 使用 CCS 打开编写的 Flash 烧写程序的工程文件，将 DSPx2.bin 文件复制到该程序中设定的路径文件夹下，然后运行该烧写程序直至结束，从而完成程序烧写任务。

DSP 内 EMIFA 配置程序：

```
void init_EMIFA(void)
{
    EMIFA_Config EMIFACfg0 = {
        EMIFA_GBLCTL_RMK(
                EMIFA_GBLCTL_EK2RATE_FULLCLK,
                EMIFA_GBLCTL_EK2HZ_CLK,
                EMIFA_GBLCTL_EK2EN_ENABLE,
                EMIFA_GBLCTL_BRMODE_DEFAULT,
                EMIFA_GBLCTL_NOHOLD_DEFAULT,
                EMIFA_GBLCTL_EK1HZ_HIGHZ,
                EMIFA_GBLCTL_EK1EN_ENABLE,
                EMIFA_GBLCTL_CLK4EN_DISABLE,
                EMIFA_GBLCTL_CLK6EN_DISABLE),
          EMIFA_CECTL_RMK(
                EMIFA_CECTL_WRSETUP_DEFAULT,
                EMIFA_CECTL_WRSTRB_DEFAULT,
                EMIFA_CECTL_WRHLD_DEFAULT,
                EMIFA_CECTL_RDSETUP_DEFAULT,
                EMIFA_CECTL_TA_OF(3),
                EMIFA_CECTL_RDSTRB_DEFAULT,
```

```
        EMIFA_CECTL_MTYPE_SDRAM32,
        EMIFA_CECTL_WRHLDMSB_DEFAULT,
        EMIFA_CECTL_RDHLD_DEFAULT),
    EMIFA_CECTL_RMK(
        EMIFA_CECTL_WRSETUP_DEFAULT,
        EMIFA_CECTL_WRSTRB_DEFAULT,
        EMIFA_CECTL_WRHLD_DEFAULT,
        EMIFA_CECTL_RDSETUP_DEFAULT,
        EMIFA_CECTL_TA_DEFAULT,
        EMIFA_CECTL_RDSTRB_DEFAULT,
        EMIFA_CECTL_MTYPE_DEFAULT,
        EMIFA_CECTL_WRHLDMSB_DEFAULT,
        EMIFA_CECTL_RDHLD_DEFAULT),
    EMIFA_CECTL_RMK(
        EMIFA_CECTL_WRSETUP_DEFAULT,
        EMIFA_CECTL_WRSTRB_DEFAULT,
        EMIFA_CECTL_WRHLD_DEFAULT,
        EMIFA_CECTL_RDSETUP_DEFAULT,
        EMIFA_CECTL_TA_DEFAULT,
        EMIFA_CECTL_RDSTRB_DEFAULT,
        EMIFA_CECTL_MTYPE_DEFAULT,
        EMIFA_CECTL_WRHLDMSB_DEFAULT,
        EMIFA_CECTL_RDHLD_DEFAULT),
    EMIFA_CECTL_RMK(
        EMIFA_CECTL_WRSETUP_DEFAULT,
        EMIFA_CECTL_WRSTRB_DEFAULT,
        EMIFA_CECTL_WRHLD_DEFAULT,
        EMIFA_CECTL_RDSETUP_DEFAULT,
        EMIFA_CECTL_TA_DEFAULT,
        EMIFA_CECTL_RDSTRB_DEFAULT,
        EMIFA_CECTL_MTYPE_SYNC32,
        EMIFA_CECTL_WRHLDMSB_DEFAULT,
        EMIFA_CECTL_RDHLD_DEFAULT),
    EMIFA_SDCTL_RMK(
        EMIFA_SDCTL_SDBSZ_4BANKS,
        EMIFA_SDCTL_SDRSZ_12ROW,
        EMIFA_SDCTL_SDCSZ_8COL,
        EMIFA_SDCTL_RFEN_ENABLE,
        EMIFA_SDCTL_INIT_YES,
        EMIFA_SDCTL_TRCD_OF(2),
        EMIFA_SDCTL_TRP_OF(1),
        EMIFA_SDCTL_TRC_OF(6),
        EMIFA_SDCTL_SLFRFR_DISABLE),
    EMIFA_SDTIM_RMK(
        EMIFA_SDTIM_XRFR_OF(0),
```

```
                EMIFA_SDTIM_PERIOD_OF(1040)),
            EMIFA_SDEXT_RMK(
                EMIFA_SDEXT_WR2RD_OF(0),
                EMIFA_SDEXT_WR2DEAC_OF(2),
                EMIFA_SDEXT_WR2WR_OF(1),
                EMIFA_SDEXT_R2WDQM_OF(1),
                EMIFA_SDEXT_RD2WR_OF(0),
                EMIFA_SDEXT_RD2DEAC_OF(1),
                EMIFA_SDEXT_RD2RD_OF(0),
                EMIFA_SDEXT_THZP_OF(2),
                EMIFA_SDEXT_TWR_OF(1),
                EMIFA_SDEXT_TRRD_OF(0),
                EMIFA_SDEXT_TRAS_OF(4),
                EMIFA_SDEXT_TCL_OF(1)),
            EMIFA_CESEC_RMK(
                EMIFA_CESEC_SNCCLK_ECLKOUT2,
                EMIFA_CESEC_RENEN_DEFAULT,
                EMIFA_CESEC_CEEXT_DEFAULT,
                EMIFA_CESEC_SYNCWL_DEFAULT,
                EMIFA_CESEC_SYNCRL_DEFAULT),
            EMIFA_CESEC_RMK(
                EMIFA_CESEC_SNCCLK_DEFAULT,
                EMIFA_CESEC_RENEN_DEFAULT,
                EMIFA_CESEC_CEEXT_DEFAULT,
                EMIFA_CESEC_SYNCWL_DEFAULT,
                EMIFA_CESEC_SYNCRL_DEFAULT),
            EMIFA_CESEC_RMK(
                EMIFA_CESEC_SNCCLK_DEFAULT,
                EMIFA_CESEC_RENEN_DEFAULT,
                EMIFA_CESEC_CEEXT_DEFAULT,
                EMIFA_CESEC_SYNCWL_DEFAULT,
                EMIFA_CESEC_SYNCRL_DEFAULT),
            EMIFA_CESEC_RMK(
                EMIFA_CESEC_SNCCLK_ECLKOUT2,
                EMIFA_CESEC_RENEN_DEFAULT,
                EMIFA_CESEC_CEEXT_DEFAULT,
                EMIFA_CESEC_SYNCWL_DEFAULT,
                EMIFA_CESEC_SYNCRL_OF(2))
    };
    EMIFA_config(&EMIFACfg0);
    return;
}
```

8.6.10 232 接口调试

信号处理硬件在系统工作过程中，需要通过 CAN 总线接收上位机命令，其中部分命令

（曝光命令、控制命令）解析后要转发给图像采集系统，其中曝光命令传输的是要求照相机的曝光时间，发送控制命令的目的是通过检测图像采集系统回复的照相机电子学性能参数，确保照相机正常工作，从而实现上位机控制。

具体实现中，232 采用 RS－232 异步串口协议，波特率为 19.2 kbit/s，1 个起始位、1 个停止位、1 个校验位（奇校验）和 8 位数据，命令信息通过 DSP 的 McBSP 接口输出，经由 MAX3100 转换为 232 协议，此时 Rx 和 Tx 为 LVTTL 电平标准，可直接与可见光子系统进行通信。

本信号处理硬件中 MAX3100 的初始化：

```
void Init_Max3100(MCBSP_Handle hMcbsp)
{
    WRITECONF(RegConfig,RFIFOENABLE,EXITSHDN,MASKTEMPTYIRQ
    ,MASKREMPTYIRQ,MASKPARITYIRQ,MASKRAIRQ,IRDATADISABLE,ONEBITSTOP
    ,PARITYENABLE,LONGWORDLEN,BAUDDIV6);
      while (! MCBSP_xrdy(hMcbsp));
      MCBSP_write(hMcbsp,RegConfig);
}
```

DSP 通过 232 接口接收命令程序：

```
USHORT Rec_Data()
{
    while(! Rec_Ready){
        while (! MCBSP_xrdy(hMcbsp2));
              MCBSP_write(hMcbsp2,0x0000);
        while (! MCBSP_rrdy(hMcbsp2));
              DataIn          = MCBSP_read(hMcbsp2);
              Rec_Ready = DataIn >>15;
              RecData      = DataIn & 0xFF;
    }
    return RecData;
}
```

DSP 通过 232 接口发送命令程序：

```
void SendData(USHORT Data0)
{
    for(i = 0;i<8;i + + )
        Data_0 = ((Data0 >>i) & 0x01)^Data_0;
    WRITEDATA(Dataout0,TXENABLE,RTSHIGH,Data_0,Data0);
    while(! Tx_Ready){
        while (! MCBSP_xrdy(hMcbsp2));
              MCBSP_write(hMcbsp2,0x0000);
        while (! MCBSP_rrdy(hMcbsp2));
              DataIn      = MCBSP_read(hMcbsp2);
              Tx_Ready = (DataIn & 0x4000) >>14;
```

```
    }
    while (! MCBSP_xrdy(hMcbsp2));
    MCBSP_write(hMcbsp2,Dataout0);
}
```

8.6.11 CAN 总线接口调试

本信号处理硬件中 CAN 总线通信接口与上位机进行通信。上位机发送的命令通过 CAN 总线传输，经信号处理部分解析后，通过串行接口发送给照相机。图像信号处理后提取的目标参数也通过 CAN 总线传输，输出给上位机。

在调试过程中，在 DSP 内实现 CAN 总线的配置，并且将处理结果通过 CAN 总线传输出去。同时利用 VC++在 PC 内编写了一个接收数据的程序，通过观察 PC 接收的数据验证 CAN 总线传输的正确性。经过多次调试后 CAN 总线能够正常工作。

本信号处理硬件中 CAN 总线配置：

```
void init_mcbsp()
{
  MCBSP_config(hMcbsp,&Config8bit);
  MCBSP_start(hMcbsp, MCBSP_RCV_START | MCBSP_XMIT_START | MCBSP_SRGR_START
  | MCBSP_SRGR_FRAMESYNC, MCBSP_SRGR_DEFAULT_DELAY);
  y = 0xc0;
while (! MCBSP_xrdy(hMcbsp));
  MCBSP_write(hMcbsp,y);
  MCBSP_reset(hMcbsp);
  MCBSP_config(hMcbsp,&Config24bit);
  MCBSP_start(hMcbsp, MCBSP_RCV_START   | MCBSP_XMIT_START   |MCBSP_SRGR_START
  | MCBSP_SRGR_FRAMESYNC, MCBSP_SRGR_DEFAULT_DELAY);
  y = 0x020f85;
    while (! MCBSP_xrdy(hMcbsp));
    MCBSP_write(hMcbsp,y);
  y = 0x020f80;
    while (! MCBSP_xrdy(hMcbsp));
    MCBSP_write(hMcbsp,y);
  y = 0x020f85;
    while (! MCBSP_xrdy(hMcbsp));
    MCBSP_write(hMcbsp,y);
  y = 0x022A00;
    while (! MCBSP_xrdy(hMcbsp));
    MCBSP_write(hMcbsp,y);
  y = 0x022989;
    while (! MCBSP_xrdy(hMcbsp));
    MCBSP_write(hMcbsp,y);
```

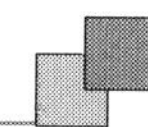

```
 y = 0x022802;
   while (! MCBSP_xrdy(hMcbsp));
   MCBSP_write(hMcbsp,y);
 y = 0x022b1f;
   while (! MCBSP_xrdy(hMcbsp));
   MCBSP_write(hMcbsp,y);
 y = 0x026060;
   while (! MCBSP_xrdy(hMcbsp));
   MCBSP_write(hMcbsp,y);
 y = 0x027060;
   while (! MCBSP_xrdy(hMcbsp));
   MCBSP_write(hMcbsp,y);
 y = 0x022000;
   while (! MCBSP_xrdy(hMcbsp));
   MCBSP_write(hMcbsp,y);
 y = 0x022100;
   while (! MCBSP_xrdy(hMcbsp));
   MCBSP_write(hMcbsp,y);
 y = 0x022200;
   while (! MCBSP_xrdy(hMcbsp));
   MCBSP_write(hMcbsp,y);
 y = 0x022300;
   while (! MCBSP_xrdy(hMcbsp));
   MCBSP_write(hMcbsp,y);
 y = 0x023100;
   while (! MCBSP_xrdy(hMcbsp));
   MCBSP_write(hMcbsp,y);
 y = 0x023200;
   while (! MCBSP_xrdy(hMcbsp));
   MCBSP_write(hMcbsp,y);
 y = 0x023508;
   while (! MCBSP_xrdy(hMcbsp));
   MCBSP_write(hMcbsp,y);
 y = 0x026508;
   while (! MCBSP_xrdy(hMcbsp));
   MCBSP_write(hMcbsp,y);
 y = 0x020f05;
   while (! MCBSP_xrdy(hMcbsp));
   MCBSP_write(hMcbsp,y);
}
```

PC 接收到的 CAN 总线传输的数据如图 8-35 所示。

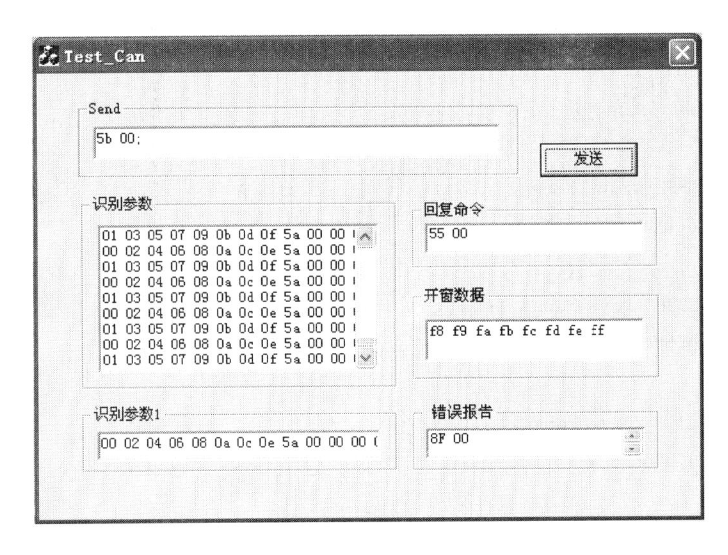

图 8-35　PC 机通过 CAN 总线接收到的数据

8.7　系统性能

通过对硬件电路的调试，证明所设计的硬件系统性能稳定，硬件可靠性强。同时通过对系统各部分调试结果的分析，证明系统能够稳定、精确地接收来自图像采集系统的高速图像数据，并且能够实现两片 CMOS 输出图像数据的无缝拼接，系统的缓存能力能够满足实际需求，而且系统能够根据实际要求实现图像数据精确位置的开窗，同时可以按照既定的数据格式将开窗数据依次传输给其他子系统。系统的 232 接口和 CAN 总线接口能够按照预定的要求正常工作，8GIPS 处理能力的双 DSP 为图像处理提供了有利的保证。总而言之，系统的整体处理性能和数据传输性能均达到了图像实时处理的标准。

通过调试后的信号处理硬件可达到的性能如表 8-5 所列。

表 8-5　系统性能

性能	DSP 处理能力	SDRAM 存储量	图像数据传输数据率	CAN 总线传输数据率
数值	8GIPS	16MB	132 Mbit/s	1 Mbit/s

第9章

多核 DSP 系统结构与开发应用

9.1 概　述

虽然 DSP 内部结构经过多种手段完善以提高处理能力，但是其处理能力也不能与内置上百个核心的 GPU 来相比。目前 GPU 的处理模式实际上是 CPU＋GPU 协同处理，CPU 作为主处理器进行任务调度并执行一些逻辑分支跳转的指令，而 GPU 作为协处理器专注于计算密集型的并行处理任务。实际上这是一种异构形式的多核处理系统，目前市场上已经出现了类似结构的处理器，与 CPU＋GPU 结构不同的是，这种异构的多核处理器的主从处理器与协处理器是集成在一片芯片上的，这样增加了主处理器与协处理器的通信带宽，使二者可以更快地传输数据。例如，Clearspeed 公司出品的 CSX700，其内部具有 2 个主处理器 MTAP core，而每个 MTAP core 中包含有 96 个协处理器 PE。

9.2 NVIDIA GPU Fermi GTX470 的 LFM-PD 处理系统

GPU(Graphic Processing Unit)在传统上的应用仅仅局限在用于处理图形渲染计算任务。为了满足日益强大的高质量 3D 图形渲染的需求，GPU 已经发展到高并行度、多线程、多核心，并具有强大处理能力与高内部传输带宽的通用可编程处理器。现今的主流 GPU 的处理能力已经超过了高端 CPU 的 10 倍以上，产生这种差距的主要原因是 GPU 与 CPU 本质上的结构不同。GPU 最初是面向处理 3D 图形渲染而设计，因此其内部几乎所有的晶体管都用于数据计算与处理。而 CPU 由于要面向复杂的逻辑控制与分支预测体制，其内部资源有相当一部分用于数据缓存与逻辑流的控制，如图 9－1 所示。

由于 GPU 具有特定的并行结构，其非常适合解决数据流可并行化的应用问题，即在多个核心尽量执行相同的程序而处理不同的数据流。特别是对于逻辑流的控制要求不高，而对于数据处理能力要求很高的应用领域，GPU 具有 CPU 甚至高端 DSP 均不可比拟的性能优势。而且由于 GPU 内部存在线程自动切换机制，对于计算能力要求很高的应用，可以更好地隐藏访问内存的延迟。

随着 GPU 的可编程性的不断提高，利用 GPU 进行通用计算的研究逐渐展开。GPU 进

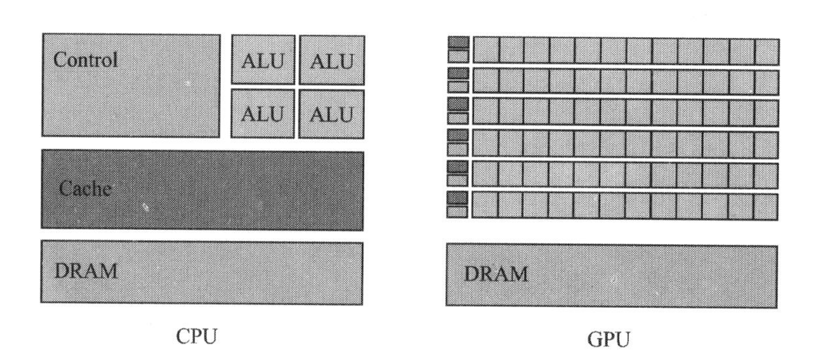

图 9-1　CPU 与 GPU 结构区别示意图

行图形渲染以外的应用的计算成为 GPGPU(General Perpose computing on Graphic Processing Unit)。GPGPU 计算通常采用 CPU+GPU 异构模式,由 CPU 进行复杂逻辑处理、资源调度与事务管理等不适合并行计算的任务,而由 GPU 进行计算密集型的大规模数据并行计算。这种 CPU+GPU 的异构结构即利用了 CPU 进行逻辑处理与分支预测的强大能力,又发挥了 GPU 善于处理大规模并行计算的特点。

早期的 GPGPU 开发需要开发者直接使用图形学的 API 进行编程,开发者需要将数据打包成纹理,并完成将不同的数据处理映射到纹理的渲染过程。开发者也可以利用高级的汇编语言或者着色器语言(Cg 与 HLSL 等)编写 shader 程序,然后通过 Direct3D 或者 OpenGl 执行。这种复杂的开发方式使得开发者不仅要熟悉自己要实现的并行计算方法,还要求开发者非常熟悉图形学硬件与编程接口,具有很大的开发难度,这也使得 GPGPU 早期并没有被广泛的应用。

2006 年 11 月,NVIDIA 介绍了一种基于 GPU 通用并行计算的架构——CUDA,并推出了一种新的并行编程模式与指令集,这使得 NVIDIA GPU 中的并行计算引擎可以用来解决许多复杂的计算密集型问题。

伴随着 CUDA 而来的还有一个专门为开发 GPU 并行计算的软件开发环境,这使得用户可以利用类似 C 语言的编程语言来开发基于 GPU 的应用程序。除了 C 语言,用户也可以使用其他传统的基于图形开发的语言,比如 CUDA FORTRAN、OpenCL 与 DirectCompute 等。

多核 CPU 与多核 GPU 的出现意味着多核处理器已经成为计算机领域的主流处理器。除此之外,处理器的并行性仍然以摩尔定律增长。我们遇到的挑战是如何将经典的应用映射到并行性越来越高的多核处理器上。CUDA 并行编程模式正是为了解决如上问题,并且为开发者隐藏了 GPU 底层众多的硬件细节,大大降低了开发者基于 GPU 开发应用的难度。

CUDA 使开发者可以有效地利用 GPU 的强大性能。自推出至今,CUDA 已经被广泛的应用于石油勘探、天文计算、分子动力学仿真、生物计算与流体力学等众多领域。在许多应用中,相比于传统的计算性能,GPU 的应用将计算机的处理能力提高了几倍,几十倍,甚至上百倍。

2006 年,伴随着 NVIDIA 推出的 CUDA GPU 软件编程架构,其同时也推出了面向通用并行计算的 GPU"G80"。G80 系列 GPU 的开发首次支持了 C 语言,使得开发者不再需要专门学习特定的图形开发语言。G80 系列 GPU 同时利用了统一的处理器架构代替了着色器与像素流水线的计算架构,同时提出了一种单指令-多线程(SIMT)的指令执行模式,这种模式使多个相互独立的线程只通过调用一条指令就可以同时在多个处理核心中运行。为了实现线程间的通信与同步，G80 GPU 还引入了 shared memory 与 barrier synchronization 模式。Shared memory 保证了线程间的通信，而利用 barrier synchronization 实现线程间的处理同步。

2008 年 NVIDIA 进行了 GPU 结构的改革，推出了第二代 GPU"GT200"。其将 GPU 内部的处理核心由 128 提升至 240，同时处理核心内部的寄存器长度也提升了一倍，保证了更多的线程可以在 GPU 内部并行执行。在 GT200 系列 GPU 中，引入了存储器合并访问的机制以提高 GPU 内部存储器的访问效率，同时也支持了双精度数据的计算，使其可以应用在更多高性能计算领域中。

2010 年，NVIDIA 发布了下一代的 GPU 架构"Fermi"，该系列 GPU 架构相比于其第一代 GPU G80 有了重大的改变，而不像第二代 GT200 系列那样，只是从性能与功能上对 G80 进行了扩展。通过对于 G80 与 GT200 系列 GPU 的总结，NVIDIA 归纳出下一代通用 GPU 的发展方向。新一代的 GPU 需要更高的双精度性能与更快捷的上下文切换机制；GPU 内存访问需要增加 ECC 校验以增加访问安全性；GPU 内部需要更大的 shared memory 与真正的缓存，同时应支持更快捷的原子操作。针对上述需求，NVIDIA 大幅度的改进了 GPU 的架构，提升了 GPU 的并行处理能力与编程能力。Fermi 系列 GPU 主要的改进如下：

① 第三代流处理器(SM)：
- 每个 SM 包含 32 个 CUDA 核心，其是 GT200 系列 GPU 的 4 倍。
- 峰值浮点双精度性能是 GT200 系列 GPU 的 4 倍。
- 双 Warp 排序器同时的排序与发射指令。
- 包含 64KB 的 RAM，其可配置为 shared memory 与 L1 cache。

② 第二代并行线程执行 ISA：
- 具有统一的寻址空间并提供了对于 C++ 的完整支持。
- 实现了对于 OpenCL 与 DirectCompute 的优化。
- 支持 IEEE 754-2008 32 位与 64 位精度。
- 支持 32 位整形数据与 64 位扩展。
- 支持 64 位传输的内存访问指令。
- 引入了预测机制提高系统分支执行性能。

③ 提高了存储器系统：
- 引入了 NVIDIA Parallel DataCache™ 技术，实现了可配置的 L1 cache 与统一的 L2 cache。
- 首次实现了在 GPU 访问内存中支持 ECC 校验。
- 显著的提高了内存的原子操作性能。

④ NVIDIA GigaThread™ 计算引擎：
- 相比于 GT200 系列 GPU，上下文切换的速度提高了 10 倍。
- 支持 kernel 的同步执行。
- 支持线程 block 的乱序执行。
- 内部具有双重内存传输引擎。

第三代 Fermi GPU 与前两代 GPU 的主要参数对比如表 9-1 所列。

表 9-1 NVIDIA 三代 GPU 主要参数对比

GPU	G80	GT200	Fermi
晶体管	6.81 亿	14 亿	30 亿
CUDA core	128	240	512
双精度计算能力	不支持	30 FMA ops/clock	256 FMA ops/clock
单精度计算能力	128 MAD ops/clock	240 MAD ops/clock	512 MAD ops/clock
warp 调度器/SM	1	1	2
SFU/SM	2	2	4
shared/KB memory/SM	16	16	48/16
L1 cache/SM	不支持	不支持	16KB/48KB
L2 cache/SM	不支持	不支持	768KB
内存 ECC 校验	不支持	不支持	支持
kernel 同时执行	不支持	不支持	最多 16 个
L/S 寻址宽度/位	32	32	64

9.2.1 Fermi GPU 的硬件结构

第一批“Fermi”GPU 内部集成了 30 亿个晶体管，内部包含 512 个 CUDA core，每个 CUDA core 在一个时钟周期内执行一个线程的浮点或定点运算指令。这 512 个 CUDA core 被组织成 16 个 SM，其中每个 SM 中包含 32 个 CUDA 核心。GPU 内部包含 6 个 64 位的存储器分区，提供 384 位宽度的存储器访问接口，最高支持总量达 6GB 的 GDDR5 DRAM。GPU 与 CPU 通过 PCI－Express 总线联接，Giga Thread 全局调度系统负责将线程 block 分配到 SM 线程调度系统，如图 9-2 所示。

在 GT200 GPU 中，对于多指令操作时，整形 ALU 的精度被限制在 24 位，而 Fermi GPU 支持了所有指令的 32 位 ALU 操作，同时其也支持了对于 64 位的扩展指令操作。Fermi 在 GT200 指令集的基础上，增加了对于布尔、移位、比较、转换与比特操作等多种指令的支持。

Fermi GPU 中的每个 SM 包含了 16 个载入/存储单元，使每个 SM 在一个时钟周期内可为 16 个线程计算出源地址与目的地址。每个 SM 中同时也包含 4 个特殊功能单元(SPU)，其主要用于执行计算 sin、cos、倒数与平方根等操作。每个 SPU 在一个时钟周期内执行一个线程中的一条指令，其流水线是与调度单元分开的，因此当 SFU 在执行特定的运算指令时，调度单元可以并行的发射指令。

在 GPU 的指令调度中，每 32 个并行执行的线程成为 warp，在 Fermi GPU 中，每个 SM 具有两个 warp 调度与两个指令发射单元，这保证了两个 warp 的同时发射与执行。由于 GPU 的 warp 之间的执行是相互独立的，因此 Fermi GPU 的调度不需要检查指令流之间的依赖性，这种执行模式使 Fermi 可以达到其硬件结构的峰值性能。如图 9-3 所示，在 Fermi GPU 中，

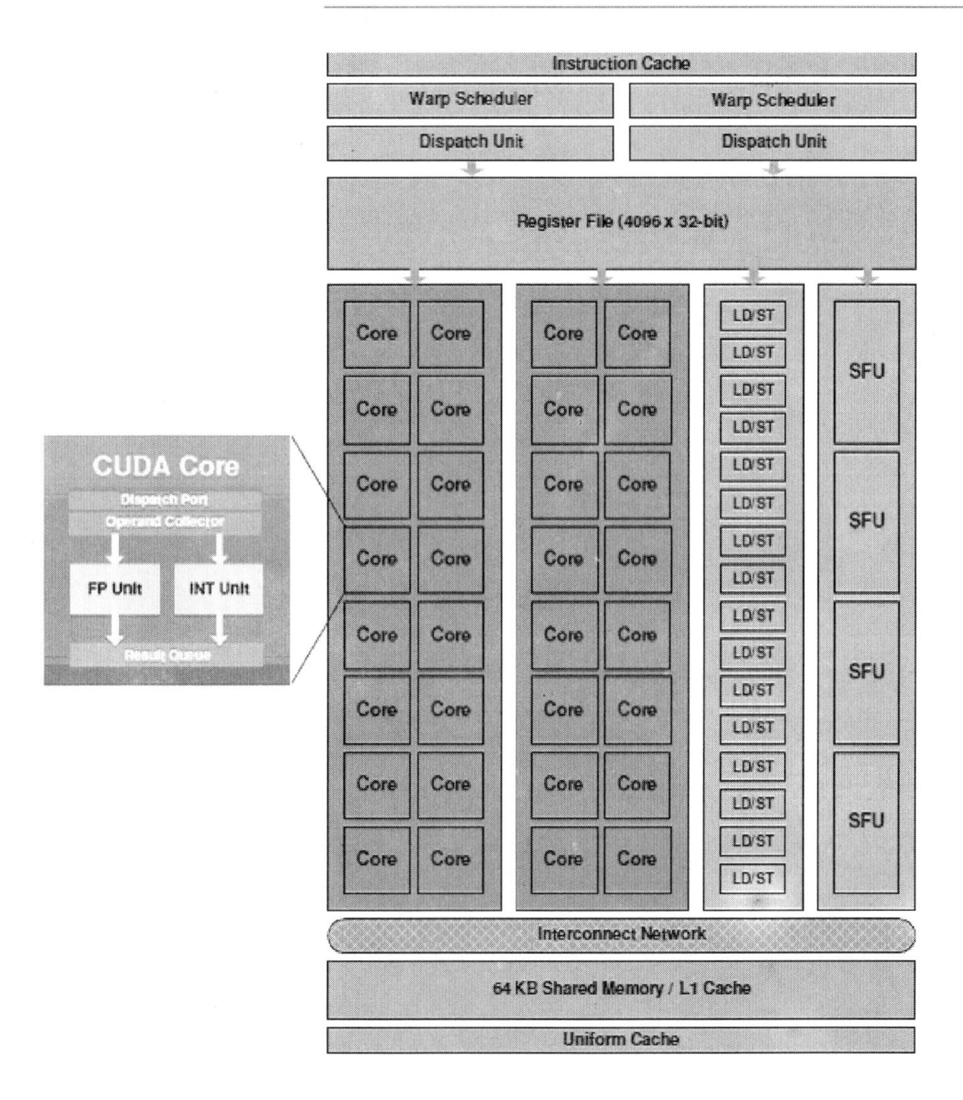

图 9-2 Fermi GPU SM 架构

大多数的指令均可实现双发射，两条定点指令、两条浮点指令或者一条定点指令与一条浮点指令，不过双精度指令仍然不支持双发射执行。

Fermi GPU 的存储器结构如图 9-4 所示，每个 CUDA core 具有私有的寄存器组用于计算，而对于位于同一个 SM 中的 32 个 CUDA core，其具有共享的 shared memory、L1 cache、constant cache 与 texture cache，其中，shared memory 与 L1 cache 的大小可以配置。在众多 SM 之间，具有共享的 L2 cache、global memory、constant memory 与 texture memory。L1 与 L2cache 是 Fermi GPU 所独有的，大大缩短了并行计算时寻址数据的延迟。图 9-4 所示的仅仅是 GPU 端的存储器，除此之外，GPU 还可以访问主机端的存储器，即内存。通常称 GPU 端为 device，称主机端为 host，表 9-2 给出了 GPU 可以访问的存储器位置、访问权限与生存域。

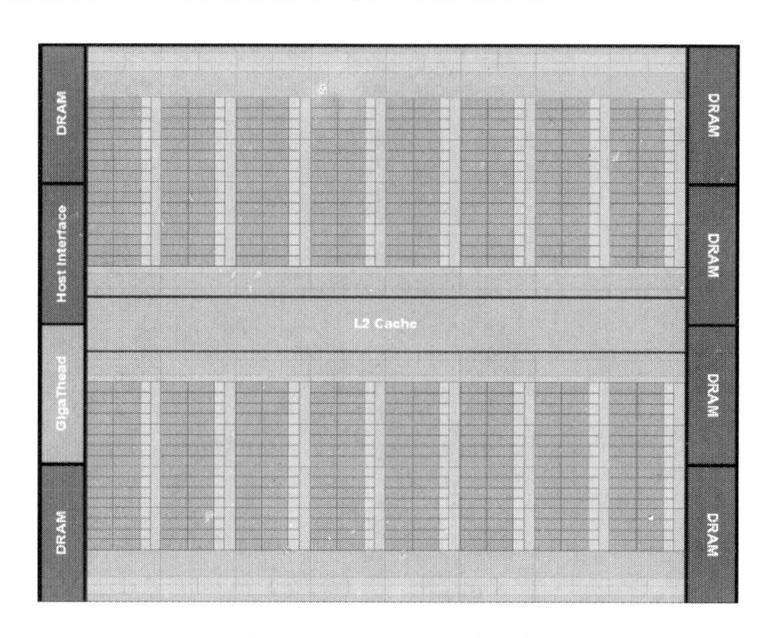

图 9－3　Fermi GPU 内部结构

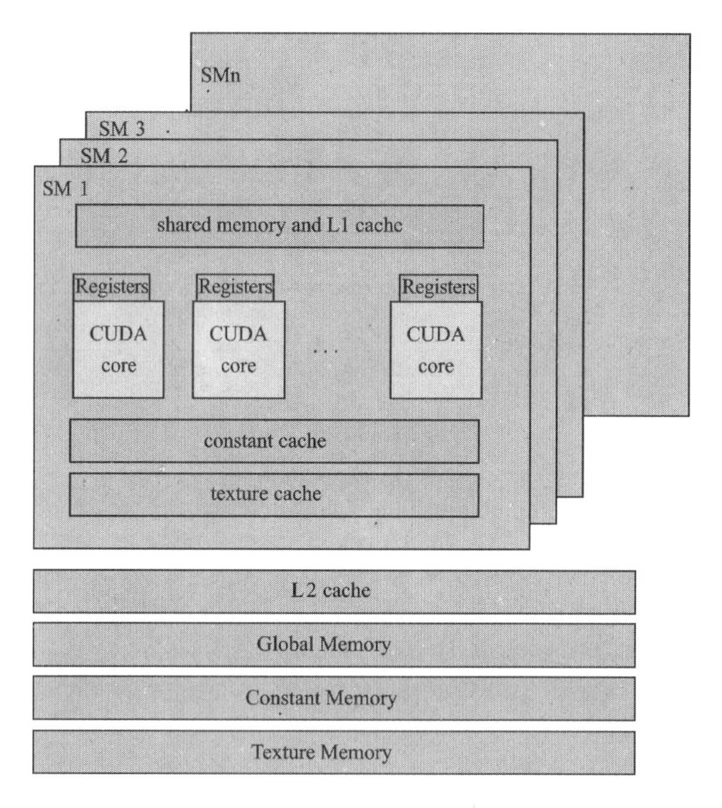

图 9－4　Fermi GPU 存储器结构

表9-2 GPU访问各种存储器比较

存储器	位 置	访问权限	生存域
register	GPU片内	device读/写	与线程相同
shared memory	GPU片内	device读/写	与block相同
L1 cache	GPU片内	device读/写	与block相同
L2 cache	GPU片内	device读/写	可在程序中保持
global memory	板载显存	device读/写，host读/写	可在程序中保持
constant memory	板载显存	device读，host读/写	可在程序中保持
texture memory	板载显存	device读，host读/写	可在程序中保持
host memory	host内存	host读/写	可在程序中保持
pinned memory	Host内存	host读/写	可在程序中保持

9.2.2 Fermi GPU的软件编程

Fermi GPU的软件编程统一采用NVIDIA统一发布的CUDA架构，CUDA采用CPU—GPU联合处理的计算模式，其中称CPU端为Host，GPU端为Device。在CUDA模型中，Host与Device协同工作，Host负责串行的执行逻辑性强的资源调度与事务处理，而Device负责执行计算密集型的并行计算，其中，运行在Device的并行任务通常被称为kernel。

如图9-5所示，一个完整的CUDA程序既包括Host端串行代码，也包括Device端的并行kernel。通常情况，Host端的串行代码的作用仅仅是开辟、清理存储空间，为调用kernel进行一系列的准备工作，而将大量的计算密集型的任务交由Device端来进行处理。但是Host端也可以进行简单的运算，特别是当Device执行kernel时，Host端可以并行的进行一些处理，二者互不影响。

CUDA编程模型中，kernel为并行运行在GPU端的处理任务。Kernel以Grid形式组织，同时每个Grid由若干block构成，而每个block又可分为若干thread。Thread为CUDA编程模型中的最小执行单元。其中grid与block均可以配置为三维形式，对于每个block与thread，可以利用专有的blockDim、blockIdx与threadIdx来互相加以区分，因此实现了一种SIMT(单指令多线程)的工作模式，即只调用1个kernel，生成了多个block与thread，而利用block与thread不同的Idx来寻址不同的数据，实现并行处理。

在CUDA架构中，运行在Device端的kernel实际上是以block为基本单位执行的，kernel中的每个block实际上映射到每个SM中执行，而block中的每个thread映射到同一个SM中的不同CUDA core。不过block与SM不是一一对应的关系，实际上在一个SM中，往往分配了多个block的上下文，这样做的好处是：当一个block执行到高延迟的操作时，比如访问显存操作或者同步等待操作，系统会自动执行另一个发射在同一个SM中的不同block，这样通过发射在同一个SM中不同block的切换，充分的隐藏访了程序执行的延迟。实际上，为了达到最优的效果，通常在一个SM中至少要发射6个block。

在kernel实际的运行中，block被分割为warp，每个warp由32个thread组成，GPU内

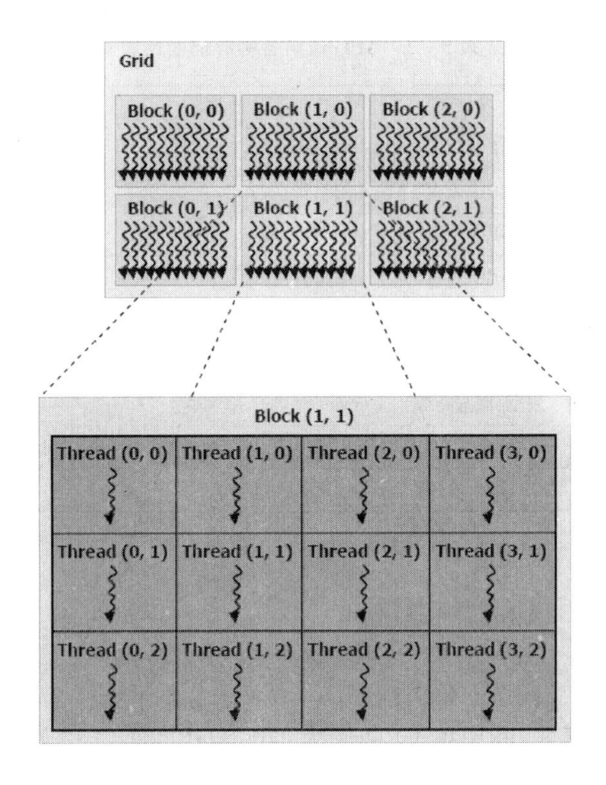

图 9-5　CUDA kernel 组织结构

部的指令发射也是以 warp 为单位进行发射的。实际上,CUDA 的并行执行模式是一种 SIMT 模式,这种模式实际上是对 SIMD(单指令多数据流)模式的一种改进。SIMD 模式中,向量的宽度受到硬件的限制,这种限制是固定的。而 SIMT 模式向量的宽度将作为硬件细节被隐藏起来,硬件可以自动地适应不同的向量宽度。相比于 SIMD 模式,SIMT 模式也存在一些弊端。比如 SIMD 模式下,向量中的元素互相之间可以相互通信,因为其具有统一的寻址空间,而 SIMT 模式由于其用于计算的寄存器均为私有,因此线程之间的通信仅能通过 shared memory 与同步机制实现。另外,由于 SM 中只具有双指令发射单元,因此其每个 warp 中实际上执行的指令是一致的,这种模式大大降低了 thread 分支执行的性能。理论上说,若同一个 warp 中的所有 thread 均跳往一个方向的分支,其处理性能将不会受到影响,若跳往不同分支,这将大大降低系统的处理性能。因此,在 Device 内执行的 kernel,其适合于做大规模的并行计算,不适合做逻辑性强的分支跳转处理,这种处理应该放到 Host 端执行。这种 CPU 与 GPU 协同工作,各自发挥自己的所长是 CUDA 架构的最显著特点之一。

9.3　PD-LFM 算法的 GPU 实现

本 GPU 处理系统采用 NVIDIA 第三代 GPU Fermi GTX470,其内部具有 448 个 CUDA core,内置 1280MB GDDR5 显存,其峰值处理能力与峰值传输带宽达到 1.63Tflops 与 135.9 GB/s。本系统要处理的 LFM 信号同第 3 章中基于多片 DSP 的雷达处理系统相同,其帧周期为 100 ms,每帧信号总共含有 256 个 LFM 脉冲。LFM 脉冲宽度为 50 μs,带宽为 40 MHz,经过 120 MHz 采样率采样,数字下变频之后每个 LFM 脉冲为 4000 点数据。因此本系统脉冲压

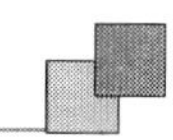

缩过程中的 FFT 与 IFFT 均采用 4096 点，而相参积累处理中的 FFT 采用 256 点。系统的目标检测处理采用 CFAR 检测，对于 GPU，完成整帧 LFM 信号处理流程如图 9－6 所示。

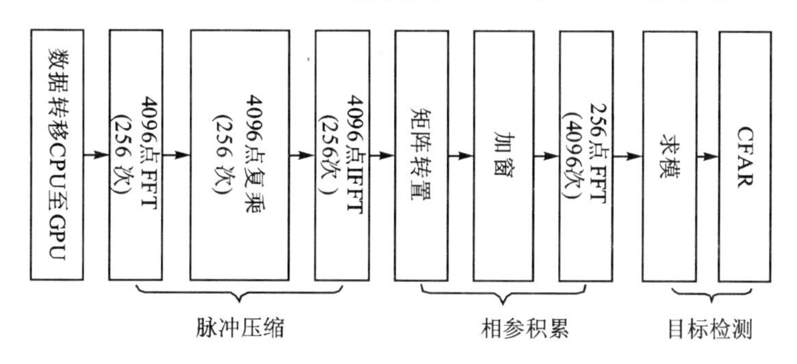

图 9－6　以 GPU 为处理核心的 LFM 信号处理流程

9.3.1　CPU-GPU 的数据传输与内存分配

CPU 端与 GPU 端的数据通信是通过 PCI Express 接口实现的。本系统所采用的 Fermi GTX470 GPU 支持 PCI-E2.0×16 接口，其全双工峰值传输速度可达 8.0 GB/s。本系统所要处理的雷达数据首先存在于 Host 端的内存中，为了实现数据的 Device 端处理，需要将雷达数据从 Host 端内存通过 PCIE 接口传输到 Device 端的显存。

Host 端内存主要分为两种：pageable memory 与 pinned memory。其中 pageable memory 即为通过传统的操作系统 API 可以自由分配的系统内存，Host 端可以自由访问，而 Device 端也可通过特定的 API 访问；而 pinned memory 为特定分配的主机内存，该内存可以保证不被分配至低速的虚拟内存中，而且可以通过 DMA 加速与 Device 端的通信，其访问权限与 pageable memory 相同。

本系统在实现 CPU-GPU 的数据复制时，在 CPU 端使用的正是 pinned memory。具体地说，是使用了一种称为 write-combined memory。当 CPU 访问内存的时候，会自动地将访问的数据放置 CPU 的 L1 cache 与 L2 cache，这样下次需要访问该内存中的数据时，CPU 可以直接读取 L1 L2 cache 中的数据就可以了。不过在这种工作方式的过程中，CPU 端要监视该片内存的数据更改，以保证缓存一致性的问题。但是在常用的 CPU-GPU 协同处理应用中，往往是 CPU 产生数据而 GPU 处理数据，CPU 对该片内存写操作完成之后就不需要再读取它了。此时如果 CPU 仍然定时地监视该片内存就没有意义了，反而降低了内存的传输带宽。

本系统为 Host 端分配的内存为 write-combined memory，该内存为 pinned memory 的一种。每帧 LFM 数据的大小为 4096×256×32×2÷8＝8 MB，汉明窗数据为 256×32÷8＝1 KB，匹配滤波因子为 4096×32×2÷8＝32 KB。通过调用 cudaHostAlloc 并加入 cudaHostAllocWriteCombined 标志为每帧 LFM 数据、汉明窗数据与匹配滤波因子均分配 write－combined memory。

本系统的数据处理均在 GPU 端实现，因此系统需要将位于 Host 端的 LFM 数据、汉明窗数据与匹配滤波因子数据传输到 GPU 端进行后续的处理。这种数据传输是通过 PCIE 接口实现的，对于用户来说，需要调用 cudaMemcpy，并规定数据传输的源地址、目的地址与数据传输方向。

在调用 cudaMemcpy 进行数据传输之前，应该确保在 GPU 端已经开辟足够大的存储空间。本系统为 LFM 数据、汉明窗数据与匹配滤波因子数据均开辟了相应的 GPU 端的存储空间，这种存储空间是开辟在 GPU 的 global memory 中的，其具体位置为 GPU 的板载显存，通过调用 cudaMalloc 实现。

综上所述，在进行数据处理之前，本系统首先在 Host 端为 LFM 数据、汉明窗数据与匹配滤波因子数据均开辟了 pinned memory，然后在 GPU 端为相应的数据开辟了 global memory，最后通过 PCIE 接口将 Host 端的数据转移到 GPU 端，为后续的数据处理做好准备，如图 9-7 所示。

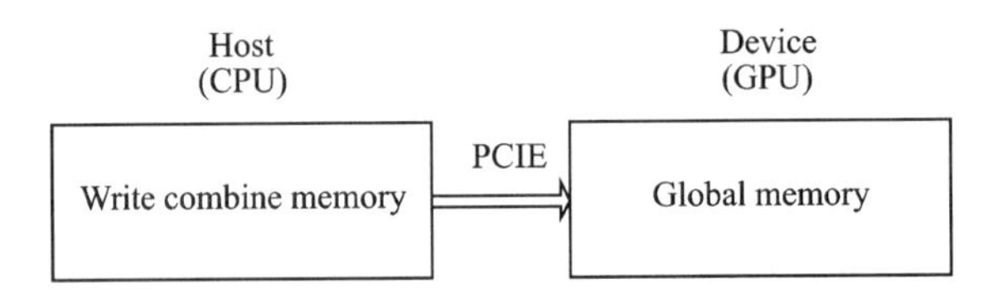

图 9-7 CPU-GPU 的数据传输

9.3.2 GPU 中的 FFT 与 IFFT

在 LFM 信号的处理流程中，应用了多次不同点数的 FFT 与 IFFT，而在信号处理领域中，FFT 与 IFFT 也是应用得最为广泛的算法之一。NVIDIA 为用户提供了经过充分优化的 cuFFT 库，并为用户提供了完善的用户接口，是用户可以自由地配置 FFT 的点数、次数、形式与类型。本文的 FFT 运算与 IFFT 运算均采用了 cuFFT 库，点数分别为 4096 点与 256 点。对于短点数的 FFT 运算，由于数据量小，系统直接将所有点数的数据复制到 shared memory 中实现。但是对于长点数的 FFT，由于 shared memory 容量有限，因此需要将一维长点数 FFT 拆分为二维的短点数 FFT。

DFT 的计算表达式为 $x[k]=\sum_{n=0}^{N-1}x[n]W_N^{nk}$，设 $N=N_1\cdot N_2$，$n=n_2N_1+n_1$，$k=k_1N_2+k_2$。

把上式代入得：

$$X[k_1N_2+k_2]=\sum_{n_1=0}^{N_1-1}\Big[\sum_{n_2=0}^{N_2-1}x[n_2N_1+n_1]W_N^{(n_2N_1+n_1)k_2}\Big]W_{N_1}^{n_1k_1} \tag{9-1}$$

式(9-1)可以进一步表达为

$$X[k_1N_2+k_2]=\sum_{n_1=0}^{N_1-1}\Big[\Big(\sum_{n_2}^{N_2-1}x[n_2N_1+n_1]W_{N_2}^{n_2k_2}\Big)W_N^{n_1k_2}\Big]W_{N_1}^{n_1k_1} \tag{9-2}$$

式(9-2)表达了一种 FFT 的分解方法，即首先将需要做 FFT 的长点序列分为 N1 * N2 点序列，将长序列按 N1 抽取，做 N2 点 FFT，复乘因子之后再做 N1 点 FFT，此时得到的是倒序的 FFT 结果，将矩阵转置即可得到正常顺序的 FFT 结果序列。

因此，在 GPU 系统中，长点数的 FFT 经由上述处理将拆分为两次短点数的 FFT 与一次复乘运算，每个短点数的 FFT 与复乘运算均可以在 shared memory 中进行，由于 shared memory 的访问速度远高于 global memory，因此可以大大提高系统执行效率。如图 9-8

所示。

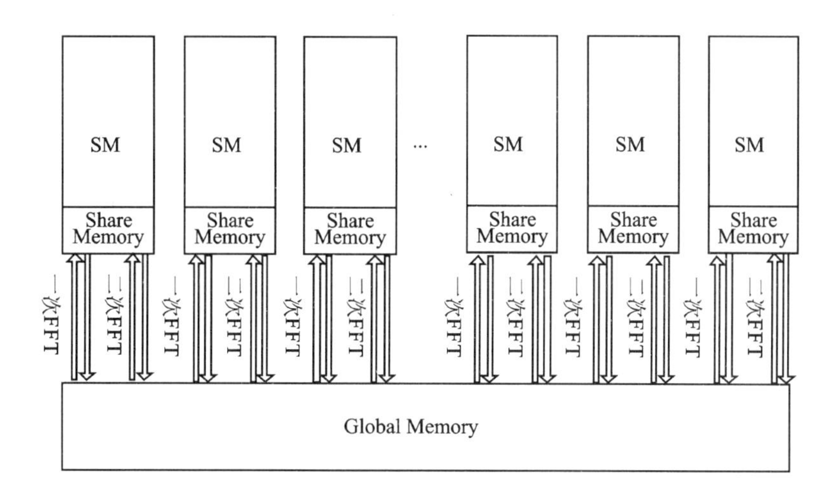

图 9-8　长点数 FFT 的 GPU 优化

对于本系统的 LFM 处理算法，处理一帧数据需要完成 256 次 4096 点复数 FFT、256 次 4096 点复数 IFFT 与 4096 次 256 点浮点 FFT。对于基于 cuFFT 的 FFT 运算，首先要建立一个对应的 FFT plan，然后要配置该 plan，设定 FFT 的点数与执行次数。对于 256 次 4096 点 FFT 操作，需要将 plan 中的 NX 设定为 4096，BATCH 设定为 256。由于系统所做 FFT 运算均为复数 FFT，因此需要调用 cufftExecC2C 并定义 FFT 方向为 FFT 运算（还可设置为 IFFT），当 FFT 运算完成之后，需要将 FFT plan 销毁以释放资源。其处理流程如图 9-9 所示。

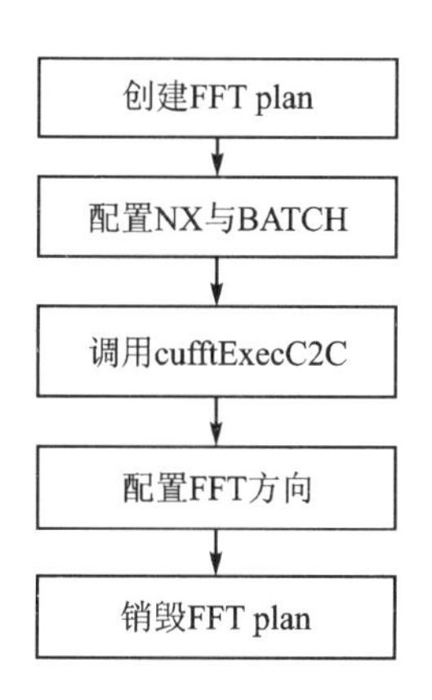

图 9-9　基于 cuFFT 的 FFT 运算

9.3.3　GPU 中的匹配滤波、加窗与求模

对于匹配滤波运算，是将 4096 点经过复数 FFT 后的数据与匹配滤波系数进行复乘，其本质上说是正复数的乘法。而对于相参积累之前的加窗操作，实际上为虚部为 0 的复数乘法。在 GPU 中，实际上复数乘法与求模的优化实现方法是十分类似的，因此将它们放在一起讨论。

由于复数乘法与求模操作的运算步骤相对简单，因此没有必要将运算均复制到 shared memory 中完成，仅在 global memory 中进行运算即可。为了尽量的隐藏 SM 在访问 Global Memory 时的访存时间，在每个 SM 中应尽量拥有至少 6 个活动的 Warp，且 Active Block 的数量需要大于 2。我们利用每个 thread 完成一次复数乘法与求模运算，由于本系统需要完成 256 个脉冲的脉压过程，因此总共需要 4096×256 个 thread。综合考虑上述因素，我们为每个 block 分配 256 个 thread，总共 4096 个 Block，每个 block 将映射到 SM 中运行，而每个 thread 将映射到 CUDA core 中执行，如图 9-10 所示。

GPU 在执行求模运算与复乘运算的时候,实际上 GPU 是以 warp(32 个 thread)为单位执行的,每个 warp 访问存储于 global memory 中的数据,然后在私有于 CUDA core 的寄存器组中执行计算。实际上,对于复乘与求模这种并不复杂的计算,相比于计算所花的时间,访问 global memory 的访存延迟更加影响计算性能。

本系统在访问 global memory 中数据的过程中,采取了一些提高访存性能的优化手段。对于 Fermi GPU,在一个 warp 访问 global memory 的过程中支持合并访问,其一次可从 global memory 取出 128B 的数据。但是这种合并访存必须要求起始地址为 32 的整数倍并且数据对齐,否则将会在消耗一个时钟周期来进行额外的访存。合并访存与非合并访存示意图如图 9-10 所示。

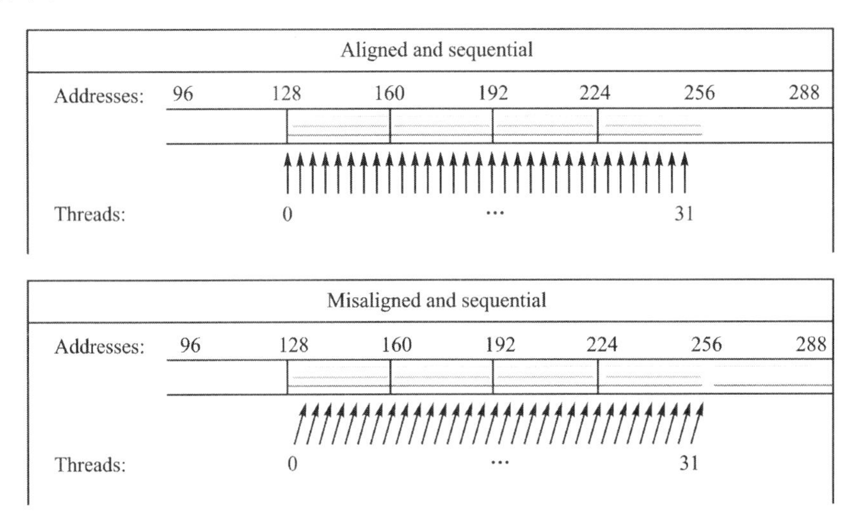

图 9-10 GPU global memory 的合并访问

本系统为所有数据在 GPU 端开辟存储空间的起始地址均为 32 的整数倍,而且数据长度正好也为 32 的整数倍。同时,为每个 block 分配了 256 个 thread,并且每个 thread 执行一个数据的复乘与求模运算,这样使每次访问 global memory 都保证了对齐与排队访问,具体实现如图 9-11 和图 9-12 所示。

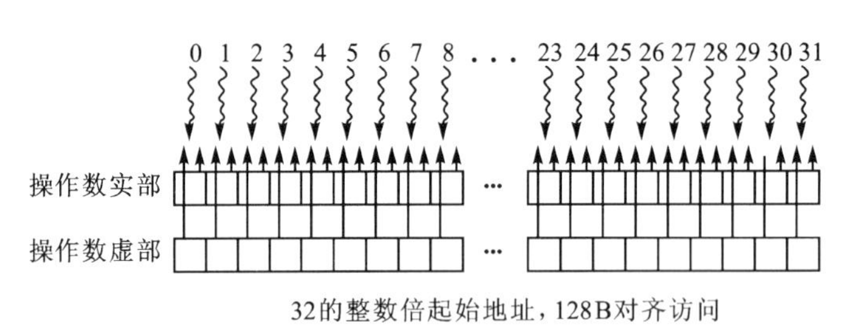

图 9-11 求模运算的 GPU 实现

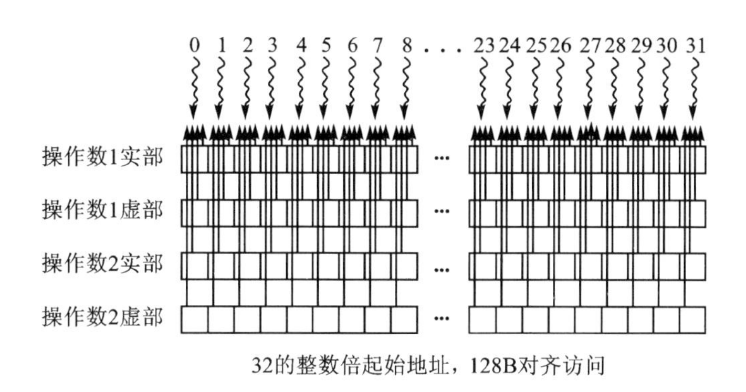

图 9-12 复乘运算的 GPU 实现

9.3.4 GPU 中的矩阵转置

对于相参积累处理，需要将同一距离门的数据做 FFT，但是经由脉冲压缩后的数据是按方位向排列的，若直接做 FFT 处理的话，将不满足系统合并访问的原则，而且由于地址不连续，也不能利用 cuFFT 来实现 FFT 运算。综合以上考虑，系统在做相参积累处理之前要将 256×4096 的 LFM 数据矩阵转置，在转置后在进行 FFT 处理。由于 GPU 中的 shared memory 的访问速度将比 global memory 快大约一个量级，因此在 shared memory 中实现算法将比在 global memory 来实现快得多。本系统的矩阵转置运算即在 shared memory 中实现。

由于 shared memory 容量较小，不能将所有的数据均放置到 1 个 SM 的 shared memory 中进行处理，因此需要将整个矩阵转置算法进行拆分。对于本系统的矩阵转置运算，矩阵大小为 256×4096，将矩阵拆分为许多个 16×16 的子矩阵块，若将每个子矩阵块赋予坐标(a,b)，则整个矩阵的转置运算相当于先将(a,b)子矩阵块放置在(b,a)位置，然后再将每个子矩阵块进行转置。在实现的过程中，每个 block 负责处理一个子矩阵块的数据，系统总共启动 4096 个 block，每个 block 包含 256 个 thread。

在实现矩阵转置的过程中，首先利用合并访存方式将数据从 global memory 读取到 shared memory 中，经过一次同步之后，每个 thread 需要与它按对角线对称的 thread 交换数据，在按照合并访存的方式将数据回写到 global memory 中。此处 shared memory 的容量设置为 16×17，这样当从 global memory 复制数据至 shared memory 中时，处于同一列的数据将存储于 shared memory 中的不同 bank 中，这样可以避免 shared memory 的 bank 访问冲突，如图 9-13 所示。

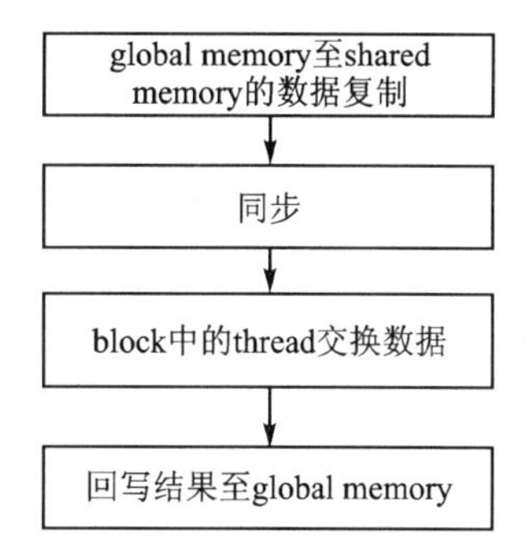

图 9-13 矩阵转置的 GPU 实现

上述设计方法实现了两级并行运算：在同一 block 中实现 thread 交换数据的运算的细粒度并行，而在 block 之间不需要通信的粗粒度并行。

9.3.5 GPU 中的 CFAR 操作

在完成 LFM 信号的相参积累后，需要进行目标检测。本系统的目标检测方法采用与第 3 章多 DSP 系统采用的方法相同，即恒虚警检测，在相同距离门上的 256 个单元上进行。本算法与第 3 章算法所不同的是，为了防止目标能量泄露，在检测单元左右各剔除了 3 个保护单元，而不是第 3 章所述的左边 4 个，右边 3 个，第 3 章多 DSP 系统这种左 4 右 3 的选取方法纯粹是由于 ADSP-TS201S 内部的寄存器结构所决定的。

如前文所述，在 GPU 处理中，每个 warp 之内的 thread 之间不能执行太多的分支，如果分支过多，将导致运算性能的急剧下降，而 CFAR 操作就是一种分支性非常多的操作。这种操作实际上更适于在 CPU 中实现，但是在 CPU 实现的前提是需要将相参积累后的整帧雷达数据由 GPU 端的 global memory 传输到 CPU 端的内存中，相比于在 GPU 中计算，这种数据传输在加上 CPU 端处理的耗时要大于 GPU 端的处理耗时，而且由于 CFAR 一般是在杂波背景中检测目标，检测出的目标数量往往很少，这将使同一个 warp 中的 thread 跳转方向基本一致，并不会带来太多的性能损耗，因此综合上述考虑，应该在 GPU 中实现 CFAR 操作。

本系统实现的是相同距离门的 256 个数据单元 CFAR，并要进行 4096 次。系统共启动 64 个 block，每个 block 中包含 64 个 thread，利用每个 thread 完成一个距离门的 256 点数据检测，将 4096 个 thread 映射到 GPU 的 448 个 CUDA core 中，系统将自动切换上下文，以隐藏访问 global memory 的延迟。CFAR 实现示意图如图 9-14 所示。

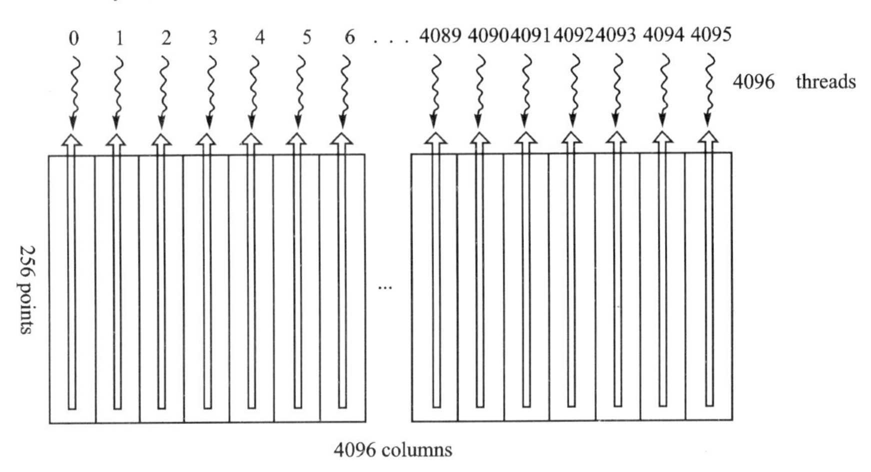

图 9-14 CFAR 的 GPU 实现

9.4 多核处理器 Tile64

通过前文分析可知，虽然 DSP 内部结构经过多种手段完善以提高处理能力，但是其处理能力也不能与内置上百个核心的 GPU 来相比。目前 GPU 的处理模式实际上是 CPU+GPU 协同处理，CPU 作为主处理器进行任务调度并执行一些逻辑分支跳转的指令，而 GPU 作为协处理器专注于计算密集型的并行处理任务。实际上这是一种异构形式的多核处理系统，目前市场上已经出现了类似结构的处理器，与CPU+GPU结构不同的是，这种异构的多核处理器的主从处理器与协处理器是集成在一片芯片上的，这样增加了主处理器与协处理器的通信带宽，使二者可以更快地传输数据。例如Clearspeed公司出品的CSX700，其内部具有2个主处理器MTAP core，而每个MTAP core中包含有96个协处理器PE。

虽然这种异构的多核处理器非常适合于做数字信号处理，但由于其主从的结构的局限，使其在通用领域上的应用受到了一定的限制。随着IC技术的发展与集成电路工艺的提高，芯片领域出现了一种将多个相同的处理核心集成到一片芯片的处理器，类似于双核CPU与四核CPU，不过处理核心的数目要远多于此。这种处理器内部集成的每个处理核心都是相同的，具有完整的指令发射单元与ALU，每个处理核心均相当于一个简易的DSP。这种同构的多核处理器相比于主从结构的异构处理器具有更大的通用性，同时其也具有非常强劲的处理性能。将其应用于雷达信号处理领域，可以将以往多个DSP甚至多个板卡完成的处理工作均在一片多核处理器中完成，大大节省了资源利用并降低了设计难度，提升了功能可靠性，这是未来雷达信号处理领域的一个发展方向。

本章针对Tilera公司与2010年出品的Tilepro系列多核处理器Tile64提出了一种LFM-PD算法的解决方案，Tile64内置了64个完全相同的处理核心，该处理器是高性能同构多核处理器的典型代表。

9.4.1 Tile64多核处理器架构

Tile64是Tilera公司于2009年出品的Tile系列处理器，其应用了Tilera的典型多核结构，每个处理器核心成为一个tile，整个处理器中所有的tile通过一个二维的iMesh网络相连。这种iMesh的联接模式保证了tile之间的高传输带宽与低通信延迟。Tile64处理器片上集成了众多的外部接口与可编程的tile，而这些接口都是通过iMesh网络与tile相连接。Tile64处理器的整个架构与每个tile的结构如图9-15所示。

在Tile64中，内部集成了64个tile，每个tile都是一个独立而完整的强大的处理核心，每个tile均可以单独运行简单的操作系统，例如Linux。相比于GPU中上百个CUDA core，每个tile的功能更加完整，具有单独的流水线与指令发射单元，其更类似于一个简单的DSP。每个tile均为一个32位的定点处理器，其内部具有三路VLIW(超长指令字)、独立的cache与DMA系统。每个tile在一个时钟周期均可以执行3条指令。

对于多核处理器的设计，其最大的难点之一是如何保持缓存的一致性，也就是说，当一个处理核心在修改了位于存储器某位置中的数据，而另一个核心要访问映射到该位置的cache，如何使另一个核心永远能访问到正确的数据，这就是缓存一致性的问题。Tile64提供了保持缓存一致性的完全的硬件支持，其将需要使用的存储空间分配给某个tile管理，而该tile成为了该片存储空间的home-tile，home-tile将对所有映射到该存储空间的cache进行管理，当其他的tile要访问映射到该存储空间的cache时，home-tile将保证其访问的永远是正确的数据，这种保证缓存一致性的硬件机制大大降低了开发者的开发难度，使用户利用每个tile均可以简单地访问存储器中的数据。

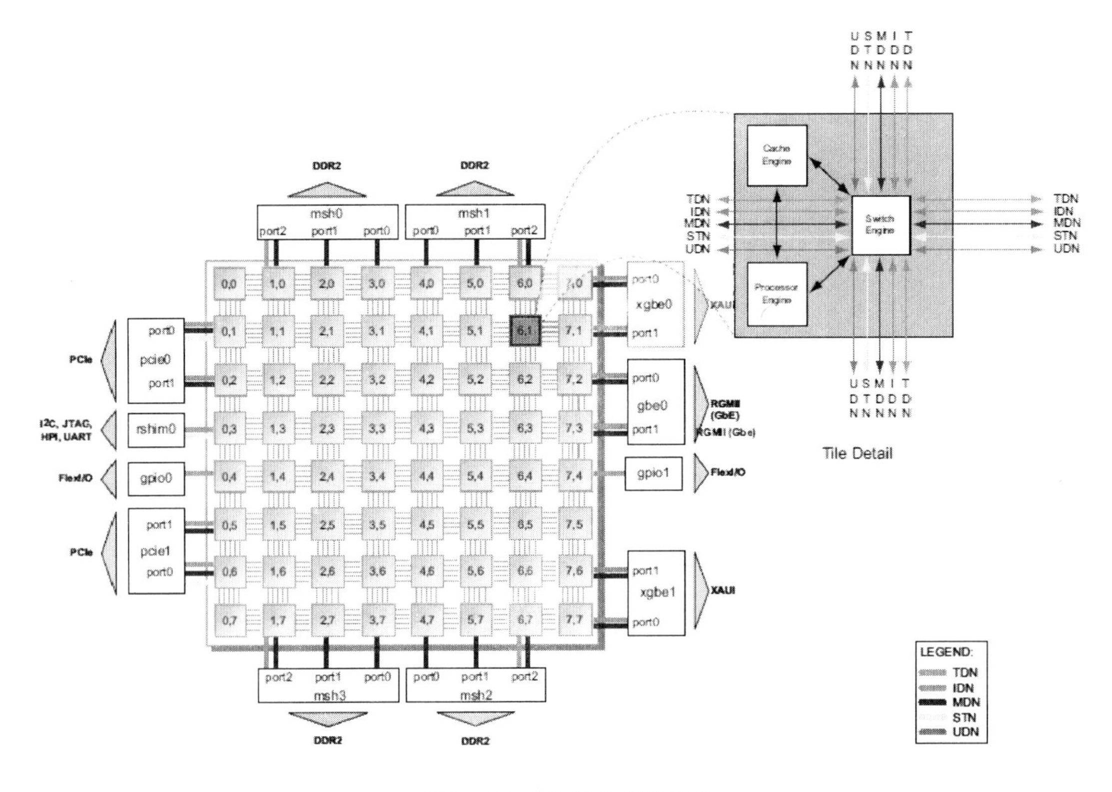

图 9－15 Tile64 处理器架构

如图 9－15 所示，每个 tile 是通过 iMesh 网络互相连接的，tile 之间的通信可以直接调用 Tilera 提供的 API 来实现。Tile64 处理器片上也提供了众多接口，如 DDR2、I^2C、PCIE、HPI、UART、JTAG 与众多可配置的 GPIO 等，是用户可以将 tile64 处理器应用于多种不同的领域，tile64 处理器的主要性能指标如表 9－3 所列。

表 9－3 Tile64 处理器性能指标

时钟频率	－9 device	866 MHz
	－7 ice	700 MHz
Tiles	64	
处理能力	8 位	443BOPs
	16 位	222BOPs
	32 位	166BOPs
Data I/O	40＋ Gbit/s	
Memory I/O	00＋ Gbit/s	
上 memory 带宽	1774Gbit/s	

9.4.2　基于 Tile64 的 LFM-PD 处理解决方案

为论述方便，本解决方案的算法与处理的信号均与前文所述的一致，即对 LFM 脉冲串完成脉冲压缩、相参积累与 CFAR 操作。Tile64 作为一款处理能力极强的处理器，其长处在于数据处理，适于作为整个雷达处理系统的处理核心来完成相关的各种信号处理算法，但其对接口的控制不如 FPGA。因此，在一个完整的雷达处理系统，为 Tile64 配备一片 FPGA 作为接口的控制是十分必要的，FPGA 可以完成对于 AD 的控制及对于雷达信号的采集，同时可利用固有的 IP 核，将采集的雷达数据存储到 DDR2 SDRAM 中，并可以外部中断的形式与 Tile64 处理器同步，进而通知 Tile64 开始进行数据处理。本基于 Tile64 处理器的 LFM-PD 解决方案示意图如图 9－16 所示。

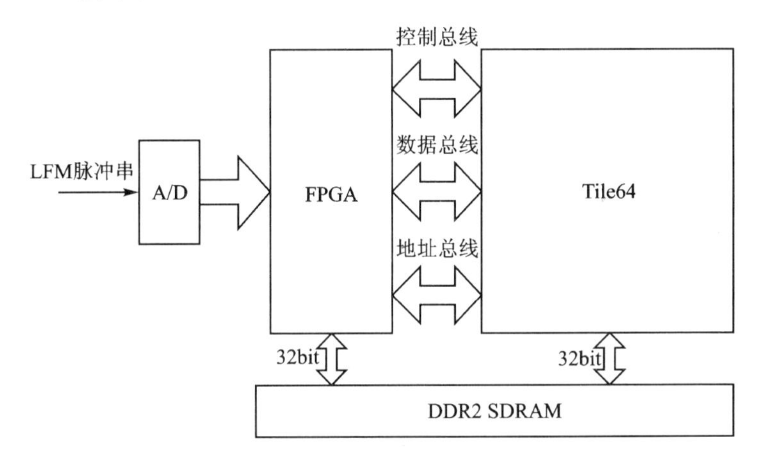

图 9－16　基于 Tile64 处理器的 LFM-PD 解决方案

在图 9－16 所示系统中，FPGA 控制 A/D 以 160 MHz 采样 LFM 脉冲串，当 FPGA 采样一帧 LFM 脉冲串的第一个脉冲后，其利用 DDR2 SDRAM 控制 IP 核将本脉冲数据存储到 DDR2 SDRAM 中。等到第二个脉冲的采样波门开启时，利用外部中断通知 Tile64，此时 Tile64 将 SDRAM 中的数据读取出来进行第一个脉冲的数据处理，完成脉冲压缩过程，并将处理结果写到 SDIAM 中。而 FPGA 将采样得到的第二个脉冲数据存放到 SDRAM 另外的空间，当第三个脉冲的采样波门开启时，通知 Tile64 处理第二个脉冲的数据，如此往复，直到所有 256 个脉冲处理完成。此处 Tile64 将所有脉冲处理完后相比于原信号存在一个脉冲重复周期的延迟，这是由于 FPGA 采样而产生的。在脉冲压缩操作中，可以将 4096 点 FFT 操作与复乘操作分解，利用 32 个 tile 同时完成运算。当 Tile64 完成所有的脉冲压缩操作后，可利用 32 个 tile 完成加窗、相参积累与 CFAR 操作，由于此处计算均是对相同距离门的 256 点数据进行操作，因此利用一个 tile 完成 1 距离门的运算即可，而不需要在处理过程中将数据回写到 SDRAM 中。处理示意图如图 9－17 所示。

由于在 Tile64 的 64 个 tile 中，需要有一个主 tile 来负责 SMP Linux 的启动与资源分配，并完成初始化功能，同时为后续的处理留有余量，因此系统选用 32 个 tile 完成数据处理。同时由于 4096 与 256 均为 32 的整数倍，系统算法的实现难度也会相对降低。考虑到 Tile64 系统的处理能力，按上述流程利用 32 个 tile 完成数据处理就可以充分的保证系统的实时性。

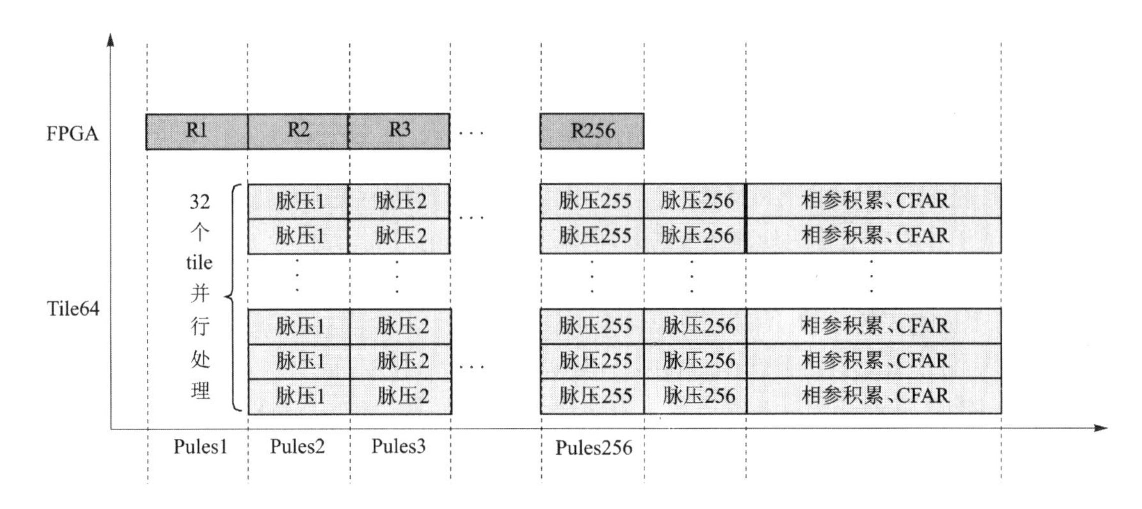

图 9-17 基于 Tile64 处理器的 LFM—PD 处理流程

其实施难点在于 FFT、复乘等处理的拆分及 32 个 tile 的运算任务分配，充分利用 Tile64 的计算能力是发挥系统处理能力的关键所在。

第 10 章

实时处理系统外部接口

10.1 存储类

10.1.1 Flash

1. NOR Flash 和 NAND Flash 简介

Flash 存储器又称闪存，它结合了 ROM 和 RAM 的长处，不仅具备电子可擦除可编程(EEPROM)的性能，还不会断电丢失数据，同时可以快速读取数据，U 盘和 MP3 里用的就是这种存储器。在过去的 20 年里，嵌入式系统一直使用 ROM(EPROM)作为它们的存储设备，然而近年来 Flash 全面代替了 ROM(EPROM)在嵌入式系统中的地位，被广泛地应用于手机、MP3 、数码照相机、笔记本电脑等数据存储设备中。NOR Flash 和 NAND Flash 是现在市场上两种主要的非易失闪存技术。与 NOR Flash 相比，NAND Flash 在容量、功耗、使用寿命等方面的优势使得它成为高数据存储密度的理想解决方案。

NAND Flash 将数据线与地址线复用为 8 条线，另外分别提供命令控制信号线，因此 NAND Flash 不会因为存储容量的增加而增加引脚数目，从而极大方便了系统设计和产品升级，相对于 NOR Flash 来说应用范围更广泛。NOR 和 NAND Flash 性能对比如表 10-1 所列。

表 10-1　NOR 和 NAND 性能对比

	结　构	总　线	尺　寸	坏　块	使用方法
NOR	并行	分离的地址线和数据线	大	非随机分布	可在芯片内执行
NAND	串行	复用的地址线和数据线	典型 NAND 块尺寸比 NOR 器件小 8 倍	随机分布	需要 I/O 接口，因此使用时需要写入驱动程序

本实例选用三星公司生产的 NAND Flash 芯片 K9F5608 作为存储介质，通过 FPGA 控制该 Flash 的读写操作。该芯片结构图如图 10-1 所示。

K9F5608 是一款 32M×8bit 的 Flash，其功能完善并且操作简单，同时适用于微处理器进

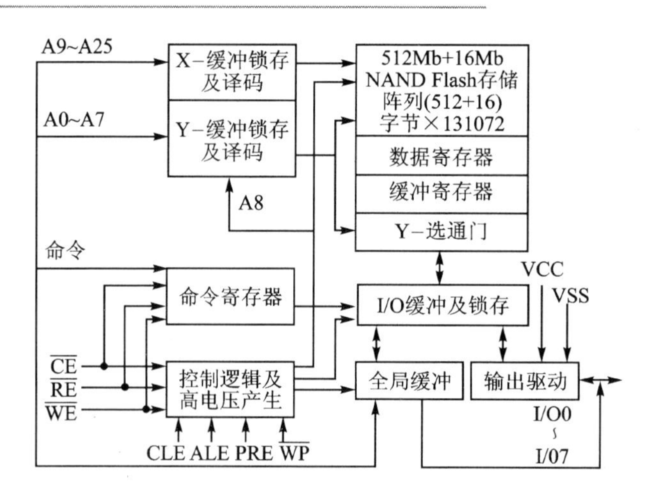

图 10-1　K9F5608 芯片的内部结构框图

行控制，容量总共为 32M×8bit，其基本的存储单元是页，其中 1 页的容量为 528B，1 块相当于 32 页，而整个 K9F5608 共有 2048 个块，即 64K 页，因此，相当于一块 Flash 总容量为 264 Mbit，其存储组织结构如图 10-2 所示。

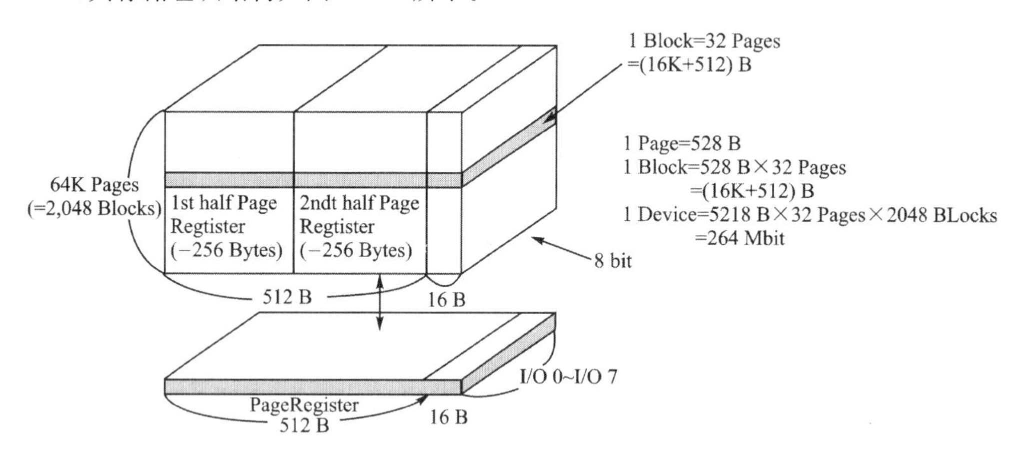

图 10-2　K9F5608 的存储组织结构图

2. Flash 控制器的 FPGA 实现

FPGA 需要控制的 K9F5608 芯片引脚包括片选信号 CE、忙闲信号 R/B、读使能 RE、写使能 WE、命令锁存 CLE、地址锁存 ALE 和 8 位并行口 $I/O_0 \sim I/O_7$ 等，如图 10-3 所示。各引脚信号的不同组合所决定的具体操作功能如表 10-2 所列。

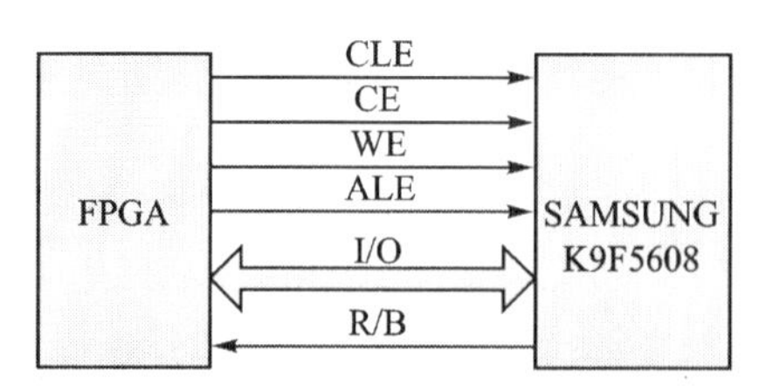

图 10-3　FPGA 与 K9F5608 芯片的连线图

表 10-2　K9F5608 功能表

CE	CLE	ALE	WE	RE	功能
H	X	X	X	X	保持
L	H	L	↑	H	命令
L	L	H	↑	H	地址
L	L	L	↑	H	写数据
L	L	L	H	↑	读数据

Flash控制器的主要功能是响应输入命令，并根据命令产生的相应时序来实现对Flash的操作。控制器可完成擦除操作（以BLOCK为单位擦除）、写操作（响应一次命令写入一页数据）、读操作（响应一次命令读出一页数据）。

以写状态为例，该芯片的写操作时序图如图10-4所示。

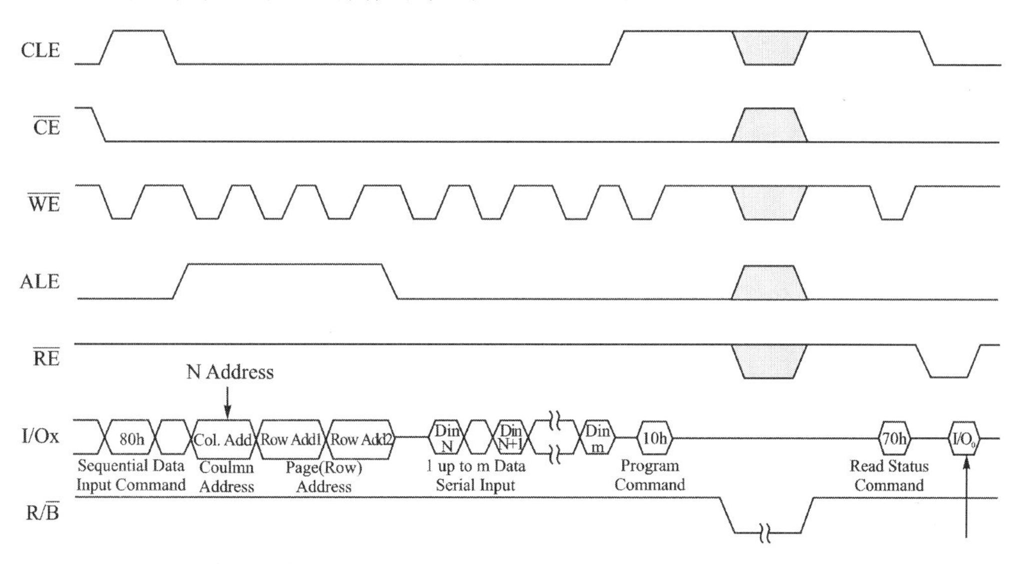

图10-4 Flash的写操作时序

写状态按照该时序图，控制5根使能线和8根数据线，需注意应在片选信号CE和写信号WE为低时写入命令、地址和数据，并在WE信号的上升沿锁存。该芯片的地址、命令和数据总线均使用同一个8位I/O口，通过命令锁存信号CLE和地址锁存信号ALE可指示当前I/O口的数据是命令还是地址。命令一般占用2个周期，但查询状态(READ STATUS)命令只占用1个周期。K9F5608的写操作是以页为单位进行的，命令(80H)后需要连续发3个地址周期。除此之外，K9F5608芯片还提供了一根状态指示信号线R/B，当该信号为低电平时，表示FLASH可能正处于擦除、编程或随机读操作等忙状态；而当其为高电平时，则表示为准备好状态，此时可以对芯片进行各种操作。

程序示例如下：

```
process(MuRest,CLK,CLE_CNT,ALE_CNT,WE_CNT,IO_CNT)
begin
    if MuRest = '0' then
        CLE_CNT< = (others = >'0'
        ALE_CNT< = (others = >'0'`;
        WE_CNT< = (others = >'0');
        IO_CNT< = (others = >'0');
    elsif CLK'event and CLK = '0' then
        if CLE_CNT< X"02" or (CLE_CNT >X"11" and CLE_CNT< X"14") then
            F01_CLE< = '1';
            CLE_CNT< = CLE_CNT + '1';
        else
            F01_CLE< = '0';
```

```
            CLE_CNT<=CLE_CNT + '1';
        end if;

        if (ALE_CNT >X"01" and ALE_CNT< X"08") then
            F01_ALE<='1';
            ALE_CNT<=ALE_CNT + '1';
        else
            F01_ALE<='0';
            ALE_CNT<=ALE_CNT + '1';
        end if;

        case IO_CNT is
            when x"00" =>F01_IO<=X"80"; --write command
            when x"02" =>F01_IO<=X"01"; --Col. Add
            when x"04" =>F01_IO<=X"01"; --Row. Add1
            when x"06" =>F01_IO<=X"01"; --Row. Add2
            when x"08" =>F01_IO<=X"11"; --Data
            when x"0a" =>F01_IO<=X"22";
            when x"0c" =>F01_IO<=X"33";
            when x"0e" =>F01_IO<=X"44";
            when x"10" =>F01_IO<=X"55";
            when x"12" =>F01_IO<=X"10"; --Program Command

            when others =>NULL;
        end case;
            IO_CNT<=IO_CNT + '1';
    end if;
end process;
```

本示例在 Col. Add＝01，Row. Add1＝01，Row. Add2＝01 该页写入 0x11、0x22、0x33、0x44、0x55 这 5 个数据。具体流程：先通过 80H 命令可将数据写入到 Flash 缓冲区，顺序输入存储器的 3 字节起始地址 A0～A7，A9～A24 以及待写入的数据。编程命令 10H 用于实现数据从缓冲区到 Flash 的写入操作。待 R/B 变为高后，系统将读取状态寄存器，以判断写操作是否成功。程序详细流程图如图 10－5 所示。

在 SignalTapII 逻辑分析仪中加入 Flash 的控制信号，与芯片资料中的写操作时序图对比可发现完全相同，如图 10－6 所示。

Flash 的其他操作（读、擦除等）时序图与写操作类似，也需要借助一系列的命令字完成（各操作命令如表 10－2 所列）。

3. Flash 控制器的 DSP 实现

在以 DSP 为核心处理器的系统中，如果希望将数据长期保存，常常会将数据存储到 Flash 中，利用 DSP 也可以方便的操作 Flash，实现对于 Flash 的各种操作，下面以利用 TMS320F2812 操作同一款 Flash 芯片（K9F5608）为例，说明如何利用 DSP 完成对于 Flash 的操作。

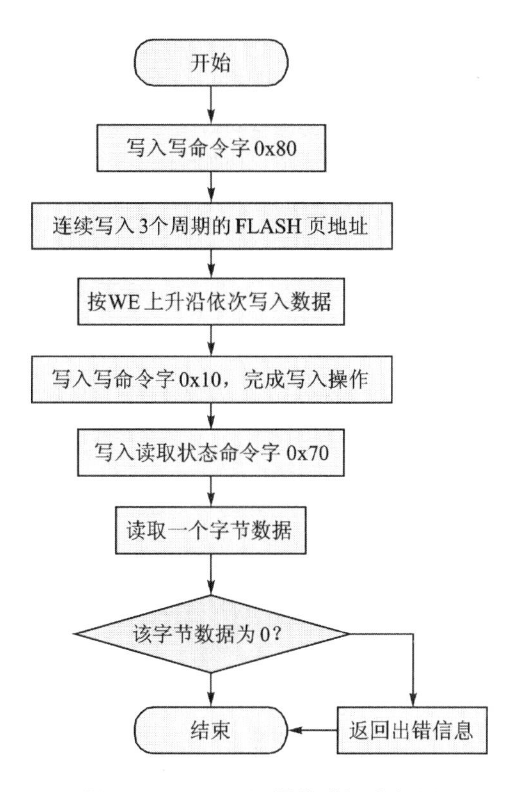

图 10－5 Flash 写操作详细流程图

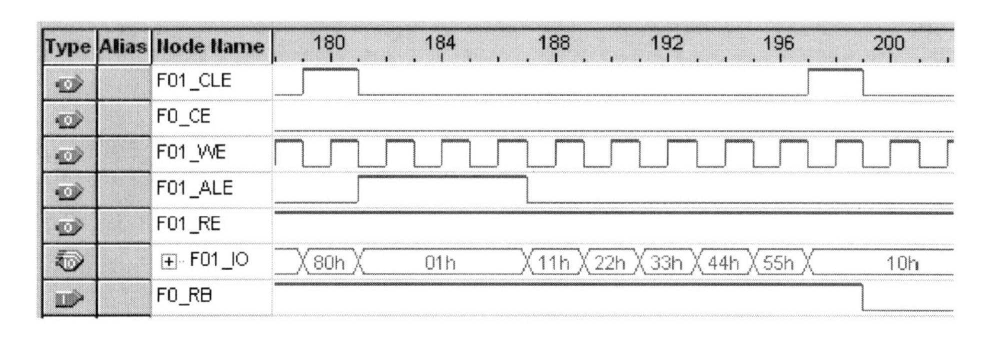

图 10－6 Flash 写操作实际信号图

在利用 TMS320F2812 操作 Flash 时，只需要将 DSP 的数据线与 Flash 的数据线相连，同时利用 GPIO 控制 Flash 的 ALE、CLE 等引脚，并将 DSP 的读写操作引脚与 Flash 相连，即可通过编写 DSP 软件程序来操作 Flash，实现 Flash 的各种功能。TMS320F2812 与 K9F5608 的连接图如图 10－7 所示。

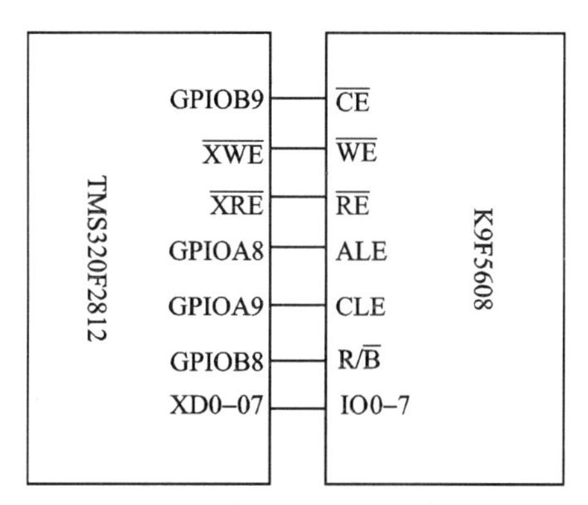

图 10－7 DSP 与 K9F5608 芯片的连线图

在图 10－7 中，TMS320F2812 通过 GPIO 来搭建控制 Flash 的时序，将 GPIOA8、GPIOA9 和 GPIOB9 配置为输出，将 GPIOB8 配置为输

入，通过操作该 4 个 GPIO 来控制 Flash，下面以简单的数据写入为例，说明如果通过 GPIO 实现对 Flash 的操作。Flash 的写入操作时序见图 10－4 所示。

对照写操作时序图(图 10－4)，要搭建出 ALE、CLE 与 CE 合理的时序，才能正确地操作 Flash。只需要写入如下代码，即可完成时序的合理搭建：

```
EALLOW;
GpioMuxRegs.GPBDIR.bit.GPIOB9 = 1;
EDIS;
GpioDataRegs.GPBDAT.bit.GPIOB9 = 0;
EALLOW;
GpioMuxRegs.GPADIR.bit.GPIOA8 = 1;
EDIS;
GpioDataRegs.GPADAT.bit.GPIOA8 = 0;
EALLOW;
GpioMuxRegs.GPADIR.bit.GPIOA9 = 1;
EDIS;
GpioDataRegs.GPADAT.bit.GPIOA9 = 1;
EALLOW;
GpioMuxRegs.GPADIR.bit.GPIOA8 = 1;
EDIS;
GpioDataRegs.GPADAT.bit.GPIOA8 = 0;
EALLOW;
GpioMuxRegs.GPADIR.bit.GPIOA9 = 1;
EDIS;
GpioDataRegs.GPADAT.bit.GPIOA9 = 0;
```

搭建出相应的时序后，只需按照芯片手册上相应的操作来操作数据线，将数据线操作与时序搭建结合起来，即可完成 Flash 的各种功能，实现 Flash 的正常应用。

10.1.2 SRAM

1. SRAM 简介

SRAM 是英文 Static RAM 的缩写，它是一种具有静止存取功能的内存，不需要刷新电路即能保存它内部存储的数据。而 DRAM 每隔一段时间，要刷新充电一次，否则内部数据会消失，因此 SRAM 具有较高的性能。但是 SRAM 也有它的缺点，即它的集成度较低，相同容量的 DRAM 内存可以设计为较小的体积，但是 SRAM 需要很大的体积。但是对于扩展系统的存储能力来说，SRAM 是我们最常用的选择之一。

RAM 主要的作用就是存储代码和数据供 CPU 在需要的时候调用。对于 RAM 存储器而言数据总线是用来传入数据或者传出数据的。因为存储器中的存储空间是通过一定的规则定义的，所以可以通过这个规则来把数据存放到存储器上相应的位置，而进行这种定位的工作就要依靠地址总线来实现了。对于 CPU 来说，RAM 就像是一条长长的有很多空格的细线，每个空格都有一个唯一的地址与之相对应。如果 CPU 想要从 RAM 中调用数据，它首先需要给地址总线发送地址数据定位要存取的数据，然后等待若干个时钟周期之后，数据总线就会把数据传输给 CPU。图 10－8 体现了 RAM 的存储原理。

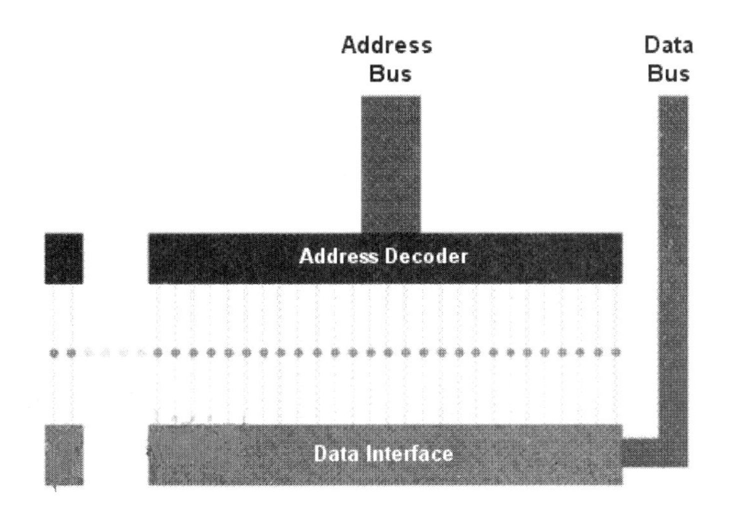

图 10－8　存储原理

图 10－8 中的小圆点代表 RAM 中的存储空间，每一个都有一个唯一的地址线同它相连。当地址解码器接收到地址总线送来的地址数据之后，它会根据这个数据定位 CPU 想要调用的数据所在的位置，然后数据总线就会把其中的数据传送到 CPU。

CY7C1041BV33 是一款常用的容量为 256K×16 的 SRAM，它常用与扩展 DSP 的存储空间，其内部逻辑连接与引脚封装如图 10－9 所示。

CY7C1041BV33 的外部引脚主要分三类：

① 数据总线与地址总线：CY7C1041BV33 数据总线为 16 位、地址总线为 18 位。

② 控制信号：CY7C1041BV33 的控制信号包括$\overline{CE}$、$\overline{WE}$、$\overline{OE}$、$\overline{BHE}$与$\overline{BLE}$，其控制真值表如表 10－3 所列。

表 10－3　控制真值表

$\overline{CE}$	$\overline{OE}$	$\overline{WE}$	$\overline{BLE}$	$\overline{BHE}$	I/O_0—I/O_7	I/O_8—I/O_{15}	Mode	Power
H	X	X	X	X	High Z	High Z	Power Down	Standby(I_{SS})
L	L	H	L	L	Data Out	Data Out	Read All Bits	Active(I_{CC})
L	L	H	L	H	Data Out	High Z	Read All Bits	Active(I_{CC})
L	L	H	H	L	High Z	Data Z	Read All Bits	Active(I_{CC})
L	X	L	L	L	Data In	Data In	Write All Bits	Active(I_{CC})
L	X	L	L	H	Data In	High Z	Write Lower Bits Only	Active(I_{CC})
L	X	L	H	L	High Z	High Z	Write Lower Bits Only	Active(I_{CC})
L	H	H	X	X	High Z	High Z	Selected, Outputs Disabled	Active(I_{CC})

③ 电源信号：该类引脚完成 CY7C1041BV33 的供电工作。

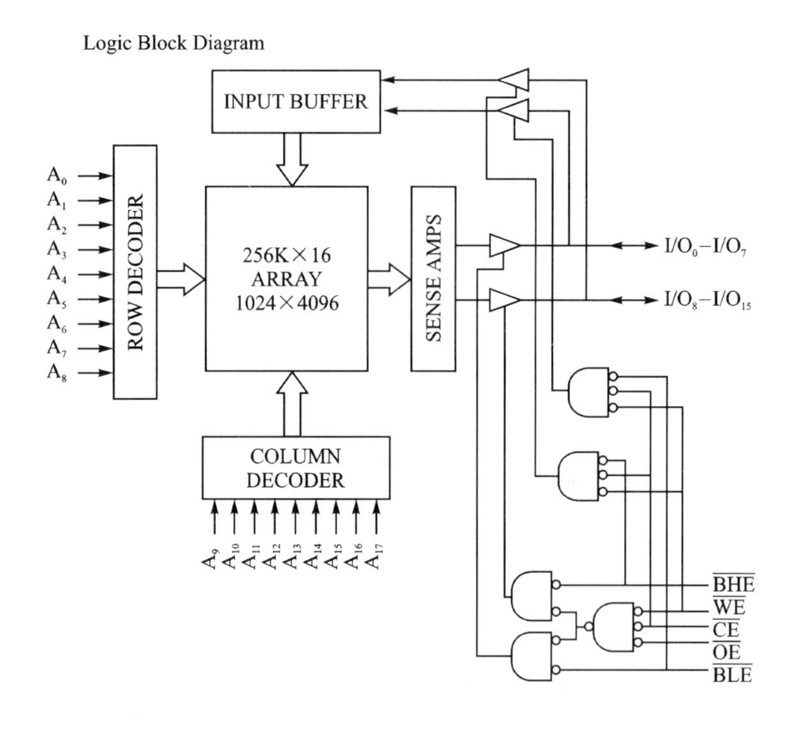

Pin Configuration

SOJ
TSOP II
Top View

Signal	Pin	Pin	Signal
A_0	1	44	A_{17}
A_1	2	43	A_{16}
A_2	3	42	A_{15}
A_3	4	41	$\overline{OE}$
A_4	5	40	$\overline{BHE}$
$\overline{CE}$	6	39	$\overline{BLE}$
I/O_0	7	38	I/O_{15}
I/O_1	8	37	I/O_{14}
I/O_2	9	36	I/O_{13}
I/O_3	10	35	I/O_{12}
V_{CC}	11	34	V_{SS}
V_{SS}	12	33	V_{CC}
I/O_4	13	32	I/O_{11}
I/O_5	14	31	I/O_{10}
I/O_6	15	30	I/O_9
I/O_7	16	29	I/O_8
$\overline{WE}$	17	28	NC
A_5	18	27	A_{14}
A_6	19	26	A_{13}
A_7	20	25	A_{12}
A_8	21	24	A_{11}
A_9	22	23	A_{10}

图 10 - 9　CY7C1041BV33 逻辑连接与引脚封装图

2. CY7C1041BV33 控制器的 DSP 实现

SRAM 的典型应用是扩展 DSP 的存储空间，由于DSP 的片内空间有限，往往没有足够的空间存储大量的程序代码与数据，因此经常将 SRAM 作为 DSP 的扩展存储器使用。同时，大多数 DSP 通过特定的接口，可以方便的与 SRAM 连接，实现存储空间的扩展。如图 10 - 10 所示，下面以 TMS320F2812 为例，介绍如何利用 CY7C1041BV33 来扩展 TMS320F2812 的存储空间。

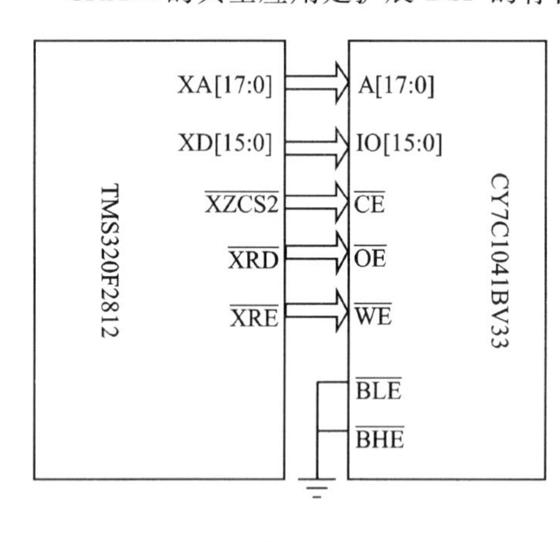

图 10 - 10

该连接方式是将 SRAM 扩展到 TMS320F2812 的 zone2 区域，DSP 内部提供统一的寻址空间。DSP 利用 zone2 的片选信号选通 SRAM，实现对 SRAM 的直接访问。DSP 的读写信号引脚直接与 SRAM 的读写信号引脚相连。当 DSP 对 SRAM 执行写操作时，DSP 片选 SRAM，同时写信号有效，SRAM 就将此时数据线上的数据写入到此时地址线反映的地址中。操作时序如图 10 - 11 所示。

当 DSP 对 SRAM 执行读操作时，DSP 片选 SRAM，同时读信号有效，SRAM 就会将此时对应地址线上的地址的数据反映到数据线上。DSP 就是通过这种方式实现对 SRAM 的读写访问。操作时序如图 10 - 12 所示。

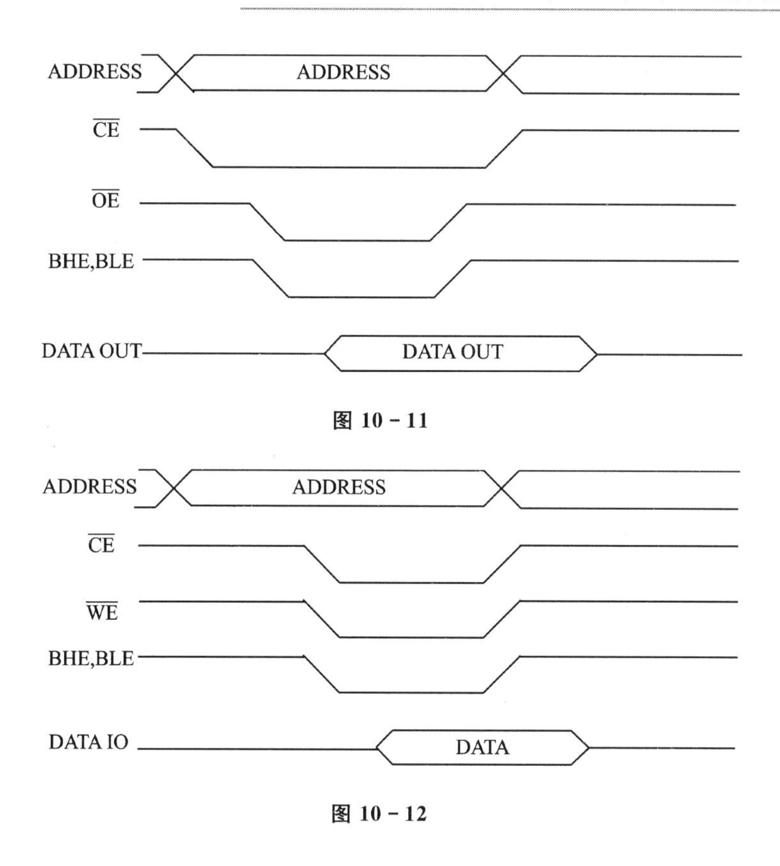

图 10－11

图 10－12

10.1.3　SDRAM(MT48LC4M32B2)

1. SDRAM(MT48LC4M32B2)简介

SDRAM 通常作为 FPGA 或者 DSP 的外部存储器在工程实践中得到广泛应用。下面以 MT48LC4M32B2 为例简要介绍 SDRAM 的功能以及如何利用 FPGA 控制 SDRAM。

MT48LC4M32B2 的存储空间为 128 Mbit(1M×32×4banks)，每一个块都被设置为 4096 行和 256 列，工作电压为 3.3 V。SDRAM 的数据接口为同步时钟接口(所有的信号都是在时钟的上升沿锁存)。内部采用流水线工作，列地址可以在每个时钟周期进行改变。具有可编程的突发长度，可以设置为 1、2、4、8 或整页存储单元。SDRAM 还具备自动的预充电功能，包括自动预充电模式和自动刷新模式。

SDRAM 上电后必须按照一定的方式进行初始化，否则将会导致不确定的操作。SDRAM 上电并且时钟稳定后，在进行任何操作(COMMAND INHIBIT 和 NOP 操作除外)前 SDRAM 需要 100 μs 的延时。在这个延时过程中必须进行 COMMAND INHIBIT 或者 NOP 操作。一旦该延时结束后，需要执行预充电(PRECHARGE)命令。SDRAM 内所有的块都要进行预充电，以便使其所有的块处于空闲状态。SDRAM 进入空闲状态后，首先必须执行两个周期的 AUTO REFRESH。等到 AUTO REFRESH 完成后，说明 SDRAM 已经做好准备进行模式寄存器的编程。但是因为上电后模式寄存器处于未知的状态，因此在执行任何其他命令之前要先加载模式寄存器。到此，SDRAM 的初始化已经基本完成，接下来用户只需要按照实际的需求和 SDRAM 的使用说明进行操作即可。其中，SDRAM 对各命令的区分是通过判断$\overline{RAS}$、$\overline{CAS}$、$\overline{WE}$的高低电平实现的，即通过 FPGA 对$\overline{RAS}$、$\overline{CAS}$、$\overline{WE}$赋以不同的电平可以驱动 SDRAM 执行不同的命令。表 10－4 就是 SDRAM 的功能与引脚对应的真值表。

表 10－4　SDRAM 命令真值表

功能	CS#	RAS#	CAS#	WE#	DQM	ADDR	DQs
COMMAND IHIBIT	H	X	X	X	X	X	X
NO OPERATION	L	H	H	H	X	X	X
ACTIVE	L	L	H	H	X	Bank/Row	X
READ	L	H	L	H	L/H	Bank/Col	X
WRITE	L	H	L	L	L/H	Bank/Col	Valid
BURST TERMINATE	L	H	H	L	X	X	Active
PRECHARGE	L	L	H	L	X	Code	X
AUTO REFRESH	L	L	L	H	X	X	X
LOAD MODE REGISTER	L	L	L	L	X	Op-Code	X
WRITE/OUT ENABLE	—	—	—	—	L	—	Active
WRITE IHIBIT	—	—	—	—	H	—	High－Z

2. SDRAM 控制器的 FPGA 实现

在硬件设计上，通常将 MT48LC4M32B2 除 VDD、VSS 外的所有引脚与 FPGA 相连，由 FPGA 按照 SDRAM 的工作需求严格产生对应的时序，如图 10－13 所示，实现对 SDRAM 的无差别控制。

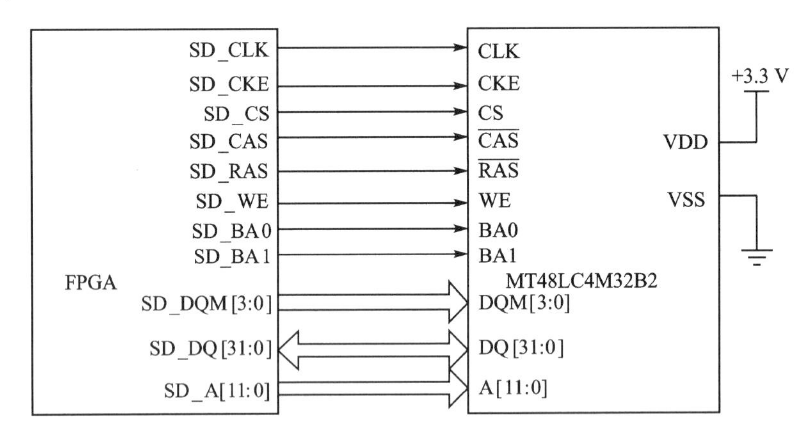

图 10－13　FPGA 与 SDRAM 的连接方式

FPGA 对 SDRAM 进行操作时是通过地址总线选择将要访问的存储单元，之后进行数据的存取，如图 10－14 所示。

下面以读操作为例介绍 FPGA 对 SDRAM 的控制。FPGA 对 SDRAM 的读操作是以执行读命令开始的，图为 SDRAM 执行读命令时各引脚的电平状态。在执行读命令过程中，要提供将要访问单元的起始列地址和块地址（其中地址总线上的 A0－A7 提供起始列地址，

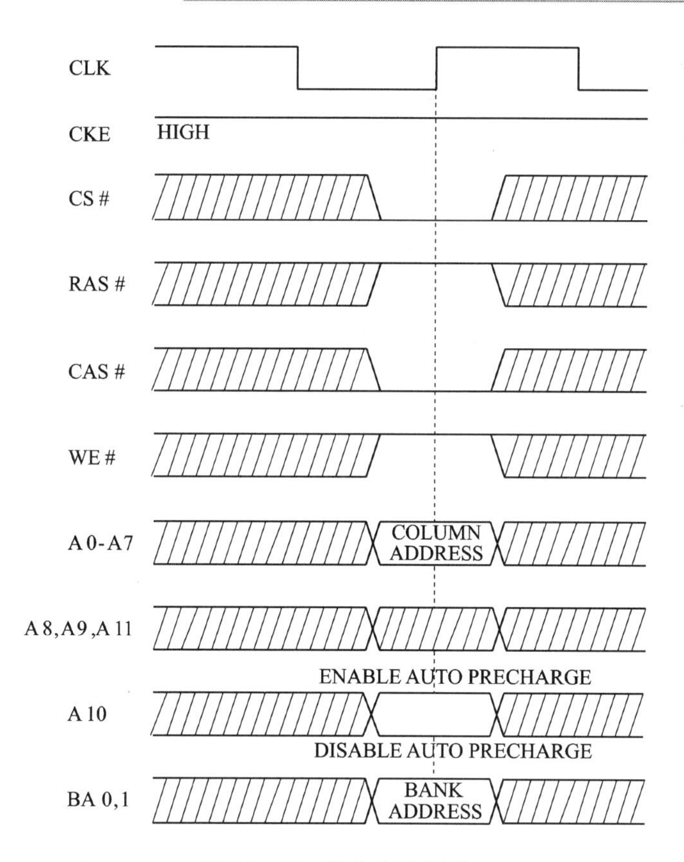

图 10-14　读命令时序图

BANK0,1 提供块地址)。而访问单元所在的行地址在读命令前的 ACTIVE 命令过程中已经通过地址总线传递给 SDRAM。同时将$\overline{RAS}$,$\overline{CAS}$,$\overline{WE}$分别赋以对应的电平驱动 SDRAM 执行读命令。SDRAM 执行读命令经 CAS 延迟后,访问单元的数据有效(数据在时钟的上升沿有效)。图 10-15 说明 CAS 延时的具体含义。

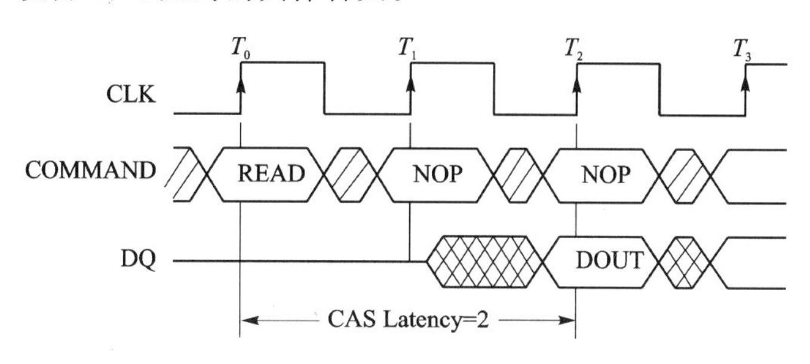

图 10-15　CAS 延时示意图

下面 SDRAM 命令控制信号的 FPGA 程序实现:

```
ddr_rasb1< = '0' when (current_state = ACTIVE or current_state = PRECHARGE or
                       current_state = AUTO_REFRESH or current_state = LOAD_MODE_REG) else
          '1';
ddr_casb1< = '0' when (current_state = BURST_READ or current_state = FIRST_READ or
                       current_state = BURST_WRITE or current_state = FIRST_WRITE or
```

```
                    current_state = AUTO_REFRESH or current_state = LOAD_MODE_REG) else
            '1';
ddr_web1 <=  '0' when (current_state = BURST_WRITE or current_state = FIRST_WRITE or
                    current_state = BURST_STOP or current_state = PRECHARGE or
                    current_state = LOAD_MODE_REG) else
            '1';
```

下面是 SDRAM 模式寄存器的配置和存储单元地址的 FPGA 程序实现(其中 address_config 为模式寄存器的配置字,ROW_ADDRESS 为待访问存储单元所在的行地址,COLUMN_ADDRESS 为待访问存储单元所在的列地址。)

```
ddr_address1 <= address_config when current_state = LOAD_MODE_REG or current_state =
PRECHARGE else
            ROW_ADDRESS when (current_state = ACTIVE) else
            COLUMN_ADDRESS when (current_state = BURST_WRITE or current_state = FIRST_WRITE
                    or current_state = BURST_READ or current_state = FIRST_READ) else
            "000000000000";
address_config <= "010000000000" when current_state = PRECHARGE else
        "00" & prog_brst & "00" & cas_lat_3 & seq & brst8 when current_state = LOAD_MODE_REG else
        "000000000000";
```

10.2 硬盘接口

10.2.1 硬盘接口简介

接口是硬盘与主机系统的连接模块,它的作用是将硬盘数据缓存内的数据传输到计算机主机内存或其他应用系统中。总的来说,硬盘接口可以分为 IDE、SATA 和 SCSI 三大类,而每大类下还可以分出多种具体的接口类型。目前 SCSI 硬盘接口有 3 种,分别为 50 针、68 针和 80 针。不同的接口类型会有不同的最大接口带宽,从而在一定程度上影响硬盘最大外部传输数据的快慢。

其中 IDE 接口的硬盘制作成本低廉,安装容易,速度相对较慢,但是价格都比较便宜,很快成为生产厂商和使用者所接受。而 SCSI 接口是速度快,低功耗,生产成本高,另外还需要一张 SCSI 控制卡。

1. IDE 接口

IDE 接口的几种通用形式仍然被广泛应用。IDE 是 Integerated Disk Electronics 的英文缩写,即集成磁盘电路设备。IDE 的另一个很流行的名字称做 ATA 总线接口,这样称呼它的原因是它在驱动器的集成电子方面模仿了 IBM AT 计算机的硬盘控制器。实际上,IDE 接口的正式名字是 AT - Attachment(ATA)总线接口。

IDE 接口 ATA 标准中除包括信号电缆外,还有一些设备的供电电源导线。IDE 接口使用的是一条 40 针的带状电缆,一般来说,这条带状电缆的长度不会超过 46cm(18 英寸)。电

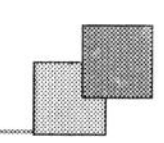

缆连接器通常被安装在带状电缆的两端用来连接主机和硬盘驱动器。几乎所有的信号都采用 TTL 电平，只有少数信号例外，如 DASP、PDIAG、IOCS16 和 SPSYNC。

在 ATA 标准中所用到的信号都在表 10－5 中列出。信号名字前一/表示是低电平有效。数据流的方向是相对于磁盘驱动器而言的：I 表示进入磁盘驱动器，O 表示磁盘驱动器输出，I/O 表示数据的传输是双向的。

表 10－5　IDE 引脚安排

名　称	来　源	信　号	引　脚	引　脚	信　号	来　源	名　称
厂商自定			A	B			厂商自定
厂商自定			C	D			厂商自定
N. C			E	F			N. C
复位	I	复位	1	2	地		地
数据总线位 7	I/O	DD7	3	4	DD8	I/O	数据总线位 8
数据总线位 6	I/O	DD6	5	6	DD9	I/O	数据总线位 9
数据总线位 5	I/O	DD5	7	8	DD10	I/O	数据总线位 10
数据总线位 4	I/O	DD4	9	10	DD11	I/O	数据总线位 11
数据总线位 3	I/O	DD3	11	12	DD12	I/O	数据总线位 12
数据总线位 2	I/O	DD2	13	14	DD13	I/O	数据总线位 13
数据总线位 1	I/O	DD1	15	16	DD14	I/O	数据总线位 14
数据总线位 0	I/O	DD0	17	18	DD15	I/O	数据总线位 15
地		Ground	19	20	N. C		(编码引脚)
DMA 请求	O	DMARQ	21	22	Ground		地
I/O 写	I	$\overline{\text{DIOW}}$	23	24	Ground		地
I/O 读	I	$\overline{\text{DIOR}}$	25	26	Ground		地
I/O 通道准备	O	IORDY	27	28	SPCYNC		电缆
DMA 请求	I	$\overline{\text{DMACK}}$	29	30	Ground		地
中断请求	O	INTRO	31	32	IOCS16	O	16BIT I/O
地址位	I	DA1	33	34	PDIAG		通过的诊断
地址位 0	I	DA0	35	36	DA2	I	地址位 2
芯片选择 0	I	$\overline{\text{CS0}}$	37	38	$\overline{\text{CS1}}$	I	芯片选择 2
驱动器激活	O	$\overline{\text{DASP}}$	39	40	Ground		地
+5V(Logic)			41	42			+5V(Motor)
电路电压低			43	44	$\overline{\text{TYPE}}$		TYPE

2. 时序特性

通过 IDE 接口的数据传输可以有两种方法：通过可编程的 I/O(PIO)和使用直接内存访问。

下面是有关时序的一些基本说明：ATA 标准为 PIO 和 DMA 定义了多种模式。模式 0 是正常模式，但也是最慢的。在 IDENTFIY DRIVE 的命令参数列表中，我们可以看出控制器采用了哪种操作模式。表 10－6 列出每一种操作模式的循环周期和所能达到的数据传输速率。

表 10－6 不同 DMA 模式的循环时间和数据传输速率

模式	0	1	2	3	4
PIO 循环时间	600 ns	383 ns	240 ns	180 ns	120 ns
数据率	3.3 Mbit/s	5.2 Mbit/s	8.3 Mbit/s	9.1 Mbit/s	16.6 Mbit/s
单 DMA 循环	960 ns	480 ns	240 ns		
数据率	2 MB/S	4.1 MB/S	8.3 MB/S		
多 DMA 循环	480 ns	150 ns	120 ns		
数据率	4.1 Mbit/s	13.3 Mbit/s	16.6 Mbit/s		

要对控制寄存器进行访问，必须通过 PIO 模式才行。其中包括读取硬盘的当前的状态、显示错误的信息、一些读写参数的设定和写入命令等操作。对寄存器进行读写操作都可以通过 PIO 或 DMA 两种方式来完成。如图 10－16 所示，对于我们使用的 PIO 模式，之所以称为 PIO，是相对于 DMA 而言的，每一次访问操作都必须分别进行编程。

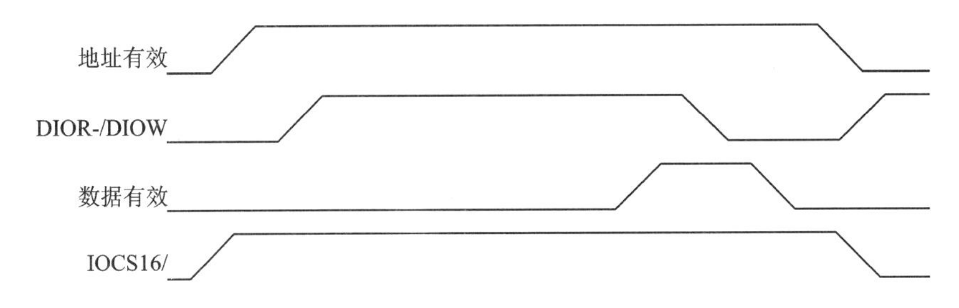

图 10－16 PIO 数据传输时序图

要想通过 PIO 进行数据传输，首先主机必须把传输需要的地址信息发送到地址线上。其中主要是 CS1FX、CSFX3 和 DA0～DA2 几个信号，然后等待 70ns 之后，对于读操作将要产生 $\overline{\text{DIOR}}$信号，对于写操作将要配合$\overline{\text{DIOW}}$信号。与此同时，产生$\overline{\text{IOCS16}}$信号决定传输是 8 位还是 16 位数据。对于写操作来说，主机这时会把要写入的数据发送到数据线上。对于读操作来说，控制器会把需要的数据发送到数据线上。数据的传输过程中，在$\overline{\text{DIOW}}$（写操作）或$\overline{\text{DIOR}}$（读操作）信号取消之前，数据必须一直保持有效状态。然后根据数据传输的方向，由主机或控制器把数据线上的数据记录下来。之后不久，地址、数据和$\overline{\text{IOCS16}}$信号都将消失，从而完成该循环周期。整个周期在正常模式下将持续 600 ns，而速度比较快的传输方式仅仅需要 240 ns。

3. 寄存器模型

IDE 控制器的寄存器模型描述了控制器如何出现在主机系统中。其实正是 IDE 接口作了主机和控制器之间的数据传输的媒介。控制器属于 ATA 标准的接口描述。控制器中的状态位在协议中起着至关重要的作用。

从主机的角度看，IDE 控制器就像是两个 I/O 寄存器组，它们处于 ISA 总线中的 I/O 位置，而不是内存寻址空间。其中命令寄存器组用来给磁盘驱动器发送命令并进行数据交换；控制寄存器组用来控制磁盘驱动器。这两个寄存器组通过$\overline{\text{CS0}}$和$\overline{\text{CS1}}$信号来区分，从$\overline{\text{CS0}}$看出该信号源来自ISA总线系统。当属于1F0H～1FFH的寻址范围被访问时，该信号才被激活并发挥作用。当属于3F0H～3FFH的寻址范围被访问时，$\overline{CS1}$信号被激活并发挥作用。这个信号是否被选中依赖于IDE适配卡的解码状态。

在某些情况下，为了节省I/O地址空间，常常用相同的地址标识不同的寄存器。读和写不同对于相同地址表现不同的寄存器。

IDE控制器包括许多种寄存器，如表10-7所列，它们描述了控制器如何出现在主机系统中，是IDE接口与主机之间数据传输的媒介。这些寄存器主要有数据寄存器、错误寄存器、特征寄存器、扇区计数寄存器、介质地址寄存器、扇区号寄存器、状态寄存器、命令寄存器、设备控制寄存器等。

表10-7 IDE命令和控制寄存器

地址					名称和功能	
CS1	CS0	A2	A1	A0	读访问	写访问
1	0	0	0	0	数据寄存器	数据寄存器
1	0	0	0	1	错误寄存器	特征寄存器
1	0	0	1	0	扇区数寄存器	扇区数寄存器
1	0	0	1	1	扇区号寄存器 扇区号或块地址0～7	扇区号寄存器 扇区号或块地址0～7
1	0	1	0	0	柱面寄存器0 柱面0～7或块地址8～15	柱面寄存器0 柱面0～7或块地址8～15
1	0	1	0	1	柱面寄存器1 柱面8～15或块地址16～23	柱面寄存器1 柱面8～15或块地址16～23
1	0	1	1	0	驱动器/磁头寄存器	驱动器/磁头寄存器
1	0	1	1	1	状态寄存器	命令寄存器

10.2.2 硬盘读/写控制

IDE硬盘与控制器的连接关系图如图10-17所示。

CPU对IDE硬盘的控制是通过对IDE控制器的相应寄存器的读/写操作来实现的。对其编程频繁的主要有写硬盘扇区和读硬盘扇区操作。

系统采用PIO方式操作硬盘，读写指定起始地址的N个扇区，过程包括发送指令、判断硬盘的状态、处理错误信息等。另外硬盘读写数据是按扇区操作的。下面主要介绍一下CPU如何进行这两种硬盘操作的。

需要特别注意的是，在对硬盘每进行发出一次读写命令操作时，都要提前判断命令执行的状态寄存器，看是否忙碌，只有在硬盘处于空闲状态时控制器才可以接受命令，我们才能对硬盘进行操作，这样就可以保证读/写数据的正确性。

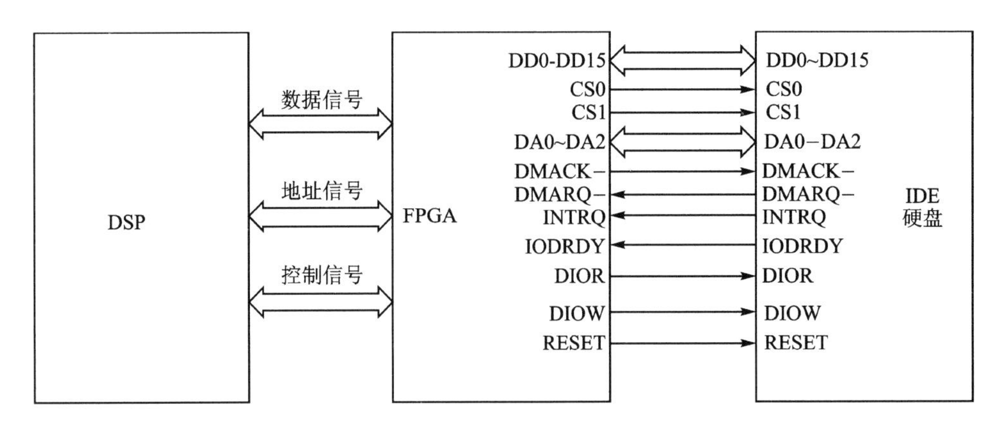

图 10-17　IDE 硬盘与控制器的连接关系图

1. 写硬盘扇区

PIO 方式写扇区命令的执行过程如下：

① 根据要写的扇区位置，向驱动器控制寄存器 1F2H～1F6H 发出命令参数，等驱动器 DRDY 置位后进入下一步。

② 主机向驱动器命令控制器 1F7H 发送写命令 30H。

③ 驱动器在状态寄存器 1F7H 中设置 DRQ 数据请求信号。

④ 主机通过数据寄存器 1F0H 把指定内存(BUF)中的数据传输到缓冲区。

⑤ 当缓冲区满，或主机送完 512 字节的数据后，驱动器设置状态寄存器 1F7H 中的 BSY 位，并清除 DRQ 数据请求信号。

⑥ 缓冲区中的数据开始被写入驱动器的指定的扇区中，一旦处理完一个扇区，驱动器马上清除 BSY 信号，同时设置 INTRQ。

⑦ 主机读取驱动器的状态 1F7H 和错误寄存器 1F1H，以判断写命令执行的情况，如果有无法克服的错误(如坏盘)，退出本程序，否则，进入下一步。

⑧ 如果还有扇区进行写操作，返回，否则，进入下一步。

⑨ 当所有的请求扇区的数据被写后，命令执行结束。

图 10-18 为 FPGA 对硬盘按照 PIO 方式进行写硬盘扇区的时序图。

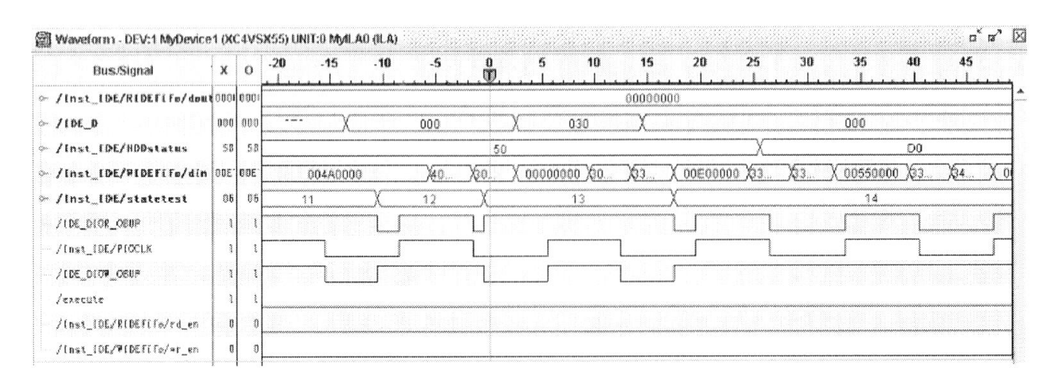

图 10-18　PIO 方式写硬盘扇区时序图

2. 读硬盘扇区

PIO 方式读命令的执行过程如下：

① 根据要读的扇区位置，向控制寄存器 1F2H～1F6H 发命令参数，等驱动器的状态寄存器 1F7H 的 DRDY 置位后进入下一步。

② 主机向驱动器命令控制器 1F7H 发送读命令 20H。

③ 驱动器设置状态寄存器 1F7H 中的 BSY 位，并把数据发送到硬盘缓冲区。

④ 驱动器读取一个扇区后，自动设置状态寄存器 1F7H 的 DRQ 数据请求位，并清除 BSY 位忙信号。DRQ 位通知主机现在可以从缓冲区中读取 512 字节或更多的数据，同时向主机发 INTRQ 中断请求信号。

⑤ 主机响应中断请求，开始读取状态寄存器 1F7H，以判断读命令执行的情况，同时驱动器清除 INTRQ 中断请求信号。

⑥ 根据状态寄存器，如果读取的数据命令执行正常，进入下一步，如果有错误，进入错误处理，如果是 ECC 错误，再读取一次，否则退出程序运行。

⑦ 主机通过数据寄存器 1F0H 读取硬盘缓冲区中的数据到主机缓冲区中，当一个扇区数据被读完，扇区计数器减 1，如果扇区计数器不为 0，返回③，否则进入下一步。

⑧ 当所有的请求扇区的数据被读取后，命令执行结束。

图 10－19 为 FPGA 对硬盘按照 PIO 方式进行读硬盘扇区的时序图。

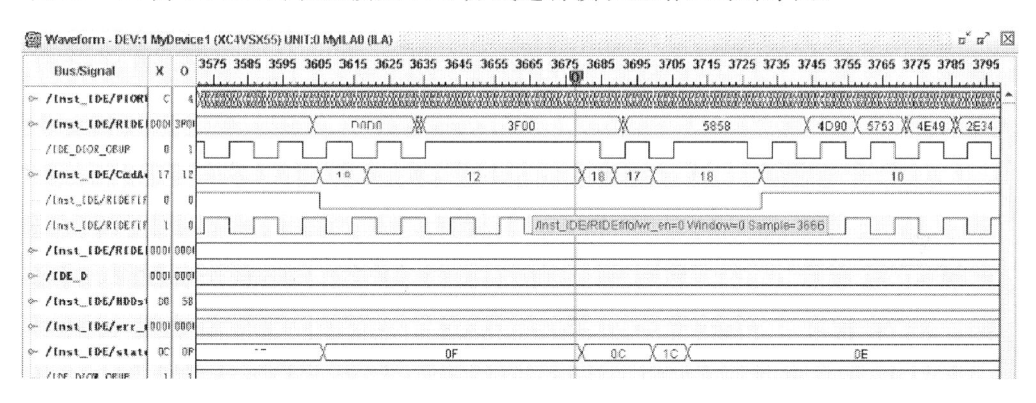

图 10－19　PIO 方式读硬盘扇区时序图

10.2.3　FAT32 文件系统实现

对于 FAT32 文件系统，硬盘上的数据按照其不同的特点和作用大致可分为五部分：MBR 区、DBR 区、FAT（文件分配表）区、FDT（文件目录表）区和 DATA 区。其中，MBR 由分区软件创建，而 DBR 区、FAT 区、FDT 区和 DATA 区由高级格式化程序创建。硬盘只有建立起完整的数据结构，才能正常使用。

1. 主引导记录区

硬盘的主引导记录也称 MBR，位于 0 柱面 0 磁头 1 扇区。该扇区的 512 字节有三部分内容，除了主引导记录外，还有分区表和结束标志 55AA。在本系统中使用的硬盘的主引导记录部分如图 10－20 所示。

```
Offset        0  1  2  3  4  5  6  7   8  9 10 11 12 13 14 15  Access
00000000000  33 C0 8E D0 BC 00 7C FB  50 07 50 1F FC BE 1B 7C  3缺屑.|�.P.  .|
00000000016  BF 1B 06 50 57 B9 E5 01  F3 A4 CB BD BE 07 B1 04  ?.PW瑰.螭私??...
00000000032  38 6E 00 7C 09 75 13 83  C5 10 E2 F4 CD 18 8B F5  8n.|.u.觋.怍?嫘.
00000000048  83 C6 10 49 74 19 38 2C  74 F6 A0 B5 07 B4 07 8B  瀰.It.8,t鲠??▮..
00000000064  F0 AC 3C 00 74 FC BB 07  00 B4 0E CD 10 EB F2 88  瘊<.t  ..??腧▮ .
00000000080  4E 10 E8 46 00 73 2A FE  46 10 80 7E 04 0B 74 0B  N.鑶.s*榉.€~..t.
00000000096  80 7E 04 0C 74 05 A0 B6  07 75 D2 80 46 02 06 83  €~..t.柚.u襻F..▮
00000000112  46 08 06 83 56 0A 00 E8  21 00 73 05 A0 B6 07 EB  F..�..?.s.柚.▮.
00000000128  BC 81 3E FE 7D 55 AA 74  0B 80 7E 10 00 74 C8 A0  紒>襛U猼.€~..t葼
00000000144  B7 07 EB A9 8B FC 1E 57  8B F5 CB BF 05 00 8A 56  ?鐾嬺.W嬽丝..婣▮
00000000160  00 B4 08 CD 13 72 23 8A  C1 24 3F 98 8A DE 8A FC  .??r#娏$?槉迠▮..
00000000176  43 F7 E3 8B D1 86 D6 B1  06 D2 EE 42 F7 E2 39 56  C麽嬔喼?翌B麾9V.
00000000192  0A 77 23 72 05 39 46 08  73 1C B8 01 02 BB 00 7C  .w#r.9F.s.?.?|..
00000000208  8B 4E 02 8B 56 00 CD 13  73 51 4F 74 4E 32 E4 8A  婲.婲.?sQOtN2鋳.
00000000224  56 00 CD 13 EB E4 8A 56  00 60 BB AA 55 B4 41 CD  V.?脘婲.`华U碅▮.
00000000240  13 72 36 81 FB 55 AA 75  30 F6 C1 01 74 2B 61 60  .r6伽U猽0隽.t+a`
00000000256  6A 00 6A 00 FF 76 0A FF  76 08 6A 00 68 00 7C 6A  j.j.  v.  v.j.h.|
00000000272  01 6A 10 B4 42 8B F4 CD  13 61 61 73 0E 4F 74 0B  .j.碆嬼?aas.Ot..
00000000288  32 E4 8A 56 00 CD 13 EB  D6 61 F9 C3 49 6E 76 61  2鋳V.?胫a  Inva.
00000000304  6C 69 64 20 70 61 72 74  69 74 69 6F 6E 20 74 61  lid partition ta
00000000320  62 6C 65 00 45 72 72 6F  72 20 6C 6F 61 64 69 6E  ble.Error loadin
00000000336  67 20 6F 70 65 72 61 74  69 6E 67 20 73 79 73 74  g operating syst
00000000352  65 6D 00 4D 69 73 73 69  6E 67 20 6F 70 65 72 61  em.Missing opera
00000000368  74 69 6E 67 20 73 79 73  74 65 6D 00 00 00 00 00  ting system.....
00000000384  00 00 00 00 00 00 00 00  00 00 00 00 00 00 00 00  ................
00000000400  00 00 00 00 00 00 00 00  00 00 00 00 00 00 00 00  ................I
00000000416  00 00 00 00 00 00 00 00  00 00 00 00 00 00 00 00  ................a
00000000432  00 00 00 00 00 2C 44 63  B0 1D B1 1D 00 00 80 01  .....,Dc??..▮.nd
00000000448  01 00 0C FE FF FF 3F 00  00 00 82 E4 50 09 00 00  ...?  ?...備P...
00000000464  00 00 00 00 00 00 00 00  00 00 00 00 00 00 00 00  ................
00000000480  00 00 00 00 00 00 00 00  00 00 00 00 00 00 00 00  ................
00000000496  00 00 00 00 00 00 00 00  00 00 00 00 00 00 55 AA  ..............U▮
```

图 10－20　主引导记录区

2. 操作系统引导记录区

引导区从第一个扇区开始，使用 3 个扇区，保存硬盘每扇区的字节数，每簇对应扇区数等重要参数和引导记录。其中引导记录中有一个 BIOS 参数记录块 BPB，它记录的有关参数能确定磁盘的容量大小、文件分配表 FAT 的位置和大小、文件目录表 FDT 的位置和大小。结束标志 55AA 是对扇区进行搜索，用于寻找分区引导记录所在扇区地址的依据。

表 10－8 为 FAT32 分区格式 BPB 表的结构。

表 10－8　FAT32 分区格式 BPB 表的结构

偏移量	字节编号	字　节	内容说明
0bH	12、13	2	每扇区字节数
0dH	14	1	每簇扇区数
0eH	15、16	2	保留扇区数
10H	17	1	FAT 表的数目
11H	18、19	2	闲置
13H	20、21	2	闲置
15H	22	1	磁盘介质描述符
16H	23、24	2	闲置
18H	25、26	2	每个磁道的扇区数
1aH	27、28	2	磁头数
1cH	29～32	4	隐藏扇区数
20H	33～36	4	逻辑驱动器总扇区数
24H	37～40	4	每个 FAT 表的扇区数

续表 10-8

偏移量	字节编号	字　节	内容说明
28H	41～44	4	保留
2cH	45～48	4	根目录起始簇号
30H	49、50	2	系统标记
32H	51	1	每个引导记录的扇区数
33H	52～64	13	保留

图 10-21 为实际硬盘的操作系统引导记录区。

```
00000032256 EB 58 90 4D 53 57 49 4E  34 2E 31 00 02 40 20 00  隅态SWIN4.1..@ .
00000032272 02 00 00 00 00 F8 00 00  3F 00 FF 00 3F 00 00 00  .....?.?.  .?...
00000032288 82 E4 50 09 84 4A 00 00  00 00 00 00 02 00 00 00  備P.凧.........
00000032304 01 00 06 00 00 00 00 00  00 00 00 00 00 00 00 00  ................
00000032320 80 01 29 81 2D 0C 4A 44  49 53 4B 20 20 20 20 20  ▌.)?.JDISK     ▌
00000032336 20 20 46 41 54 33 32 20  20 20 FA 33 C9 8E D1 BC    FAT32   ?庵鸭▌
00000032352 F8 7B 8E C1 BD 78 00 C5  76 00 1E 56 16 55 BF 22  鴞幉経.航..V.U?▌
00000032368 05 89 7E 00 89 4E 02 B1  0B FC F3 A4 8E D9 BD 00  .塘.塏.?     俳.▌
00000032384 7C C6 45 FE 0F 8B 46 18  88 45 F9 38 4E 40 7D 25  |艳?媸.圚?N@}%f▌
00000032400 8B C1 99 BB 00 07 E8 97  00 72 1A 83 EB 3A 66 A1  媭楋..钘.r.泮:f▌
00000032416 1C 7C 66 3B 07 8A 57 FC  75 06 80 CA 02 88 56 02  .|f;.奥鼊.€?均..
00000032432 80 C3 10 73 ED BF 02 00  83 7E 16 00 75 45 8B 46  €?s飒..侩..uE媸.
00000032448 1C 8B 56 1E B9 03 00 49  40 75 01 42 BB 00 7E E8  .媧.?.I@u.B?~▌叏.
00000032464 5F 00 73 26 B0 F8 4F 74  1D 8B 46 32 33 D2 B9 03  _.s&傍Ot.媸23夜.I
00000032480 00 3B C8 77 1E 8B 76 0E  3B CE 73 17 2B F1 03 46  .;萋.媣.;蟆.+?F<I
00000032496 1C 13 56 1E EB D1 73 0B  EB 27 83 7E 2A 00 77 03  ..V.胙s.?僧*.w.<I
00000032512 E9 FD 02 BE 7E 7D AC 98  03 F0 AC 84 C0 74 17 3C  颦.縴}瑯.瓞勀t.<I
00000032528 FF 74 09 B4 0E BB 07 00  CD 10 EB EE BE 81 7D EB    t.??.?腩縸}▌劊`I
00000032544 E5 BE 7F 7D EB E0 98 CD  16 5E 1F 66 8F 04 CD 19  寰▌}豚椮.^.f??劊`I
00000032560 41 56 66 6A 00 52 50 06  53 6A 01 6A 10 8B F4 60  AVfj.RP.Sj.j.嬼`I
00000032576 80 7E 02 0E 75 04 B4 42  EB 1D 91 92 33 D2 F7 76  €~..u.磬?憹3吟v▌I
00000032592 18 91 F7 76 18 42 87 CA  F7 76 1A 8A F2 8A E8 C0  ▌彵v.B嚩鱺.姱婅▌I
00000032608 CC 02 0A CC B8 01 02 8A  56 40 CD 13 61 8D 64 10  ?.谈..葵@?a崗...I
00000032624 5E 72 0A 40 75 01 42 03  5E 0B 49 75 B4 C3 03 18  ^r.@u.B.^.Iu聓..I
00000032640 01 27 0D 0A 49 6E 76 61  6C 69 64 20 73 79 73 74  .'..Invalid systI
00000032656 65 6D 20 64 69 73 6B FF  0D 0A 44 69 73 6B 20 49  em disk  ..Disk I
00000032672 2F 4F 20 65 72 72 6F 72  FF 0D 0A 52 65 70 6C 61  /O error  ..Repla
00000032688 63 65 20 74 68 65 20 64  69 73 6B 2C 20 61 6E 64  ce the disk, and
00000032704 20 74 68 65 6E 20 70 72  65 73 73 20 61 6E 79 20   then press any
00000032720 6B 65 79 0D 0A 00 00 00  49 4F 20 20 20 20 20 20  key.....IO
00000032736 53 59 53 4D 53 44 4F 53  20 20 20 53 59 53 7E 01  SYSMSDOS   SYS~.
00000032752 00 57 49 4E 42 4F 4F 54  20 53 59 53 00 00 55 AA  .WINBOOT SYS..U▌
```

图 10-21　操作系统的引导记录区

3. 文件分配表区

当使用一个新格式化的逻辑驱动器时，文件数据存放的簇号是连续的。使用一段时间以后，由于经常对文件进行删除、复制和修改操作，每个文件分配的簇号就不一定是连续的了。为了确保在存取文件时能够检索到所有连续或不连续的扇区地址，文件分配表采用了“簇链”的方式。

当需要从磁盘上读取一个文件时，首先从文件目录表中找到该文件的目录登记项。继而从目录登记项的有关字段，查找到分配给该文件的第一个簇号，根据第一个簇号的内容可以计算出两组数据。

其中一组数据指出文件在数据区 DATA 里第一扇区首地址，从第一簇扇区首地址开始数据是连续存放的，连续存放多少个扇区由分区格式和分区大小决定。

另外一组数据指出了 FAT 表内簇登记项的地址，如果其值是结束标志 FFFFFF0FH（FAT32 格式），说明文件至此已经结束。如果不是结束标志，则该登记项的第二个值为第二个簇号，据此又可以计算出两组数据，继而确定文件在数据区里第二簇扇区首地址和 FAT 表内的第二个簇登记项的地址。

继而重复上面的过程，就可以得到文件在 DATA 区里面的全部数据，以及文件在 FAT 表里所有簇登记项的地址。

当需要在磁盘上建立一个新文件时，首先顺序检索 FAT 表，找到第一个可用簇，可用簇登记项为 00000000H(FAT32 格式)。将该簇作为起始簇，写入文件目录表 FDT 的相关登记项的起始簇字段中。然后继续检索后面的可用簇，找到以后将其簇号写入第一个可用簇项内。

按照以上过程进行下去，将满足文件长度所需的簇数全部找到。使每一个簇项的值指向下一个所需簇项，在最后的簇登记项内写入结束标志 FFFFFF0FH。于是一条能够检索整个文件的“簇链”就形成了。

当需要对文件进行扩展时，先检索 FAT 表，找到一个可用簇。将簇项的内容置为结束标志，并将文件原来的最后簇项值修改为指向此可用簇。依此类推，直到满足文件的全部扩展要求。

当删除文件时，除了将文件目录表中的登记项的第一个字节改为 E5H，还要把该文件在 FAT 表的“簇链”中所对应的簇项全部清零，这些被清零的簇项又可以供其他文件使用。不过在删除文件的结束操作以后，目录登记项的其他字段仍然保持完好，只是文件名的第一个字节变成了 E5H，并且文件存储在扇区里的所有数据仍然存在。这时只要 FAT 表中被清零的簇项没有被新文件使用，就可以运行相关软件恢复被删除的文件。

FAT 表记录了磁盘文件对磁盘使用情况的信息，其中包含所有未分配的、已分配的或标记为坏簇的信息。

图 10－22 为硬盘中实际的 FAT 表的簇链。

```
00000049152 81 00 00 00 82 00 00 00  83 00 00 00 84 00 00 00  ?..?..?..?......
00000049168 85 00 00 00 86 00 00 00  87 00 00 00 88 00 00 00  ?..?..?..?......
00000049184 89 00 00 00 8A 00 00 00  8B 00 00 00 8C 00 00 00  ?..?..?..?......
00000049200 8D 00 00 00 8E 00 00 00  8F 00 00 00 90 00 00 00  ?..?..?..?......
00000049216 91 00 00 00 92 00 00 00  93 00 00 00 94 00 00 00  ?..?..?..?......
00000049232 95 00 00 00 96 00 00 00  97 00 00 00 98 00 00 00  ?..?..?..?......
00000049248 99 00 00 00 9A 00 00 00  9B 00 00 00 9C 00 00 00  ?..?..?..?......
00000049264 9D 00 00 00 9E 00 00 00  9F 00 00 00 A0 00 00 00  ?..?..?..?......
00000049280 A1 00 00 00 A2 00 00 00  A3 00 00 00 A4 00 00 00  ?..?..?..?......
00000049296 A5 00 00 00 A6 00 00 00  A7 00 00 00 A8 00 00 00  ?..?..?..?......
00000049312 A9 00 00 00 AA 00 00 00  AB 00 00 00 AC 00 00 00  ?..?..?..?......
00000049328 AD 00 00 00 AE 00 00 00  AF 00 00 00 B0 00 00 00  ?..?..?..?......
00000049344 B1 00 00 00 B2 00 00 00  B3 00 00 00 B4 00 00 00  ?..?..?..?......
00000049360 B5 00 00 00 B6 00 00 00  B7 00 00 00 B8 00 00 00  ?..?..?..?......
00000049376 B9 00 00 00 BA 00 00 00  BB 00 00 00 BC 00 00 00  ?..?..?..?......
00000049392 BD 00 00 00 BE 00 00 00  BF 00 00 00 C0 00 00 00  ?..?..?..?......
00000049408 C1 00 00 00 C2 00 00 00  C3 00 00 00 C4 00 00 00  ?..?..?..?......
00000049424 C5 00 00 00 C6 00 00 00  C7 00 00 00 C8 00 00 00  ?..?..?..?......
00000049440 C9 00 00 00 CA 00 00 00  CB 00 00 00 CC 00 00 00  ?..?..?..?......
00000049456 CD 00 00 00 CE 00 00 00  CF 00 00 00 D0 00 00 00  ?..?..?..?......
00000049472 D1 00 00 00 D2 00 00 00  D3 00 00 00 D4 00 00 00  ?..?..?..?......
00000049488 D5 00 00 00 D6 00 00 00  D7 00 00 00 D8 00 00 00  ?..?..?..?......
00000049504 D9 00 00 00 DA 00 00 00  DB 00 00 00 DC 00 00 00  ?..?..?..?......
00000049520 DD 00 00 00 DE 00 00 00  DF 00 00 00 E0 00 00 00  ?..?..?..?......
00000049536 E1 00 00 00 E2 00 00 00  E3 00 00 00 E4 00 00 00  ?..?..?..?......
00000049552 E5 00 00 00 E6 00 00 00  E7 00 00 00 E8 00 00 00  ?..?..?..?......
00000049568 E9 00 00 00 EA 00 00 00  EB 00 00 00 EC 00 00 00  ?..?..?..?......
00000049584 ED 00 00 00 EE 00 00 00  EF 00 00 00 F0 00 00 00  ?..?..?..?......
00000049600 F1 00 00 00 F2 00 00 00  F3 00 00 00 F4 00 00 00  ?..?..?..?......
00000049616 F5 00 00 00 F6 00 00 00  F7 00 00 00 F8 00 00 00  ?..?..?..?......
00000049632 F9 00 00 00 FA 00 00 00  FB 00 00 00 FC 00 00 00  ?..?..?..?......
00000049648 FD 00 00 00 FE 00 00 00  FF 00 00 00 00 01 00 00  ?..?..  ........
```

图 10－22　硬盘中实际的 FAT 簇链

4. 文件目录表区

操作系统为了管理磁盘上的目录和文件，在特定的扇区上建立了一个文件目录表 FDT，它是由高级格式化程序 FORMAT 在格式化磁盘时建立的。

FAT32 分区格式没有固定的 FDT 表，在第二个 FAT 表之后就是数据区 DATA。目录名和文件名也作为数据对待，存放在数据区内。FAT32 分区格式使用了一个 32B 长的“目录登记项”来说明目录文件的有关特性，如表 10－9 所列。

表 10－9　目录登记项的各字段内容

字节位移	字　节	内容说明
00H	3	文件名
08H	3	扩展名
0BH	1	属性
0CH	10	DOS 系统保留
字节位移	字　节	内容说明
16H	2	建立最后修改时间
18H	2	建立最后修改日期
1AH	2	起始簇号
1CH	4	文件长度

图 10－23 为硬盘中保存了几个文件后的实际的 FDT 表。

```
00019582432 00 00 00 00 00 00 00 00  00 00 00 00 00 00 00 00  ................
00019582448 00 00 00 00 00 00 00 00  00 00 00 00 00 00 00 00  ................
00019582464 44 49 53 4B 20 20 20 20  20 20 20 08 00 00 00 00  DISK       .....
00019582480 00 00 00 00 00 00 22 75  AE 3A 00 00 00 00 00 00  ......"u?......
00019582496 52 30 30 30 20 20 20 20  44 41 54 20 10 2D 10 86  R000    DAT .-.
00019582512 B4 38 B4 38 00 00 00 00  B4 38 80 00 FF FF FF 7F  ??....?€.
00019582528 44 30 30 30 20 20 20 20  44 41 54 20 10 2D 10 86  D000    DAT .-.
00019582544 B4 38 B4 38 01 00 00 00  B4 38 80 00 FF FF FF 7F  ??....?€.
00019582560 E5 49 4D 20 20 20 20 20  52 41 52 20 18 1C B4 75  鍐M     RAR ..磚
00019582576 AE 3A AE 3A 00 00 0B 47  AD 3A 03 00 06 93 3C 01  ??...G?...?..枣u
00019582592 E5 49 4D 20 20 20 20 20  52 41 52 20 18 96 D2 75  鍐M     RAR .枣u
00019582608 AE 3A AE 3A 00 00 0B 47  AD 3A 03 00 06 93 3C 01  ??...G?...?.....
00019582624 00 00 00 00 00 00 00 00  00 00 00 00 00 00 00 00  ................
00019582640 00 00 00 00 00 00 00 00  00 00 00 00 00 00 00 00  ................
00019582656 00 00 00 00 00 00 00 00  00 00 00 00 00 00 00 00  ................
00019582672 00 00 00 00 00 00 00 00  00 00 00 00 00 00 00 00  ................
00019582688 00 00 00 00 00 00 00 00  00 00 00 00 00 00 00 00  ................
00019582704 00 00 00 00 00 00 00 00  00 00 00 00 00 00 00 00  ................
00019582720 00 00 00 00 00 00 00 00  00 00 00 00 00 00 00 00  ................
00019582736 00 00 00 00 00 00 00 00  00 00 00 00 00 00 00 00  ................
00019582752 00 00 00 00 00 00 00 00  00 00 00 00 00 00 00 00  ................
```

图 10－23　硬盘中实际的 FDT 表

5. 数据区 DATA

数据区 DATA 的所有扇区都划分成以簇为单位的逻辑结构，每一个簇在 FAT 表里面都有一个簇登记项与之对应。

FAT32 格式因为没有 FDT 表，所以紧跟着第二个 FAT 表之后就是 DATA 区。

图 10－24 就是实际的数据区保存的数据。

```
02171194880 00 00 00 00 01 08 01 00  02 08 02 00 03 08 03 00  ................
02171194896 04 08 04 00 05 08 05 00  06 08 06 00 07 08 07 00  ................
02171194912 08 08 08 00 09 08 09 00  0A 08 0A 00 0B 08 0B 00  ................
02171194928 0C 08 0C 00 0D 08 0D 00  0E 08 0E 00 0F 08 0F 00  ................
02171194944 10 08 10 00 11 08 11 00  12 08 12 00 13 08 13 00  ................
02171194960 14 08 14 00 15 08 15 00  16 08 16 00 17 08 17 00  ................
02171194976 18 08 18 00 19 08 19 00  1A 08 1A 00 1B 08 1B 00  ................
02171194992 1C 08 1C 00 1D 08 1D 00  1E 08 1E 00 1F 08 1F 00  ................
02171195008 20 08 20 00 21 08 21 00  22 08 22 00 23 08 23 00   . .!.!.".".#.#.
02171195024 24 08 24 00 25 08 25 00  26 08 26 00 27 08 27 00  $.$.%.%.&.&.'.'.
02171195040 28 08 28 00 29 08 29 00  2A 08 2A 00 2B 08 2B 00  (.(.).).*.*.+.+.
02171195056 2C 08 2C 00 2D 08 2D 00  2E 08 2E 00 2F 08 2F 00  ,.,.-.-...../././.
02171195072 30 08 30 00 31 08 31 00  32 08 32 00 33 08 33 00  0.0.1.1.2.2.3.3.
02171195088 34 08 34 00 35 08 35 00  36 08 36 00 37 08 37 00  4.4.5.5.6.6.7.7.
02171195104 38 08 38 00 39 08 39 00  3A 08 3A 00 3B 08 3B 00  8.8.9.9.:.:.;.;.
02171195120 3C 08 3C 00 3D 08 3D 00  3E 08 3E 00 3F 08 3F 00  <.<.=.=.>.>.?.?.
02171195136 40 08 40 00 41 08 41 00  42 08 42 00 43 08 43 00  @.@.A.A.B.B.C.C.
02171195152 44 08 44 00 45 08 45 00  46 08 46 00 47 08 47 00  D.D.E.E.F.F.G.G.
02171195168 48 08 48 00 49 08 49 00  4A 08 4A 00 4B 08 4B 00  H.H.I.I.J.J.K.K.
02171195184 4C 08 4C 00 4D 08 4D 00  4E 08 4E 00 4F 08 4F 00  L.L.M.M.N.N.O.O.
02171195200 50 08 50 00 51 08 51 00  52 08 52 00 53 08 53 00  P.P.Q.Q.R.R.S.S.
02171195216 54 08 54 00 55 08 55 00  56 08 56 00 57 08 57 00  T.T.U.U.V.V.W.W.
02171195232 58 08 58 00 59 08 59 00  5A 08 5A 00 5B 08 5B 00  X.X.Y.Y.Z.Z.[.[.
02171195248 5C 08 5C 00 5D 08 5D 00  5E 08 5E 00 5F 08 5F 00  \.\.].].^.^._._.
02171195264 60 08 60 00 61 08 61 00  62 08 62 00 63 08 63 00  `.`.a.a.b.b.c.c.
02171195280 64 08 64 00 65 08 65 00  66 08 66 00 67 08 67 00  d.d.e.e.f.f.g.g.
02171195296 68 03 68 00 69 08 69 00  6A 08 6A 00 6B 08 6B 00  h.h.i.i.j.j.k.k.
02171195312 6C 08 6C 00 6D 08 6D 00  6E 08 6E 00 6F 08 6F 00  l.l.m.m.n.n.o.o.
02171195328 70 08 70 00 71 08 71 00  72 08 72 00 73 08 73 00  p.p.q.q.r.r.s.s.
02171195344 74 08 74 00 75 08 75 00  76 08 76 00 77 08 77 00  t.t.u.u.v.v.w.w.
02171195360 78 08 78 00 79 08 79 00  7A 08 7A 00 7B 08 7B 00  x.x.y.y.z.z.{.{.
02171195376 7C 08 7C 00 7D 08 7D 00  7E 08 7E 00 7F 08 7F 00  |.|.}.}.~.~.▌.▌.
02171195392 80 08 80 00 81 08 81 00  82 08 82 00 83 08 83 00  ▌.▌.??????~.▌.▌.
02171195408 84 08 84 00 85 08 85 00  86 08 86 00 87 08 87 00  ??????????~.▌.▌.
02171195424 88 08 88 00 89 08 89 00  8A 08 8A 00 8B 08 8B 00  ??????????~.▌.▌.
02171195440 8C 08 8C 00 8D 08 8D 00  8E 08 8E 00 8F 08 8F 00  ??????????
02171195456 90 08 90 00 91 08 91 00  92 08 92 00 93 08 93 00  ????????
02171195472 94 08 94 00 95 08 95 00  96 08 96 00 97 08 97 00  ????????
02171195488 98 08 98 00 99 08 99 00  9A 08 9A 00 9B 08 9B 00  ????????
02171195504 9C 08 9C 00 9D 08 9D 00  9E 08 9E 00 9F 08 9F 00  ????????
```

图 10-24　硬盘中实际数据区

10.3　A/D、D/A 转换器

10.3.1　ADC08D1000

1. ADC08D1000 简介

ADC08D1000 是美国国家半导体公司(National Semiconductor Inc.)的一款高性能低功率双通道 8bit 的超高速模数转换器件。该款 ADC 采用差分输入和输出接口,具有双通道结构,每个通道的最大采样率可达到 1.6GHz,并能达到 8 位分辨率的无符号数据输出。当采用双通道"互插"模式时,采样速率可达 2GSPS。ADC08D1000 采用的是 128 脚的 LQFP 封装,1.9V 单电源供电,具有自动校准功能,支持 SDR 和 DDR 两种工作模式。因而,这款 ADC 常用于射频信号的直接下变频、数字示波器、卫星机顶盒、通信系统等场所。ADC08D1000 的引脚配置图如图 10-25 所示,主要配置引脚的含义如表 10-10 所列。

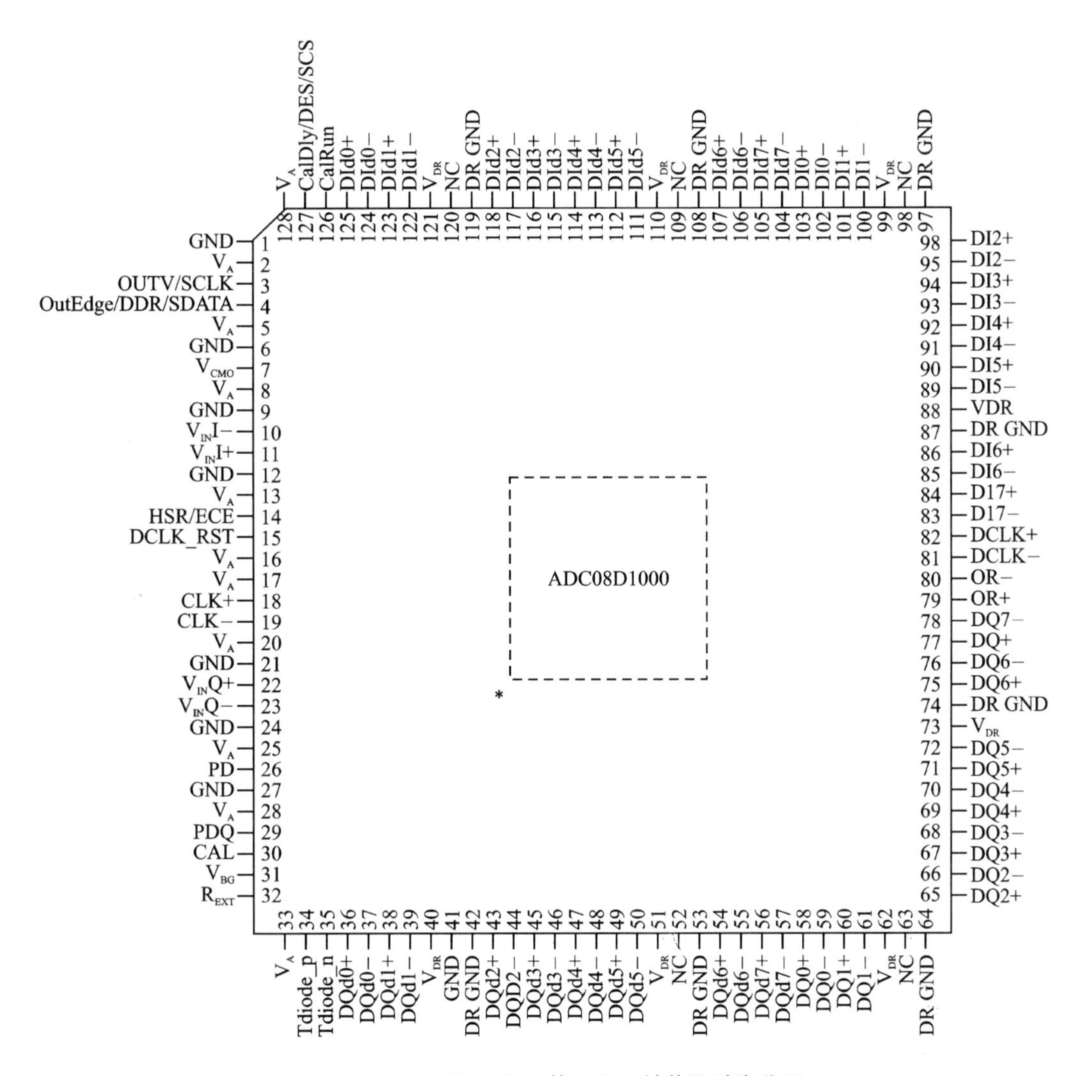

图 10-25 ADC08D1000 的 LQFP 封装及引脚分配

表 10-10 ADC08D1000 主要配置引脚说明

引 脚	含 义	备 注
OUTV/SCLK	输出电压幅度/串行接口时钟	高电平时，DCLK 和数据信号为普通差分信号；低电平时，差分幅度降低，以减少功耗。扩展控制模式开启时，引脚为串行时钟脚
OUTEDGE/DDR/SDATA	DCLK 时钟沿选择/DDR 功能选择/串行数据输入	该引脚悬空或接到 1/2Va 时进入 DDR 模式；扩展模式下，这个引脚为 SDATA 输入
DCLK_RST	DCLK 复位	高电平有效
PD/PDQ	低功耗模式选择	高电平时会使芯片进入休眠状态
CAL	校准过程初始化	
CALDLY	校准延时	自校准时，该引脚不能悬空

续表 10-10

引　脚	含　义	备　注
FSR/ECE	全量程选择以及扩展控制模式选择	引脚接高时，信号输入的峰峰值最大为 870 mV；引脚接低时，信号输入的峰峰值最大为 650mV；引脚悬空或接 1/2Va 时，ADC 为扩展模式
CLK＋/CLK－	采样时钟的 LVDS 输入	ADC 在采样时钟的下降沿进行信号采样
VINI＋/VINI－/VINQ＋/VINQ－	ADC 模拟信号输入	
CalRun	校准运行指示	
DI/DQ/DId/DQd	I 通道和 Q 通道的 LVDS 数据输出	
OR＋/OR－	输入溢出标志	
DCLK＋/DCLK－	差分时钟锁存数据	在 SDR 模式下，该信号为 1/2 输入时钟速率；在 DDR 模式下，该信号为 1/4 输入时钟速率

2. ADC08D1000 控制器的 FPGA 实现

在硬件设计上，通常将 ADC08D1000 的 DI/DQ/DId/DQd 引脚、OR＋/OR－引脚、DCLK＋/DCLK－引脚、DCLK_RST 引脚与 FPGA 连接，由 FPGA 控制。CLK＋/CLK－可以与 FPGA 连接，由 FPGA 提供 ADC 采样时钟，也可以外接时钟，或者两种方式均保留，通过电阻的短接选择时钟提供方式。对于 OUTV/SCLK 引脚、CAL 引脚、OUTEDGE/DDR/SDATA 引脚、CALDLY 引脚、FSR/ECE 引脚，通常设计为具有上拉和下拉电阻结构，实际电路中根据需求进行不同的硬件配置。PD/PDQ 引脚通常接地，而 CalRun 不作任何连接。

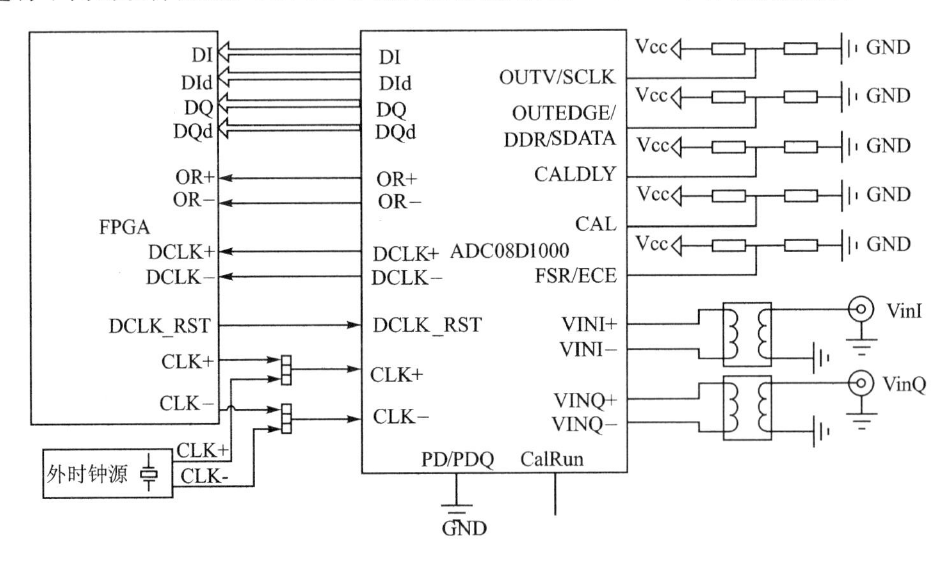

图 10-26　ADC08D1000 的硬件连接图

下面以单通道 SDR 模式为例，说明硬件如何配置和 FPGA 如何配置和控制 ADC08D1000。硬件电路方面，首先配置 OUTV/SCLK 为高，使 ADC 采用普通的 LVDS 信号；配置 OUTEDGE/DDR/SDATA 为高，选择 ADC 采样数据输出在 DCLK 的上升沿，这时 FPGA 获取 ADC 的数据要在 DCLK 的下降沿；配置 CALDLY 为低，保证 ADC 自校准正确执行；设置 CAL 为空，允许 ADC 上电后自校准；设置 FSR/ECE 为高，使 ADC 输入信号的峰峰值最大可达 870mV。

为了使 ADC 正常工作，首先要使 FPGA 在上电后置 ADC 的复位状态无效，即 DCLK_RST 赋值为“0”。而后，FPGA 就可以读取 ADC 的采样数据了。图 10－27 为 ADC08D1000 在 SDR 模式下的时序图。

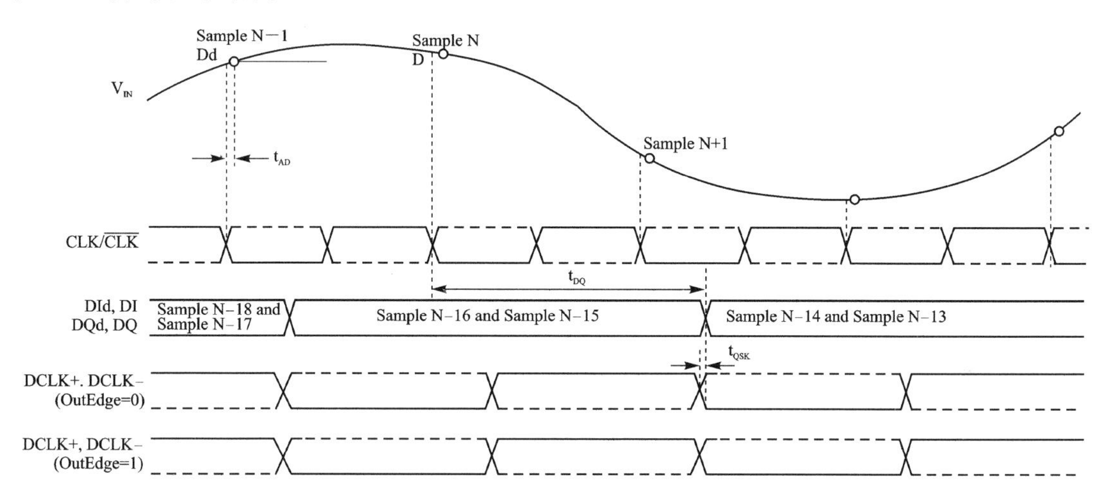

图 10－27　ADC08D1000 的 SDR 模式时序图

可以看出，从 ADC 采样模拟信号到采样结果输出之间隔了 14 个时钟周期，这是由于 ADC 采样的流水结构导致的。在特殊情况下，如果要求时间精确，需要将这个延时考虑进去。由于 ADC 的 OUTEDGE 引脚设置为高，因此 ADC 的采样数据是在 DCLK 的上升沿输出的，FPGA 为了获取稳定的采样数据，必须在 DCLK 的下降沿将结果读入。输入 FPGA 的数据是 LVDS 接口的，所以 FPGA 在后续数据处理之前要将 LVDS 电平转换为 LVTTL。在 Xilinx 的 FPGA 中，可以通过源语模块 IBUFDS 完成转换。IBUFDS 的模块定义如下：

```
component IBUFDS port ( O    :   out        std_logic;        //LVTTL 电平输出
                        I    :   in         std_logic;        //LVDS + 输入
                        IB   :   in         std_logic         //LVDS - 输入
                                 );
end component;
```

如果 ADC 的采样时钟是由 FPGA 提供的，这个时钟通常是由 FPGA 利用时钟管理器模块倍频出来的。此外，还需要 OBUFDS 模块将 LVTTL 电平的时钟转换为 LVDS 接口的，类似于 IBUFDS，OBUFDS 的模块定义如下：

```
component OBUFDS port ( I    :   in         std_logic;        //LVTTL 电平输入
                        O    :   out        std_logic;        //LVDS + 输出
                        OB   :   out        std_logic         //LVDS - 输出
                                 );
end component;
```

下面一段程序为 FPGA 读取 ADC 采样结果数据的代码：

```
G1: for i in 7 downto 0 generate
    Cv1: IBUFDS port map (O => AD_DatI(i), I => AD_DIP(i),IB => AD_DIN(i));    //电平转换
    Cv2: IBUFDS port map (O => AD_DatId(i), I => AD_DIDP(i),IB => AD_DIDN(i));//电平转换
End generate G1;
process(DCLK)
begin
if DCLK 'event and DCLK = '0' then                    //下降沿采集数据
    AD_DIreg   <= AD_DatI;
    AD_DIDreg<= AD_DatId;
end if;
end process;
```

经过上段代码后，ADC 的 LVDS 格式数据便转换为寄存器格式的 AD_DIreg 和 AD_DIDreg，可以进行后续的处理。在外部提供 1GHz 的采样率下，对 30MHz 的正弦信号采样结果如图 10-28 所示。

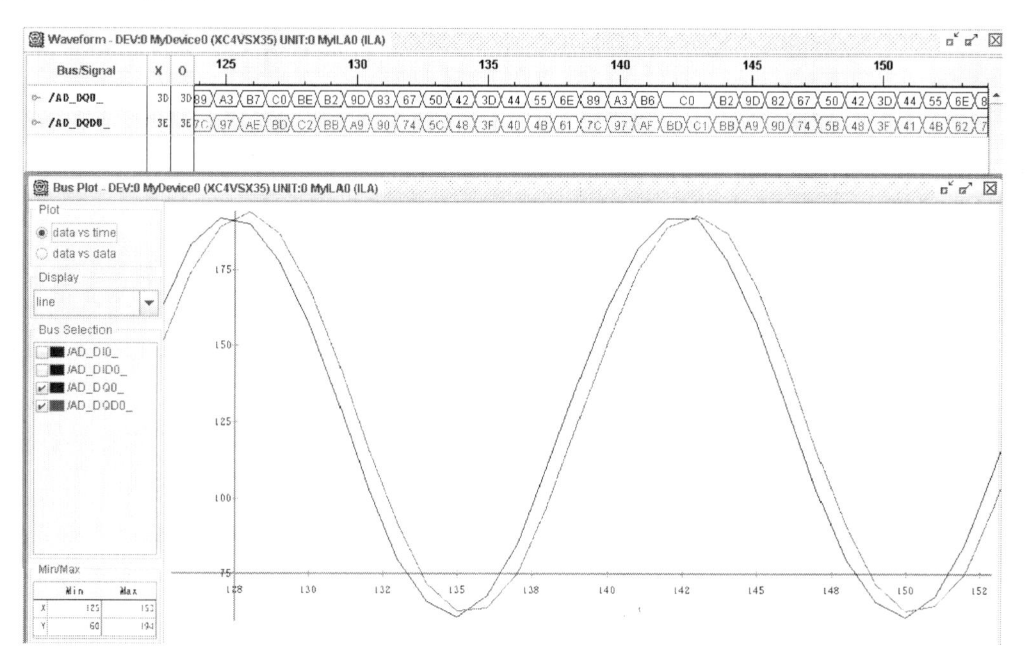

图 10-28　ADC08D1000 的测试结果

10.3.2　AD9430

1. AD9430 简介

AD9430 是 AD 公司推出的一种 12 位高速、低功耗 A/D 转换器。它采用 3.3V 单电源供电，因而简化了系统电源设计。AD9430 片内自带的参考电压源和采样保持器使其在系统设计中更易于使用。

该器件提供有两种数据输出接口模式，即双端口 3.3VCMOS 输出和 LVDS 输出。在 CMOS 模式下，每个通道的数据通过率为 105MSPS，且有交替数据输出和并行数据输出两种方式；在 LVDS 模式下，数据通过率为 210MSPS，可与带有 LVDS 接收器的 FPGA 芯片进行直接接口。输出数据编码格式有二进制补码和偏移二进制码两种格式可供选择。

AD9430 的主要特性如下：

① 采用 3.3 V 单电源供电。

② 模拟输入频率为 65 MHz、采样率为 210MSPS 时，信噪比高达 65 dB。

③ 采样率为 210MSPS 时，功耗仅 1.3 W。

④ 可提供数据同步输入和数据时钟输出。

⑤ 自带时钟占空比稳定器。

⑥ 具有极好的线性特性：DNL＝±0.3LSB，INL＝±0.5LSB。

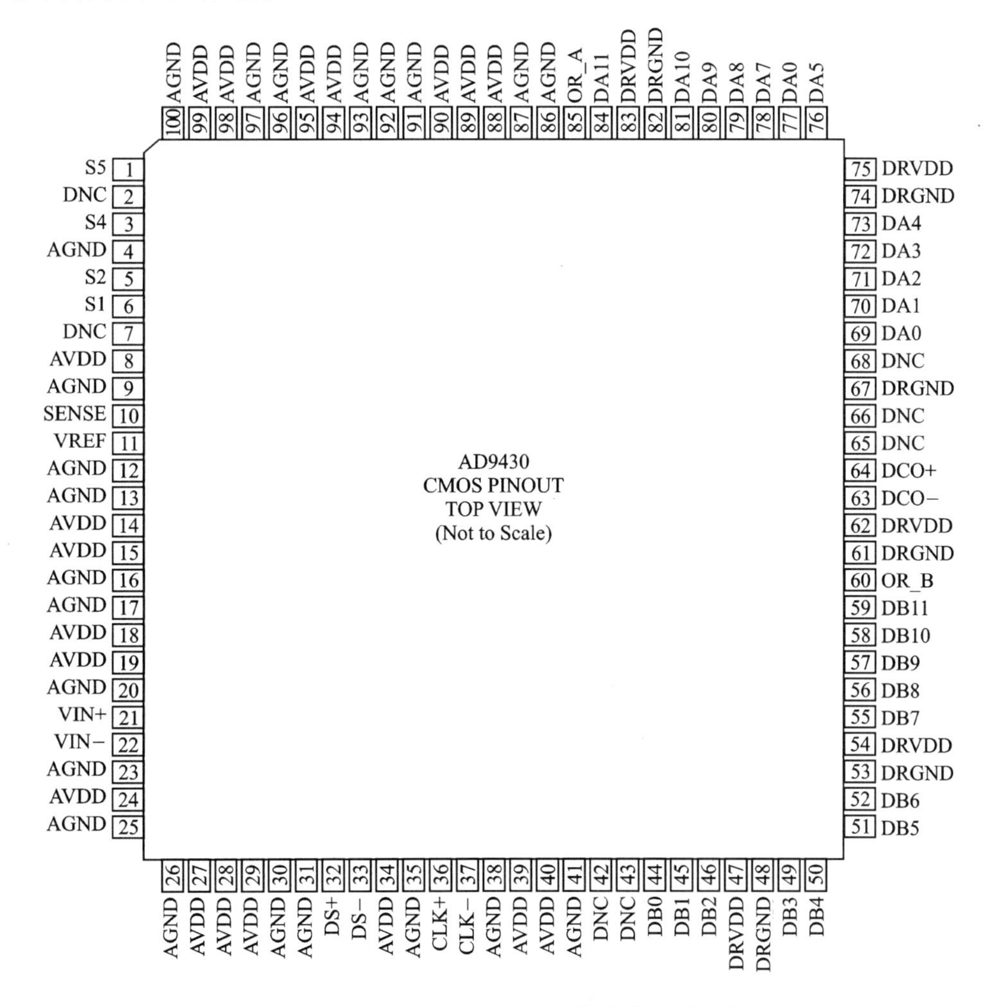

图 10－29　AD9430 双端口 CMOS 输出模式引脚定义

ADC 转换器的输入为模拟信号，输出为数字信号，为防止两种信号之间的相互干扰，芯片内部的供电是分开的，分为模拟供电和数字供电两部分。AVDD 为模拟电源，典型供电电压为 3.3V，AGND 为模拟地，DRVDD 为数字电源，典型供电电压为 3.3V，DRGND 为数字地。

在实际电路的制作过程中,为了统一电压基准,通常将模拟地与数字地通过磁珠等进行连接。

AD9430 有两种输出模式,即双端口 CMOS 输出模式和 LVDS 输出模式,通过配置引脚 S2 进行输出模式选择。S2 接低时为双端口 CMOS 输出模式,接高时为 LVDS 输出模式。由于两种输出模式的硬件电路设计有差别,难以通过程控进行模式选择,所以 S2 引脚在具体电路连接中固定为高电平或低电平。本例中采用双端口 CMOS 输出模式,将 S2 引脚直接接地。

在双端口 CMOS 输出模式下,A 端数据和 B 端数据有两种输出方式,通过配置引脚 S4 进行方式选择。S4 引脚接高时为交替数据输出方式,接低时为并行数据输出方式。

通过配置引脚 S1 进行数据输出格式选择。S1 引脚接低时为偏移二进制码,接高时为二进制补码。

通过配置引脚 S5 可以调节输入模拟信号的满量程以适应根据输入信号的幅度。S5 引脚接高电平时,输入差分信号峰峰值为 0.768V_{P-P},接低电平时,输入差分信号峰峰值为 1.536V_{P-P}。

在硬件电路设计中,通常将 S1、S4 和 S5 引脚与 FPGA 引脚直接连接,由 FPGA 程序控制 AD9430 的输出方式、数据格式和输入满量程。

CLK+、CLK-:时钟输入脚。当时钟频率小于标称值 30 MHz 时,片内自带的时钟占空比稳定器将不起作用;当输入的时钟频率动态变化时,需要等待 1.5~5 μs,才可得到有效数据(这是不可变的)。其时钟可为差分输入,也可为单端输入,为了得到更好的动态特性,最好采用差分输入方式。有两种方式进行差分输入,一种方式是直接由 FPGA 直接输出差分信号作为 AD 的输入,另一种方式是利用转换器件将单端时钟转换为差分信号。本例中采用 D 触发器进行单端转差分处理。

DCO+、DCO-:数据输出时钟。在 CMOS 模式下,时钟输出信号二分频后,由 DCO+和 DCO-两端口输出,该时钟输出信号可以方便地锁存,而且锁存的输入时钟失真很低,但片内时钟缓冲器不能驱动大于 5 pF 的电容。

DA0~DA11:CMOS 模式下的 A 端数据输出。

DB0~DB11:CMOS 模式下的 B 端数据输出。

OR_A、OR_B:分别为 A、B 端口超限标志。

DCO+、DCO-、DA0~DA11、DB0~DB11、OR_A、OR_B 电平标准与 FPGA 引脚电平标准相同,可以直接连接。

DS+、DS-:在 CMOS 模式下,该引脚可用于差分数据同步(输入)。当 DS+接高电平,DS-接低电平时,A/D 转换器的数据输出和时钟都保持不变。当 DS+在时钟的 tSDS 与 tHDS 之间出现下降沿时,同步正式开始。图 10-30 为在 CMOS 模式下的时序图。在交替数据输出方式下,当同步脉冲 DS+的下降沿出现在范围内且在下一时钟上升沿之前时,其采样的模拟信号 N 将出现在 14 个时钟周期之后,并从交替输出方式的端口 A 输出;接下来的一个采样点 N+1 则在 14 个周期后从端口 B 输出。在并行数据输出方式下,第 N 个采样点的数据将在 15 个周期后从 A 端口输出,且其输出时刻与第 N+1 个采样点的数据从 14 个周期后从 B 端口输出的时刻相同。

SENSE:参考电压模式选择脚,使用外部参考电压时,将其接高;悬空时则使用内部电压参考。

VREF:参考电压输入脚,由 SENSE 脚决定,可在内部提供一个稳定的低噪声 1.23V 参

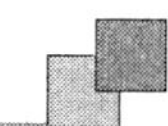

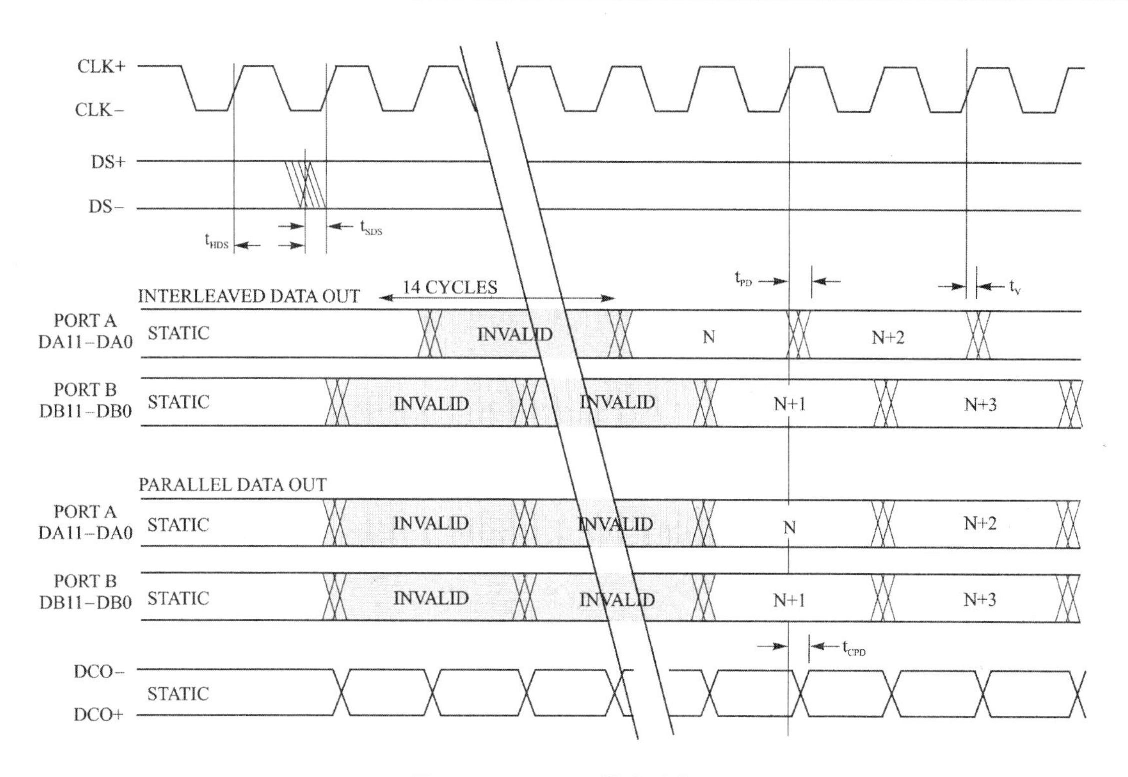

图 10－30　CMOS 模式时序图

考电压；当使用外部参考电压时，应使用一个 0.1 μF 的接地电容与外部参考电压相连，该电容的容量偏差应在±5％之内。注意：满量程调节范围与参考电压存在一定的线性比例关系。

VIN＋、VIN－：差分模拟信号输入。

DNC：空脚。

2. AD9430 控制器的 FPGA 实现

本例中双端口 CMOS 输出模式典型连接如图 10－31 所示。

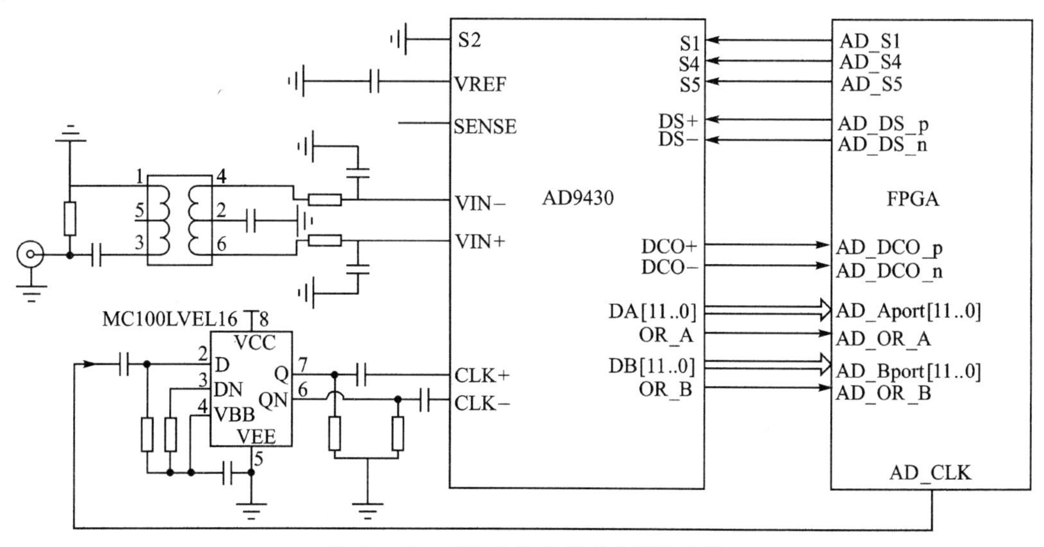

图 10－31　CMOS 输出模式典型连接图

AD9430 的输出模式选择由硬件连接固定的输出方式、数据格式和输入满量程由 FPGA 进行控制。对 AD9430 的配置程序代码如下：

```
AD_S1<='1';                                  //选择数据输出格式为二进制补码
AD_S4<='0';                                  //选择并行数据输出方式
AD_S5<='0';                                  //选择输入差分信号峰峰值为 1.536 Vp-p
process(RESET)
begin
    if RESET='0' then                        //同步信号 DS 控制
        AD_DS_p   <='1';
        AD_DS_n   <='0';
    else
        AD_DS_p   <='0';
        AD_DS_n   <='1';
    end if;
end process;
```

AD9430 的时钟由 FPGA 产生，由 D 触发器将 FPGA 产生的单端时钟输出转换为 AD9430 的差分时钟输入。时钟控制程序代码如下：

```
COMPONENT dcm1                               //声明一个时钟管理模块
PORT(
        CLKIN_IN : IN std_logic;
        CLKFX_OUT : OUT std_logic;
        CLK0_OUT : OUT std_logic
    );
Inst_dcm1: dcm1 PORT MAP(                    //调用时钟管理模块
        CLKIN_IN=>CLKIN_IBUFG,
        CLKFX_OUT=>AD_CLK,
        CLK0_OUT=>GCLK
);
```

根据 CMOS 模式时序图，在 DCO+的下降沿锁存数据，FPGA 读取 ADC 采样结果数据的程序代码如下：

```
process(RESET,AD_DCO_p)
begin
    if RESET='0' then                                  //数据初始化
        AD_Aport_reg   <=( others=>'0');
        AD_Bport_reg   <=( others=>'0');
    else
        if AD_DCO_p'event and AD_DCO_p='0' then        //下降沿采集数据
            AD_Aport_reg   <=AD_Aport;
            AD_Bport_reg   <=AD_Bport;
        end if;
    end if;
end process;
```

根据上述的配置，由 FPGA 实现的采样波形图如图 10-32 所示。

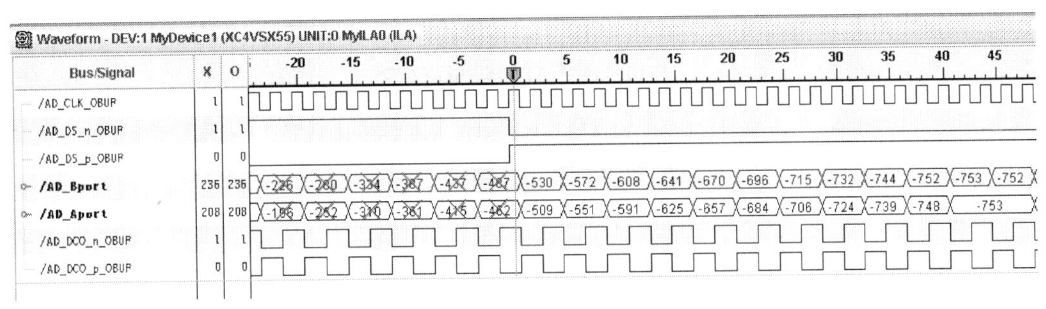

图 10-32　AD9430 采样控制波形图

10.3.3　AD9753

1. AD9753 简介

AD9753 是双通道高速 12bits 的 CMOS DA 转换器，转换速率高达 300MSPS。它内部集成了一个高性能 12bit 的 TxDAC 核、1.2V 片内参考电压和数字接口电路。数字接口包含两个缓冲锁存器和控制逻辑，这些锁存器可以通过几种方式时分复用到高速 DAC 中。PLL 可以驱动 DAC 以两倍的外部输入时钟频率锁存数据，同时可以交错读取两个输入通道的数据。输出结果的数据速率两倍频于输入通道的数据速率。AD9753 采用了分段电流源结构和专有的开关电路技术相结合，以减少干扰能量并最大限度地提高动态精度。内部可编程时钟倍频器可引入单端或差分时钟源。差分电流输出可支持单端或差分应用，差分输出时每个端口的输出满幅电流为 2～20 mA。AD9753 供电电压为单 3V 或 3.3V，功率为 155MW。AD9753 的引脚封装如图 10-33 所示。

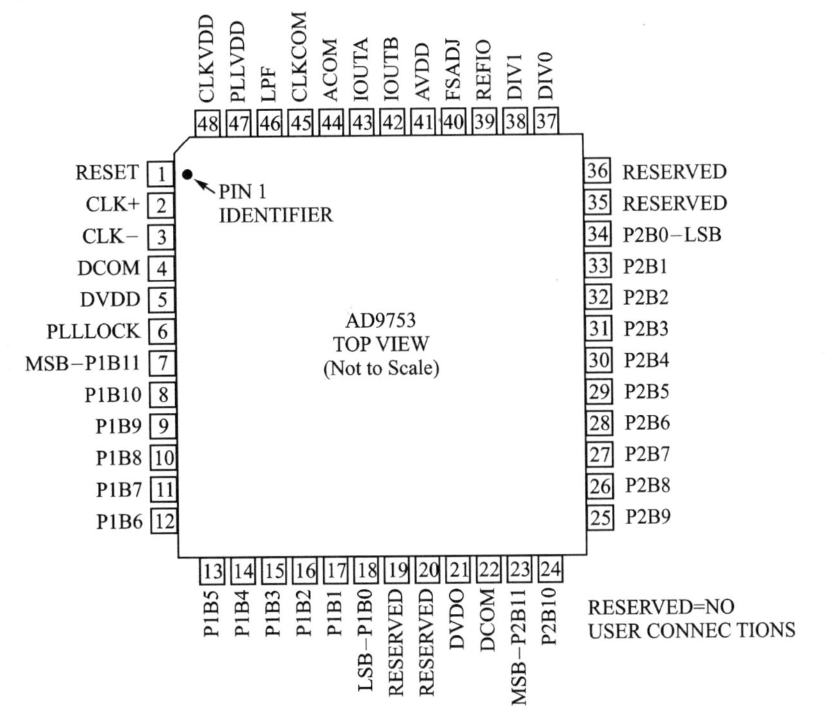

图 10-33　AD9753 引脚封装图

其中,各引脚功能描述如表 10－11 所列。

表 10－11　AD9753 引脚描述

引脚号	名　称	备　注
1	RESET	内部时钟分频器复位
2	CLK＋	差分时钟输入
3	CLK－	差分时钟输入
4,22	DCOM	数字公共地
5,21	DVDD	数字电压
6	PLLLOCK	锁相环锁相指示输出
7-18	P1B11-P1B0	端口 1 数据位 DB11～DB0
19-20,35-36	Reserved	保留
23-34	P2B11-P2B0	端口 2 数据位 DB11～DB0
37,38	DIV0,DIV1	锁相环和输入端口选择模式控制输入端
39	REFIO	参考输入/输出
40	FSADJ	满幅电流输出调整端口
41	AVDD	模拟电压
42	I_{OUTA}	差分电流输出
43	I_{OUTB}	差分电流输出
44	ACOM	模拟公共地
45	CLKCOM	时钟地
46	LPF	锁相环回环滤波
47	PLLVDD	锁相环供电电压
48	CLKVDD	时钟供电电压

图 10－34 为 AD9753 的简化功能示意图。AD9753 内部包含了一个大型的 PMOS 电流源阵列,最大可提供 20mA 电流。这个阵列被分成 31 份相等的电流组成最重要的位(MSBs),次高 4 位,也就是中间 4 位包含 15 份相等的电流,这个电流值是 MSBs 的电流值的 1/16,剩余的 LSBs 位是中间位的电流源的一部分,用电流源实现中间位和低位,取代传统的 R－2R 网络,可以增强多频声和低振幅信号的动态特性,而且可以维持 DAC 的输出高阻抗。

所有的电流源都经过一个 PMOS 差分电流开关输出到 I_{OUTA}和 I_{OUTB}。这种基于一种新型结构的开关可以极大改善失真特性。这种新的开关结构减少了可变的时钟误差,并且为差分电流开关输入提供了匹配的互补驱动信号。

AD9753 的模拟和数字部分分别有独立的供电电压输入,电压范围为 3.0～3.6 V。数字部分时钟频率最高可达 300MSPS,而且还包含一个边缘出发缓冲和字段解码逻辑电路,模拟部分包括一个 PMOS 电流源,一个 1.2V 的参考电压源和一个参考控制运算放大器。

AD9753 内部有独立的锁相环(PLL)电路模块和时钟单/差分转换电路模块,可以接收外部单端或差分时钟信号,并通过跳线组成不同的逻辑组合来控制 PLL 电路的启动及倍频倍数。一般情况下,VCO 可以产生 100～400 MHz 的输出。范围控制器可以确保 VCO 工作在

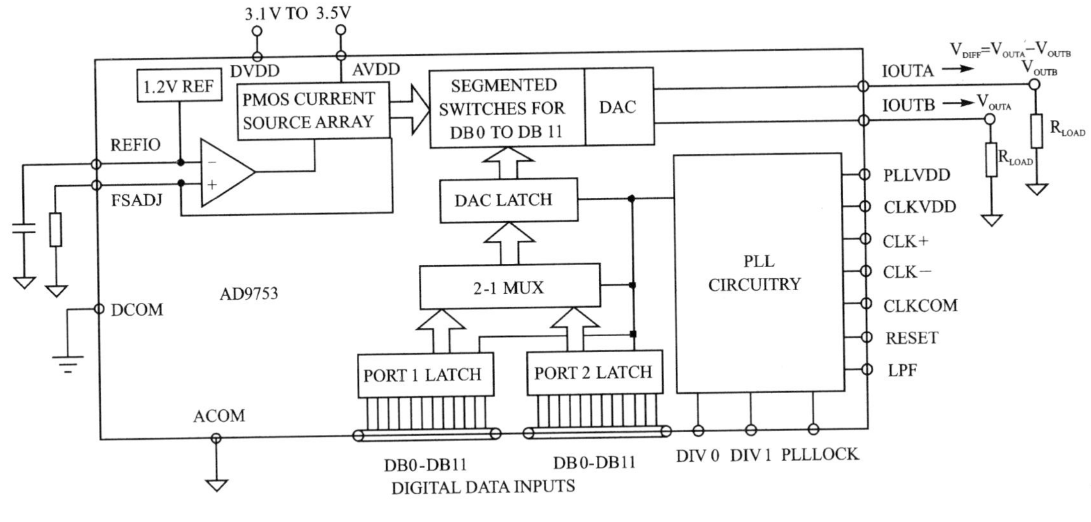

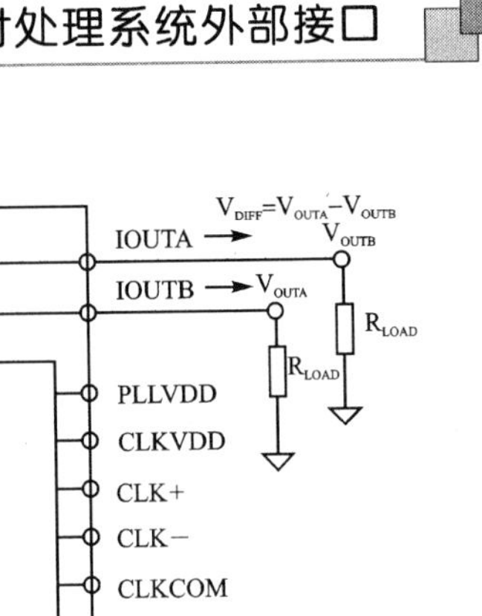

图 10－34　D9753 的简化功能模块示意图

规定的频率范围，同时允许输入时钟最低至 6.25 MHz。在启动 PLL 的情况下，DIV0 和 DIV1 的逻辑电平共同决定了范围控制器的分频比例。表 10－12 列出了对应不同输入时钟时 DIV0 和 DIV1 的状态。

表 10－12　不同输入时钟对应的 DIV0 和 DIV1 状态

时钟频率	DIV0	DIV1	范围控制器
50～150 MHz	0	0	÷1
10～25 MHz	0	1	÷2
12.5～50 MHz	1	0	÷4
6.25～25 MHz	1	1	÷8

2. FPGA 控制 AD9753

图 10－35 为 FPGA 控制 AD9753 的整个外围电路。

使用 AD9753 时首先参照表的内容设置 DIV0 和 DIV1 的状态，使 AD9753 工作在。FPGA 控制 AD9753 时，只需要给 AD9753 提供时钟、复位，并按照时钟的频率赋予 P1B0～P1B11 和 P2B0～P2B11 预定的波形数据，数字信号经过 AD9753 转换后就会得到相应的模拟信号。

两组离散数据在输入时钟的上升沿同时被送入 DAC，又在输出时钟的上升和下降沿先后被转换为模拟信号输出，其 I/O 时序如图 10－36 所示。

本例中采用差分时钟模式，差分时钟的获取是由变压器实现的，FPGA 输出的时钟经变压器后转换为差分时钟信号。为了降低 PLL 的相位噪声，需要在 LPF 和 PLLVDD 之间串联一个 392 Ω 的电阻和 1.0 μF 电容。同时，为了获取最优的噪声和失真性能，PLLVDD 需要连接在与 DVDD、CLKVDD 相近的电压上。

```
da_rst< = '0';
da_clk< = Clk100M;
```

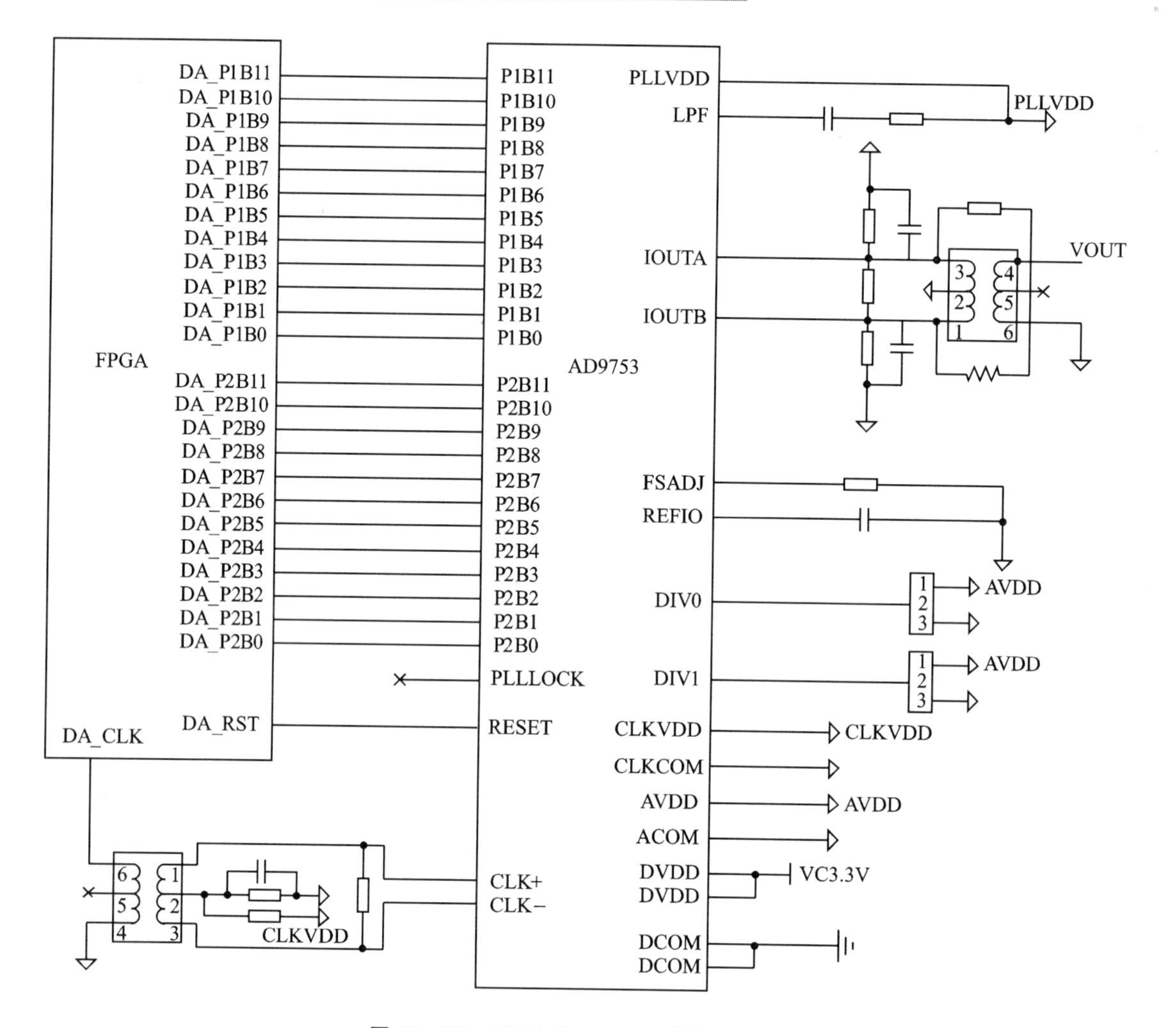

图 10－35 FPGA 和 AD9753 的接口电路

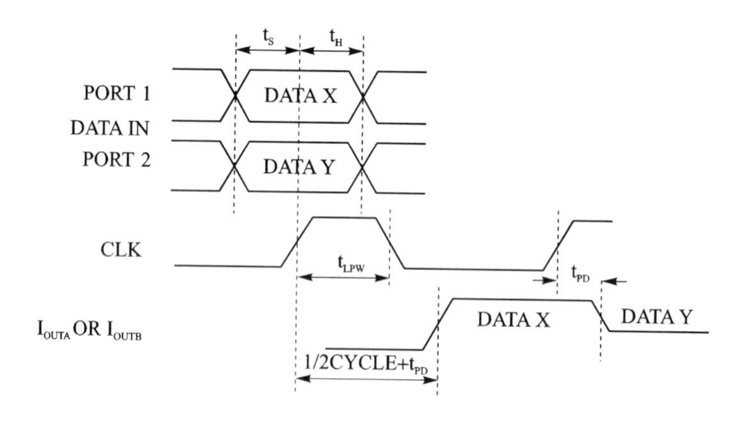

图 10－36 I/O 时序

```
process(da_clk)
begin
    if da_clk'event and da_clk = '1' then
```

```
        da_p1<= data1;
        da_p2<= data2;          //data1、data2 为连续相邻的两个波形采样数据
    end if;
end process;
```

图 10－37 为 FPGA 控制 AD9753 时两路数据线的实际数据变换时序图。

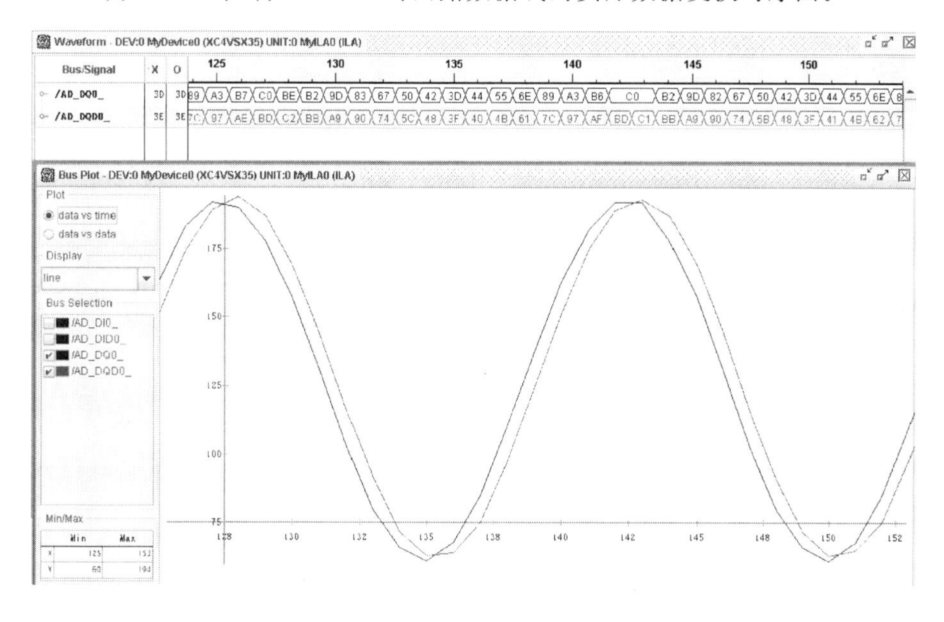

图 10－37

10.4　其他常用接口

10.4.1　MAX3100

1. MAX3100 简介

MAX3100 是第一个专门为基于微控制器的小型系统而设计的通用异步接收发送器。作为一个串行外围接口(SPI)器件，它的同步串行通信接口与 SPI™ 和 Microwire™ 标准是兼容的。

它的异步通信接口适合与 RS－232、RS485、IR(红外线)和光隔离数据通信接口。它具有红外线数据通信时序模式，可以很容易实现低成本红外线数据通信功能；具有 9 bit 地址识别功能，可用于小型网络中；其波特率范围从 300 bit/s 到 230 kbit/s，适合要求高速通信的场合；它的功耗很小，电源电压范围为＋2.7 V～＋5.5 V，在＋3.3 V 电压下只有 150 μA 电流，并且具有软件或硬件可设置的停机状态，将静态电流降低到 10 μA，而在停机状态下仍可接收中断，所以特别适合用于要求低电压、低功耗的便携式设备以及智能仪器中。8 字节先进先出接收缓冲区(FIFO)能减轻通常在小系统中由于突发信息流量而引起的微处理器信息处理负担。其封装形式为紧凑型 16 引脚 QSOP 封装或 14 引脚 DIP 封装，是体积最小的 UART。其施密特触发器输入接口可直接接收光电耦合器的输入，信号输出端 YX 和 RTS，可直接驱动光电耦合器，很容易实现与 RS-232/RS-485 接口隔离。

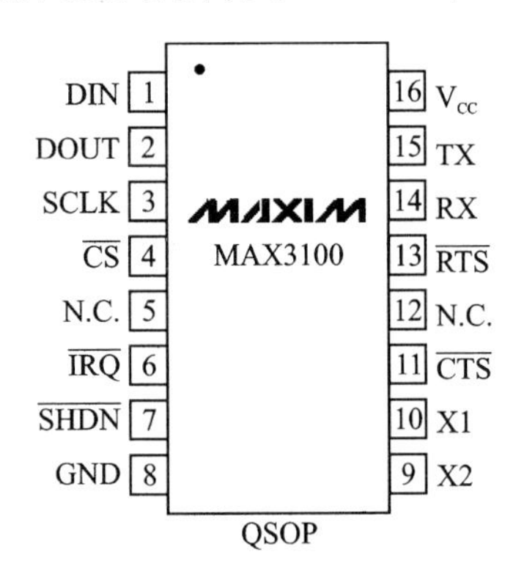

图 10-38　MAX3100 QSOP 封装引脚定义

MAX3100 的引脚排列如图 10-38 所示。引脚功能如下：

① DIN：SPI™/Microwire™ 串行数据输入引脚。串行时钟的上升沿锁存 DIN 数据。

② DOUT：SPI™/Microwire™ 推挽串行数据输出引脚。数据由串行时钟的下降沿同步输出。

③ SCL K：串行时钟控制，用于数据输入和输出的串行总线定时。

④ CS：片选控制。当 CS 为高电平时，DOUT 输出引脚处于高阻状态。IRQ、TX、RTS 的输出不受 CS 的控制。

⑤ IRQ：中断请求信号，低电平有效。

⑥ SHDN：待机模式的硬件控制端。SHDN=0，进入待机模式，不管当前是否正在通信，片内振荡器立即停振，此时芯片的工作电流仅为 10μA。

⑦ X1 和 X2：晶振引脚。

⑧ CTS：输入端，可以通过 CTS 位读取。

⑨ RTS：输出端，可以通过 RTS 位控制。

⑩ RX：异步串行输入。

⑪ TX：异步串行输出。

在硬件电路设计中，DIN、DOUT、SCLK、CS、SHDN 和 IRQ 引脚电平标准与 FPGA 的 I/O 电平标准相同，将这些引脚直接连接。

MAX3100 采用内部的时钟分频电路来控制通信的波特率，所以对晶振的频率有要求，采用 1.8432MHz 或 3.6864MHz 的输入。根据不同的控制字可以选择 MAX3100 工作的通信速率。控制字的选择如表 10-13 所列。

表 10-13　波特率控制字

BAUD				DIVISION RATIO	BAUD RATE (f_{OSC}=1.8432 MHz)	BAUD RATE (f_{OSC}=3.6864 MHz)
B3	B2	B1	B0			
0	0	0	0**	1	115.2k**	230.4k**
0	0	0	1	2	57.6k	115.2k
0	0	1	0	4	28.8K	57.6K
0	0	1	1	8	14.4k	28.8k
0	1	0	0	16	7200	14.4k
0	1	0	1	32	3600	7200
0	1	1	0	64	1800	3600
0	1	1	1	128	900	1800
1	0	0	0	3	38.4k	76.8k

续表 10－13

BAUD B3	B2	B1	B0	DIVISION RATIO	BAUD RATE (f_{OSC}＝1.8432 MHz)	BAUD RATE (f_{OSC}＝3.6864 MHz)
1	0	0	1	6	19.2k	38.4k
1	0	1	0	12	9600	19.2k
1	0	1	1	24	4800	9600
1	1	0	0	48	2400	4800
1	1	0	1	96	1200	2400
1	1	1	0	192	600	1200
1	1	1	1	384	300	600

2. MAX3100 控制器的 FPGA 实现

利用 MAX3100 的 TX 与 RX 引脚与不同的电平转换芯片连接，可以扩展成不同的通信接口形式。本例中，将通信接口扩展为 RS－232 格式，因此利用 MAX3232 芯片进行电平转换。

本例中 RS－232 扩展接口典型连接如图 10－39 所示。

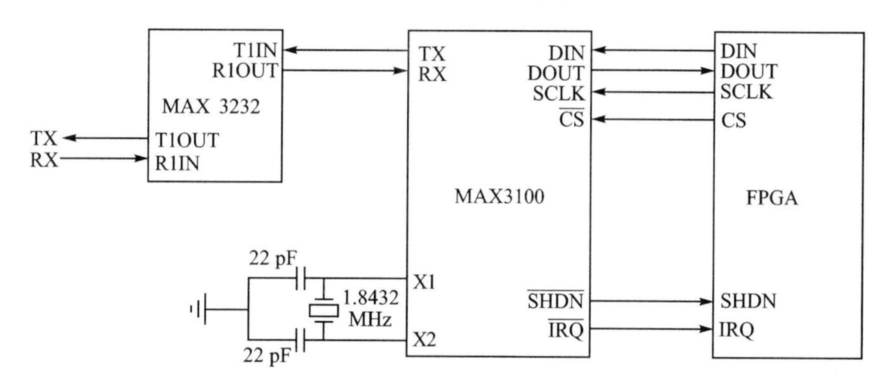

图 10－39　RS－232 扩展接口典型连接图

MAX3100 有 4 种工作状态，分别是写控制字、读控制字、写数据和读数据。控制字如表 10－14 所列。

表 10－14

BIT		15	14	13	12	11	10	9	8	7	6	5	4	3	2	1	0
写配置	DIN	1	1	$\overline{FEN}$	SHDNi	$\overline{TM}$	$\overline{RM}$	$\overline{PM}$	$\overline{RAM}$	IR	ST	PE	L	B3	B2	B1	B0
	DOUT	R	T	0	0	0	0	0	0	0	0	0	0	0	0	0	
读配置	DIN	0	1	0	0	0	0	0	0	0	0	0	0	0	0	0	TEST
	DOUT	R	T	$\overline{FEN}$	SHDNO	$\overline{TM}$	$\overline{RM}$	$\overline{PM}$	$\overline{RAM}$	IR	ST	PE	L	B3	B2	B1	B0
写数据	DIN	1	0	0	0	0	$\overline{TE}$	RTS	Pt	D7t	D6t	D5t	D4t	D3t	D2t	D1t	D0t
	DOUT	R	T	0	0	0	RA/FE	CTS	Pr	D7r	D6r	D5r	D4r	D3r	D2r	D1r	D0r
读数据	DIN	0	0	0	0	0	0	0	0	0	0	0	0	0	0	0	0
	DOUT	R	T	0	0	0	RA/FE	CTS	Pr	D7r	D6r	D5r	D4r	D3r	D2r	D1r	D0r

各位的含义如表 10－15 所列。

表 10－15

位	操　作	含　义
B0～B3	R/W	波特率因子选择位。通信速率与振荡器频率、波特率因子的关系见表 10－14
CTS	R	“清除发送”输入端状态位
D0t～D7t	W	发送缓冲寄存器，当数据长度＝7 位时，D7t 被忽略
D0r～D7r	R	从 FIFO 或接收器输入的数据，如果 FIFO 和接收中没有数据，D0r～D7r＝0，当数据长度＝7 位时，D7t＝0
$\overline{\text{FEN}}$	R/W	FIFO 允许位，FEN＝0，允许 FIFO
LR	R/W	IrDA 模式允许位，IR＝1：允许 IrDA 模式
L	R/W	数据长度控制位 L＝0：字长 8 位，L＝1：字长 7 位
pt	W	发送帧的校验位
pr	R	接收帧的校验位。当 FE＝1 且接收帧的校验位＝1，则 Pr＝1，否则 Pr＝0
PE	R/W	校验允许位
$\overline{\text{PM}}$	R/W	“接收帧校验位＝1 中断”的屏蔽位
R	R	接收数据有效。R＝1 表示接收缓冲器中有新的数据可供读取
$\overline{\text{RM}}$	R/W	“接收数据有效中断”的屏蔽位
$\overline{\text{RAM}}$	R/W	RA/FE 位的中断屏蔽位
RTS	W	“请求发送”输出端控制位
RA/FE	R	当芯片工作在待机模式时，该位表示 RX 端发生改变；正常工作时，该位则表示帧格式错
SHDNi	W	待机模式软件控制位
SHDNo	R	待机模式状态位
ST	R/W	停止位长度控制. ST＝0:1 位停止位，ST＝1:2 位停止位
T	R	T＝1：发送缓冲器空
$\overline{\text{TE}}$	W	发送允许位
$\overline{\text{TM}}$	R/W	“发送缓冲器空中断”的屏蔽位

上电后，首先对 MAX3100 进行工作状态设置，包括波特率、数据位数、停止位位数等。本例中采用数据位 8 位、停止位 1 位、无校验、通信速率 9600 bit/s 的工作模式。在硬件电路设计中，本例选用的是 1.843 2 MHz 的晶振，所以设置控制字为“1110111100001010”。根据图 10－40 的写控制字时序图，配置程序代码如下：

```
process(RESET,RS_SCLK_reg)
begin
    if RESET = '0' then                                     //数据初始化
        CONFIG_reg  <= "1110111100001010";                  //初始化控制字
        RS_DIN_reg<= 'Z';
    else
        if RS_SCLK_reg'event and RS_SCLK_reg = '1' then     //上升沿发送数据
```

```
            if RS_CS_reg = '0' and work_reg = '0' then          //片选信号置低且处于配置状态
                RS_DIN_reg< = CONFIG_reg(15);
                CONFIG_reg< = CONFIG_reg(14 downto 0) & '0';
            elsif RS_CS_reg = '0' then
                RS_DIN_reg< = '0';
            end if;
        end if;
    end if;
end process;
```

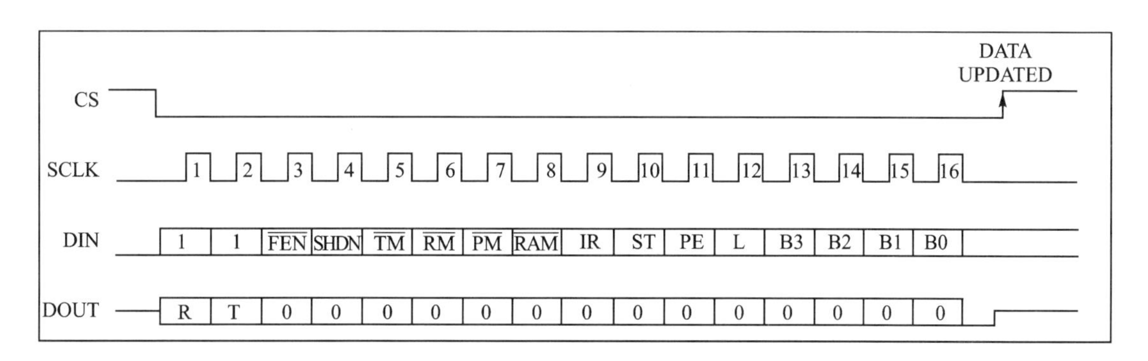

图 10-40　写控制字时序图

MAX3100 在正常工作状态的读写数据的时序如图 10-41 所示。

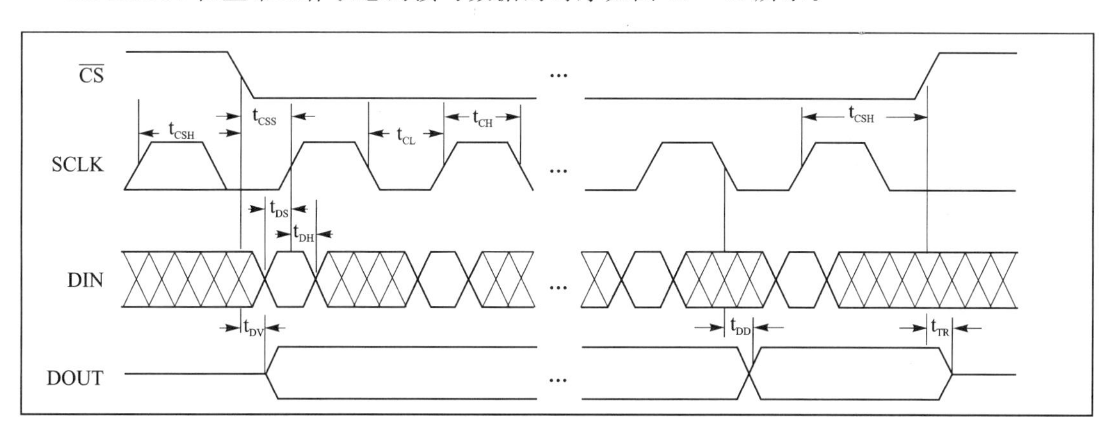

图 10-41　串行接口时序图

MAX3100 在写数据的过程中，首先将所要发送的数据与数据前端的控制字组合后缓存到发送数据寄存器，在启动发送数据后将寄存器中的数据以串行格式发送出去。写数据的程序代码如下：

```
process (RESET,RS_SCLK_reg)                          //产生片选信号的工作时序
begin
    if ( RESET = '1' ) then
        RS_count< = (others = >'0');
        RS_CS_reg< = '1';
        RS_en< = '0';
```

```
        elsif RS_SCLK_reg'event and RS_SCLK_reg = '1' then
            if RS_count = "10001" then
                RS_count <= (others => '0');
                RS_CS_reg <= '1';
                RS_en <= '0';
            elsif RS_start = '1' and Send_en = '1' then
                RS_en <= '1';
                RS_count <= RS_count  +  '1';
                RS_CS_reg <= '0';
            elsif RS_en = '1' then
                RS_count <= RS_count  +  '1';
                RS_CS_reg <= '0';
            end if;
        end if;
    end process;

    process (RESET,RS_SCLK_reg)
    begin
        if ( RESET = '1'   ) then
            RS_DIN_reg <= 'Z';
        elsif RS_SCLK_reg'event and RS_SCLK_reg = '1' then
            if RS_CS_reg = '1' then
                transmit_reg <= "10000000" & transmit_data;    //初始化发送数据寄存器
            elsif RS_CS_reg = '0' and work_reg = '1' then
                RS_DIN_reg <= transmit_reg(15);                //将发送数据寄存器中的数据串行发出
                transmit_reg <= transmit_reg(14 downto 0) & '0';
            end if;
        end if;
    end process;
```

由 FPGA 实现的 MAX3100 写数据波形图如图 10－42 所示

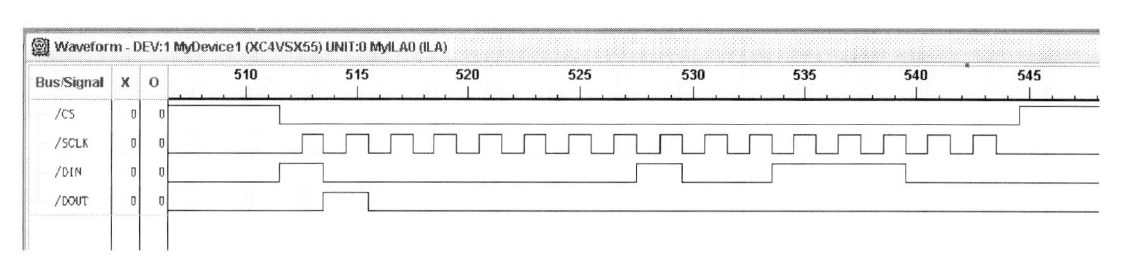

图 10－42　MAX3100 写数据波形图

MAX3100 在读数据时，DIN 端口只要连续输入‘0’即可实现，所以只需要配置 CS 信号和时钟信号，可将将 DIN 端口直接赋值为‘0’。读取的数据为串行数据，可以按照协议长度将串行数据以并行的形式存储到寄存器中。读数据的程序代码如下：

```
    process (RESET,RS_SCLK_reg)                                        //产生片选信号的工作时序
    begin
```

```
    if ( RESET = '1') then
        RS_count<= (others => '0');
        RS_CS_reg<= '1';
        RS_en<= '0';
    elsif RS_SCLK_reg'event and RS_SCLK_reg = '1' then
        if RS_count = "10001" then
            RS_count<= (others => '0');
            RS_CS_reg<= '1';
            RS_en<= '0';
        elsif RS_start = '1' or RS_IRQ = '0' then
            RS_en<= '1';
            RS_count<= RS_count + '1';
            RS_CS_reg<= '0';
        elsif RS_en = '1' then
            RS_count<= RS_count + '1';
            RS_CS_reg<= '0';
        end if;
    end if;
end process;

process (RESET,RS_SCLK_reg)                                    //读取串行数据
begin
    if (RESET = '1') then
        RS_receive_reg<= (others => '0');
    elsif RS_SCLK_reg'event and RS_SCLK_reg = '1' then
        if RS_CS_reg = '0' then
            RS_receive_reg(0)<= RS_DOUT;                       //读取串行数据
            RS_receive_reg(15 downto 1)<= RS_receive_reg(14 downto 0);
                                                               //将串行数据存入寄存器
        else
            RS_receive_reg<= (others => '0');
        end if;
    end if;
end process;
```

由 FPGA 实现的 MAX3100 读数据波形图如图 10－43 所示。

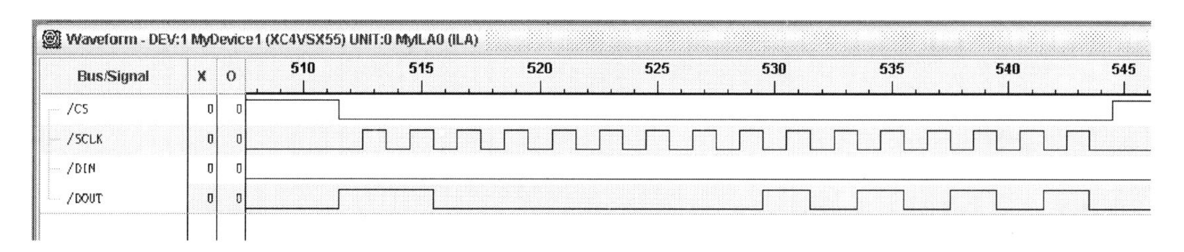

图 10－43　MAX3100 读数据波形图

3. MAX3100 控制器的 DSP 实现

在实际工程应用中，经常需要利用 DSP 控制 MAX3100。下面以 TMS320C6701 控制 MAX3100 为例，说明 DSP 控制 MAX3100 时的具体操作。

利用 TMS320C6701 控制 MAX3100 时，需要将 MAX3100 的串行输入、串行输出、时钟、片选和中断引脚与 TMS320C6701 相连。本例中选用 TMS320C6701 的 Mcbsp1 接口与 MAX3100 相连。其中，Mcbsp1 接口的 DX 引脚作为 MAX3100 的数据输入源与 DIN 相连，DR 与 MAX3100 的数据输出端 DOUT 相连，接收 MAX3100 的输出数据。CLKX 与 SCLK 相连作为 MAX3100 与 DSP 通信的串行数据同步时钟，DSP 的 FSX 输出作为 MAX3100 的 CS 信号。同时，DSP 的外部中断接口 EX_INT 与 MAX3100 的中断请求信号 IRQ 连接，在需要的时候可以通过中断的方式对 MAX3100 进行操作。(本例中采用查询方式对 MAX3100 进行读写操作)。

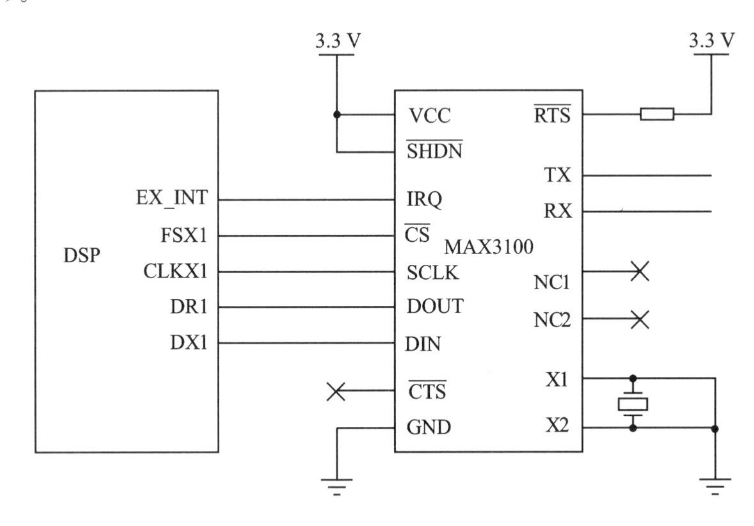

图 10-44 DSP 与 MAX3100 的接口电路

上电后，首先对 MAX3100 进行工作状态设置，包括波特率、数据位数、停止位位数等。本例中采用数据位 8 位、起始位 1 位、停止位 1 位、校验位 1 位(奇校验)、波特率 19.2 Kbit/s 的工作模式。在硬件电路设计中，本例选用的是 1.8432MHz 的晶振，所以设置控制字为 “1100000000101001”。配置程序代码如下：

```
#define WRITECONF(REGCONTENT,FEN,SHDN,TM,RM,PM,RAM,IR,ST,PE,L,BAUD)
    {REGCONTENT = 0x3<<14|FEN<<13|SHDN<<12|TM<<11|RM<<10|PM<<9|
RAM<<8|IR<<7|ST<<6|PE<<5|L<<4|BAUD;}          //宏定义 MAX3100 配置字
void Init_Max3100(MCBSP_Handle hMcbsp)
{
    USHORT    RegConfig;
    WRITECONF(RegConfig,0,0,0,0,0,0,0,0,1,0,1001);  //使用宏生成配置字
    while (! MCBSP_xrdy(hMcbsp));                   //等待 Mcbsp 的发送寄存器有效
    MCBSP_write(hMcbsp,RegConfig);                  //Mcbsp 发送有效后往 MAX3100 写配置字
}
```

本例中采用查询方式对 MAX3100 进行读取操作，因此每次读写操作之前都要进行查询

操作。每次写数据之前都要通过查询控制字内 T 位的状态判断发送寄存器是否空，每次读数据之前都要通过查询控制字内 R 位的状态判断接收寄存器内是否有新数据可以读。

写数据时只需要将待发送的数据与前面对应的控制字进行组合后串行发送出去即可，写数据的代码如下：

```
#define WRITEDATA(REGCONTENT,TE,RTS,PT,DATA)
    {REGCONTENT = 0x2<<14|TE<<10|RTS<<9|PT<<8|DATA;} //宏定义 MAX3100 写数据配置字
void SendData(USHORT Data0)
{
    USHORT Dataout0;
    USHORT Data_0 = 0;
    int i;
    for(i = 0;i<8;i + + )
        Data_0 = ((Data0 >>i) & 0x01) ^ Data_0;              //生成数据对应的奇校验位
    WRITEDATA(Dataout0,0,1,Data_0,Data0);                   //使用宏生成发送数据对应的配置字
    ReadyTx();                                              //查询 MAX3100 是否可以接收新数据
    while (! MCBSP_xrdy(hMcbsp1));
    MCBSP_write(hMcbsp1,Dataout0);                          //将数据传输给 MAX3100
}
void ReadyTx()                                              //查询 MAX3100 是否可以接收新数据
{
    USHORT Tx_Ready = 0;
    USHORT DataIn;
    while(! Tx_Ready)
{
        while (! MCBSP_xrdy(hMcbsp1));
        MCBSP_write(hMcbsp1,0x0000);                        //写数据 0x0000
        while (! MCBSP_rrdy(hMcbsp1));
        DataIn    = MCBSP_read(hMcbsp1);
        Tx_Ready = (DataIn & 0x4000) >>14;
                        //判断控制字的 T 位状态，若 T = 1，表明 MAX3100 可以接收新的数据
    }
}
```

读数据时只需往 MAX3100 的 DIN 端口连续写'0'即可，当读有效时获得的数据就是 MAX3100 输出的数据。读数据的代码如下：

```
USHORT Rec_Data()
{
    USHORT Rec_Ready = 0;
    USHORT DataIn;
    USHORT RecData;
    while(! Rec_Ready)                      //查询 MAX3100 接收寄存器内是否有新数据可以读取
{
        while (! MCBSP_xrdy(hMcbsp1));
MCBSP_write(hMcbsp1,0x0000);
```

```
        while (! MCBSP_rrdy(hMcbsp1));
        DataIn         = MCBSP_read(hMcbsp1);
Rec_Ready   = DataIn >>15;                    //判断控制字的 R 位状态,若 R = 1,表明可以读取数据
        RecData       = DataIn & 0xFF;
    }
    return RecData;
}
```

图 10-45 为 MAX3100 实际工作的时序图。

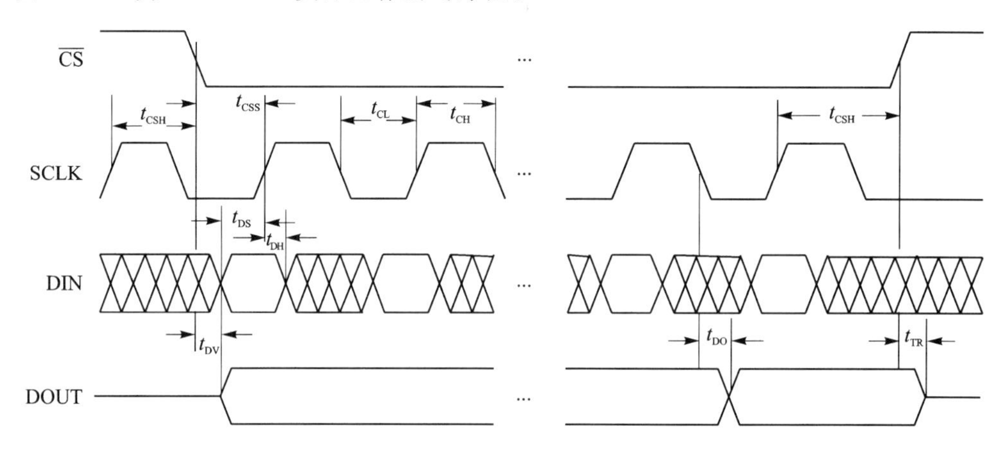

图 10-45　MAX3100 串行接口时序图

10.4.2　PDIUSBD12

1. PDIUSBD12 简介

USB(通用串行总线)是先进的应用最广泛的外部总线标准之一,用于规范计算机与外部设备的连接和通信。USB 接口支持设备的即插即用与热插拔功能。USB 主要具有 1.1 和 2.0 两种标准,各 USB 版本都能很好的兼容。USB 利用一个 4 针插头作为标准插头,采用菊花链的形式可以把所有的外设连接起来,最多可以连接 127 个外部设备,并且不会损失带宽。USB2.0 的最大传输速率高达 480 Mbit/s,而下一版本 USB3.0 的传输速率将达到 5 Gbit/s,USB 协议将在串行通信中发挥越来越重要的作用。

在以 DSP 为处理核心的系统中,经常会遇到与 PC 相互交换数据的情况,USB 接口是我们经常用到的接口之一。下面以飞利浦公司生产的低速 USB1.1 芯片 PDIUSBD12 为例,说明如何利用 PDIUSBD12 构成系统的 USB 接口。

PDIUSBD12 是一款飞利浦公司出品的性价比很高的 USB 器件,它通常用作微控制器系统中实现与微控制器进行通信的高速通用并行接口。它还支持本地的 DMA 传输。这种实现 USB 接口的标准组件使得设计者可以在各种不同类型微控制器中选择出最合适的微控制器。这种灵活性减小了开发的时间风险以及费用,通过使用已有的结构和减少固件上的投资,从而用最快捷的方法实现最经济的 USB 外设的解决方案。

PDIUSBD12 完全符合 USB1.1 版的规范,它还符合大多数器件的分类规格:成像类海量

存储器件、通信器件、打印设备以及人机接口设备。同样地PDIUSBD12理想地适用于许多外设，例如打印机、扫描仪外部的存储设备(Zip驱动器)和数码相机等等。它使得当前使用SCSI的系统可以立即降低成本。PDIUSBD12所具有的低挂起功耗连同LazyClock输出可以满足使用ACPI、OnNOW和USB电源管理的要求。低的操作功耗可以应用于使用总线供电的外设。此外它还集成了许多特性包括SoftConnetTM、GoodLinkTM、可编程时钟输出低频晶振和终止寄存器集合，所有这些特性都为系统显著节约了成本，同时使USB功能在外设上的应用变得容易。PDIUSBD12的引脚配置如图10-46所示。

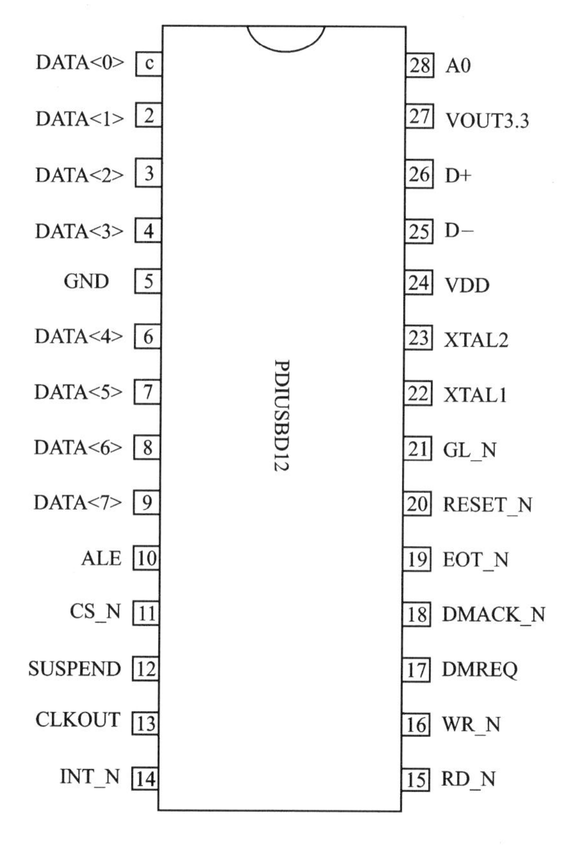

图10-46　PDIUSBD12的封装图

表10-16　PDIUSBD12的引脚说明

引　脚	符　号	类　型	描　述
1	DATA<0>	IO2	双向数据位0
2	DATA<1>	IO2	双向数据位1
3	DATA<2>	IO2	双向数据位2
4	DATA<3>	IO2	双向数据位3
5	GND	P	接地
6	DATA<4>	IO2	双向数据位4
7	DATA<5>	IO2	双向数据位5
8	DATA<6>	IO2	双向数据位6

续表 10-16

引　脚	符　号	类　型	描　述
9	DATA<7>	IO2	双向数据位 7
10	ALE	I	地址锁存使能。在多路地址/数据总线中，下降沿关闭地址信息锁存。将其固定为低电平用于单地址/数据总线配置。
11	CS_N	I	片选(低有效)
12	SUSPEND	IOD4	器件处于挂起状态
13	CLKOUT	O2	可编程时钟输出
14	INT_N	OD4	中断(低有效)
15	RD_N	I	读选通(低有效)
16	WR_N	I	写选通(低有效)
17	DMREQ	O4	DMA 请求
18	DMACK_N	I	DMA 应答(低有效)
19	EOT_N	I	DMA 传输结束(低有效)。EOT_N 仅当 DMACK_N 和 RD_N 或 WR_N 一起激活时才有效
20	RESET_N	I	复位(低有效且不同步)。片内上电复位电路，该引脚可固定接 Vcc
21	GL_N	OD8	GoodLink LED 指示器(低有效)
22	XTAL1	I	晶振连接端 1(6Mhz)
23	XTAL2	O	晶振连接端 2(6MHz)。如果采用外部时钟信号取代晶振，可连接 XTAL1，XTAL2 应当悬空。
24	V_{CC}	P	电源电压(4.0V－5.5V)，要使器件工作在 3.3V，对 Vcc 和 Vout3.3 脚都提供 3.3V。
25	D－	A	USB D－数据线
26	D＋	A	USB D＋数据线
27	VOUT3.3	P	3.3 V 调整输出。要使器件工作在 3.3 V，对 Vcc 和 Vout3.3 脚都提供 3.3 V
28	A0	I	地址位。A0＝1 选择命令指令，A0＝0 选择数据。该位在多路地址/数据总线配置时可忽略，应将其接高电平

2. PDISUBD12 控制器的 DSP 控制

在以 TMS320F2812 为核心的系统中，可以利用 PDIUSBD12 来实现系统的 USB 接口，TMS320F2812 与 PDIUSBD12 的典型连接图如图 10-47 所示。

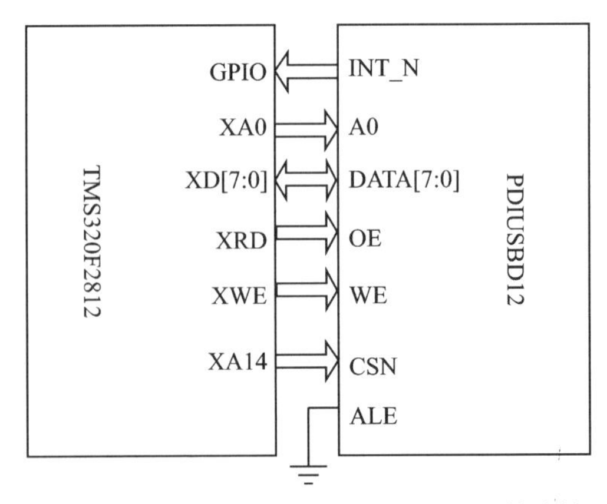

图 10-47　TMS320F2812 与 PDIUSBD12 的连接图

在图 10-47 所示系统中，利用 TMS320F2812 的 GPIO 来接收 PDIUSBD12 的中断信号；图中将 D12 的 A0 与 TMS320F2812 的 D0 相连，利用地址线 D0 的不同的值来区分对于 D12 的访问是命令访问还是数据访问；将 TMS320F2812 的数据线、读写操作信号直接与 D12 的数据线、读写操作信号相连，这样 TMS320F2812 可以方便地对 D12 进行直接的访问；在本系统中，D12 工作在单地址/数据总线模式，因此 ALE 信号接低；片选信号可以由 DSP 的 GPIO 控制，在本系统中接低，意味着 D12 一直选通。图中所示系统的 DSP 与 D12 采用同步时钟，统一由 D12 供给，在实际应用中，DSP 也可应用自己单独的时钟。D12 的外围电路连接如图 10－48 所示。

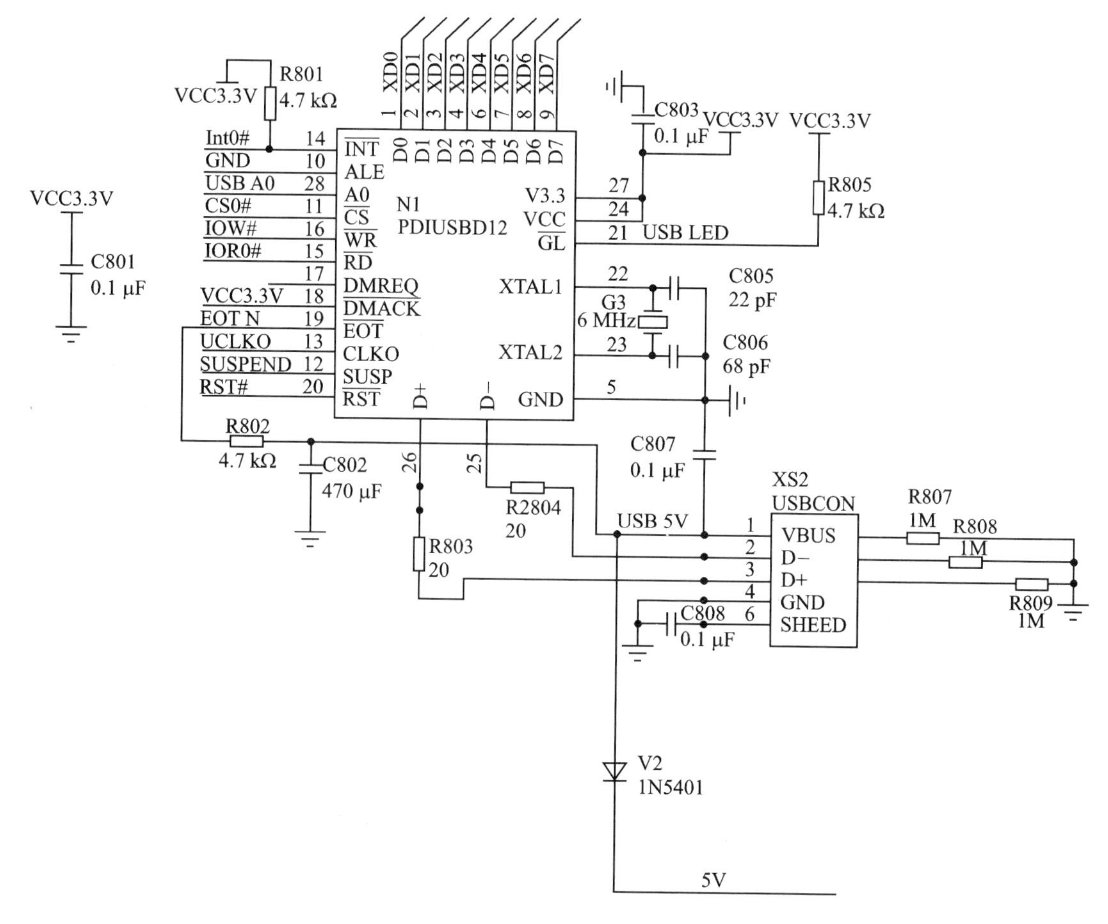

图 10－48　PDIUSBD12 外围电路图

PDIUSBD12 的软件编程采用独特的积木式结构，用户不必过多地考虑 USB 协议的底层实现，只需将利用飞利浦公司提供的完善的源代码并少量地加以修改，即可完成用户所需的功能。飞利浦公司主要为用户提供了下述文件。

CHAP_9.C：该文件包含 USB 协议的标准请求。

PROTODMA.C：该文件包含了 USB 协议的厂商请求。

ISR.C：该文件包含终端服务程序源代码。

D12CI.C：该文件包含 PDIUSBD12 的命令源代码。

EPPHAL.C：该部分是固件最底层的代码，执行 PUDUSBD12 与外部 I/O 的访问。

其积木式的固件结构如图 10－49 所示。

在实际的应用当中，只需修改积木式结构固件最底层部分即可实现 USB 功能。表 10－17 描述了在不同的应用中，固件的修改情况。

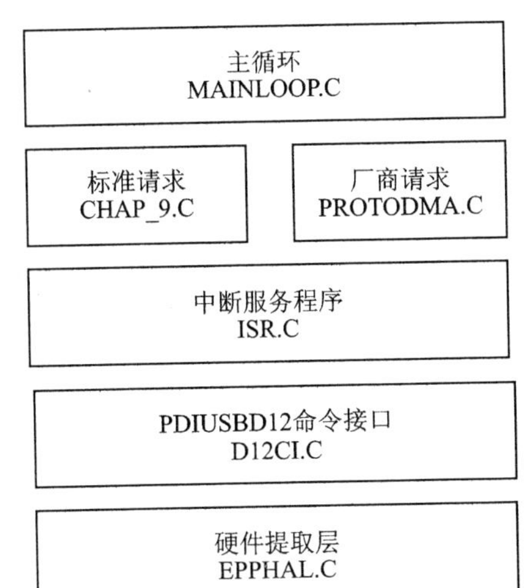

图 10-49　积木式的固件结构

表 10-17　固件程序修改情况

文件名	Chapter 9 Only	产品级别
EPPHAL.C	接口到硬件	接口到硬件
D12CI.C	无变化	无变化
CHAP_9.C	无变化	产品专门的 USB 描述符
PROTODMA.C	无变化	如果需要，增加厂商要求
ISR.C	无变化	在普通和主断点上增加产品专门的处理
MAINLOOP.C	由 CPU 和系统决定，接口、定时器和中断初始化需要重写	增加产品专门的主循环处理

对于用户来说，我们要修改的部分主要为 EPPHAL.C 与 MAINLOOP.C。如果不做特殊的要求，其他部分的代码不必修改。这大大简化了开发难度，节省了开发的时间。EPPHAL.C 中主要包含了 MCU 对于 D12 各个端口的访问。对于不同的 MCU，这部分的代码是不同的，而且与系统的硬件连接也有关系。因此该部分是应该由用户根据不同的 MCU 自主编写的；MAINLOOP.C 是用户的主程序，用户通过编写这部分程序来实现自己特定的功能。在主循环中，常用的结构是轮询的结构，即在主循环中加入如下代码：

```
IF(INTERUPT_PIN_LOW)
fn_usb_isr ( );
```

该部分代码即检测中断引脚 INT_N，一旦中断引脚 INT_N 为低，说明 D12 有中断事件发生，系统根据不同的中断事件，调用相应的中断服务程序。该部分代码均写在 fn_usb_isr 中。对于 MAINLOOP.C 的编程，用户只需妥善应用 D12 已经为我们提供好的函数即可实现常用的功能，它们的代码均写在 D12CI.C 中，在 MAINLOOP.C 中，我们直接使用即可。它们分别如下：

```
void D12_SetAddressEnable(unsigned char bAddress, unsigned char bEnable);
```

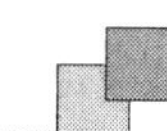

```
void D12_SetEndpointEnable(unsigned char bEnable);
void D12_SetMode(unsigned char bConfig, unsigned char bClkDiv);
void D12_SetDMA(unsigned char bMode);
unsigned short D12_ReadInterruptRegister(void);
unsigned char D12_SelectEndpoint(unsigned char bEndp);
unsigned char D12_ReadLastTransactionStatus(unsigned char bEndp);
void D12_SetEndpointStatus(unsigned char bEndp, unsigned char bStalled);
void D12_SendResume(void);
unsigned short D12_ReadCurrentFrameNumber(void);
unsigned char D12_ReadEndpoint(unsigned char endp, unsigned char * buf, unsigned char len);
unsigned char D12_WriteEndpoint(unsigned char endp, unsigned char * buf, unsigned char len);
void D12_AcknowledgeEndpoint(unsigned char endp);
```

下面给出一个利用 TMS320F2812 来操作 PDIUSBD12 的例程。在该例程中，按照前文所给出的示意图连接 TMS320F2812 与 PDIUSBD12，利用 GPIO 来操作 INT_N 与 SUSPEND 信号。在该例程中，我们采用轮询的方式操作 PDIUSBD12。为了方便起见，我们将所有修改的代码均写入 MAINLOOP. C 而不修改 EPPHAL. C。

在程序中，做如下定义：

```
#define D12_DATA    (int *)0x104000
#define D12_COMMAND    (int *)0x104001
```

因此，在程序中，对如上地址操作的时候，地址线 XA14 就会选通 PDIUSBD12，若对 D12_DATA 操作，即 XA0 会选 A0，相当于对于 PDIUSBD12 的数据操作；若对 D12_COMMAND 操作，即 XA0 不选通 A0，相当于对 PDIUSBD12 的命令操作。按上述方法即完成了对 PDIUSBD12 的选通操作。

处理流程如图 10－50 所示。

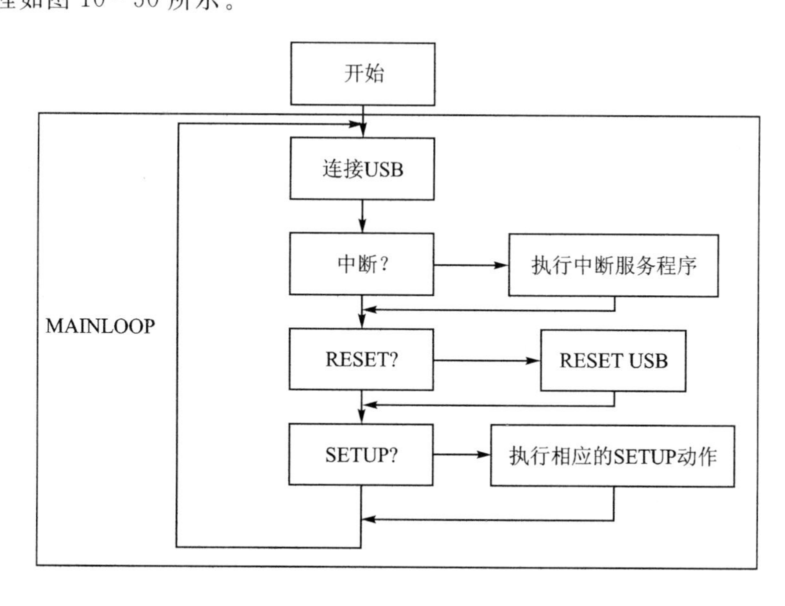

图 10－50　处理流程图

给出例程 MAINLOOP 主要代码如下：

```
//MAINLOOP
{
        chip_id = D12_ReadChipID ( );
        usbINflag = GpioDataRegs.GPEDAT.all;
        usbINtest = usbINflag & 0x0002;
            if (usbINtest ! = 0x0002) {
                    fn_usb_isr();
                }
                if (bEPPflags.bits.bus_reset) {
                bEPPflags.bits.bus_reset = 0;
                suspend_state = GpioDataRegs.GPBDAT.all;
                GpioDataRegs.GPBDAT.all = suspend_state | D12_SUSPEND_1;
            } //if bus reset
             if (bEPPflags.bits.suspend) { }
            if (bEPPflags.bits.setup_packet){
            bEPPflags.bits.setup_packet = 0;
            control_handler();
            suspend_state = GpioDataRegs.GPBDAT.all;
            GpioDataRegs.GPBDAT.all = suspend_state | D12_SUSPEND_1;
          } //if setup_packet
            if(bEPPflags.bits.setup_dma ! = 0) {
            bEPPflags.bits.setup_dma - - ;
            setup_dma();
            } //if setup_dma
}
//以下是用户自定义代码
//……
}//MAINLOOP END
}
```

10.4.3 DS1302

1. 串行时钟芯片 DS1302 简介

DS1302 时钟芯片包含一个日历和 31 字节的静态 RAM。它通过简单的串行接口和微处理器进行通讯。日历提供秒,分,小时,星期,日期,月和年。如果当月天数小于 31 天将自动进行调整,并包含闰年校正。时钟可以工作在 24 小时制和 12 小时制,12 小时制下用 AM/PM 来指示。

在 DS1302 和微处理器之间使用同步串行方式进行通信,只需要三线就可以完成对其的操作,分别为 RST(reset),I/O(数据线)和 SCLK(串行时钟)。数据可以通过一次一字节或可达 31 字节的突发模式下传入或移出时钟/RAM。DS1302 设计成可以在很低电压下工作,并可以在小于 1 mW 的功耗下保持数据和时钟信息。

DS1302 的内部结构如图 10-51 所示。

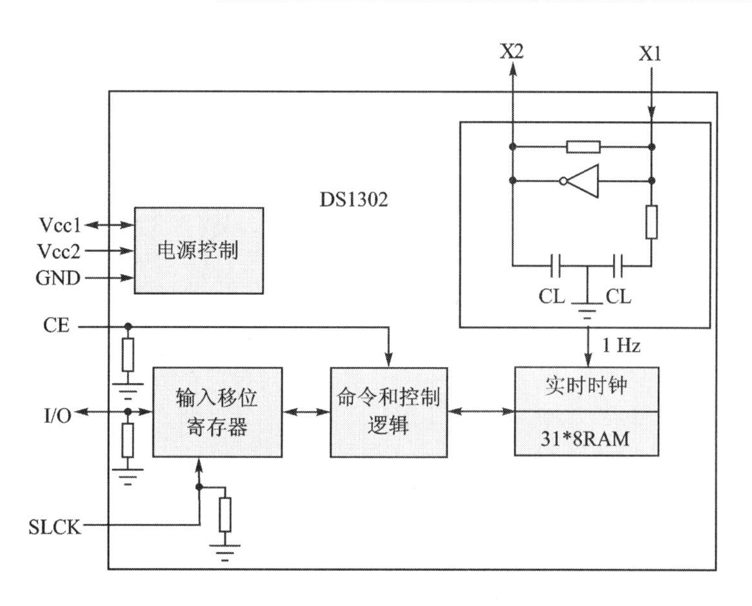

图 10－51　DS1302 引脚分布和内部结构图

2. FPGA 与 DS1302 连接图

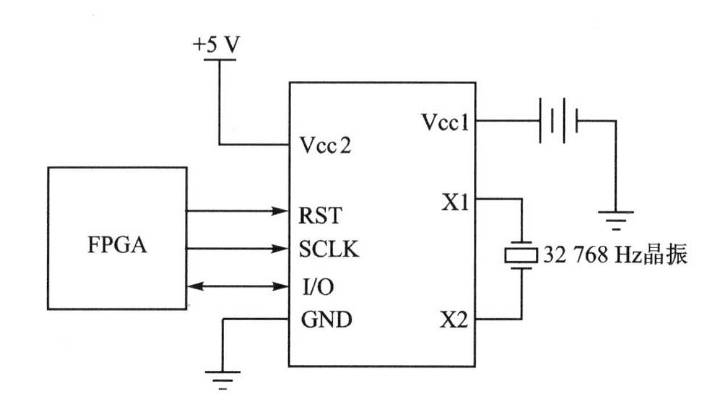

图 10－52　FPGA 与 DS1302 连接图

DS1302 的控制字节如图 10－53 所示。

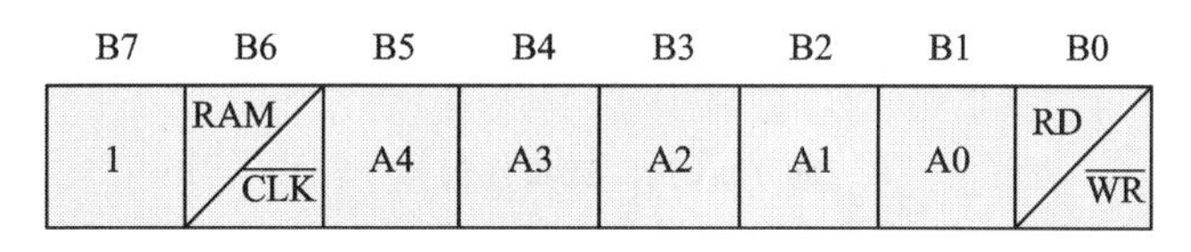

图 10－53　DS1302 的控制字节

对 DS1302 的控制操作都是通过对其写入地址/命令字节来完成。具体如下：

B7 位为命令字节的标志位，必须置为"1"，否则不能对其进行操作；B6 位为 RAM 和时钟选择位，"0"表示系统要对时钟寄存器进行操作，"1"则为对系统 RAM 进行操作；B5～B1 是要进行读写操作的寄存器地址；B0 位为读写操作选择位，"0"代表要进行写操作，"1"代表要进行读操作。任何命令字节均从低位到高位依次输入或输出。

DS1302 各寄存器的读写命令如表 10－18 所列。

表 10－18　DS1302 寄存器命令

寄存器名	命令字		取值范围	各位内容							
	写	读		7	6	5	4	3	2	1	0
秒寄存器	80H	81H	00～59	启动	十位			个位			
分钟寄存器	82H	83H	00～59	0	十位			个位			
小时寄存器	84H	85H	01～12 或 00～23	12/24	0	10/AP	十位	个位			
日期寄存器	86H	87H	01～31	0	0	十位		个位			
月份寄存器	88H	89H	01～12	0	0	0	十位	个位			
星期寄存器	8AH	8BH	01～07	0	0	0	0	0	个位		
年寄存器	8CH	8DH	00～99	十位				个位			
控制寄存器	8EH	8FH	80H 或 00H	WP	0	0	0	0	0	0	0

说明：秒寄存器的 B7 位置为“1”时，DS1302 开始计时，置为“0”时芯片处于暂停状态。小时寄存器的 B7 位是 12/24 小时选择位，当置为“1”时，选中 12 小时模式，此时 B5 位为 AM/PM 判断位，“1”代表 PM；当置为“0”时选中 24 小时模式，此时 B5 位为 20 小时位(20～23 h)。

控制寄存器 B7 位为写保护位，在对时钟或 RAM 进行任何写操作之前，B7 位一定要置成“0”，当为“1”时，写保护位拒绝对任何其他寄存器进行写操作。

此外，当 A4～A0 均为“1”时，为多字节突发传送模式，相应的读命令为 BFH，写命令为 BEH。当选中该模式时，可以一次全部写入 DS1302 的时钟寄存器，或者一次全部读取其全部时间信息，本文所实现系统即使用该多字节突发模式来对 DS1302 进行初始化和读取操作。

DS1302 单字节读写操作时序如图 10－54、图 10－55 所示。

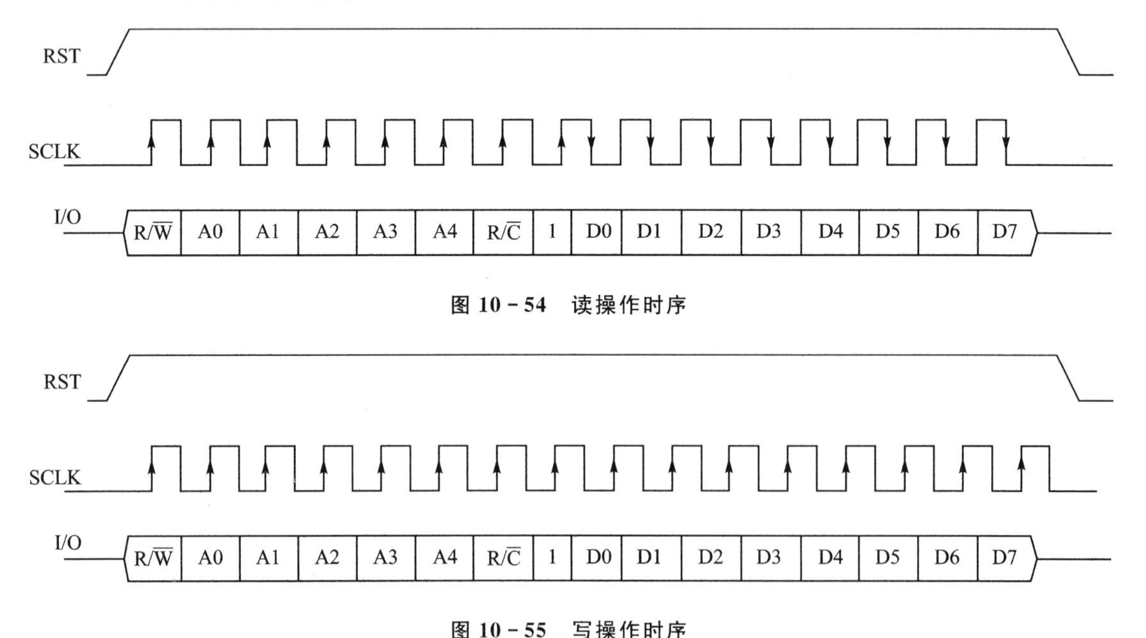

图 10－54　读操作时序

图 10－55　写操作时序

DS1302 为串行芯片，所有写操作均为时钟上升沿有效，而读操作均为时钟下降沿有效。

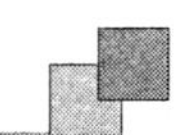

需注意的是，读命令字节输入完毕后(例如输入81H，读出秒寄存器)，DS1302在收到B7位的“1”后，紧接着的8个时钟下降沿连续输出数据，写操作时序则为连续输入16位，全部上升沿有效。如图所示。多字节突发传送模式的读写时序与之类似，只需延长RST到全部寄存器依次读写操作完成为止。

系统上电后，首先对DS1302各寄存器进行初始化。写入0x8E，输入8个“0”，清空WP写保护位；写入0xBE，启动突发写入模式，之后分别写入8字节的初始化信息，默认为秒、分、时、日、月、星期，年和控制寄存器。前7字节为系统预设的校时信号，控制字节将WP位置“1”，进入写保护状态，此时DS1302已经开始工作。之后需要读取时间时写入0xBF命令，启动突发读取，将RST信号一直保持高电平，DS1302会依次输出秒、分、时、日、月、星期、年和控制信息。

系统工作流程图如图10-56所示。

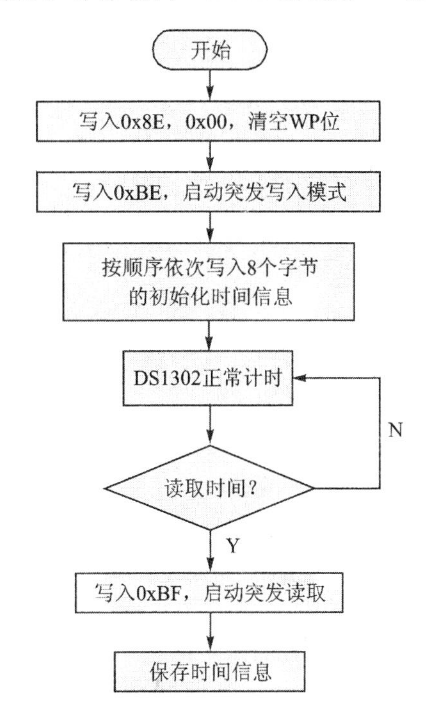

图10-56　系统工作流程图

图7所示为DS1302初始化完毕以后，输入0xBF启动突发读取的时序图，其中，DS1302_in和DS1302_out为DS1302的I/O引脚输入/输出寄存器，当FPGA给时钟芯片写入命令时，由DS1302_out直接将数值传递给I/O引脚，当接收芯片输出的时钟数据时，FPGA将DS1302的I/O引脚置为高阻态，将读取的时钟数据传递给DS1302_in。

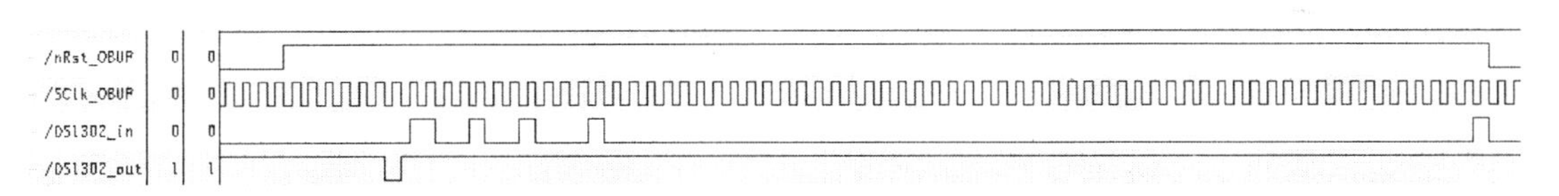

图10-57　突发读取时序图

10.4.4　CY7C68013A

1. 芯片CY7C68013A功能简介

Cypress公司的EZ-USB FX2LP(CY7C68013A/14A/15A/16A，以下简称FX2LP)是业界推出的第一个USB2.0集成外围控制器。该器件集成有1个8051处理器、1个串行接口引擎(SIE)、1个USB收发器、8.5 KB片上RAM，4 KB FIFO存储器以及1个通用可编程接口(GPIF)。FX2LP是一个相当完整的解决方案，其功能框图如图10-58所示。

集成的USB收发器连接到USB总线引脚D+和D−，串行接口引擎SIE实现串行数据的编解码、检错、位填充和其他USB所需信号层的任务，最终SIE实现从USB接口收发并行

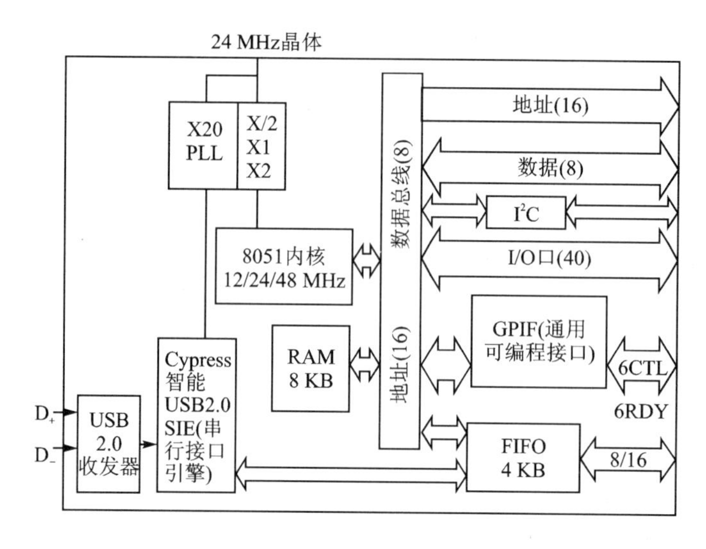

图 10－58　CY7C68013A 功能框图

数据。

FX2LP 与外部逻辑有两种连接方式，即 GPIF 方式和 Slave FIFOs 方式。GPIF 方式是主机方式，可以软件编程读写控制波形，它几乎可以对任何 8/16 位接口的控制器、存储器和总线进行数据的主动读写。Slave FIFOs 方式是从机方式，外部控制器可像普通 FIFO 一样对 FX2LP 的多层缓冲 FIFO 进行读写。FX2LP 的 Slave FIFOs 工作方式可设为同步或异步，工作时钟可选为内部产生或外部输入，其他控制信号也可设置为高有效或低有效，使用非常灵活。

为了实现 USB2.0 的高速带宽，把 FX2LP 的端点 FIFO 和 Slave FIFOs 集成在一起以减少内部数据传输时间。并且 FX2 的 FIFO 有独特的“量子”特性，数据以 USB 分组大小为单位被提交到 FIFO，而不是每次一个字节。端点缓冲器可通过固件设置为双、三或四缓冲器，与所需的数据量或灵活性有关。FX2 的 FIFO 量子特性及可编程设置多缓冲为满足 USB2.0 所需带宽提供了保障。

2. 固件的加载

USB 接口芯片通过 USB 电缆直接和主机连接，固件程序的下载、控制字节的输出和 USB 返回的状态信息和数据都由 USB 电缆传输。由于 EZ－USB FX2 内部只有 RAM，掉电或复位后程序丢失，为了避免每次上电手动下载程序，可以利用 USB 芯片本身已经固化好的程序下载逻辑。这个逻辑每次上电或复位后，会自动检测其 I^2C 总线上是否有 EEPROM。如果有，它会进一步检测 EEPROM 的第 1 个字节，如果第 1 个字节是 C0，说明 EEPROM 中存有设备的 VID 和 PID，这时 USB 会根据 EEPROM 中的 PID 和 VID 加载相应的驱动程序，但固件程序仍需要手动下载(这个过程也称 C0 加载)；如果 EEPROM 的第 1 个字节是 C2，说明这时挂在 I^2C 总线的 EEPROM 存有 I^2C 格式的固件程序，固件加载逻辑这时会自动从 EEPROM 下载程序到 USB 的内部 RAM 中然后运行(这个过程也称 C2 加载)。USB 和外设的连接有 2 种方式：SLAVE(从)方式和 GPIF(主)方式。当采用 SLAVE 方式的时候，读写 USB 的时钟由外部控制器(这里是 FPGA)提供，它们分别是 SLRD 和 SLWR。相应地，USB 反馈端点 FIFO 的状态(如空或满)给外部控制器，以便外部控制器决定读写时间；当采用 GPIF 模式的时候，读写时钟由USB给出，读写时序的编写可以借助Gpif Designer工具完成。PA[7…0]是一组复用I/O口，当USB工作在不同模式的时候代表不同的含义，如PA4/FIFOADR0和PA5/FIFOADR1。当USB工作在FIFO SLAVE模式的时候，其值代表USB的端点FIFO(哪个端点FIFO)，不用的时候可以用做通用I/O口。最后，USB和外部逻辑的数据传输是通过16位数据总线完成的，它们是PD[15…0]/FD[15…0]，不需要数据传输的时候也可以用作通用I/O口。

3. 程序/数据存储器

(1) 内部数据RAM

如图10－59所示，FX2的内部数据RAM被分成3个不同的区域：低(LOW)128、高(Upper)128和特殊功能寄存器(SFR)空间。低128和高128是通用RAM，SFR包括FX2控制和状态寄存器。

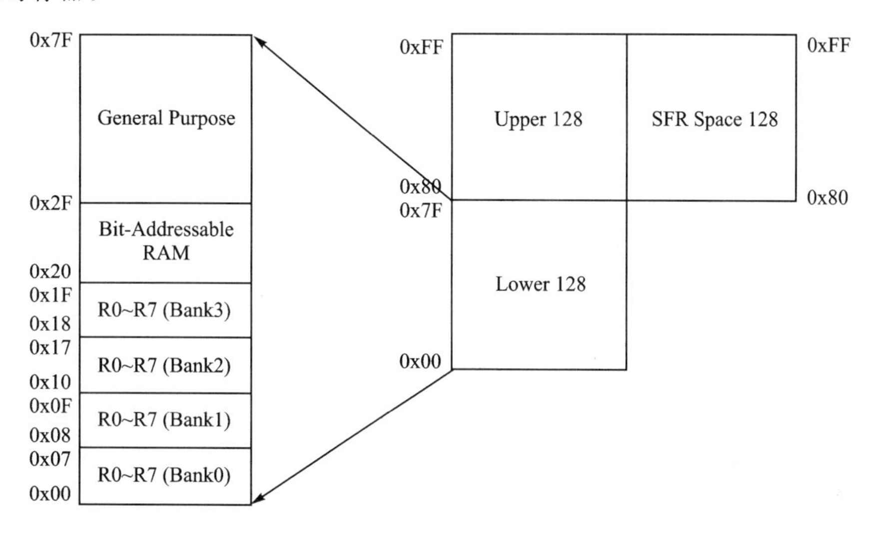

图10－59　FX2内部数据RAM

(2) 外部程序存储器和数据存储器

FX2有8K片上RAM，位于0x0000-0x1FFF；512字节Scratch RAM，位于0xE000－0xE1FF。尽管Scratch RAM从物理上来说位于片内，但是通过固件可以把它作为外部RAM一样来寻址。

FX2保留7.5K(0xE200－0xFFFF)数据地址空间作为控制/状态寄存器和端点缓冲器。此时，只有数据内存空间保留，而程序内存(0xE000－0xFFFF)并不保留。

(3) 端点缓冲区

FX2包含3个64字节端点缓冲区和4K可配置成不同方式的缓冲，其中3个64字节的缓冲区为EP0、EP1IN和EP1OUT。EP0作为控制端点用，它是一个双向端点，既可为IN也可为OUT。当需要控制传输数据时，FX2固件读写EP0缓冲区，但是8个SETUP字节数据不会出现在这64字节EP0端点缓冲区中。EP1IN和EP1OUT使用独立的64字节缓冲区，FX2固件可配置这些端点为BULK、INTERRUPT或ISOCHRONOUS传输方式，这两个端点和EP0一样只能被固件访问。这一点与大端点缓冲区EP2、EP4、EP6和EP8不同，这四个端点缓冲区主要用来和片上或片外进行高带宽数据传输而无需固件的参与。EP2、EP4、EP6

和 EP8 是高带宽、大缓冲区。它们可被配置成不同的方式来适应带宽的需求。

(4) 外部 FIFO 接口

EP2、EP4、EP6 和 EP8 大端点缓冲区主要用来进行高速(480 Mbit/s)数据传输，可以通过 FIFO 数据接口与外部 ASIC 和 DSP 等处理器无缝连接来实现高速数据传输。它具有通用接口：Slave(从)FIFO(外部主)或 GPIF(内部主)、同步或异步时钟、内部或外部时钟等。

4. 68013A 应用实例

本实例为利用 68013A 实时传递某视频采集数据。具体硬件框图如图 10-60 所示。

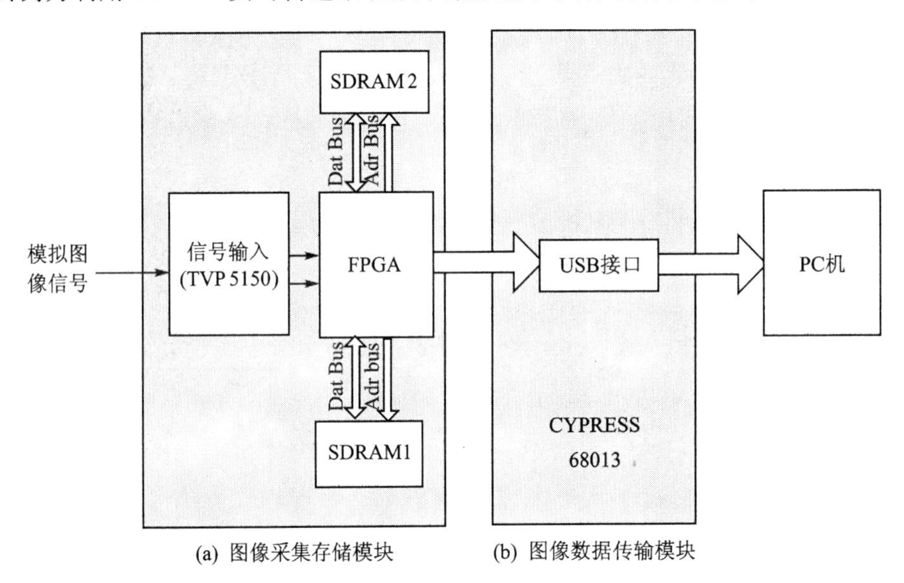

图 10-60 硬件系统框图

摄像头采集视频信号，由 FPGA 控制视频采集 AD 芯片，将采样后的数据通过 68013A 实时传递给 PC，系统通过 USB 与 PC 连接，并能通过 PC 下发命令来控制 68013A 的工作状态。68013A 与 FPGA 的引脚连接如图 10-61 所示。

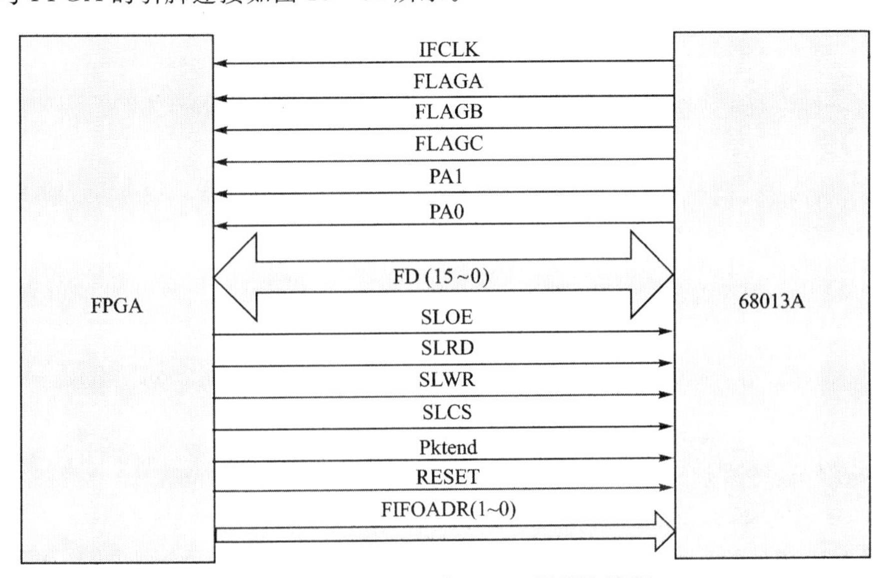

图 10-61 68013A 与 FPGA 引脚连接图

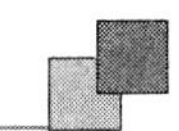

在本实例中，68013A配置成SLAVE FIFO模式，即相对于FPGA来说，68013是一个FIFO配置为2K＋1K＋1K模式，即：

EP2(IN,2K)：FPGA发送图像数据，PC实时读取。

EP6(OUT,1K)：PC下发命令，FPGA读取命令，控制系统工作状态。

EP8(IN,1K)：FPGA返回命令。

附录 A

电子器件与 CPU 发展史

1883 年　闻名世界的大发明家爱迪生发明了第一只白炽照明灯。电灯的发明给一直生活在黑暗之中的人们送去了光明和温暖。就在这个过程中，爱迪生还发现了一个奇特的现象：一块烧红的铁会散发出电子云。后人称之为爱迪生效应。

1904 年　弗莱明在真空中加热的电丝（灯丝）前加了一块板极，从而发明了第一只电子管。他把这种装有两个极的电子管称为二极管。

1905 年　美国物理学家德福雷斯特制成了第一只三极管，它是在二极管的正极和负极之间加一个金属栅网（即金属栅极），其特点是电子流更大，检波更灵敏。后来认识到，改变栅极电压，即可以改变电子流的大小，这样，三极管就有了放大作用。

1906 年　美国物理学家费丁生发明了调幅波，使高频信号带着声音的振幅发射出去。这年底，他成功地进行了首次无线电广播。

1928 年　美国发明家兹沃里金发明了电视显像管。

1939 年　美国无线电公司推出了现代意义上的电子电视。

1945 年　贝尔实验室正式决定以固体物理为主要研究方向，并为此制定了一个庞大的研究计划。发明晶体管就是这个计划的一个重要组成部分。

1946 年　贝尔实验室的固体物理研究小组正式成立了。这个小组以肖克利为首，下辖若干小组，其中之一包括布拉顿、巴丁在内的半导体小组。在这个小组中，活跃着理论物理学家、实验专家、物理化学家、线路专家、冶金专家、工程师等多学科多方面的人才。

1947 年　12 月 23 日人们终于得到了盼望已久的“宝贝”。这一天，巴丁和布拉顿把两根触丝放在锗半导体晶片的表面上，当两根触丝十分靠近时，放大作用发生了，世界第一只固体放大器——晶体管也随之诞生了。

1948 年　6 月 30 日贝尔实验室首次在纽约向公众展示了晶体管。

1948 年　11 月肖克利构思出一种新型晶体管，其结构像“三明治”夹心面包那样，把 N 型半导体夹在两层 P 型半导体之间。

1950 年　人们成功地制造出第一个 PN 结型晶体管。

1952 年　英国皇家雷达研究所的一位著名科学家达默，在一次会议上曾指出：“随着晶体管的出现和对半导体的全面研究，现在似乎可以想象，未来电子设备是一种

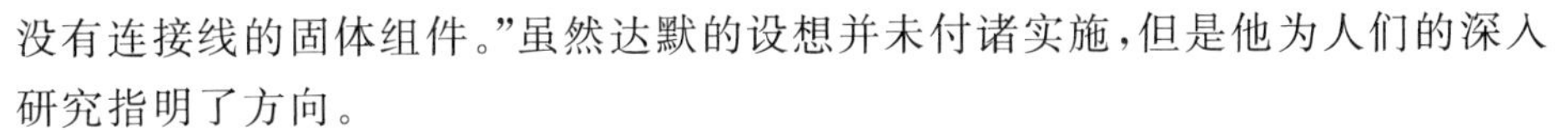

没有连接线的固体组件。”虽然达默的设想并未付诸实施，但是他为人们的深入研究指明了方向。

1952 年　一个偶然机会，基尔比参加了贝尔实验室的晶体管讲座，富于创造性的基尔比一下子就被晶体管这个小东西迷住了。当时，他在一家公司负责一项助听器研究计划，心系晶体管的基尔比不由自主地想把晶体管用在助听器上，他果然获得了成功。他研究出一种简便的方法，将晶体管直接安装在塑料片上，并用陶瓷密封。初步的成功使他对晶体管的兴趣与日俱增。

1956 年　C S Fuller 发明了扩散工艺。

1958 年　美国政府成立了国家航空和宇航局，负责军事和宇航研究，为实现电子设备的小型化和轻量化，投入了天文数字的经费。就是在这种激烈的军备竞赛的刺激下，在已有的晶体管技术的基础上，一种新兴技术诞生了，那就是今天大放异彩的集成电路。

1958 年　5 月基尔比进入得克萨斯仪器公司。当时，公司正参与美国通信部队的一项微型组件计划。

1959 年　第一块集成电路板在基尔比的手中诞生了。

1960 年　H H Loor 和 E Castellani 发明了光刻工艺。

1962 年　美国 RCA 公司研制出 MOS 场效应晶体管。

1963 年　F. M. Wanlass 和 C. T. Sah 首次提出 CMOS 技术，今天，95%以上的集成电路芯片都是基于 CMOS 工艺。

1964 年　Intel 摩尔提出摩尔定律，预测晶体管集成度将会每 18 个月增加 1 倍。

1966 年　美国 RCA 公司研制出 CMOS 集成电路，并研制出第一块门阵列(50 门)。

1967 年　应用材料公司(Applied Materials)成立，现已成为全球最大的半导体设备制造公司。

1971 年　Intel 推出 1 kbit 动态随机存储器(DRAM)，标志着大规模集成电路出现。

1971 年　全球第一个微处理器 4004 由 Intel 公司推出，采用的是 MOS 工艺，这是一个里程碑式的发明。

1974 年　RCA 公司推出第一个 CMOS 微处理器 1802。

1976 年　16 kbit DRAM 和 4 kbit SRAM 问世。

1978 年　64 kbit 动态随机存储器诞生，不足 0.5 cm^2 的硅片上集成了 14 万个晶体管，标志着超大规模集成电路(VLSI)时代的来临。Intel 公司首次生产出 16 位的微处理器，并命名为 i8086，同时还生产出与之相配合的数学协处理器 i8087。

1979 年　Intel 推出 5 MHz 8088 微处理器，之后，IBM 基于 8088 推出全球第一台 PC。

1981 年　256 kbit DRAM 和 64 kbit CMOS SRAM 问世。

1982 年　Intel 已经推出了划时代的最新产品 80286 芯片，该芯片比 8006 和 8088 都有了飞跃的发展，虽然它仍旧是 16 位结构，但是在 CPU 的内部含有 13.4 万个晶体管，时钟频率由最初的 6 MHz 逐步提高到 20 MHz。其内部和外部数据总线皆为 16 位，地址总线 24 位，可寻址 16 MB 内存。从 80286 开始，CPU 的工作方式也演变出两种来：实模式和保护模式。

1984 年　日本宣布推出 1 MB DRAM 和 256 KB SRAM。

1985 年　80386 微处理器问世，20 MHz。

1988 年　16M DRAM 问世，1 cm^2 大小的硅片上集成有 3 500 万个晶体管，标志着进入超大规模集成电路(VLSI)阶段。

1989 年　1 Mbit DRAM 进入市场。

1989 年　486 微处理器推出，25 MHz，1 μm 工艺，后来 50 MHz 芯片采用 0.8 μm 工艺。

1992 年　64 Mbit 随机存储器问世。

1993 年　66 MHz 奔腾处理器推出，采用 0.6 μm 工艺。

1995 年　Pentium Pro，133 MHz，采用 0.35～0.6 μm 工艺。

1997 年　300 MHz 奔腾Ⅱ问世，采用 0.25 μm 工艺。

1999 年　奔腾Ⅲ问世，450 MHz，采用 0.25 μm 工艺，后采用 0.18 μm 工艺。

2000 年　1 Gbit RAM 投放市场。

2000 年　奔腾 4 问世，1.5 GHz，采用 0.18 μm 工艺。

2001 年　Intel 宣布 2001 年下半年采用 0.13 μm 工艺。

2003 年　Portable PC(便携型电脑)市场开始爆发式地增长，Intel 推出了 Pentium M，这款基于 P6 架构(与 Pentium Pro 一样)的处理器拥有超越 P4 的高性能，而且功耗超低。它成了英特尔迅驰(Centrino)平台的处理器。

2004 年　推出了 dothon 核心分为奔腾 M，90 nm 制程，533 MHz 总线，2M L2，不含双核技术。

2005 年　Intel 两次改进了 P4 处理器：先是带来 Prescott-2M，接着又发布了 Smithfiel 核心产品。前者是基于 Proscott 的 64 位处理器，后者是一款双核处理器。

2006 年　Intel 宣布了酷睿双核处理器。这是第一款面向便携式电脑设计的双核处理器，拥有极佳的性能。这也是第一款真正双核 X86 处理器。

2008 年　英特尔推出 Core i7(中文：酷睿 i7，内核代号：Bloomfield)处理器是 64 位四内核 CPU。

附录 B

DSP 芯片的发展

1978 年　AMI 公司发布世界上第一个 DSP 芯片 S2811。

1979 年　美国 Intel 公司发布的商用可编程器件 2920 是 DSP 芯片的一个主要里程碑。

1980 年　日本 NEC 公司的 μD7720 是第一个具有乘法器的商用 DSP 芯片。

1982 年　日本 Hitachi 公司推出了第一款浮点 DSP 芯片。TI 公司推出的 TMS320C10 是第一代 DSP 代表，它是 16 位定点 DSP，首次采用哈佛结构，完成乘累加运算时间为 390ns，处理速度较慢。

1987 年　Motorola 公司推出了 DSP56001，它是 24 位定点 DSP，完成乘累加运算时间为 75ns，其他产品如 AT&T 公司的 DSP16A，ADI 公司的 ADSP－2100，TI 公司的 TMS320C50 等代表了第二代 DSP 产品。

1995 年　出现了第三代定点 DSP 产品，如 Motorola 公司的 DSP56301，ADI 公司的 ADSP－2180，TI 公司的 TMS320C541 等。这些产品改进了内部结构，增加了并行处理单元，扩展了内部存储器容量，提高了处理速度。

近年　推出了性能更高的第四代处理器，包括近年 TI 公司推出的并行处理定点系列 TMS320C62XX、64XX，浮点系列 TMS320C67XX，ADI 的并行处理浮点系列 ADSP21060、ADSP-TS101S、ADSP201S 等。目前 DSP 生产厂家中最有影响的是 TI 公司、ADI 公司、Motorola 公司。其中 TI 公司和 ADI 公司的产品系列最全，市场占有率最高。

附录 C

FPGA 的发展

70 年代后期	出现了 FPLA。
70 年代末期	由 MMI 公司率先推出了 PAL,它采用双极性工艺,熔丝编程方式。
1985 年	Lattice 公司推出了 GAL。
1985 年	Xilinx 公司推出第一款 FPGA 产品系列 XC2000。
1987 年	Xilinx 公司推出其第二代 FPGA 产品——XC3000 系列。
1991 年	Xilinx 公司推出其第三代 FPGA 产品——XC4000 系列。
1992 年	ALTEAG 公司的 FLEX8000FPGAs 问世。
1995 年	ALTEAG 公司的第一个带嵌入式存储器的 FPGA——FLEX 10 k FPGA 问世。
1996 年	ALTEAG 公司的第一个 10 万门嵌入式 FPGA——EPF 10K FPGA 问世。
1997 年	Xilinx 公司推出当时业内最大的 FPGAXC4085XL,ALTEAG 公司的 A-PEX FPGA 系列问世。
1998 年	Xilinx 公司推出 Virtex 结构——采用 0. 25 μs 工艺,ALTEAG 公司的 FLEX10 KE FPGA 系列发布 EPF10K250——世界上最大的 FPGA。
1999 年	Xilinx 公司推出 XC9500XV。
2000 年	ALTEAG 公司推出第一个 0. 15 μs 全铜链接的 FPGA——APEK 20KC。
2001 年	Xilinx 公司推出 Virtex II, ALTEAG 公司推出 Stratix 系列——采用 0. 13 μs 工艺。
2002 年	ALTEAG 公司推出 Stratix GX 系列和 Cyclone 系列,Xilinx 推出 Virtex II－Pro。
2003 年	ALTEAG 公司推出 HardCopy Stratix。
2004 年	ALTEAG 公司推出 Stratix II,Xilinx 推出 Spartan——采用 90nm 工艺。
2005 年	Xilinx 公司推出 Virtex -4LX。
2006 年	Xilinx 公司推出 Virtex -4SX 和 Virtex -4FX。
2006 年	5 月 Xilinx 公司推出了世界第一个 65 nm FPGA 系列-Virtex-5。
2006 年	11 月 ALTEAG 公司推出 Stratix III——采用 65 nm 工艺。
2009 年	Xilinx 公司推出 Virtex－6FPGA 采用 40 nm 工艺与 Spartan-6 FPGA 采用 45 nm 工艺。
2010 年	2 月 23 日 Xilinx 公司发布其最新的 28 nm 超高性能 FPGA。